Zuordnungen darstellen

Zuordnungen darstellen

1 Kreuze zuerst Zutreffendes an.
Ergänze dann die Tabelle.

a)

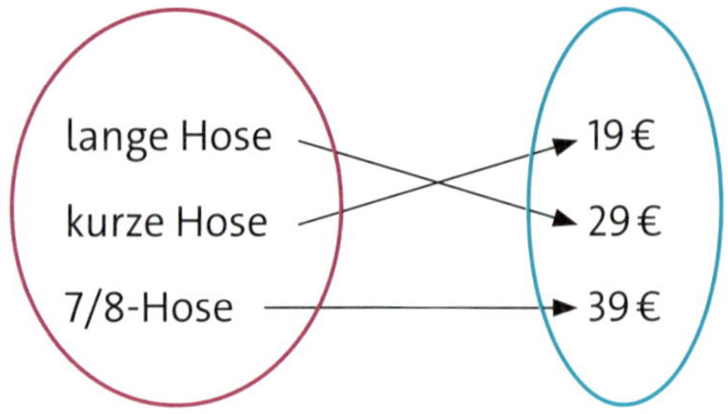

- ☐ Jeder Hose ist ein Preis zugeordnet.
- ☐ eine Hose → ein Preis
- ☐ Die kurze Hose kostet 19 €.
- ☐ lange Hose → 39 €

Hose	lang	kurz	7/8
Preis (in €)	29		

Tipp
Ein Pfeil („→“) steht für „ist zugeordnet“.

b)

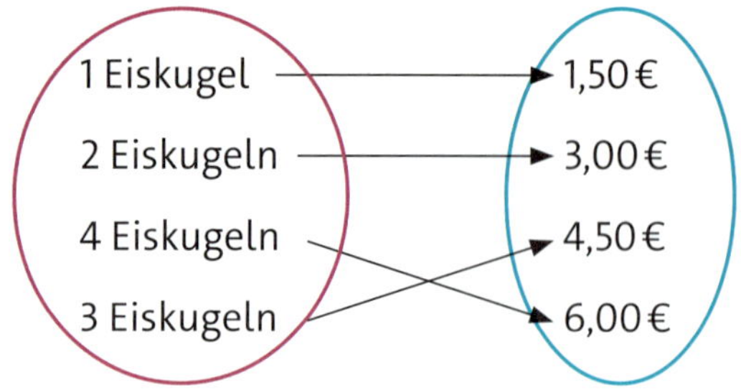

- ☐ Anzahl der Eiskugeln → Preis
- ☐ 1 Eiskugel → 1,50 €
- ☐ 3 € → 2 Eiskugeln
- ☐ 1,50 € kostet jede Eiskugel.

Eiskugeln	1	2	3	4
Preis (in €)				

2 Ergänze zuerst die Tabelle und dann den Graphen im Koordinatensystem.

a) Die Äpfel kosten 2 € je Kilogramm.

Äpfel (in kg)	1	1,5	2	2,5	3
Preis (in €)			4		

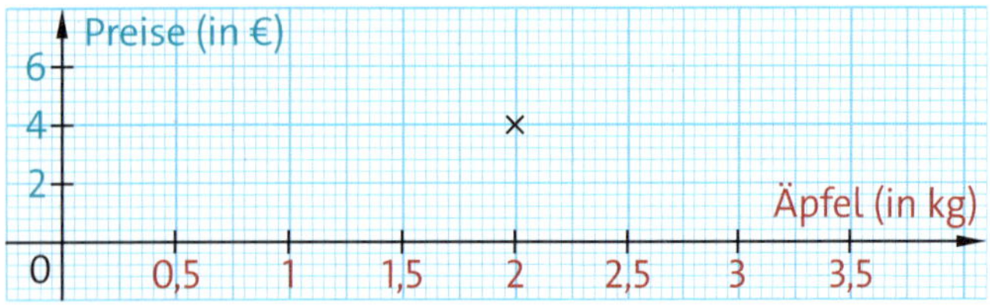

b) Die Pilze kosten 4 € je Kilogramm.
Pilze (in kg) → Preis (in €)

Pilze (in kg)	1	2	3	5	7
Preis (in €)			12	20	

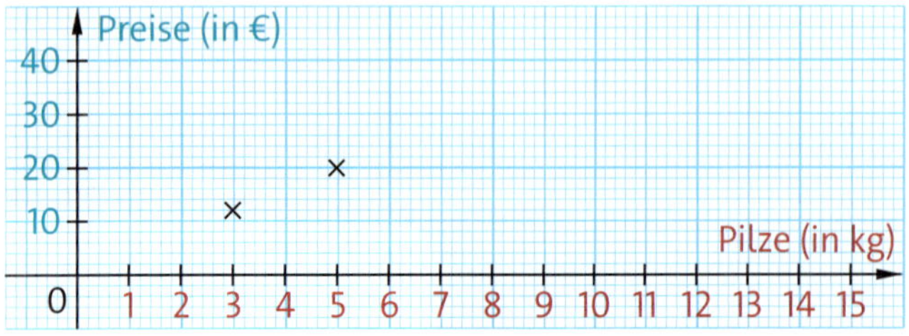

Tipp
Ausgangswert x und zugeordneter Wert y bilden das Wertepaar $(x|y)$. Es gilt: $x \to y$.

Beispiel: Saft (in ℓ) → Preis (in €)

Saft (in ℓ)	1	0,5	1,5	2
Preis (in €)	1,20	0,60	1,80	2,40

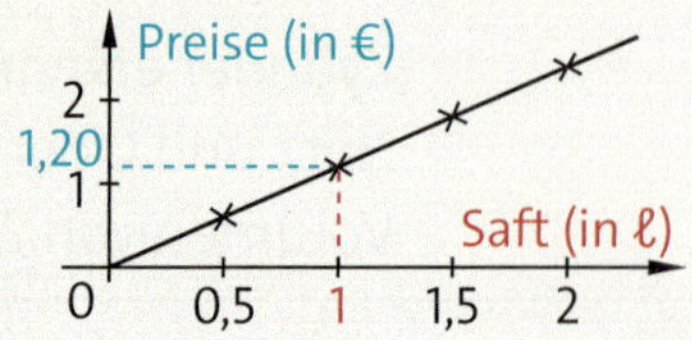

c) Thea teilt 24 Bonbons gerecht auf.
Anzahl an Personen → Anzahl an Bonbons

Personen	3	4	6	8	12
Bonbons			4		

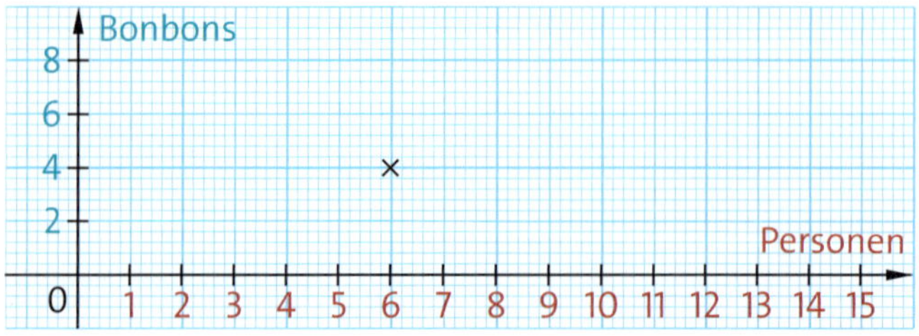

Zuordnungen darstellen

Zuordnungen darstellen

Zuordnungen darstellen

1 Kreuze zuerst Zutreffendes an.
Ergänze dann darunter.

a)

- [ ] Jeder Bewertung ist eine Zahl zugeordnet.
- [ ] Bewertung → Farbe
- [ ] 5 → Rot

Pfeildiagramm:

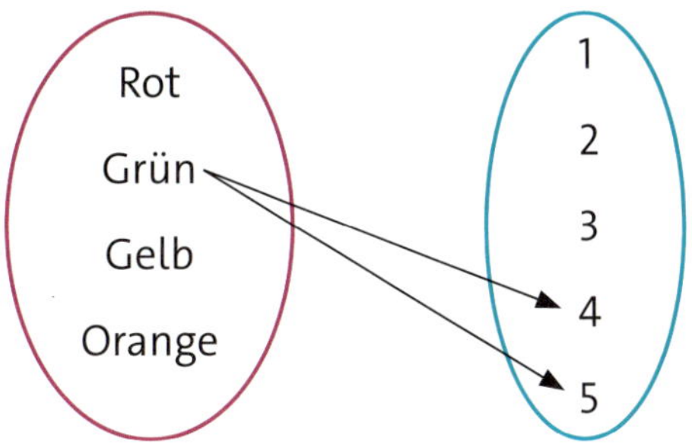

b)

Tarife	Free	Basic	Standard	Premium
	€ 0,00	€ 9,99	€ 19,99	€ 99,99

- [ ] Jedem Tarif ist ein Preis zugeordnet.
- [ ] Standard → 19,99 €
- [ ] 19,99 € → 99,99 €

Wertetabelle:

Tarif	Preis (in €)
Free	0,00
Standard	

2 Ergänze zuerst die Tabelle und dann den Graphen im Koordinatensystem.

a) 2 kg Birnen kosten 4 €.

Birnen (in kg)	0,5	1	2	3	3,5
Preis (in €)			4		

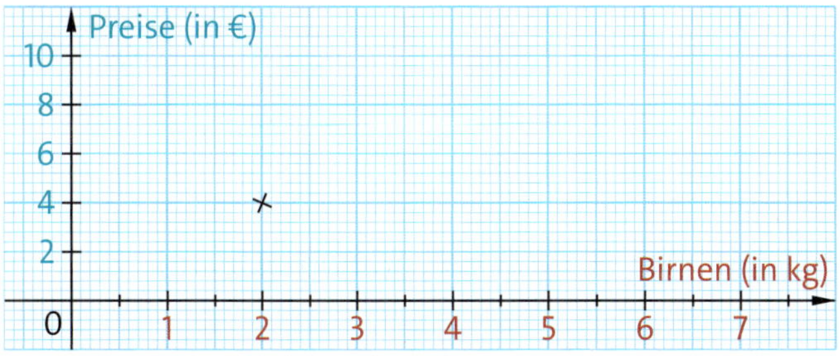

Tipp
Ausgangswert x und zugeordneter Wert y bilden das Wertepaar (x | y).

Beispiel: x → 2x

x	1	0,5	1,5	2
2x	2	1	3	4

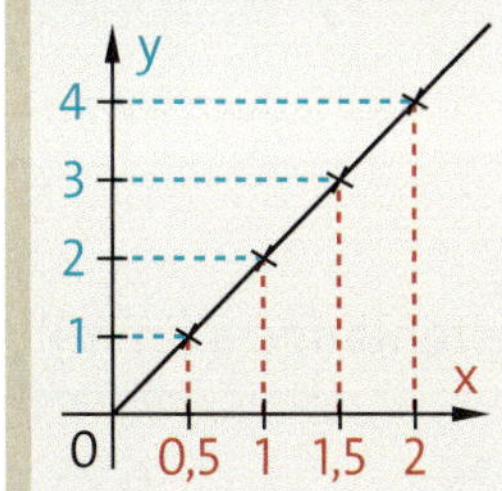

b) Theo verpackt 60 Kekse gerecht in Tüten.

Tüten	20	60	30	15
Inhalt			2	

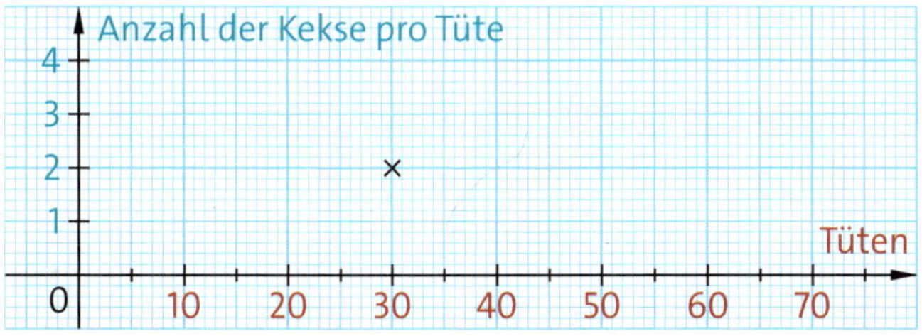

c) $x \rightarrow x \cdot x$

x	–2	–1	0	1	2
$x \cdot x$	4				

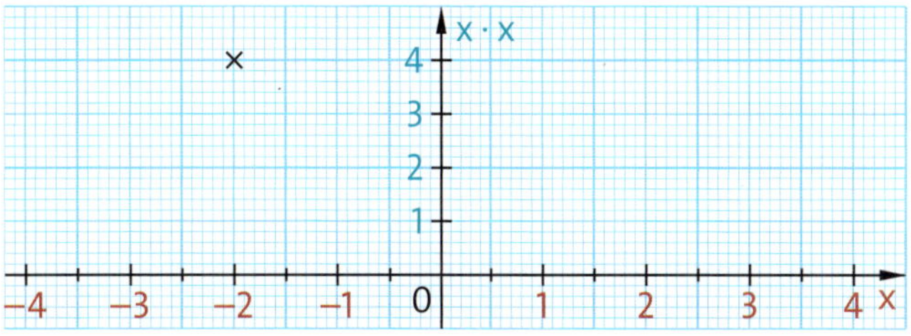

Zuordnungen darstellen

Zuordnungen darstellen

Zuordnungen darstellen ☒

- Ausgangswert x und zugeordneter Wert y bilden das Wertepaar (x | y). Es gilt: x → y.
- Zuordnungen kann man darstellen mit Worten, Pfeildiagrammen, Wertetabellen und Graphen.

Beispiel: Umfang u gleichseitiger Dreiecke mit der Seitenlänge a

Worte:

Der Umfang eines gleichseitigen Dreiecks ist das Dreifache der Seitenlänge.

Gleichung: u = 3a

Pfeildiagramm:

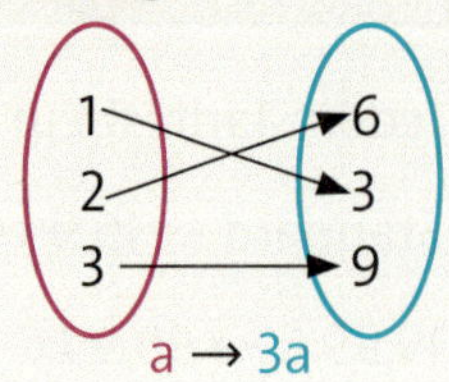

Wertetabelle:

a (in cm)	1	2	3
u (in cm)	3	6	9

Koordinatensystem:

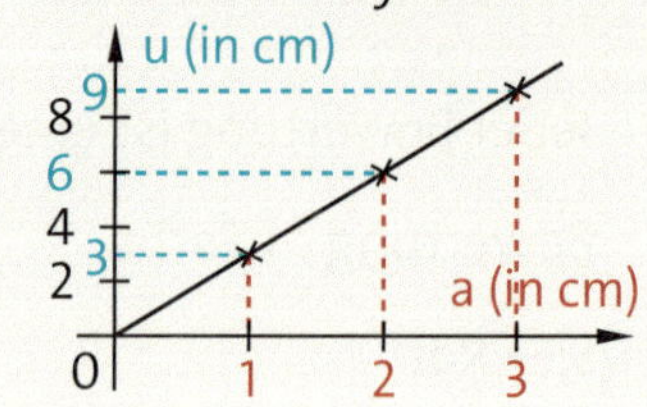

1 Ergänze.

a) Zahlen von 6 bis 8 (x) → Nachfolger (y)

Worte:

Den Zahlen ____________ ist ihr Nachfolger zugeordnet.

Pfeildiagramm:

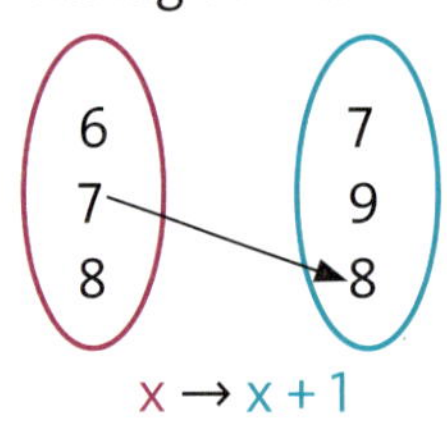

Wertetabelle:

x			
y			

Koordinatensystem:

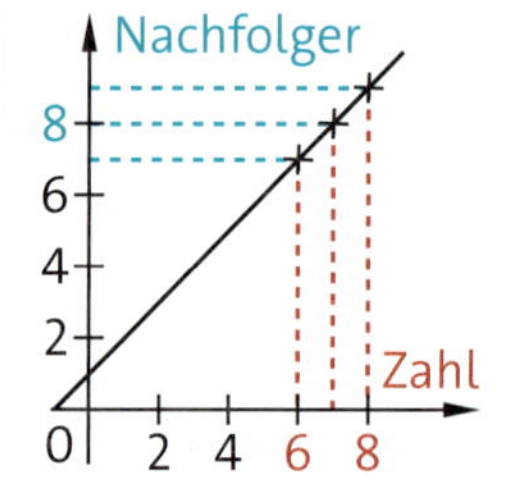

b) Geschlecht (m; w; d) → Anzahl der Personen

Worte:

Es wird erfasst, wie viele Personen entweder ______ oder ______ oder ______ angekreuzt haben.

Pfeildiagramm:

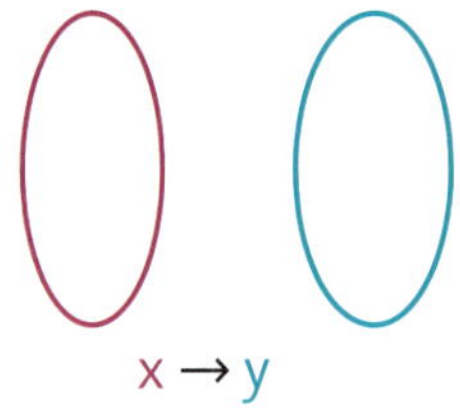

Wertetabelle:

x			
y	50	40	0

Säulendiagramm:

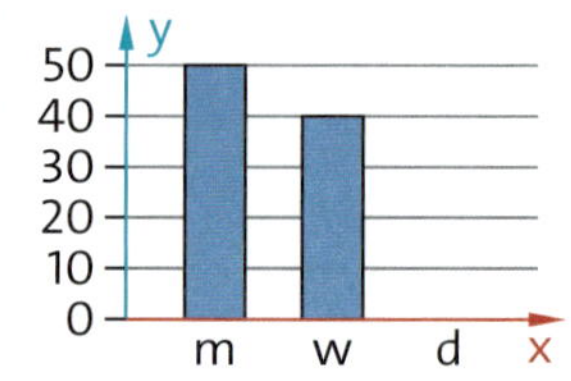

2 Ergänze.

a) Flächeninhalt A (in m²) → Seitenlänge a (in m)

A (in m²)	4	9	2,25		6,25
a (in m)	2	3		4	2,5

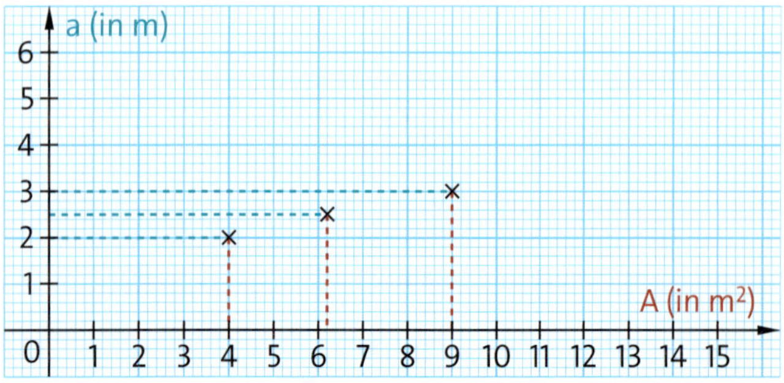

b) Zeit (in s) → zurückgelegter Weg (in m)

Zeit (in s)	0	1		3	4
Weg (in m)				15	20

Zuordnungen darstellen

Wertetabelle erstellen und Graphen zeichnen

Lineare Funktionen und Funktionsgleichungen

1 Gegeben sind ein x-Wert und die Geradengleichung $y = 2x - 1$.
Berechne zuerst den y-Wert.
Trage dann den y-Wert in die Wertetabelle ein.

a) $x = 1$ also $y = 2 \cdot 1 - 1 =$ ___ b) $x = 2$ also $y = 2 \cdot$ ___ $- 1 =$ ___

c) $x = 3$ also $y = 2 \cdot$ ___ $- 1 =$ ___ d) $x = 4$ also $y =$ ___

Tipp
① Ersetze x in der Geradengleichung.
② Berechne y.

x	1	2	3	4
y				

2 Berechne zuerst die y-Werte.
Trage dann die zugehörigen Punkte in das Koordinatensystem ein.
Zeichne danach die Gerade durch die Punkte.

Beispiel: $y = x + 1$

x	0	1
y	1	2

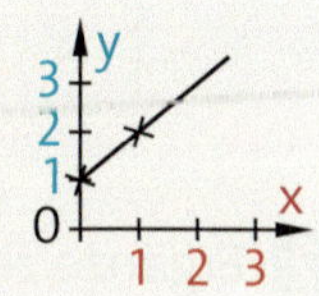

a) $y = x + 4$

x	0	1	2	3
y				

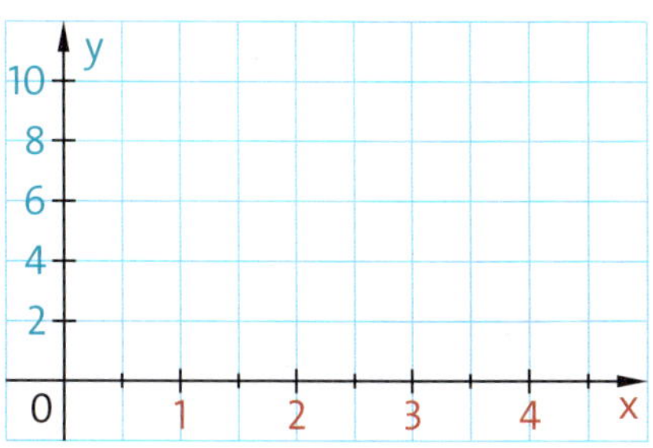

b) $y = -2x + 8$

x	0	1	2	3
y				

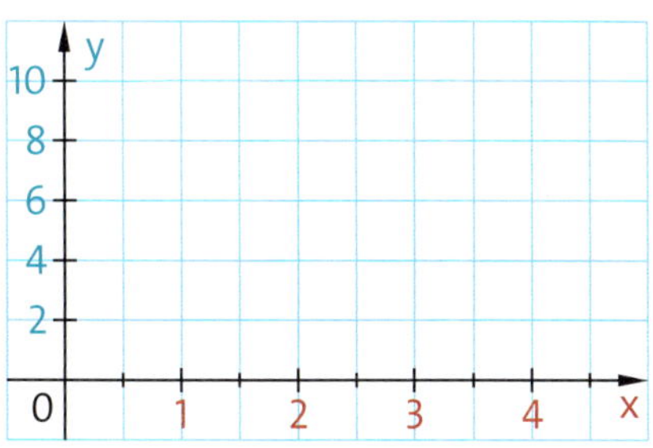

c) $y = 3x - 2$

x	0	1	2	3
y				

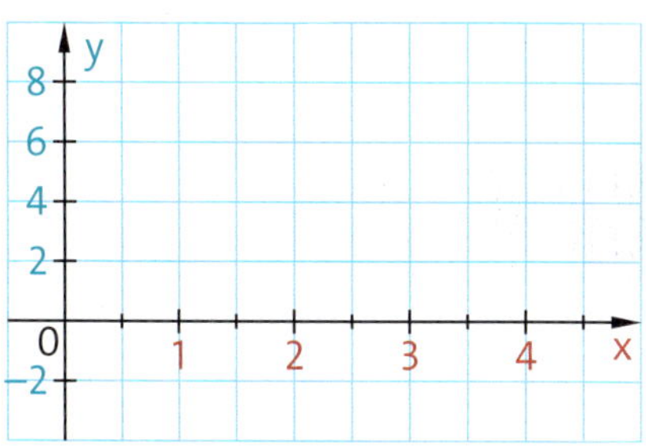

3 Eine Geradengleichung, eine Wertetabelle und ein Koordinatensystem gehören zusammen. Verbinde passend.
Ergänze dann die Wertetabelle und die Punkte auf der Geraden.

Tipp
Lies den x-Wert ab.
Ermittle dazu den y-Wert.

x	0	1	2	3
y			2	0

x	1	2	3	4
y			2	4

x	−2	−1	0	1
y	2	0		

$y = 2x - 4$ $y = -2x + 6$ $y = -2x - 2$

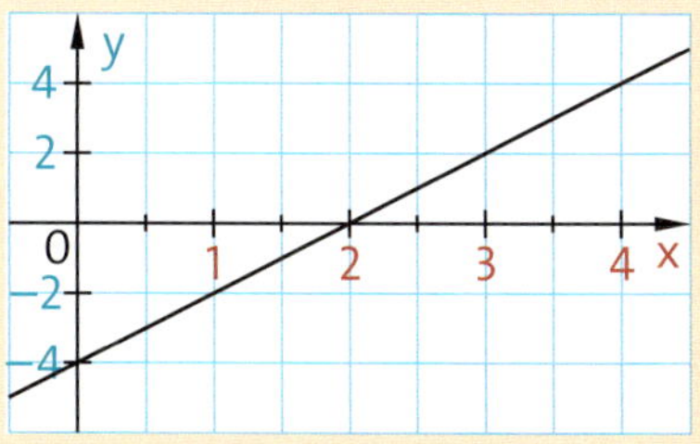

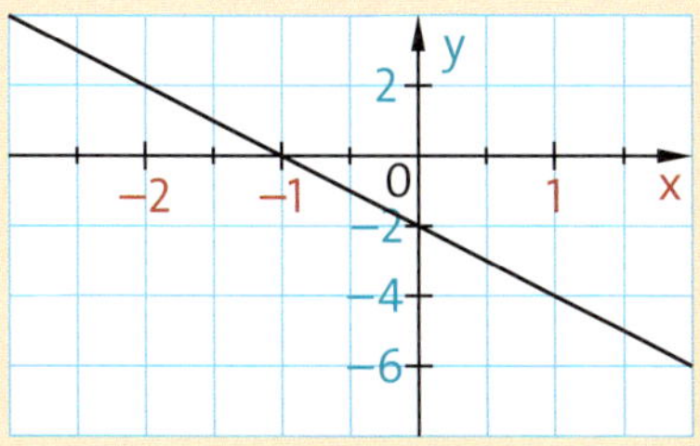

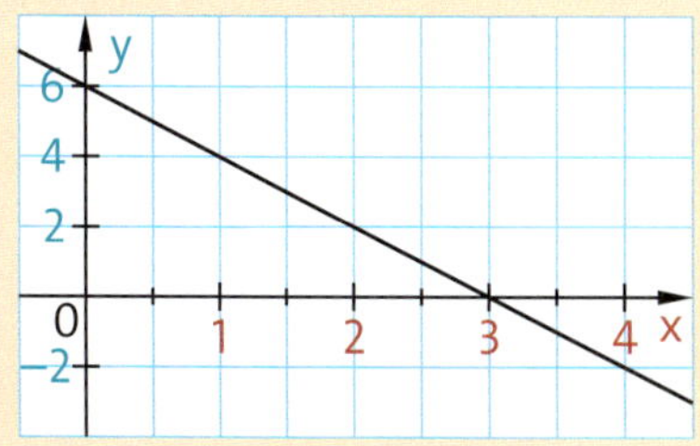

Lineare Funktionen

Wertetabelle erstellen und Graphen zeichnen

Lineare Funktionen und Funktionsgleichungen

1 Berechne jeweils zuerst den y-Wert für x = 2 und für x = 10.
Ergänze dann die Wertetabelle.

a) $y = 3x - 5$

$y = 3 \cdot 2 - 5 =$ ______

$y = 3 \cdot 10 - 5 =$ ______

x	2	10
y		

b) $y = -4x - 2$

$y = -4 \cdot 2 - 2 =$ ______

$y = -4 \cdot 10 - 2 =$ ______

x	2	10
y		

Tipp
① Ersetze x in der Geradengleichung.
② Berechne y.

Beispiel: $y = 6x + 1$

x	2	10
y	13	61

2 Ergänze zuerst die Wertetabelle.
Trage dann die zugehörigen Punkte in das Koordinatensystem ein.
Zeichne danach die Gerade durch die Punkte.

Beispiel:
$y = 6x + 1$

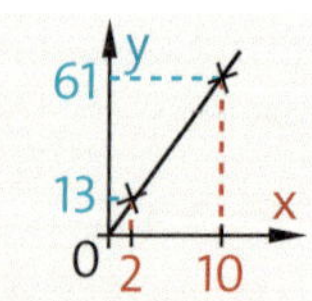

a) $y = x + 3$

x	–1	0	1	2
y				

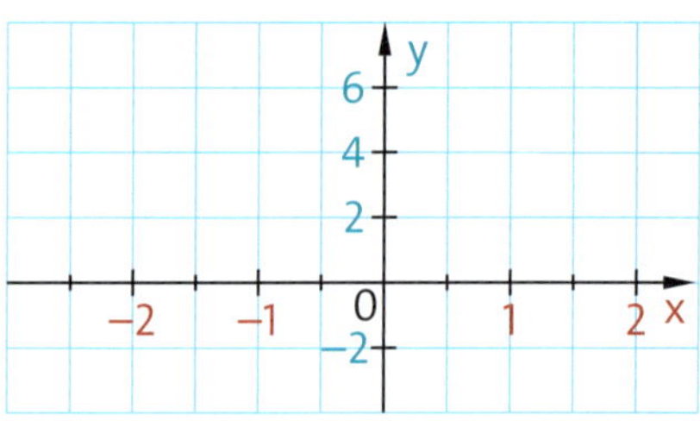

b) $y = 2x - 4$

x	–1	0	1	2
y				

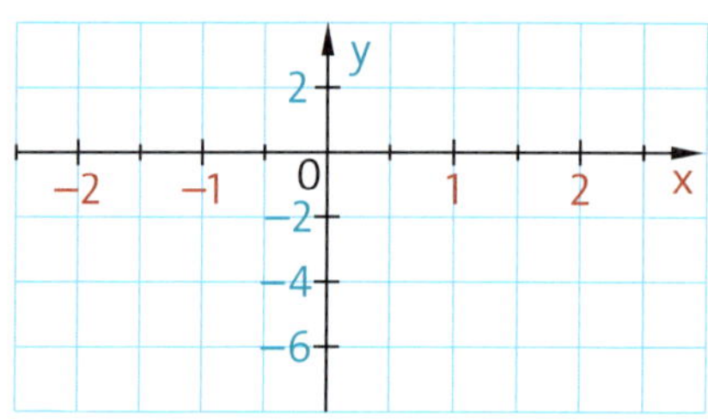

c) $y = -3x - 1$

x	–1	0	1	2
y				

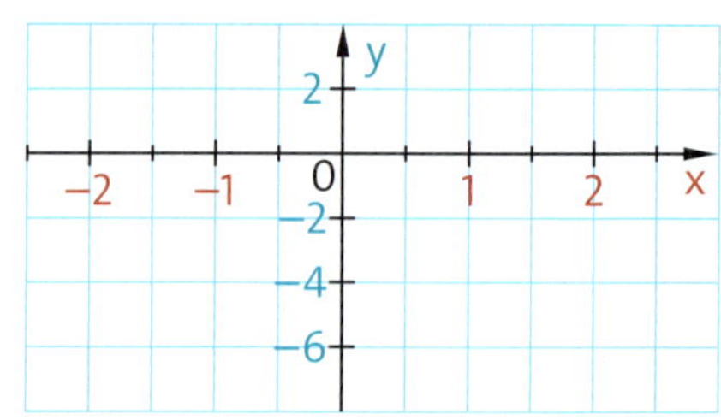

3 Verbinde zuerst die Geradengleichung mit der Wertetabelle und mit dem Koordinatensystem.
Ergänze dann die Wertetabellen und das Koordinatensystem.

Tipp
Prüfe, ob Punkte auf der Geraden liegen.

x	–1	0	1
y	5		

x	–1	0	1
y		–2	

x	–1	0	1
y			–5

$y = 2x - 2$

$y = -2x + 3$

$y = -3x - 2$

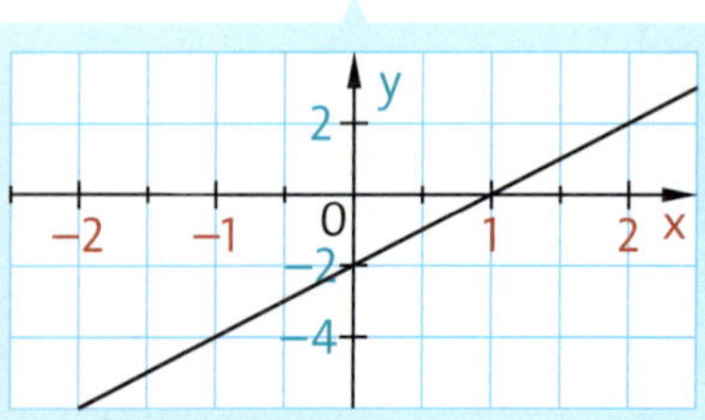

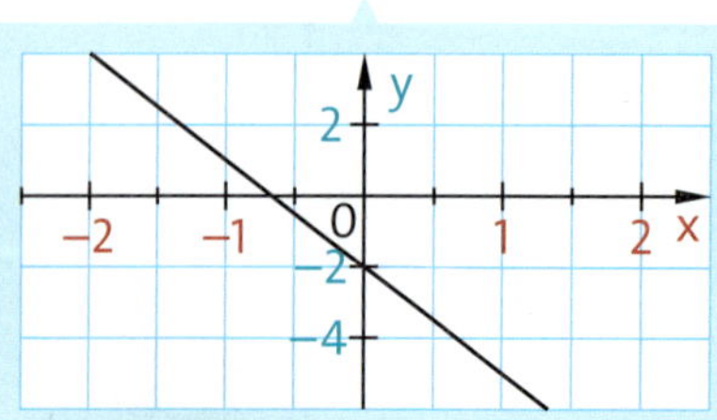

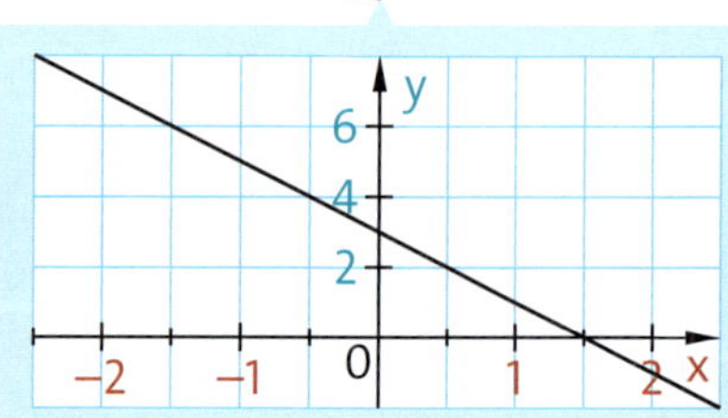

Lineare Funktionen

Wertetabelle erstellen und Graphen zeichnen

Lineare Funktionen und Funktionsgleichungen

Der Graph einer linearen Zuordnung ist eine Gerade.
Die Geradengleichung hat die Form $y = m \cdot x + b$.

Beispiel: $y = -5 \cdot x + 30$

Wertetabelle:

x	−1	0	1	2	3
y	35	30	25	20	15

Graph:

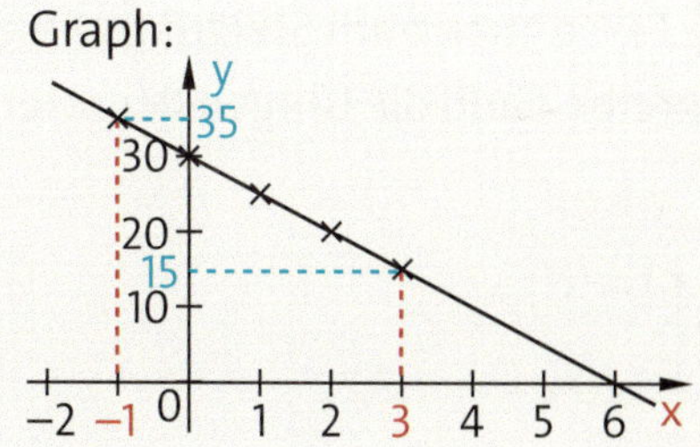

1 Berechne jeweils den y-Wert für $x = 10$, für $x = 11$ und für $x = -15$.

a) $y = 3x - 5$

$y = 3 \cdot 10 \quad - 5 =$ ______

$y = 3 \cdot 11 \quad - 5 =$ ______

$y = 3 \cdot (-15) \quad - 5 =$ ______

b) $y = -4x - 2$

$y = -4 \cdot$ ______ $- 2 =$ ______

$y = -4 \cdot$ ______ $- 2 =$ ______

$y = -4 \cdot$ ______ $- 2 =$ ______

c) $y = 0{,}4x + 10$

$y =$ ______

$y =$ ______

$y =$ ______

2 Ergänze die Wertetabellen. Zeichne die zugehörigen Punkte ins Koordinatensystem.

① $y = 7x + 10$

x	0	1	2	3
y				

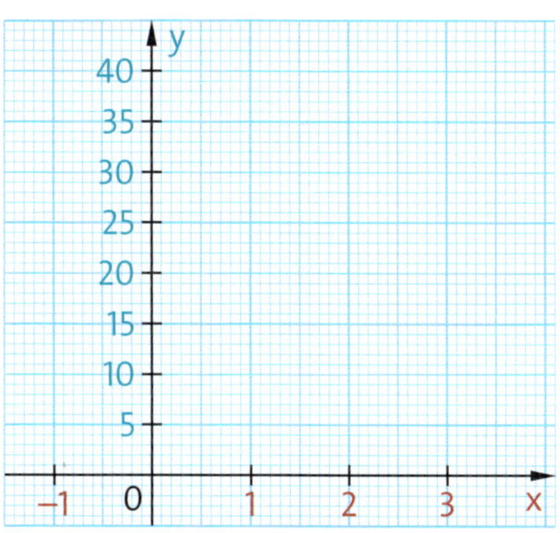

② $y = -11x + 40$

x	0	1	2	3
y				

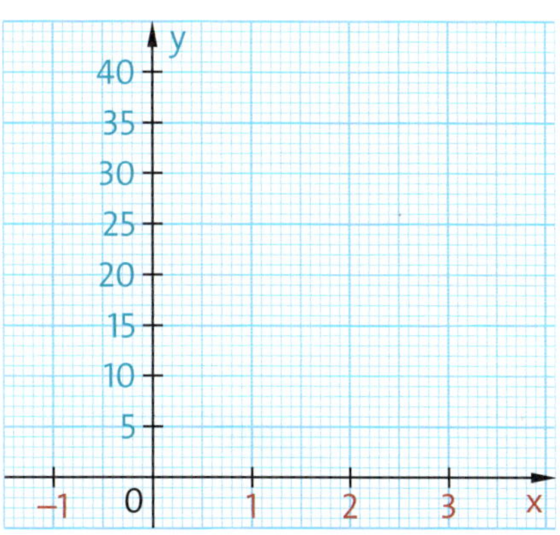

③ $y = 16x$

x	1	1,5	2	2,5
y				

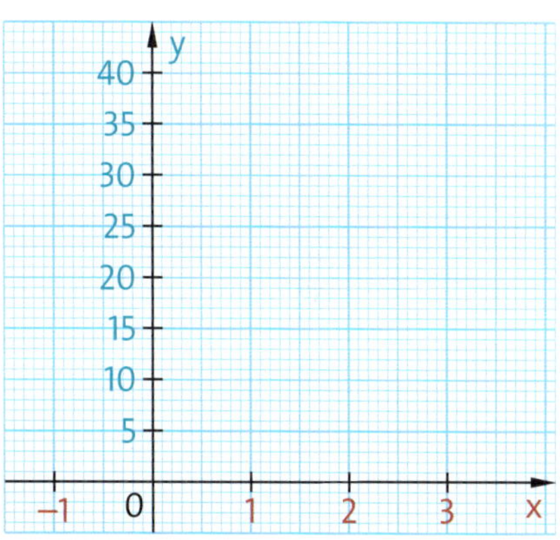

a) Zeichne eine Gerade durch die zugehörigen Punkte im Koordinatensystem.

b) Prüfe grafisch und rechnerisch, ob der Punkt $P(0{,}5 \mid 34{,}5)$ auf der Geraden liegen kann. Kreuze an.

① $y = 7x + 10$

______

☐ ja ☐ nein

② $y = -11x + 40$

______

☐ ja ☐ nein

③ $y = 16x$

______

☐ ja ☐ nein

c) Schreibe zuerst die Nummer der passenden Geradengleichung hinter den Satz. Ergänze dann.

Eine Weinbergschnecke kriecht mit ______ pro Minute einen Stab hoch. Sie startet bei 10 cm. ______

Eine Wellhornschnecke kriecht mit ______ pro Minute in der Nordsee voran. ______

Eine Nachtschnecke kriecht zum ______ entfernten Salat mit 11 cm pro Minute. ______

Lineare Funktionen

Graphen zeichnen

Funktionsgleichung bestimmen

Proportionale Funktionen und Steigung

1 Färbe zuerst am Steigungsdreieck die Strecken passend rot oder blau ein. Schreibe dann die Längen der roten und blauen Strecken an das Steigungsdreieck.

a) $y = \frac{2}{7}x$

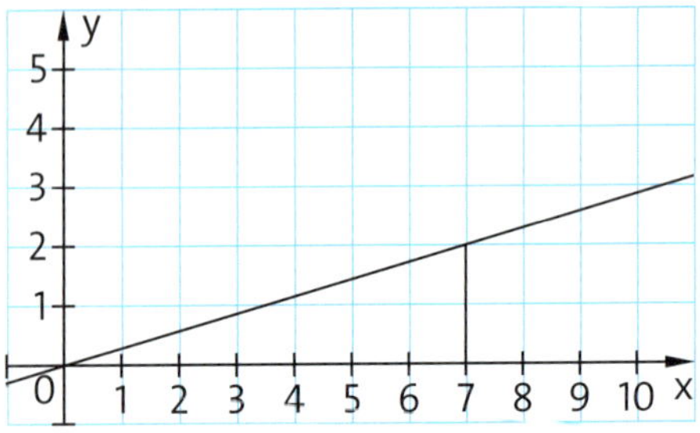

b) $y = \frac{5}{7}x$

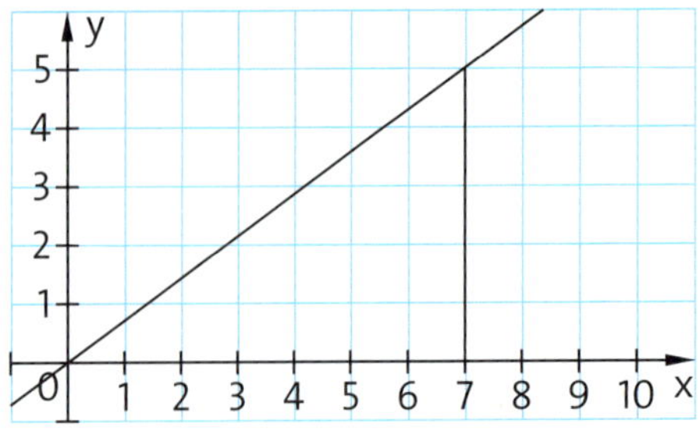

Tipp
Zähle die Kästchen.

Beispiel:

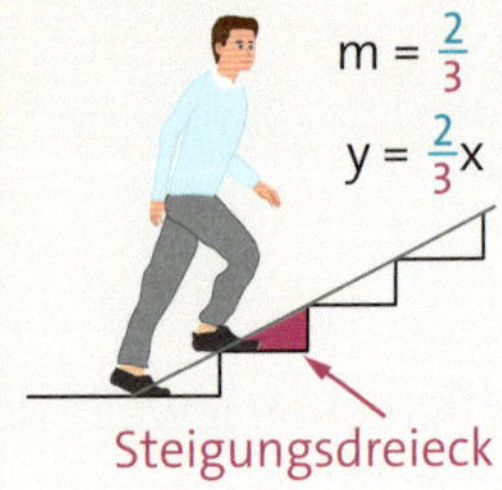

2 Schreibe an die Steigungsdreiecke die Längen der roten und blauen Strecken. Verbinde dann die Funktionsgleichung mit ihrem Graphen.

Beispiel:

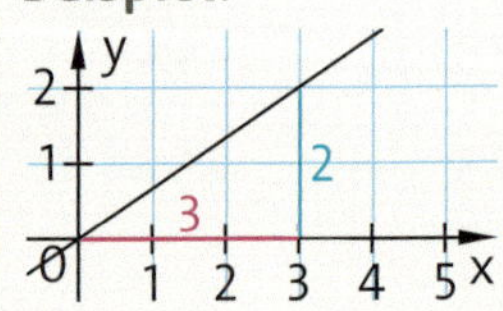

$y = \frac{2}{5}x$ $y = \frac{3}{5}x$ $y = \frac{4}{5}x$ $y = \frac{1}{5}x$

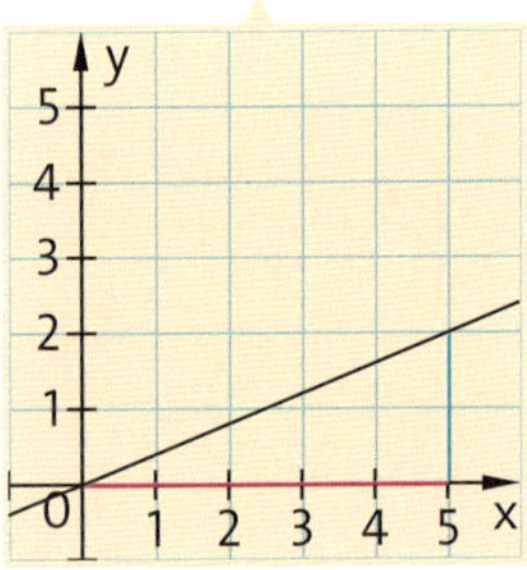

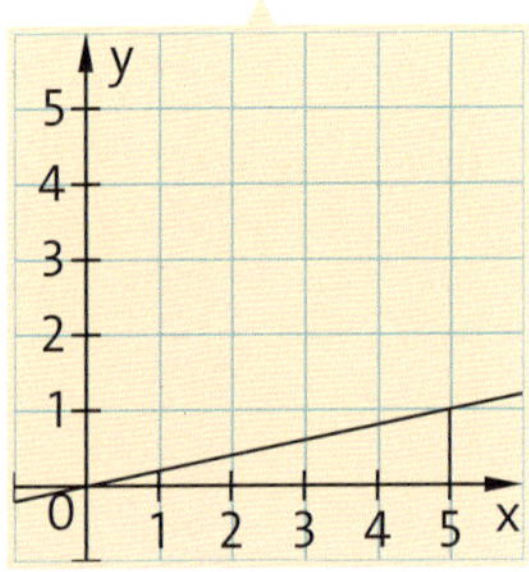

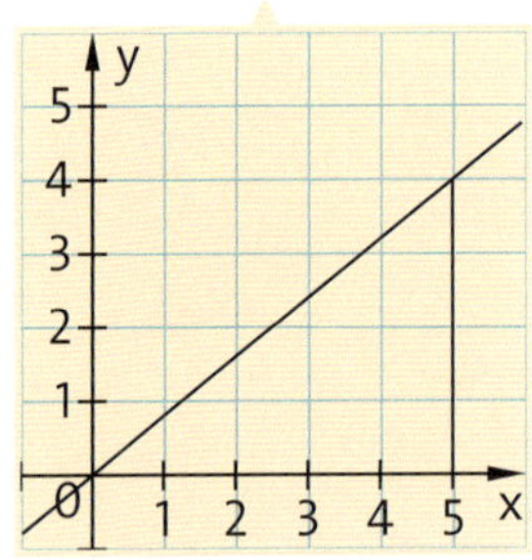

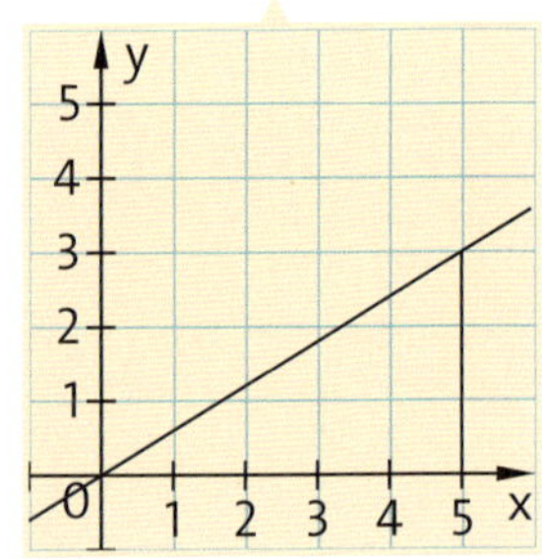

3 Zeichne den Graphen mit einem Steigungsdreieck. Beginne im Ursprung (0|0).

Tipp
$y = m \cdot x$ mit der Steigung $m = \frac{y}{x}$

a) $y = \frac{1}{6}x$

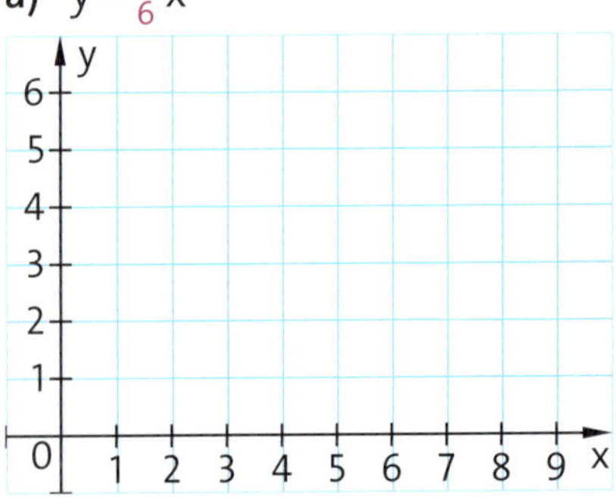

b) $y = \frac{4}{5}x$

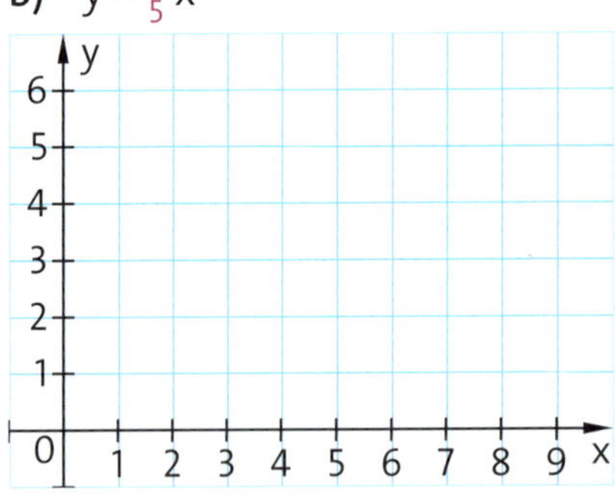

c) $y = \frac{4}{7}x$

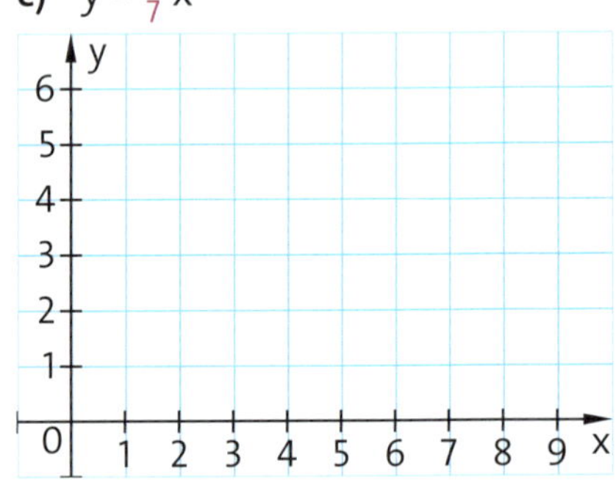

4 Kreuze Zutreffendes an.

a)

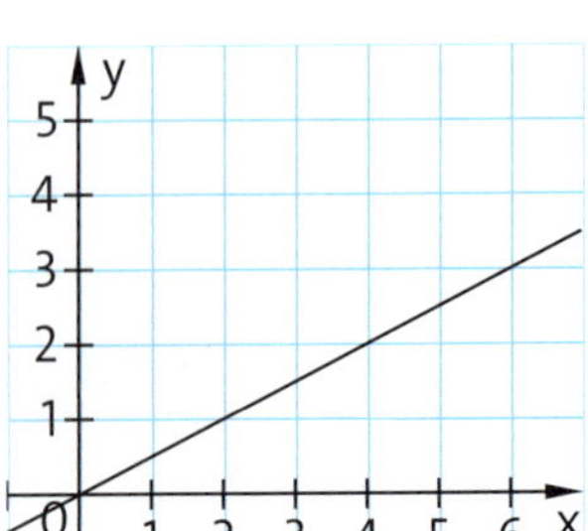

- ☐ $y = \frac{1}{2}x$
- ☐ $y = \frac{2}{4}x$
- ☐ $y = 0{,}5x$

b)

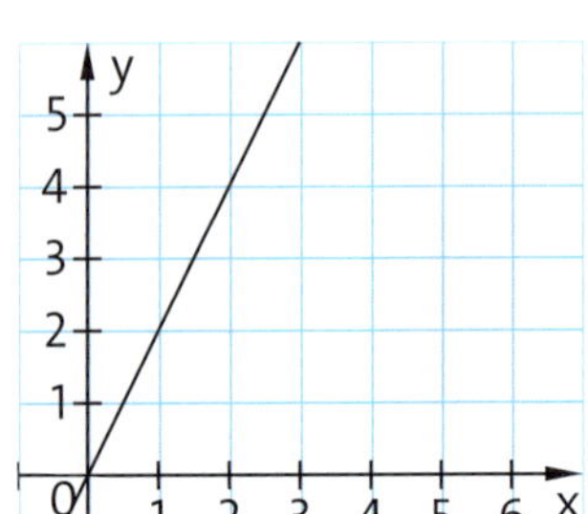

- ☐ $y = \frac{2}{1}x$
- ☐ $y = \frac{4}{2}x$
- ☐ $y = 2x$

Proportionale Funktionen

Proportionale Funktionen und Steigung

1 Färbe zuerst am Steigungsdreieck die Strecken passend rot und blau ein. Ergänze dann die Funktionsgleichung.

a) $y = \frac{\quad}{3}x$ b) $y = \frac{\quad}{\quad}x$ c) $y = \frac{\quad}{\quad}x$

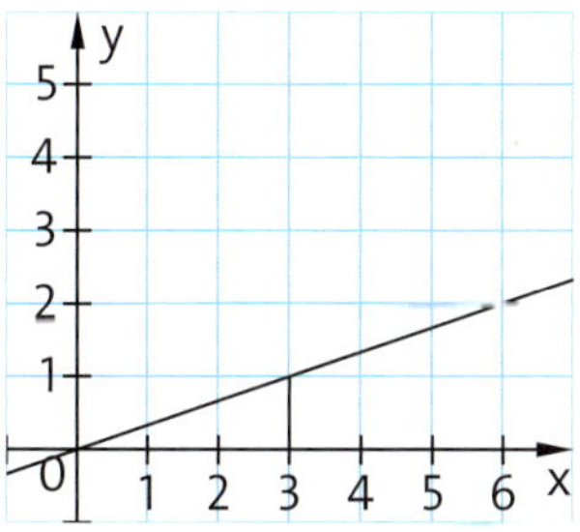
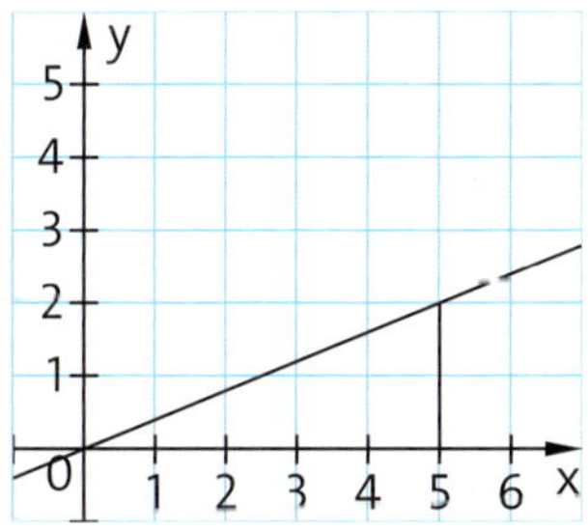
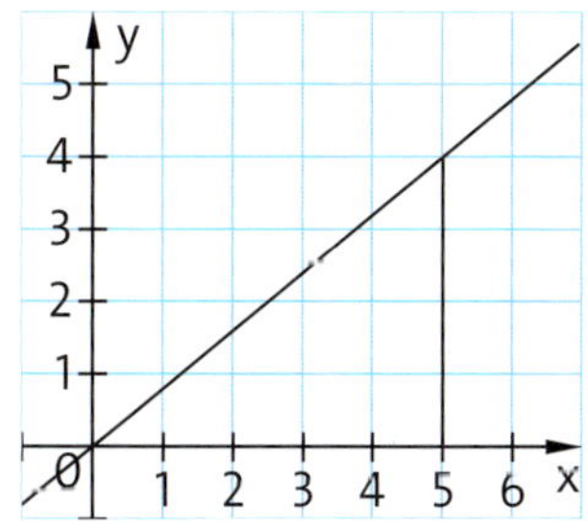

Tipp
m nennt man Steigung.
Es gilt $m = \frac{y}{x}$.

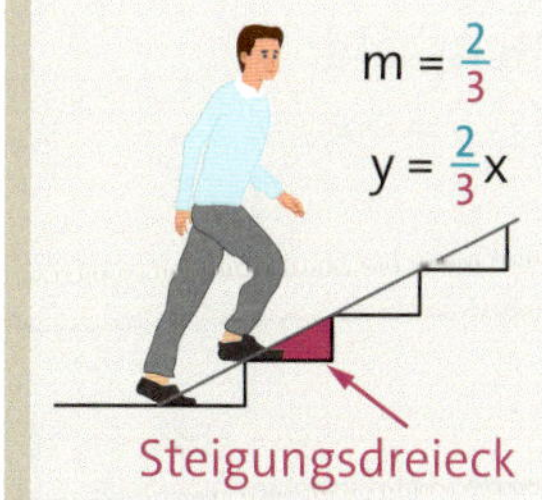

2 Zeichne den Graphen mit einem Steigungsdreieck. Beginne im Ursprung (0|0).

Tipp
$y = m \cdot x$ mit der Steigung $m = \frac{y}{x}$

a) $y = \frac{1}{7}x$ b) $y = \frac{6}{7}x$ c) $y = \frac{5}{6}x$

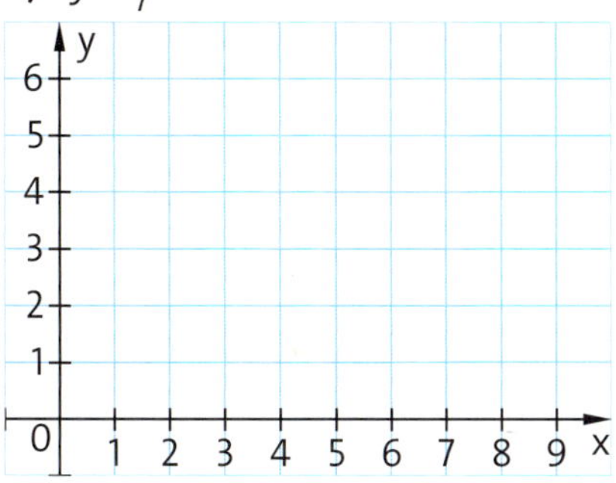
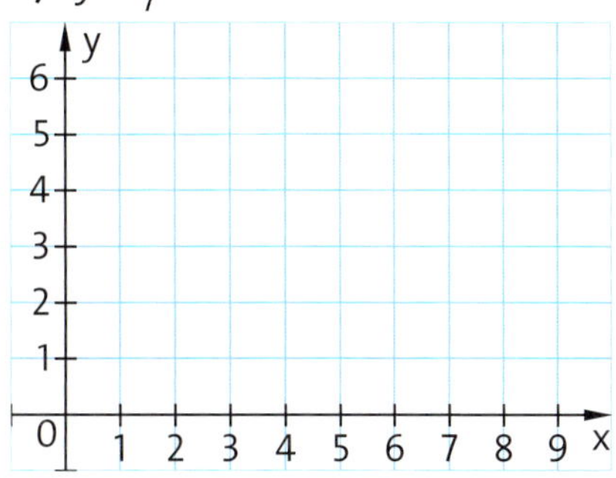
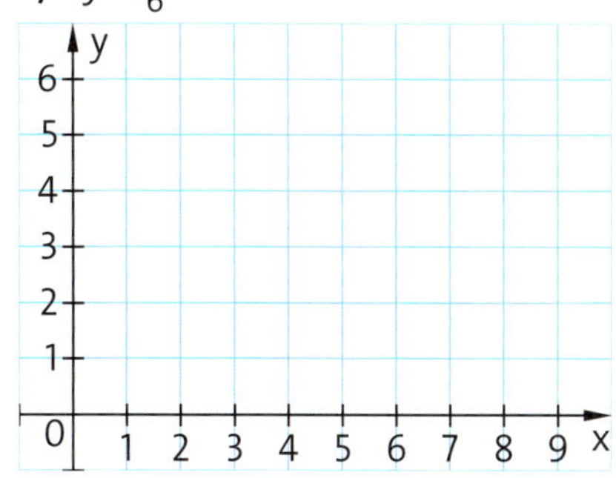

3 Finde die Funktionsgleichung der Form $y = m \cdot x$. Nummeriere die Schritte in der richtigen Reihenfolge.

____ Setze die Steigung m in die Funktionsgleichung $y = mx$ ein.

____ Bestimme die Steigung $m = \frac{y}{x}$. Ermittle dafür Längen am Steigungsdreieck.

____ Zeichne vom Punkt aus eine senkrechte Strecke zur x-Achse. Du erhältst ein Steigungsdreieck.

____ Wähle auf dem Graphen einen Punkt mit ganzzahligen Werten.

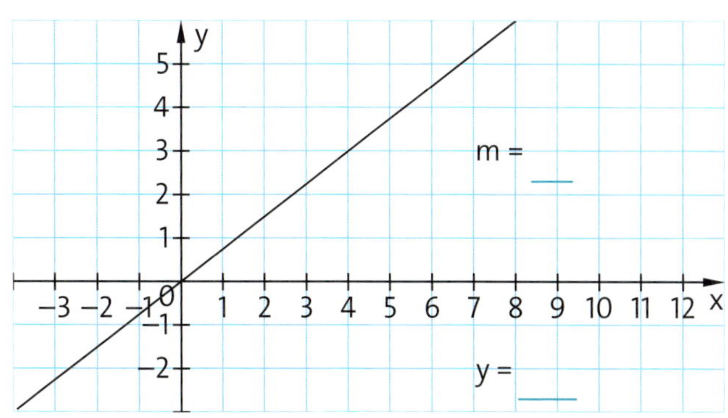

4 Finde die Funktionsgleichung der Form $y = m \cdot x$. Gehe vor wie in Aufgabe 3.

a) y = ____   b) y = ____   c) y = ____

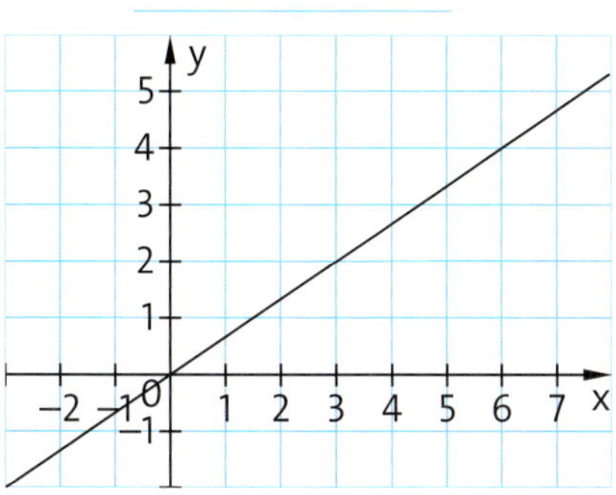
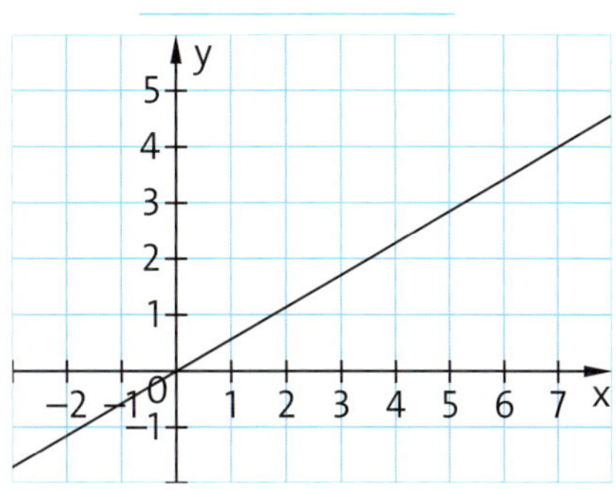
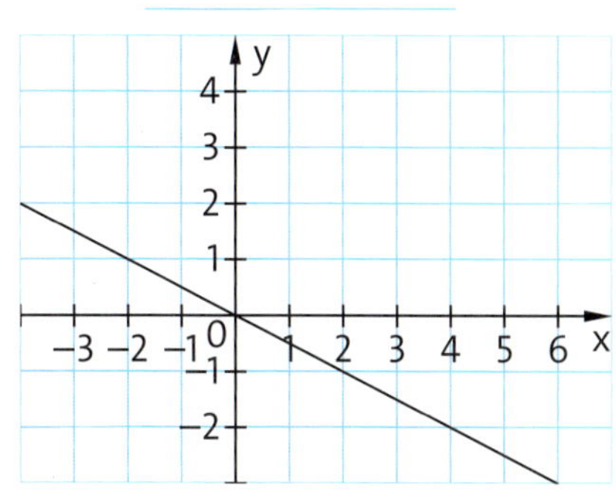

Graphen zeichnen

Funktionsgleichung bestimmen

Proportionale Funktionen und Steigung

Jede proportionale Funktion hat eine Gleichung der Form $y = m \cdot x$.
m nennt man Steigung. Es gilt $m = \frac{y}{x}$.
Der Graph ist eine Ursprungsgerade, er verläuft also durch (0 | 0).

Beispiele:

① $y = \frac{2}{3}x$

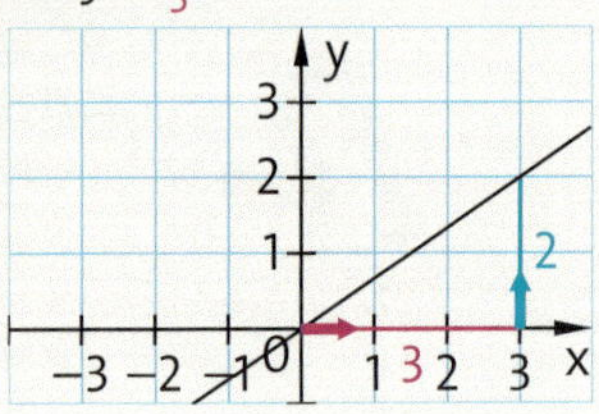

② $y = 2x = \frac{2}{1}x$

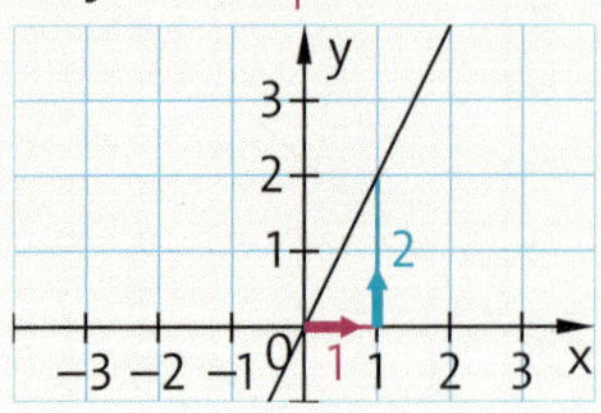

③ $y = -2x = \frac{2}{-1}x$

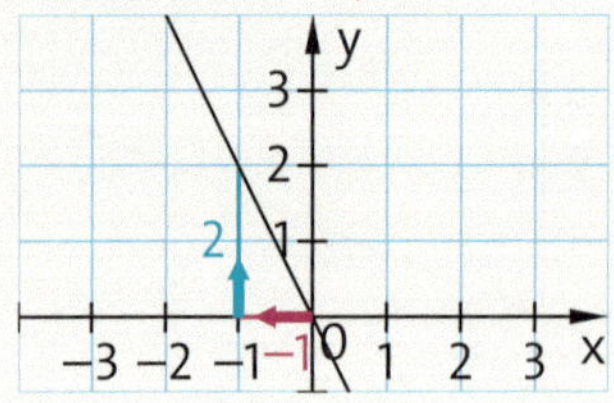

④ $y = -\frac{2}{3}x = \frac{2}{-3}x$

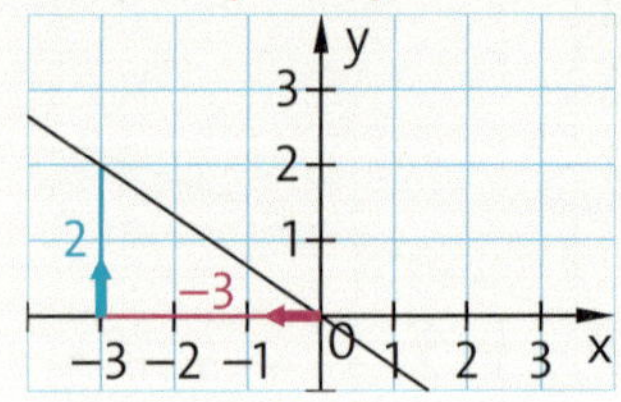

1 Schreibe zuerst die Längen der waagerechten und der senkrechten Strecke an das Steigungsdreieck. Ergänze dann die Funktionsgleichung.

a) $y = \frac{\quad}{3}x$

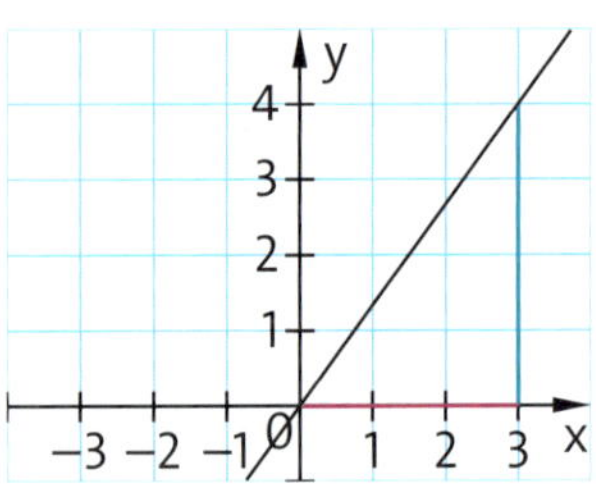

b) $y = \frac{\quad}{\quad}x$

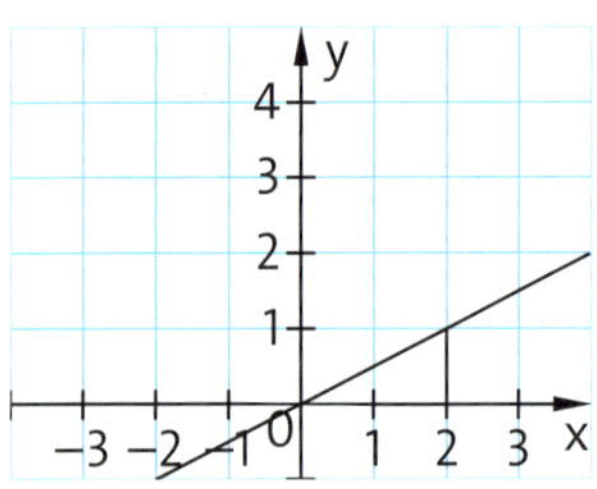

c) $y = \frac{\quad}{\quad}x$

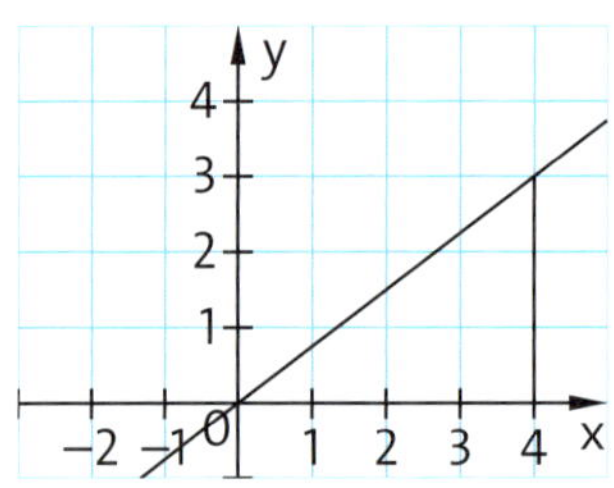

d) $y = -\frac{\quad}{\quad}x$

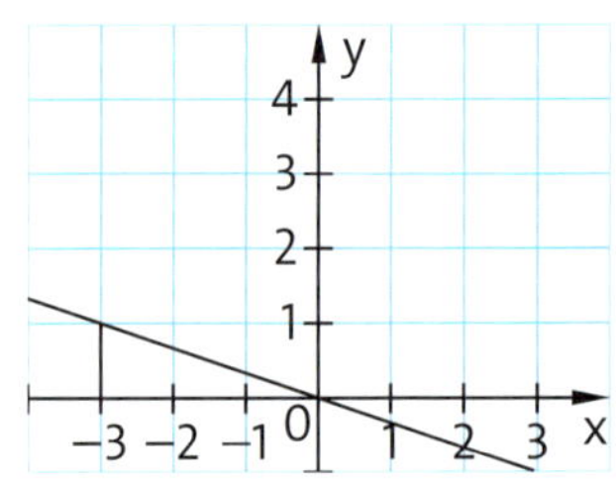

2 Zeichne den Graphen der proportionalen Funktion mit einem Steigungsdreieck.

a) $y = \frac{1}{4}x$

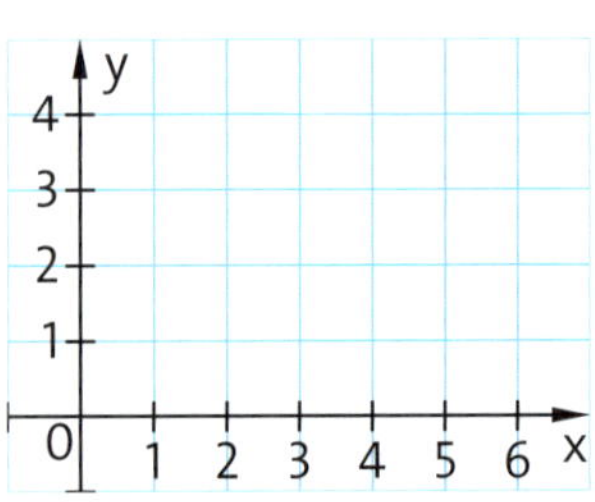

b) $y = \frac{3}{2}x$

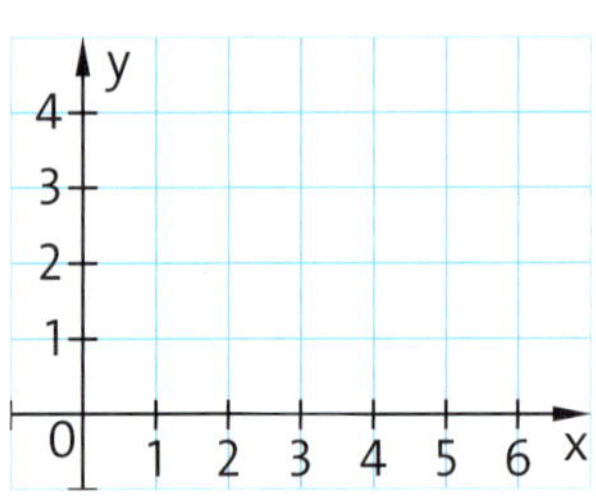

c) $y = \frac{3}{5}x$

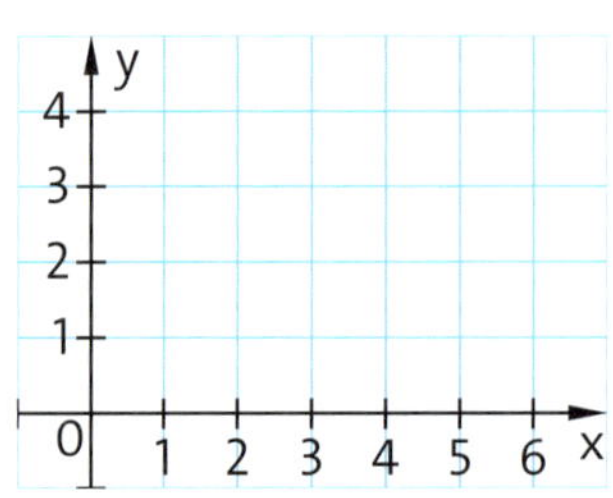

d) $y = 4x$

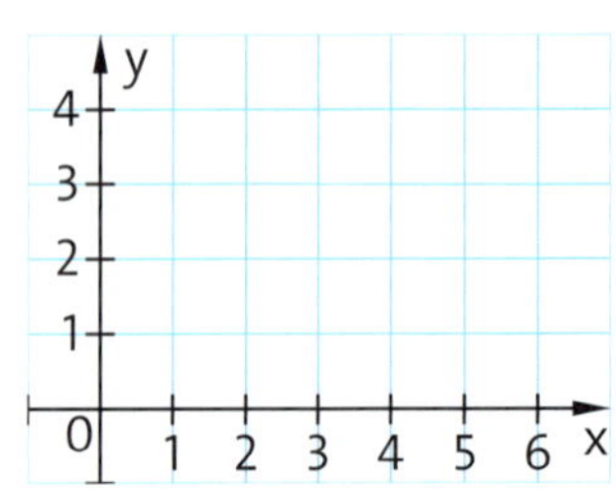

3 Treppen

a) Ergänze die Steigung m. Begründe im Bild.

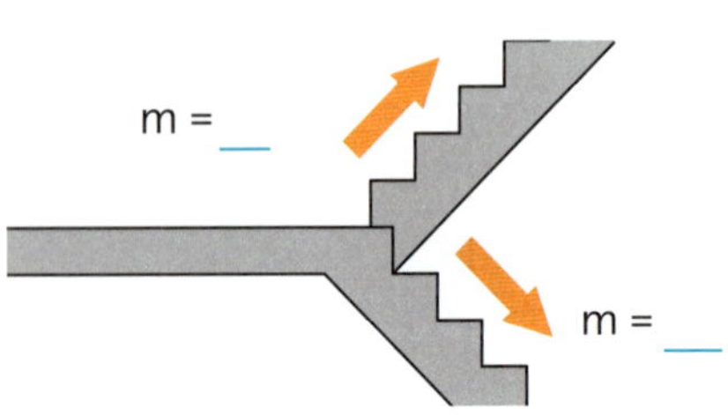

Zeigt die Zeichnung eine normale Treppe?

b) Zeichne drei Stufen einer Treppe mit der Steigung m = 0,7.

Proportionale Funktionen

Der y-Achsenabschnitt

1 Unterstreiche den y-Achsenabschnitt b.

a) $y = 5x + 2$ b) $y = \frac{7}{9}x - \frac{2}{7}$ c) $y = -\frac{3}{7}x - \frac{2}{3}$

d) $y = 0{,}4x + 0{,}2$ e) $y = \frac{5}{9}x - \frac{4}{7}$ f) $y = 8x - \frac{1}{7}$

Tipp
$y = m \cdot x + b$

Beispiel:
$y = 2x \underline{+ 1}$

2 Gib die Steigung m und den y-Achsenabschnitt b an.

a) $y = 2x + 3$ b) $y = -\frac{3}{5}x + \frac{2}{3}$ c) $y = \frac{1}{5}x - \frac{2}{3}$

m = ______ m = ______ m = ______

b = ______ b = ______ b = ______

Tipp
$y = m \cdot x + b$

Beispiel: $y = 2x + 1$
$m = 2$
$b = 1$

3 Markiere den y-Achsenabschnitt b in der Zeichnung.

a) $y = \frac{2}{7}x + 3$

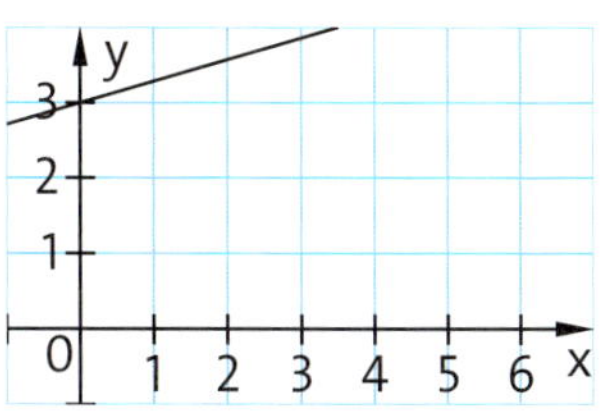

b) $y = \frac{2}{7}x + 1$

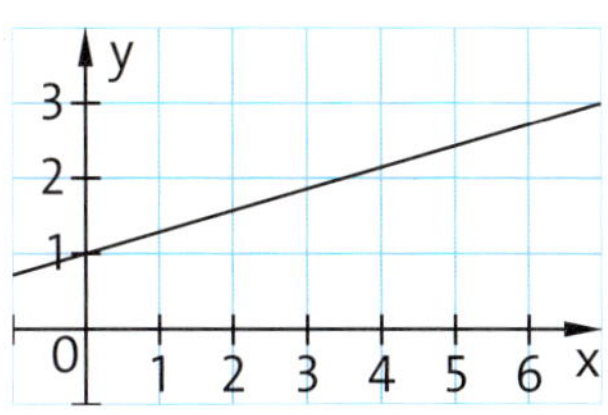

c) $y = \frac{2}{7}x - 2$

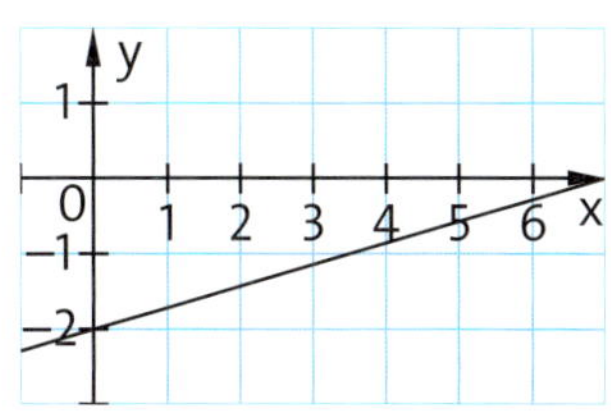

Beispiel: $y = \frac{2}{7}x + 2$

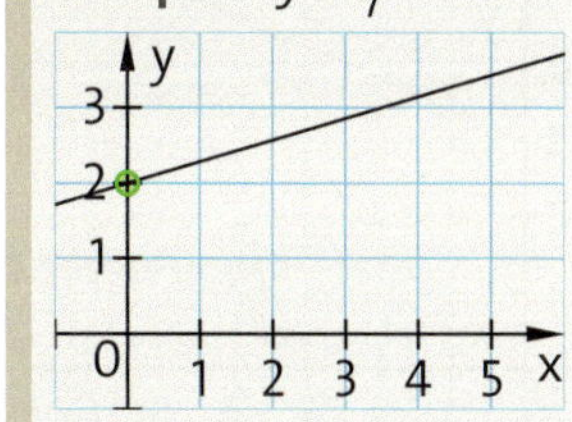

4 Markiere zuerst jeweils den Punkt (0 | b).
Ergänze dann die Funktionsgleichungen.

Tipp
Die Gerade schneidet die y-Achse im P(0 | b).

a) $y = \frac{1}{2}x$ ______

$y = \frac{1}{2}x$ ______

$y = \frac{1}{2}x$ ______

$y = \frac{1}{2}x$ ______

$y = \frac{1}{2}x$ ______

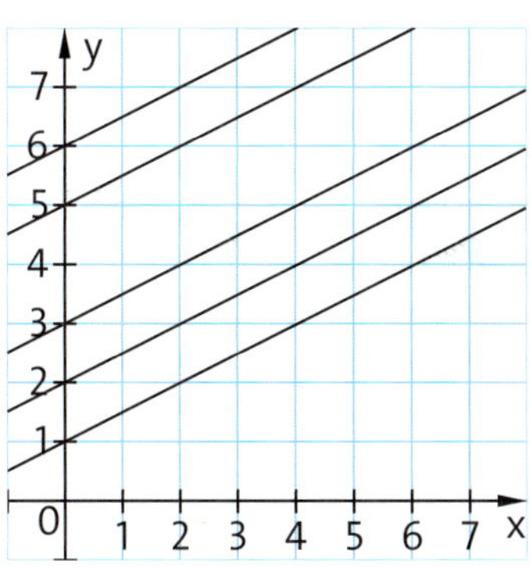

b) $y = \frac{2}{5}x$ ______

$y = \frac{2}{5}x$ ______

$y = \frac{2}{5}x$ ______

$y = \frac{2}{5}x$ ______

$y = \frac{2}{5}x$ ______

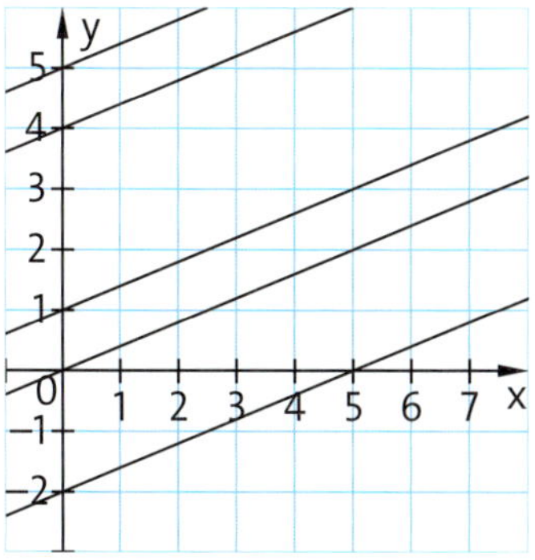

5 Markiere zuerst den y-Achsenabschnitt b.
Zeichne dann die Gerade mithilfe eines Steigungsdreiecks.

a) $y = \frac{1}{2}x + 1$

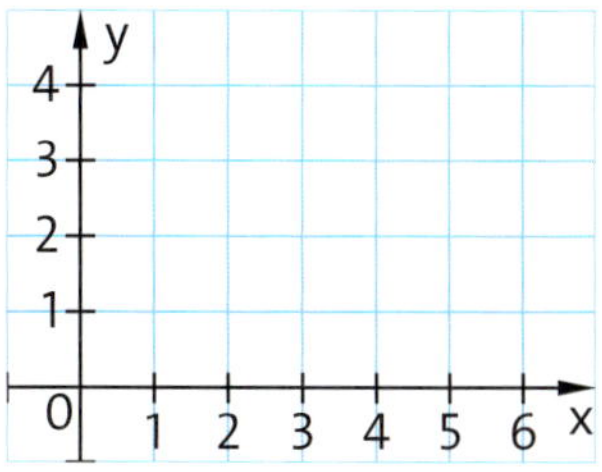

b) $y = \frac{2}{5}x + 1$

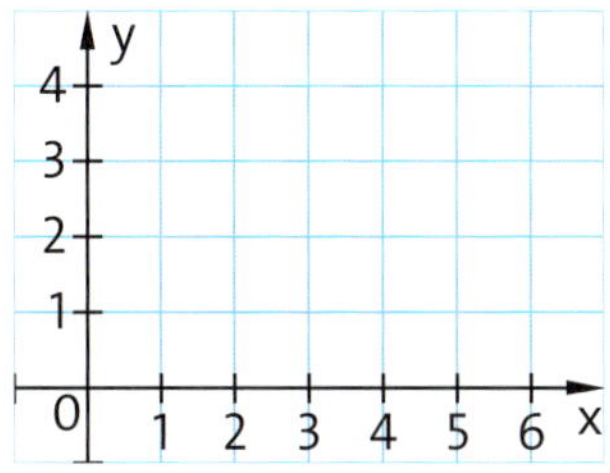

c) $y = \frac{2}{5}x + 3$

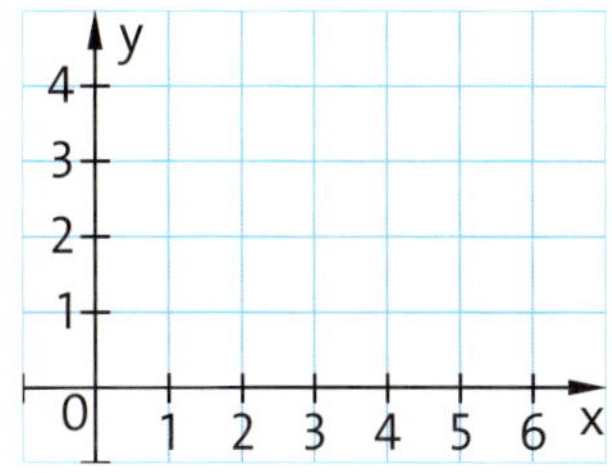

Tipp $y = \frac{2}{3}x$

Beispiel:

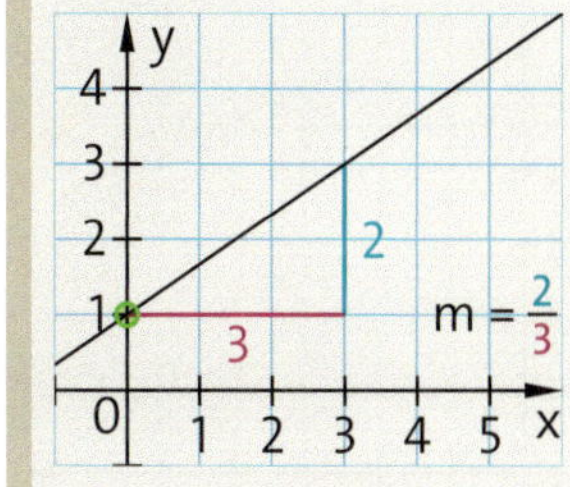

Der y-Achsenabschnitt

1 Unterstreiche den y-Achsenabschnitt b und die Steigung m mit unterschiedlichen Farben.

a) $y = 7x + 3$ **b)** $y = \frac{17}{19}x - \frac{2}{17}$ **c)** $y = -\frac{3}{11}x - \frac{2}{3}$

d) $y = 0{,}41x + 0{,}23$ **e)** $y = \frac{17}{19}x - \frac{2}{17}$ **f)** $y = \frac{17}{19}x - \frac{2}{17}$

Tipp
$y = m \cdot x + b$

Beispiel: $y = 2x + 1$
$m = 2$
$b = 1$

2 Ergänze die Funktionsgleichungen.

a) $m = 5;\ b = 3$
y = ______ x ______

b) $m = 0{,}6;\ b = 0{,}5$
y = ______ x ______

c) $m = -7;\ b = 8$
y = ______ + ______ x

d) $m = 0{,}5;\ b = -3$
y = ______ x ______

3 Markiere den y-Achsenabschnitt b in der Zeichnung.

a) $y = \frac{3}{7}x + 3$

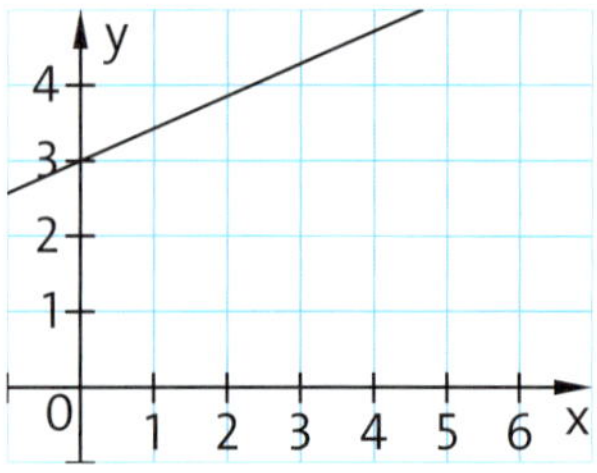

b) $y = \frac{3}{7}x + 2$

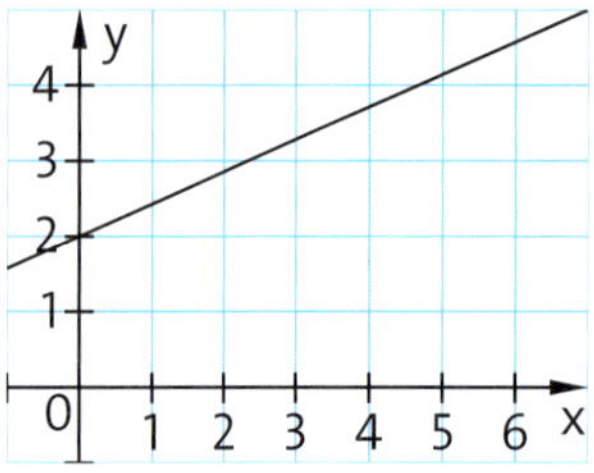

c) $y = \frac{3}{7}x - 1$

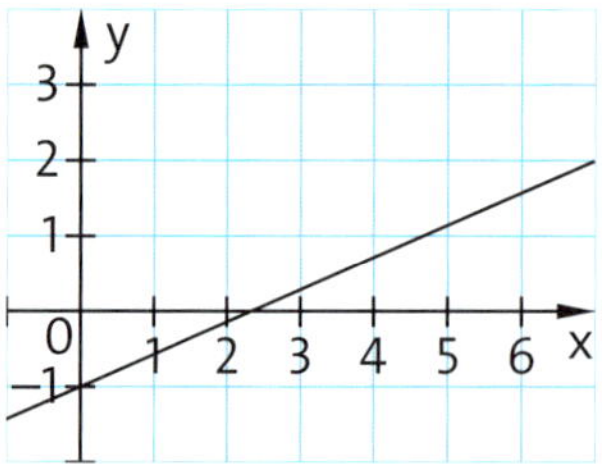

Beispiel: $y = \frac{2}{7}x + 2$

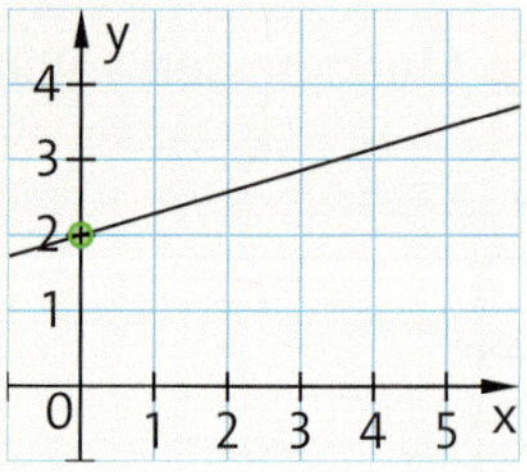

4 Markiere zuerst in der Zeichnung den Punkt P(0 | b).
Verbinde dann die Funktionsgleichung mit dem passenden Graphen.

$y = 0{,}5x - 2$ $y = -0{,}5x - 2$ $y = 0{,}5x + 1$ $y = -0{,}5x + 2$

Tipp
Die Gerade schneidet die y-Achse im Punkt P(0 | b).

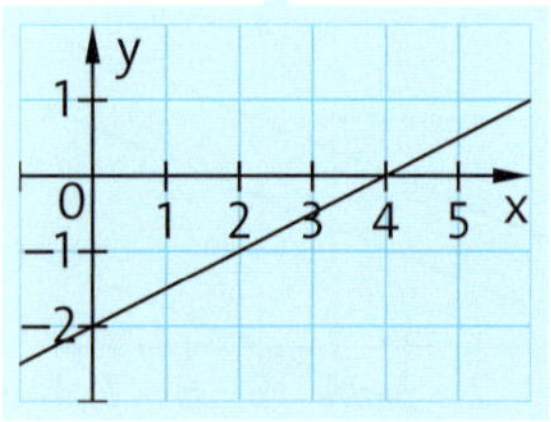

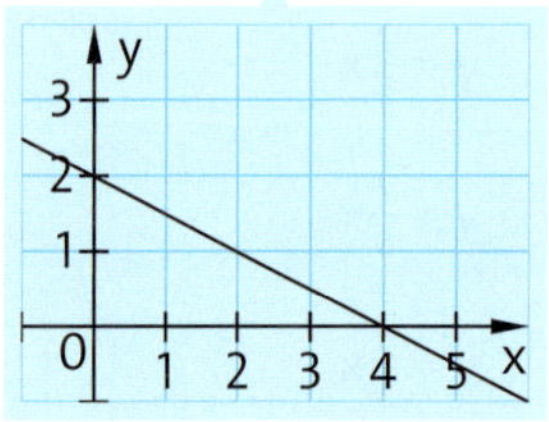

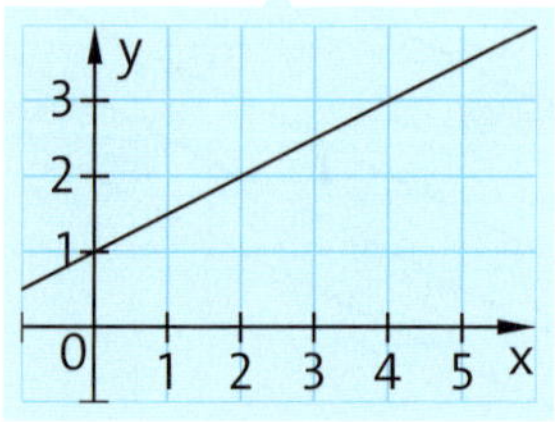

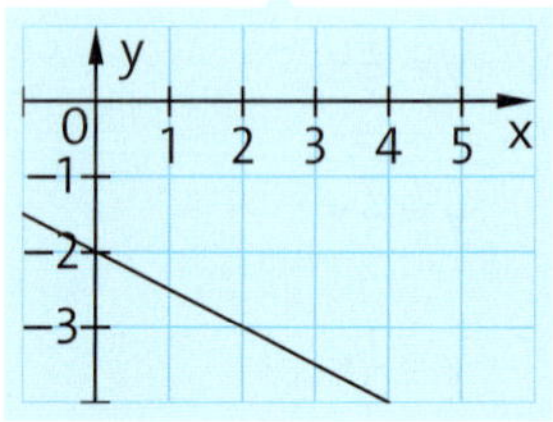

5 Markiere zuerst den y-Achsenabschnitt b.
Zeichne dann die Gerade mithilfe eines Steigungsdreiecks.

a) $y = \frac{3}{2}x + 2$

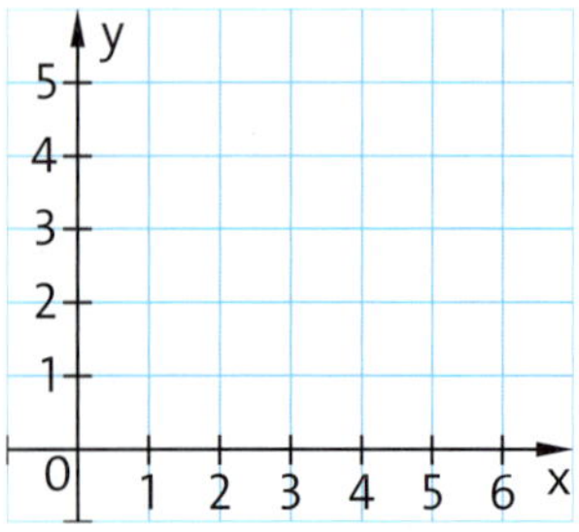

b) $y = 2x + 1$

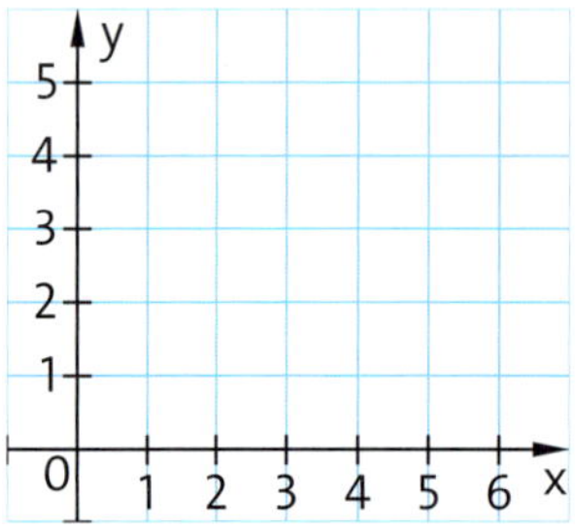

c) $y = x + 3$

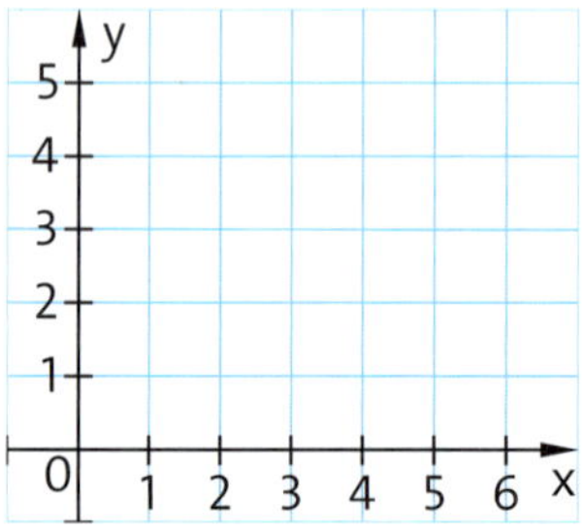

Beispiel:

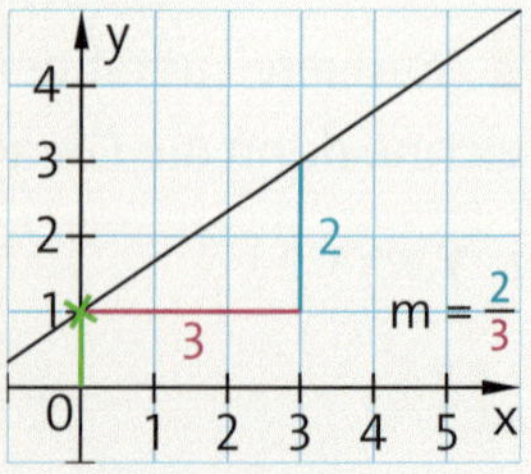

Der y-Achsenabschnitt

Jede lineare Funktion hat eine Gleichung der Form $y = m \cdot x + b$.
m ist die Steigung. Es gilt $m = \frac{y}{x}$.
b ist der y-Achsenabschnitt.
Der Graph ist eine Gerade, die durch den Punkt P(0 | b) verläuft.

Beispiele:

① $y = \frac{2}{3}x + 2$

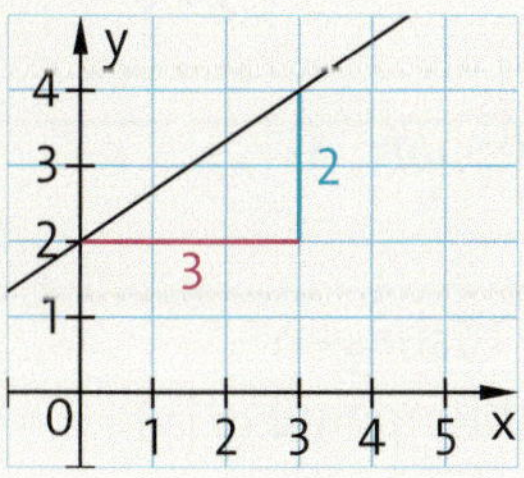

② $y = 2x + 1$

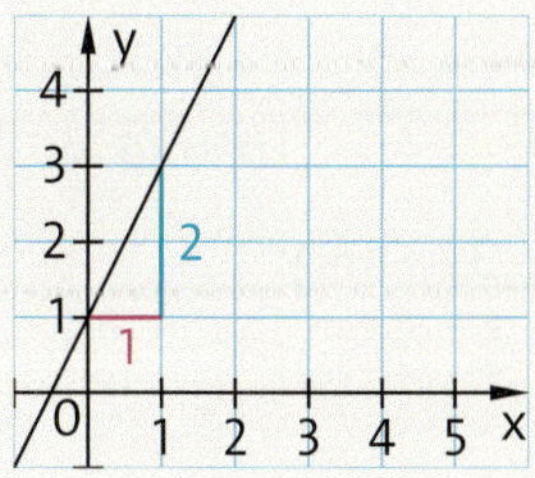

③ $y = -2x + 1$

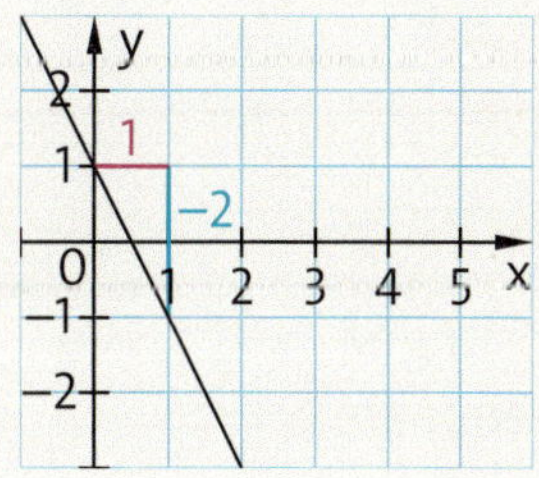

④ $y = -\frac{2}{3}x - 1$

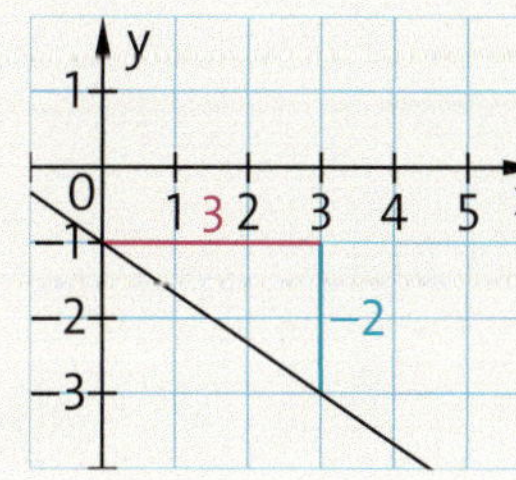

1 Gib die Steigung m und den y-Achsenabschnitt b an.

a) $y = 9x + 7$

m = ______

b = ______

b) $y = \frac{7}{10}x - \frac{10}{11}$

m = ______

b = ______

c) $-\frac{8}{9} - \frac{3}{8}x = y$

m = ______

b = ______

d) $0{,}7x = y$

m = ______

b = ______

2 Markiere zuerst in der Zeichnung den Punkt P(0 | b).
Verbinde dann die Funktionsgleichung mit dem passenden Graphen, wenn möglich.

$y = 1{,}5x - 2$ | $y = -2x - 1{,}5$ | $y = 1{,}5x + 2$ | $y = -2x + 1{,}5$ | $y = 2 - 1{,}5x$

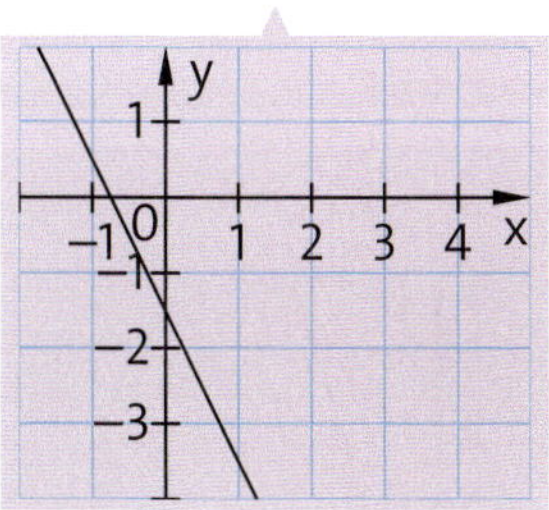

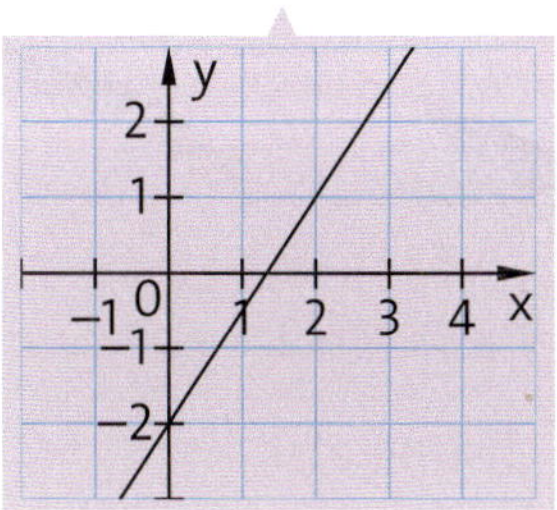

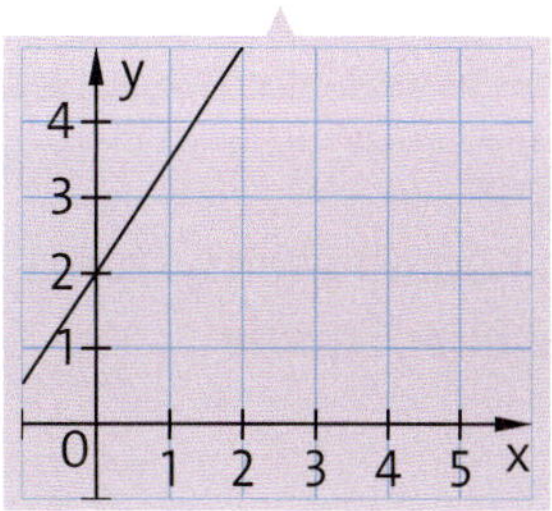

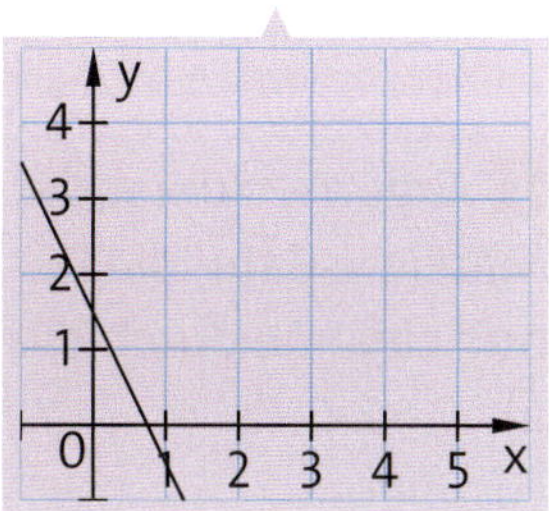

3 Zeichne die Geraden.

a) $y = \frac{4}{5}x + 1$

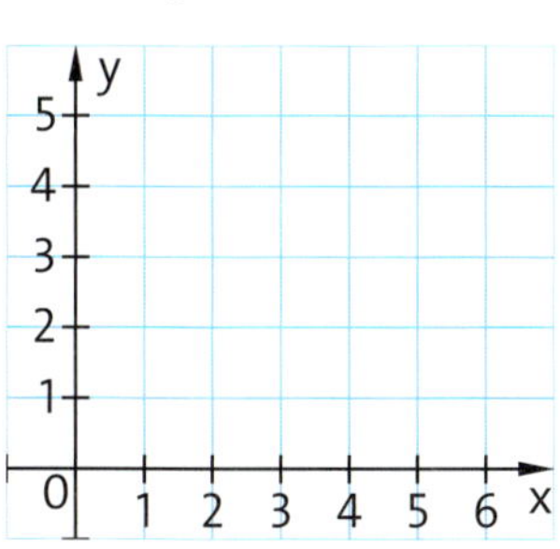

b) $y = 0{,}8x - 2$

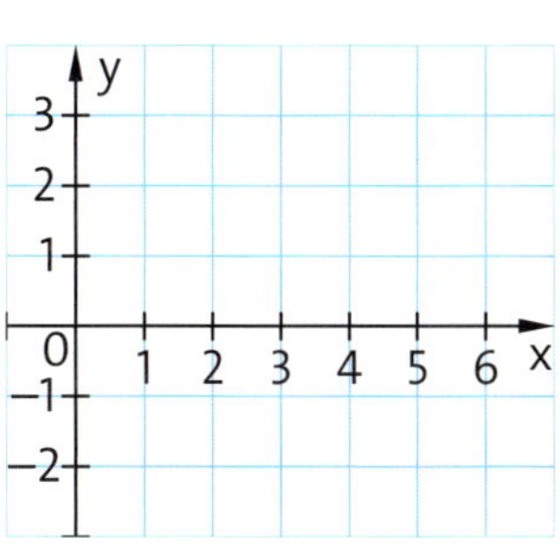

c) $y = 2x - 1$

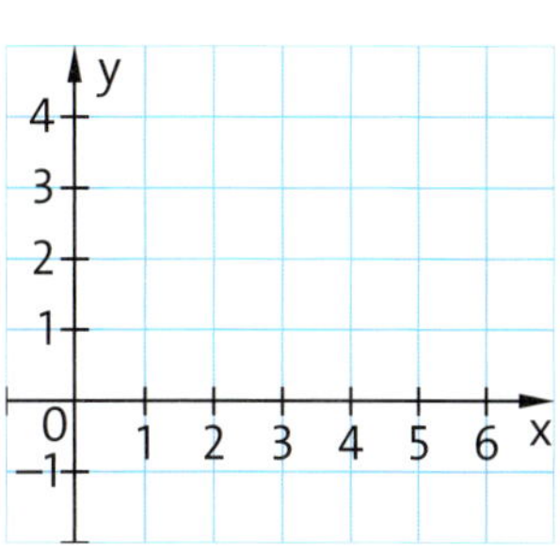

d) $2x - 2 = y$

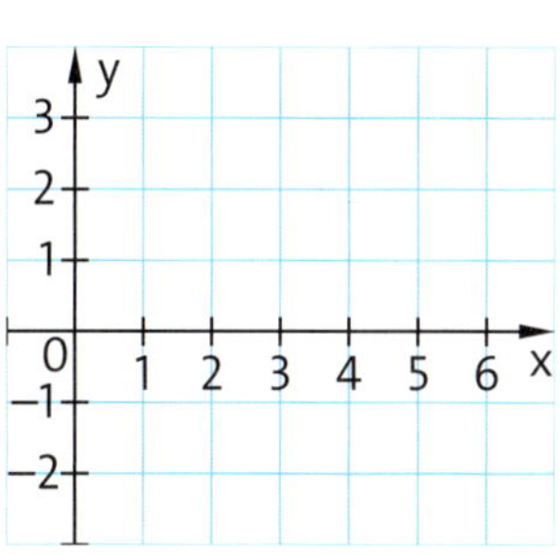

Lineare Gleichungen mit zwei Variablen

1 Ergänze zuerst die Lösungen in der Tabelle.
Gib dann die Lösungen als Zahlenpaare an.

a) $x + 10 = y$

x	y
0	
1	
2	

Lösungen als Zahlenpaare (x | y):

(0 | ___)
(1 | ___)
(2 | ___)

Tipp
Die Lösungen einer linearen Gleichung sind Zahlenpaare (x | y).

① Setze den x-Wert in die Gleichung ein.
② Berechne den y-Wert.

Beispiel: $x = 1$ und

$x + 5 = y$
$1 + 5 = y$
$6 = y$

Lösung als Zahlenpaar: (1 | 6)

b) $2x + 10 = y$

x	y
0	
2	
10	

Lösungen als Zahlenpaare (x | y):

(0 | ___)
(2 | ___)
(10 | ___)

c) $3x - 1 = y$

x	y
2	
5	
10	

Lösungen als Zahlenpaare (x | y):

(2 | ___)
(5 | ___)
(10 | ___)

2 Verbinde die Gleichungen mit ihren Lösungen.

$8 - x = y$ $x - y = 8$ $y = 4 - x$ $x - 4 = y$

Tipp
① Setze den x-Wert und den y-Wert ein.
② Ist die Aussage wahr? Wahr bedeutet Lösung.

Beispiel: (3 | 1) und

$8 - x = y$
$8 - 3 = 1$ ist falsch.

(3 | 1) ist keine Lösung von $8 - x = y$.

(6 | 2) (2 | 2) (10 | 2) (5 | 3) (3 | 1)

3 Ergänze zuerst die Lösungen.
Markiere dann die Punkte im Koordinatensystem und zeichne durch die Punkte eine Gerade.

a) $y = 2x - 2$
Lösungen:

(0 | ___)
(1 | ___)
(2 | ___)

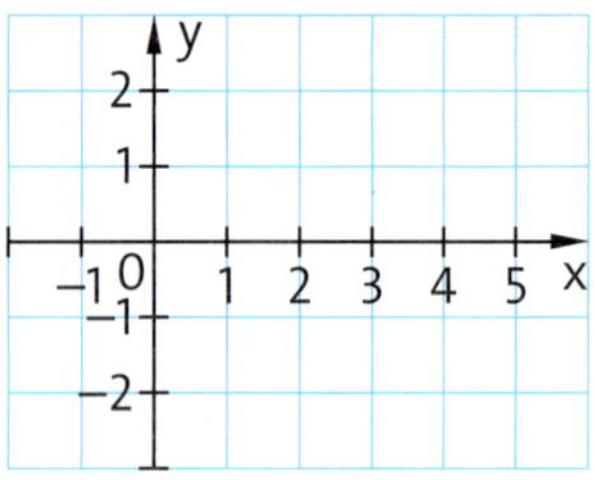

Beispiel:
$y = 3x - 2$
$y = 3 \cdot 0 - 2 = -2$

Lösung als Zahlenpaar: (0 | −2)

Der Punkt P(0 | −2) liegt auf der Geraden mit $y = 3x - 2$.

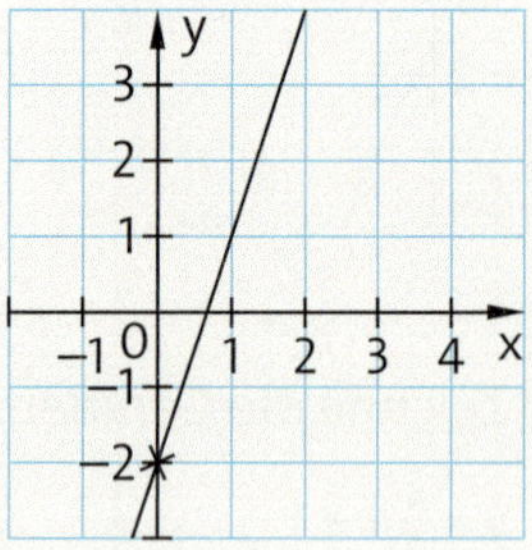

b) $y = 2x + 1$
Lösungen:

(0 | ___)
(1 | ___)
(2 | ___)

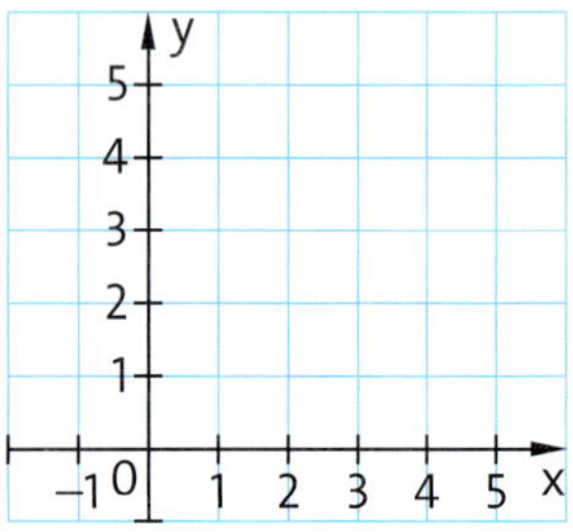

c) $x + y = 4$
Lösungen:

(0 | ___)
(1 | ___)
(2 | ___)

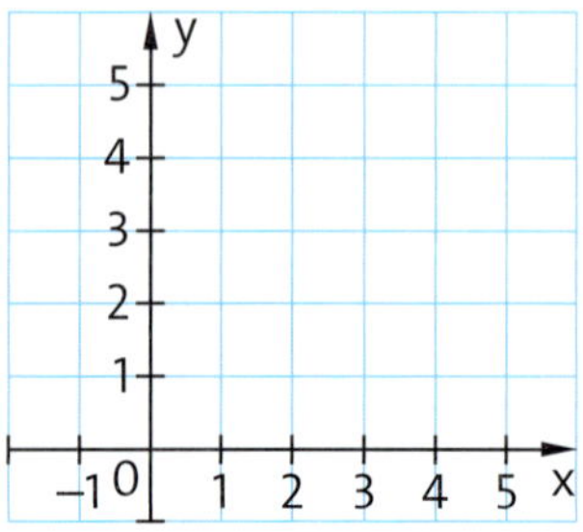

Lineare Gleichungen mit zwei Variablen

1 Ergänze zuerst die Lösungen in der Tabelle.
Gib dann die Lösungen als Zahlenpaare an.

a) $2x + 3 = y$

x	y
0	
1	
2	

Lösungen als Zahlenpaare (x | y):

(0 | ___)
(1 | ___)
(2 | ___)

Tipp
Die Lösungen einer linearen Gleichung sind Zahlenpaare (x | y).

① Setze den x-Wert in die Gleichung ein.
② Berechne den y-Wert.

Beispiel: x = 1 und

$x + 7 = y$
$1 + 7 = y$
$8 = y$

Lösung als Zahlenpaar: (1 | 8)

b) $3x - 3 = y$

x	y

Lösungen als Zahlenpaare (x | y):

(0 | ___)
(1 | ___)
(2 | ___)

c) $1{,}5x - 1 = y$

x	y

Lösungen als Zahlenpaare (x | y):

(0 | ___)
(2 | ___)
(5 | ___)

2 Verbinde die Gleichungen mit ihren Lösungen.

$x + y = 9$ $x - 6 = y$ $x - y = -1$ $y = x - 1$

(8 | 2) (2 | 3) (7,5 | 1,5) (6 | 5) (3 | 1)

Beispiel: (3 | 1) und $x + y = 9$
$3 + 1 = 9$ ist falsch.

(3 | 1) ist keine Lösung von $x + y = 9$.

3 Ergänze zuerst die Lösungen.
Markiere dann die Punkte im Koordinatensystem und zeichne durch die Punkte eine Gerade.

$y = 2x + 3$
Lösungen:

(0 | ___)
(1 | ___)
(–1 | ___)

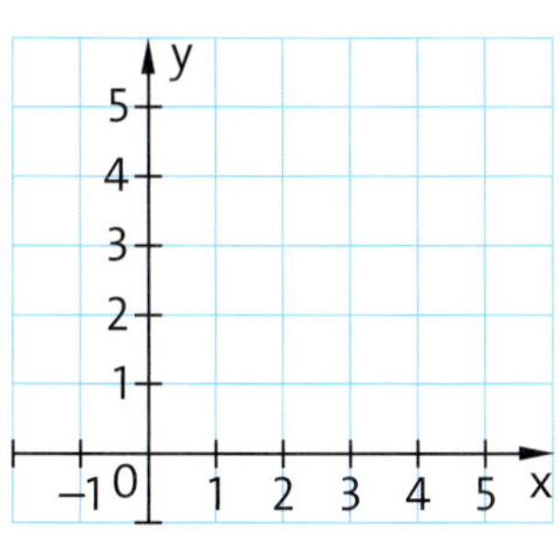

Beispiel:
$y = 2x - 1$
$y = 2 \cdot 0 - 1 = -1$

Lösung als Zahlenpaar: (0 | –1)

Der Punkt P(0 | –1) liegt auf der Geraden mit der Gleichung $y = 2x - 1$.

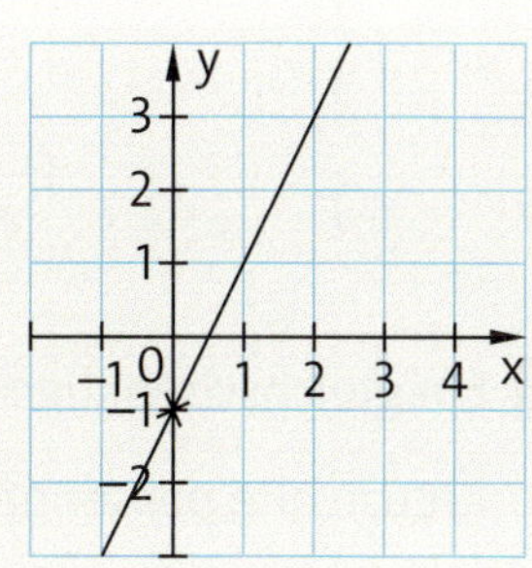

4 Kreuze zuerst Zutreffendes an.
Korrigiere eine falsche Aussage, indem du eine Zahl änderst.

a) Die Gleichung $x - 5 = y$ hat als Lösung das Zahlenpaar (7 | 1). ☐ wahr ☐ falsch

b) Die Gleichung $x + 3 = y$ hat unendlich viele Lösungen. ☐ wahr ☐ falsch

c) Alle Lösungen der Gleichung $2x + 2y = 6$ liegen auf der Geraden zu $y = -x + 3$. ☐ wahr ☐ falsch

Lineare Gleichungen mit zwei Variablen ☒

- Die Lösungen einer linearen Gleichung mit zwei Variablen sind Zahlenpaare (x | y). Alle zugehörigen Punkte liegen auf einer Geraden.
- Beim Ermitteln eines Zahlenpaars wird zuerst ein Wert in die Gleichung eingesetzt und dann der zweite Wert berechnet.

Beispiel: $y = 0{,}5x + 3$

$y = 0{,}5 \cdot 0 + 3 = 3$

Lösung als Zahlenpaar: (0 | 3)

x	y
0	3
2	4
−2	2

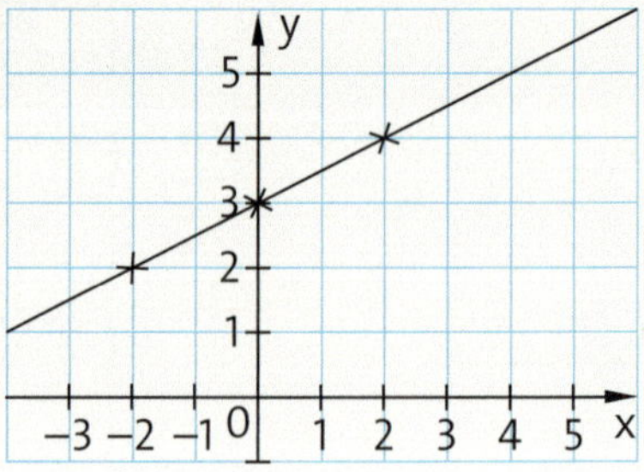

1 Ergänze die Lösungen der linearen Gleichung zuerst in der Tabelle.
Gib dann die Lösungen als Zahlenpaare an.

a) $y = 2x - 3$

x	y
0	
1	
2	

Lösungen als Zahlenpaare (x | y):

(|)

(|)

(|)

b) $1{,}5x - 1 = y$

x	y

Lösungen als Zahlenpaare (x | y):

(|)

(|)

(|)

2 Ergänze zuerst die Zahlenpaare.
Zeichne dann den zugehörigen Graphen.

a) $y = 0{,}5x + 1{,}5$

Lösungen als Zahlenpaare (x | y):

(1 |)

(3 |)

(5 |)

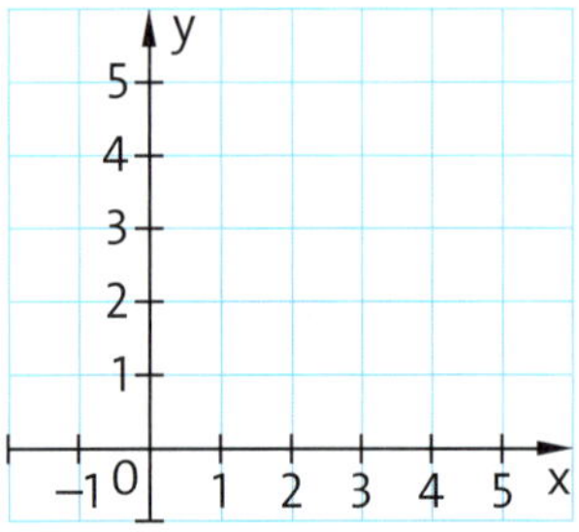

b) $y = -0{,}5x + 1{,}5$

Lösungen als Zahlenpaare (x | y):

(1 |)

(3 |)

(5 |)

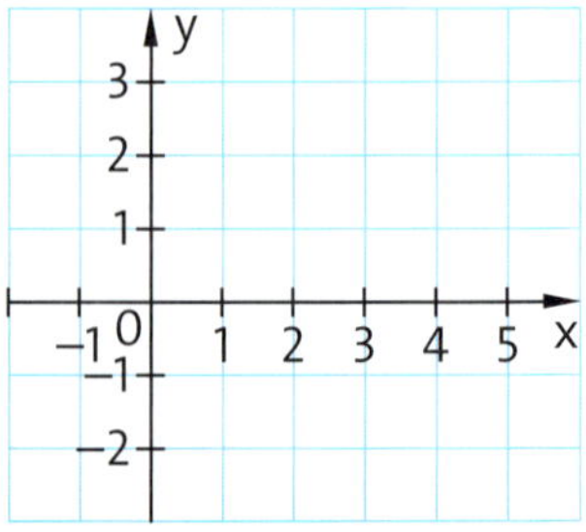

3 Ein gleichschenkliges Dreieck mit den Seiten x und y (Basis) hat 8 cm Umfang.

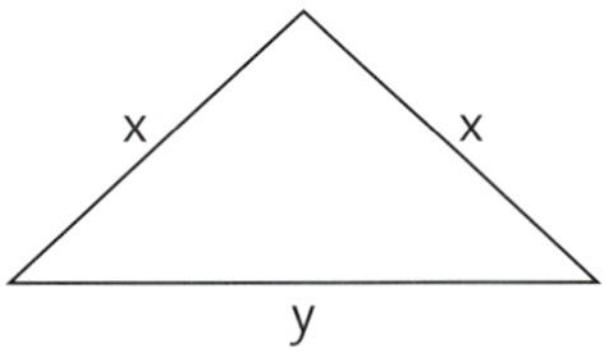

a) Kreuze alle passenden linearen Gleichungen und Lösungen an.

☐ $2x + y = 8$ ☐ $y = 8 - 2x$ ☐ $2x = 8 - y$

☐ (0 | 8) ☐ (1 | 6) ☐ (2 | 4)

b) Zeichne zuerst den zugehörigen Graphen.
Schreibe an den Graphen drei weitere Lösungen.

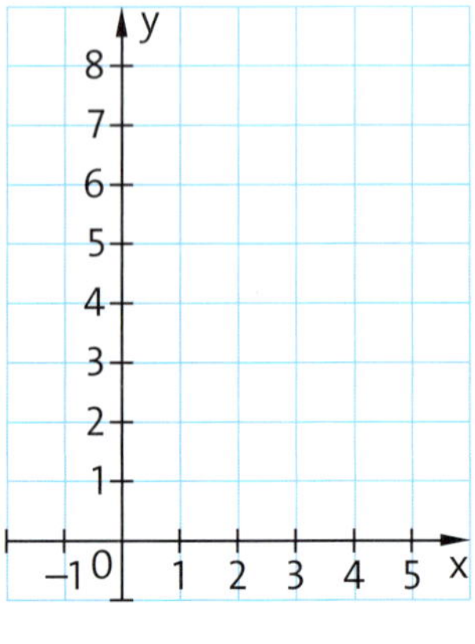

c) Lotta sagt: „Das Zahlenpaar (5 | −2) ist praktisch für das Dreieck keine Lösung.“
Hat Lotta recht? Begründe deine Meinung.

Lineare Gleichungssysteme

Lineare Gleichungssysteme

1 Ergänze zuerst die Lösungen.
Markiere dann die Punkte im Koordinatensystem und zeichne durch die Punkte eine Gerade.

(I) $y = 2x - 2$

Lösungen der Gleichung:

(0 | ____)
(1 | ____)
(2 | ____)
(3 | ____)

(II) $y = x + 1$

Lösungen der Gleichung:

(0 | ____)
(1 | ____)
(2 | ____)
(3 | ____)

Die gemeinsame Lösung beider Gleichungen ist (____ | ____).

Beispiel:
(I) $y = x + 2$ (II) $y = 2x + 1$

Lösungen der Gleichung: (0|2), (1|3), (2|4)

Lösungen der Gleichung: (0|1), (1|3), (2|5)

Die gemeinsame Lösung beider Gleichungen ist (1|3).

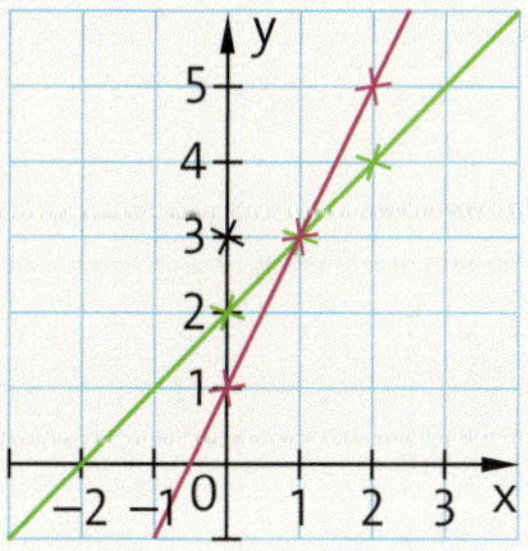

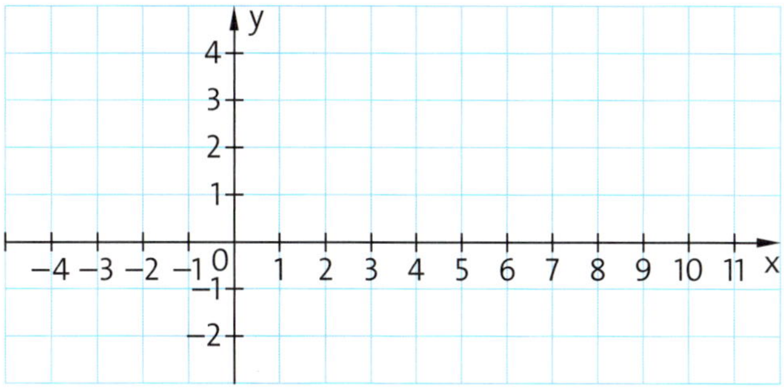

2 Verbinde zuerst Gleichungssysteme und Graphen.
Verbinde dann Graphen und Lösungen.

Tipp
Jeder Schnittpunkt ist Lösung des Gleichungssystems.

(I) $y = 2x + 2$
(II) $y = x + 3$

(I) $y = 2x + 2$
(II) $y = 2x - 2$

(I) $y = -0{,}5x + 4{,}5$
(II) $y = 2x + 2$

(I) $y = 2x + 2$
(II) $y = x + 2$

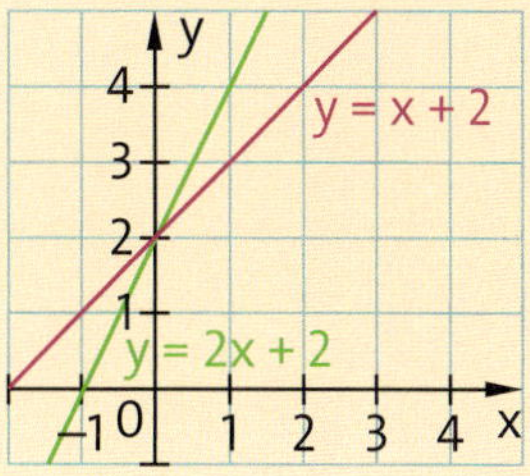

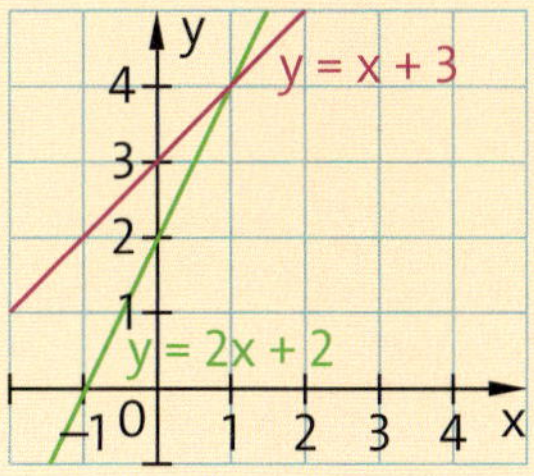

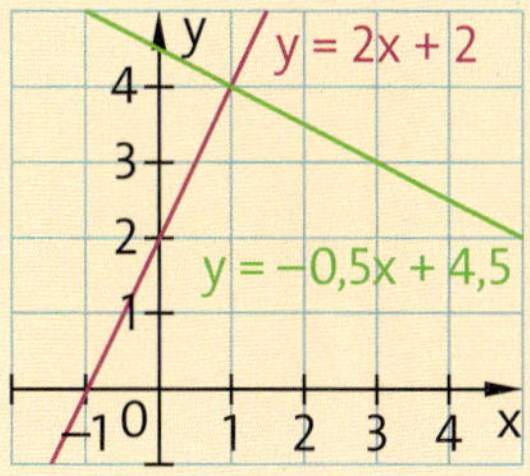

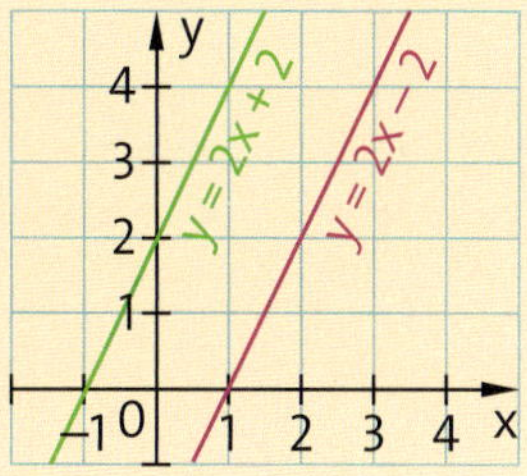

Es gibt eine Lösung: (1|4).

Es gibt eine Lösung: (____ | ____).

Es gibt eine Lösung: (____ | ____).

Es gibt keine Lösung.

Lineare Gleichungssysteme

Lineare Gleichungssysteme

1 Ergänze zuerst die Lösungen.
Markiere dann die Punkte im Koordinatensystem und zeichne durch die Punkte eine Gerade.

(I) $y = x + 3$

Lösungen der Gleichung:

(___ | ___)
(___ | ___)
(___ | ___)
(___ | ___)

(II) $y = 3x + 5$

Lösungen der Gleichung:

(___ | ___)
(___ | ___)
(___ | ___)
(___ | ___)

Die gemeinsame Lösung beider Gleichungen

ist (___ | ___).

Beispiel:
(I) $y = x + 2$
(II) $y = 2x + 4$
Die gemeinsame Lösung beider Gleichungen ist $(-2\,|\,0)$.

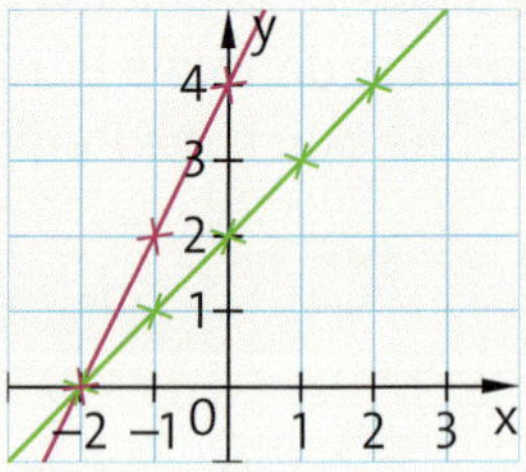

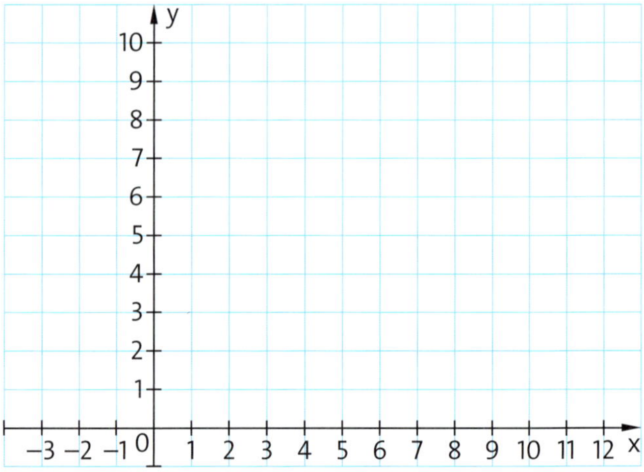

2 Finde zuerst mithilfe von Gleichung (I) die Zeichnung, die zum Gleichungssystem passt. Ergänze dann die Gerade zu Gleichung (II). Verbinde danach passend.

Tipp
Jeder Schnittpunkt ist Lösung des Gleichungssystems.

(I) $y = 2x - 1$
(II) $y = 0{,}5x + 2$

(I) $y = 2x + 2$
(II) $2y = 4x + 4$

(I) $y = x - 1$
(II) $y = -0{,}25x + 4$

(I) $y = 2x + 1$
(II) $y = 2x - 1$

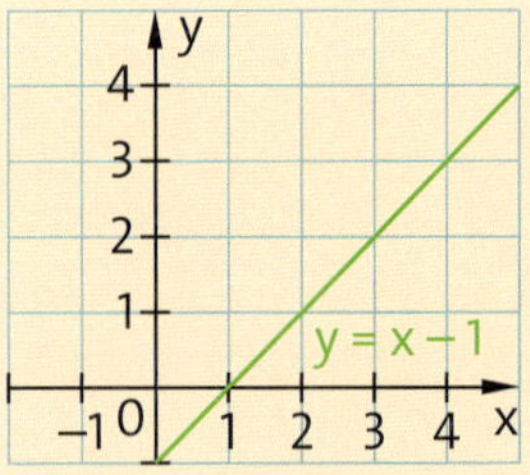

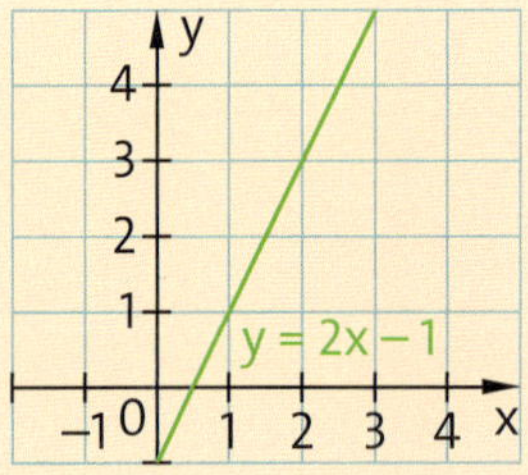

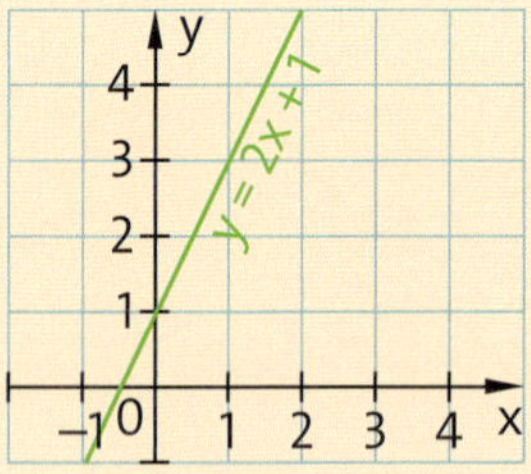

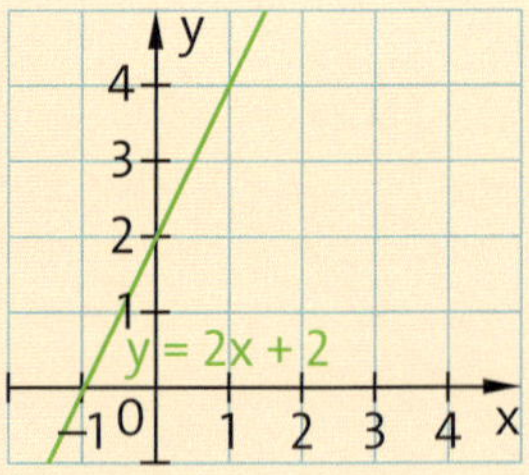

Es gibt genau eine Lösung: (___ | ___).

Es gibt keine Lösung.

Es gibt unendlich viele Lösungen.

Es gibt genau eine Lösung: (___ | ___).

Lineare
Gleichungssysteme

Lineare Gleichungssysteme

- Zwei lineare Gleichungen bilden ein lineares Gleichungssystem.
- Alle gemeinsamen Lösungen der Gleichungen sind Lösungen vom Gleichungssystem.
  Die Schnittpunkte der zugehörigen Geraden stellen die Lösungen des Gleichungssystems dar.

Beispiel:

(I) $y = x + 1$
(II) $y = -x + 3$

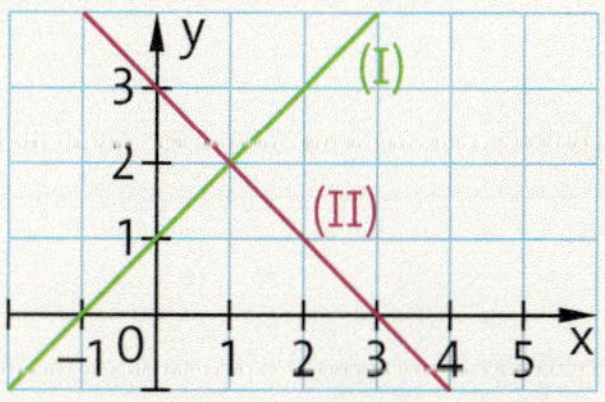

Das Gleichungssystem hat genau eine Lösung.
$L = \{(1|2)\}$

(I) $y = x + 1$
(II) $y = x + 3$

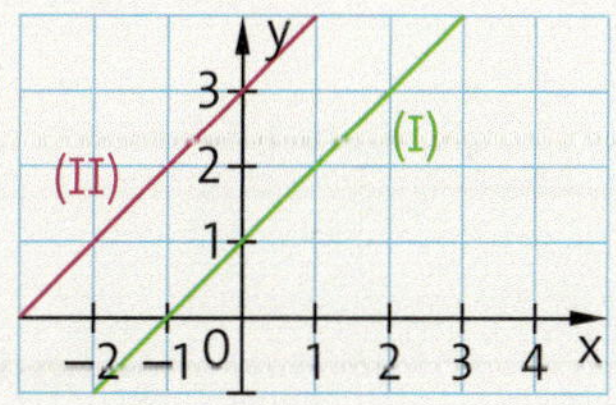

Das Gleichungssystem hat keine Lösung.
$L = \{\ \}$

(I) $y = \frac{1}{2}x + 2$
(II) $2y = x + 4$

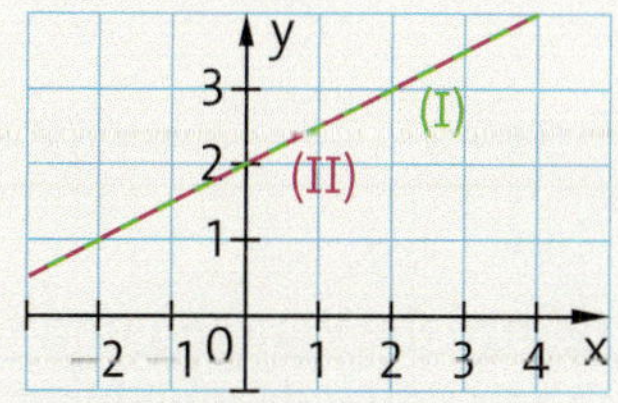

Es gibt unendlich viele Lösungen.
$L = \{(0|2); (2|3); ...\}$

1 Zeichne zuerst die zugehörigen Geraden in das Koordinatensystem ein.
Ergänze dann die Lösungsmenge.

a) (I) $y = 0{,}75x + 2$
(II) $y = x + 1$

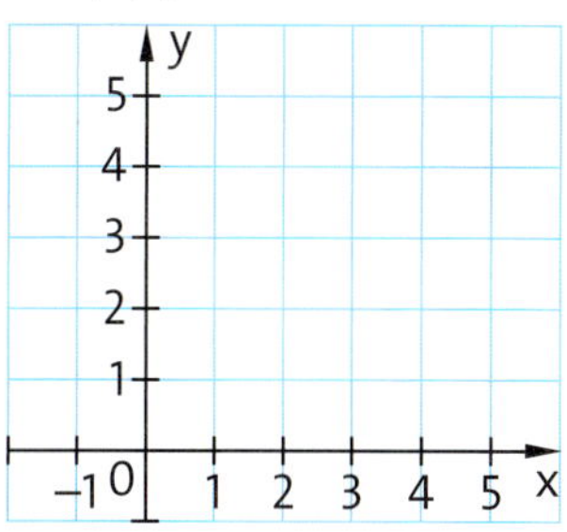

L = ______

b) (I) $y = 2x - 2$
(II) $y = -0{,}5x + 3$

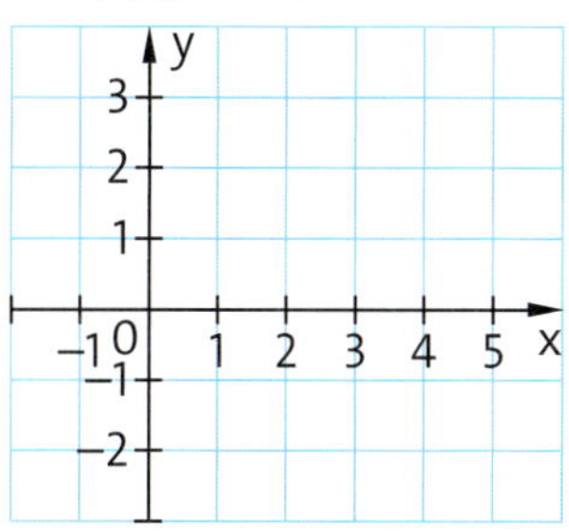

L = ______

c) (I) $y = x + 2$
(II) $y - 2 = x$

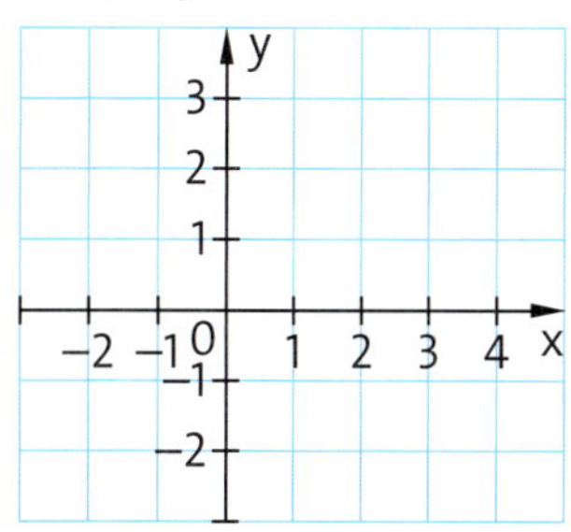

$L = \{(0|\ \ \ ); (1|\ \ \ ); ...\}$

d) (I) $y = -0{,}25x + 3$
(II) $0{,}5x = y$

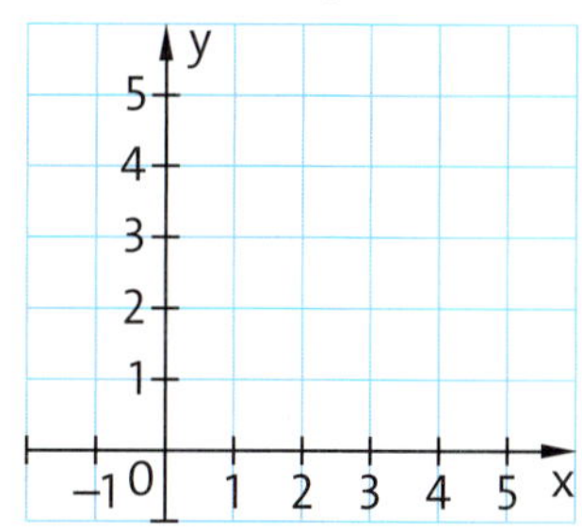

L = ______

2 Gegeben sind die Gleichungen.

(I) $y = 0{,}5x + 2$

(II) $y = 2x - 1$

(III) $y = -x + 2$

(IV) $y = -x - 1$

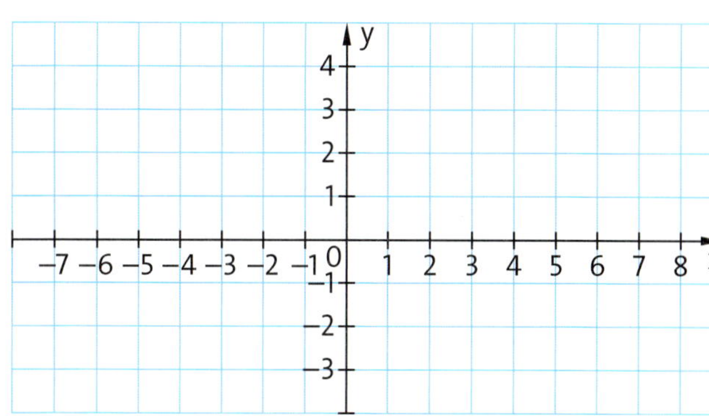

a) Zeichne die zugehörigen Geraden.

b) Ergänze die Sätze.

Die Gleichungen (I) und ______ bilden ein Gleichungssystem mit der Lösungsmenge $L = \{(2|\ \ \ )\}$.

Die Gleichungen ______ und ______ bilden ein Gleichungssystem mit der Lösungsmenge $L = \{(\ \ \ |2)\}$.

Die Gleichungen ______ und ______ bilden ein Gleichungssystem mit der Lösungsmenge $L = \{(1|1)\}$.

Die Gleichungen ______ und ______ bilden ein Gleichungssystem mit der Lösungsmenge $L = \{\ \}$.

Das Gleichsetzungsverfahren

Das Gleichsetzungsverfahren

1 Verbinde mit der passenden Gleichung.

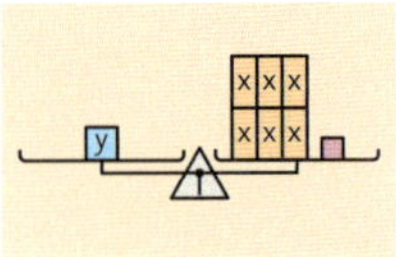
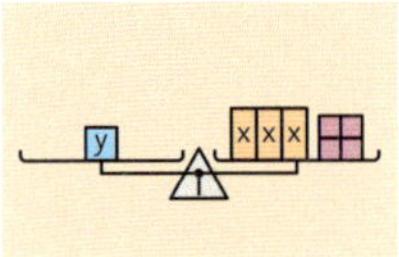
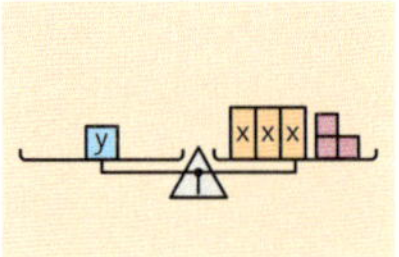
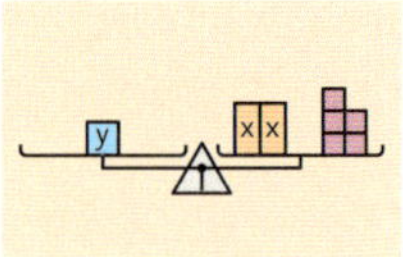

y = 3x + 3	y = 3x + 4	y = 6x + 1	y = 2x + 5

Beispiel:

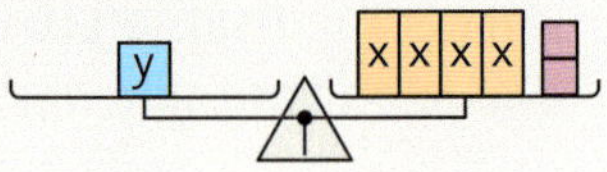

y = 4x + 2

2 Ergänze die Waagen und ermittle x.
Berechne dann y durch Einsetzen von x.
Ergänze danach die Lösungsmenge.

Tipp

a) (I) y = 6x + 1
(II) y = 3x + 4

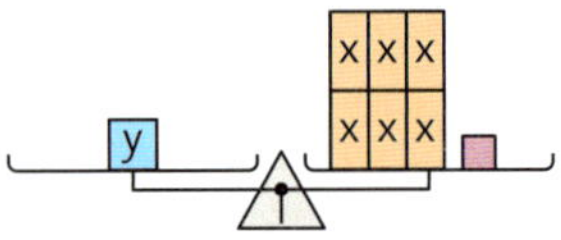
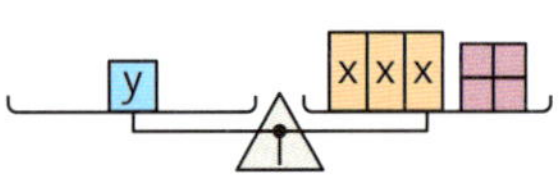

(I) y = 6x + 1 (II) y = 3x + 4

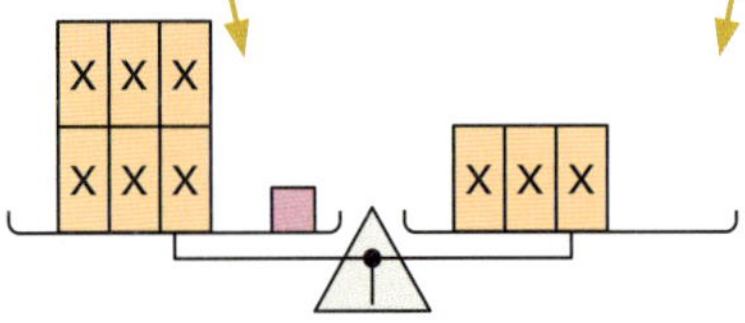

6x + 1 = 3x + 4 | − 3x

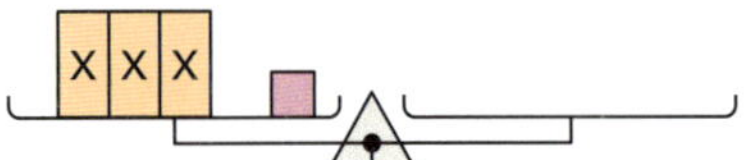

3x + 1 = ___ | ___

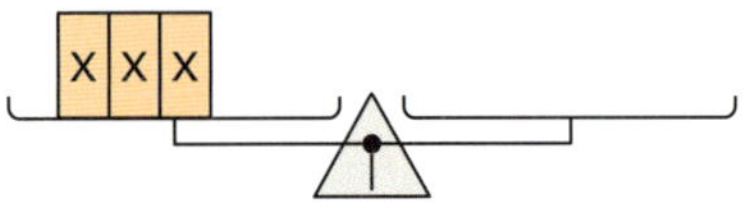

3x = ___ | ___

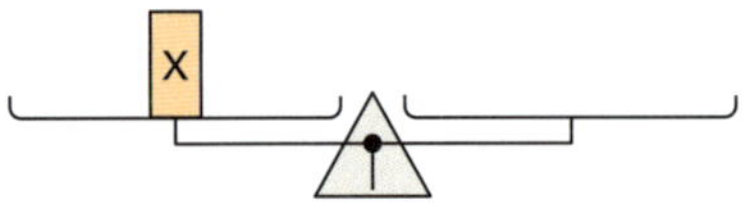

x = ___

x = ___ einsetzen in (I) y = 6 · x + 1

y = 6 · ___ + 1 = ___

Lösungsmenge L = {(___ | ___)}

b) (I) y = 3x + 3
(II) y = x + 7

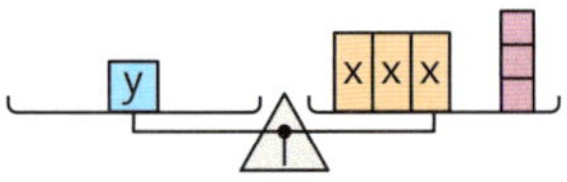
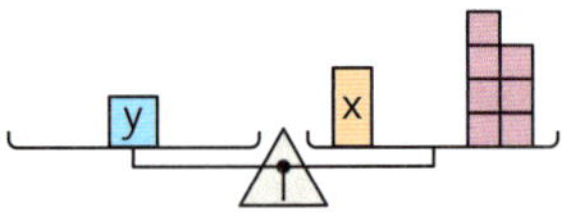

(I) y = 3x + 3 (II) y = x + 7

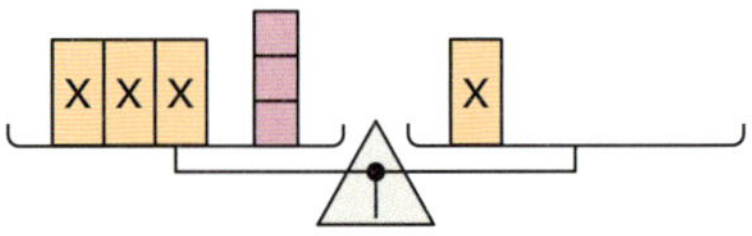

3x + 3 = x + 7 | − x

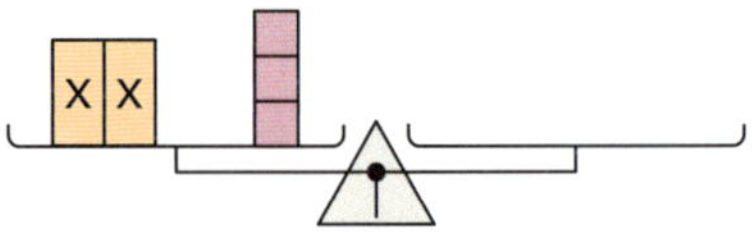

___ = ___ | − 3

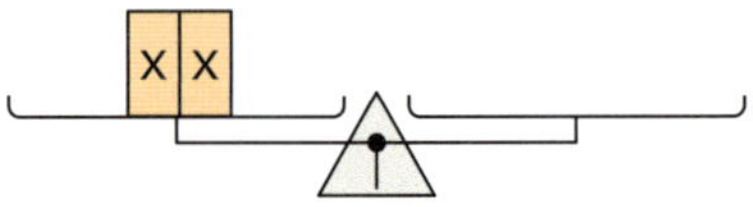

___ = ___ | : 2

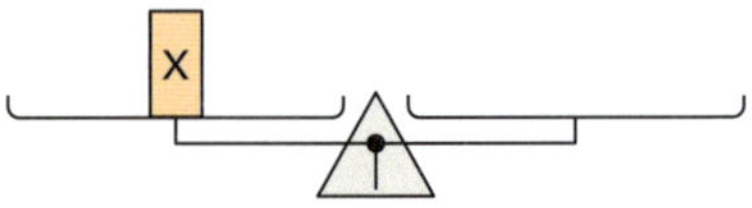

x = ___

x = ___ einsetzen in (I) y = 3 · x + 3

y = 3 · ___ + 3 = ___

Lösungsmenge L = {(___ | ___)}

Das Gleichsetzungsverfahren

Das Gleichsetzungsverfahren

Das Gleichsetzungsverfahren

1 Ergänze die Gleichungen.

a) 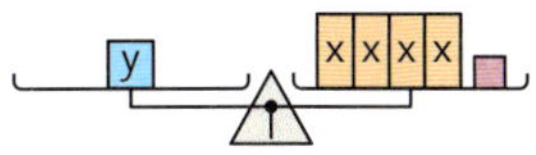

$y = 4x +$ ___

b) 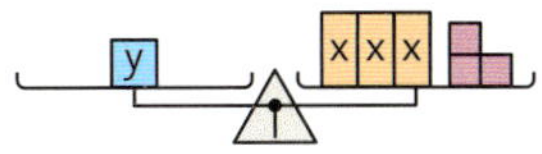

$y =$ ___

c) 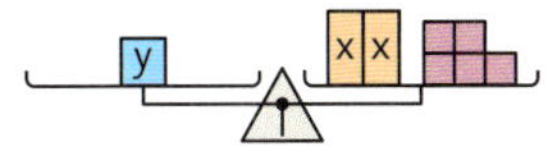

$y =$ ___

Beispiel:

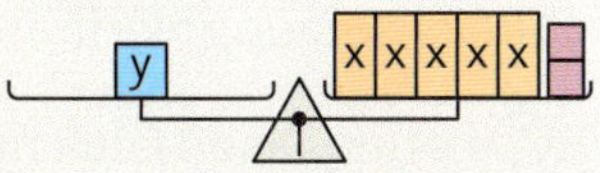

$y = 5x + 2$

2 Ergänze die Waagen und ermittle x und y.
Rechne dann die Probe.
Ergänze danach die Lösungsmenge.

Tipp

a) (I) $y = 5x + 3$
(II) $y = 3x + 7$

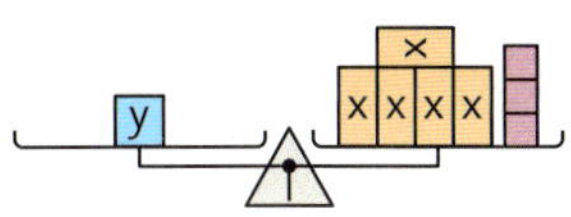

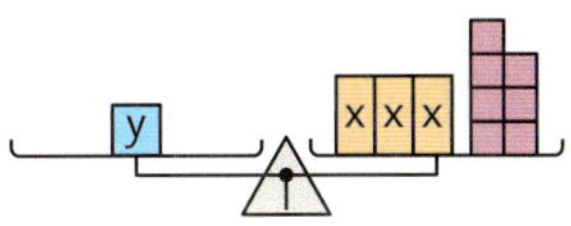

(I) $y = 5x + 3$ (II) $y = 3x + 7$

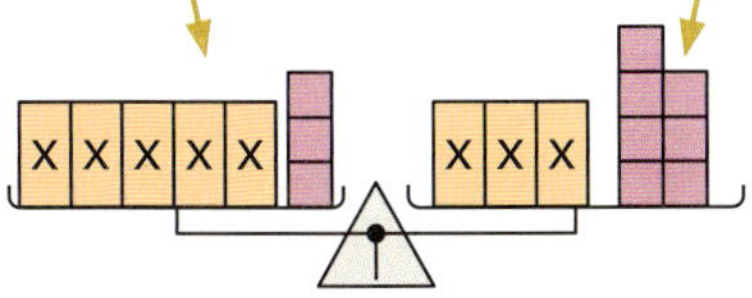

$5x + 3 = 3x + 7$ | ___

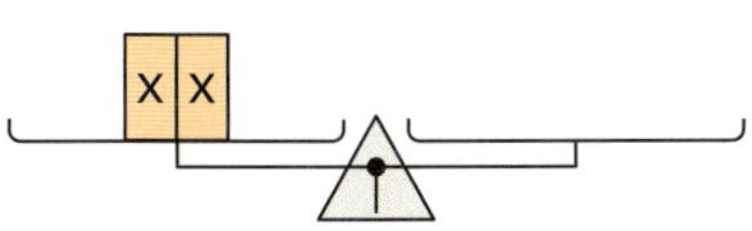

$2x + 3 =$ ___ | ___

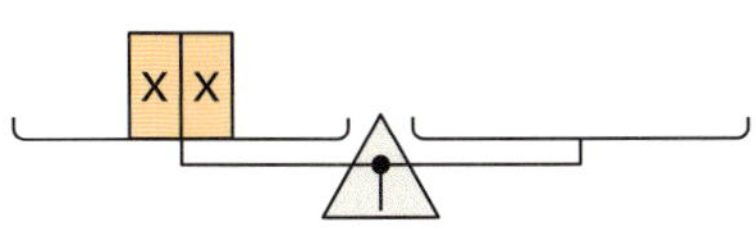

$2x =$ ___ | ___

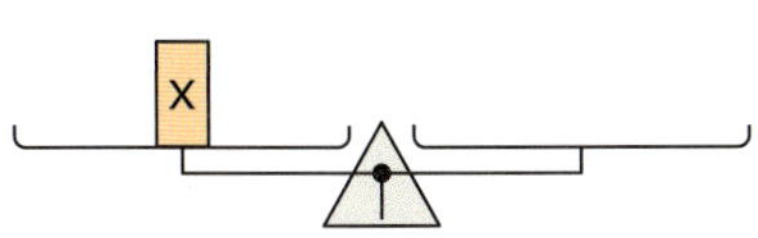

x = ___

x = ___ einsetzen in (I) $y = 5 \cdot x + 3$

$y = 5 \cdot$ ___ $+ 3 =$ ___

Probe: (I) ___ $= 5 \cdot$ ___ $+ 3$

(II) ___ $= 3 \cdot$ ___ $+ 7$

Lösungsmenge L = {(___ | ___)}

b) (I) $y = 4x + 1$
(II) $y = x + 10$

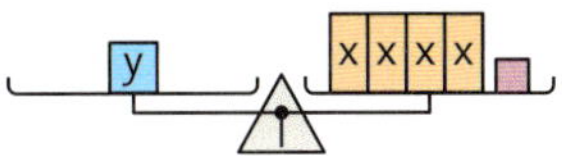

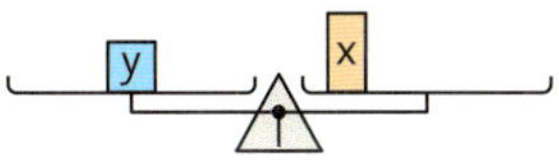

(I) $y = 4x + 1$ (II) $y = x + 10$

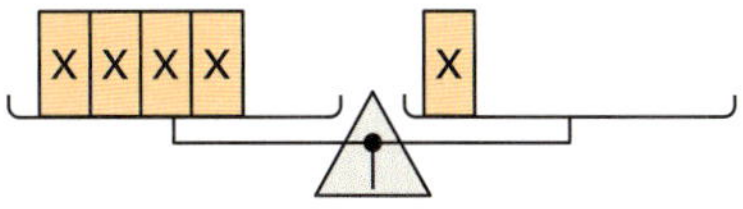

$4x + 1 = x + 10$ | ___

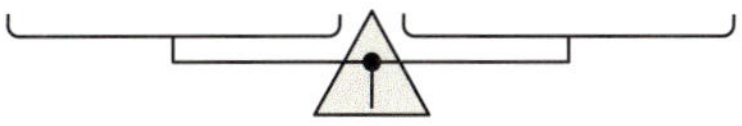

___ = ___ | ___

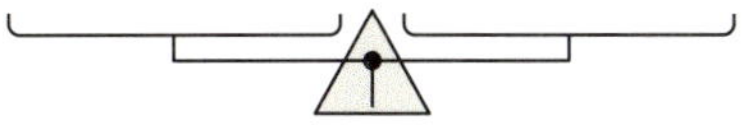

___ = ___ | ___

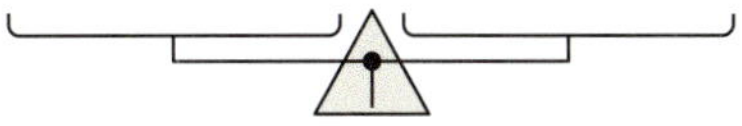

x = ___

x = ___ einsetzen in (I) $y = 4 \cdot x + 1$

$y = 4 \cdot$ ___ $+ 1 =$ ___

Probe: (I) ___ $= 4 \cdot$ ___ $+ 1$

(II) ___ = ___ $+ 10$

Lösungsmenge L = {(___ | ___)}

Das Gleichsetzungsverfahren

Das Gleichsetzungsverfahren

Das Gleichsetzungsverfahren

Schritte beim Gleichsetzungsverfahren:	**Beispiel:** (I) $2y = 8x - 2$ (II) $y + x = 4x + 4$
① Forme beide Gleichungen z. B. nach y um.	(I) $2y = 8x - 2 \mid :2$ $y = 4x - 1$ (II) $y + x = 4 + 4x \mid -x$ $y = 4 + 3x$
② Setze gleich. ③ Löse die Gleichung mit einer Variablen.	$4x - 1 = 4 + 3x \quad \mid -3x$ $x - 1 = 4 \quad \mid +1$ $x = 5$
④ Setze die Lösung in Gleichung (I) oder (II) ein. Berechne.	$x = 5$ einsetzen in (I) $2y = 8 \cdot 5 - 2$ $2y = 38 \quad \mid :2$ $y = 19$
⑤ Rechne die Probe.	Probe: (I) $2 \cdot 19 = 8 \cdot 5 - 2$ ist wahr, da $38 = 38$. (II) $19 + 5 = 4 \cdot 5 + 4$ ist wahr, da $24 = 24$.
⑥ Gib die Lösungsmenge an.	Lösungsmenge $L = \{(5 \mid 19)\}$

1 Verbinde mit der passenden Gleichung.

(I) $y = x + 7$ (II) $y = 2x + 13$	(I) $x = y + 1$ (II) $6y + 3 = x$	(I) $y = x + 7$ (II) $x + y = 13$	(I) $2y = 6x + 6$ (II) $x - y = 4$	(I) $3y - 6x = 15$ (II) $10x + 5y = 20$
$x + 7 = 2x + 13$	$-2x + 4 = 2x + 5$	$y + 1 = 6y + 3$	$x + 7 = 13 - x$	$3x + 3 = x - 4$

2 Löse zuerst mit dem Gleichsetzungsverfahren. Rechne dann die Probe.

a) (I) $y = 4x + 5$
(II) $y = -3x - 2$

___ = ___ | ___
___ = ___ | ___
___ = ___ | ___
x = ___

x = ___ einsetzen in (I) y = ___
y = ___

Probe:
(I) ___ = 4 · ___ + 5 ist wahr, da ___ = ___
(II) ___ = −3 · ___ − 2 ist wahr, da ___ = ___
Lösungsmenge L = {(___ | ___)}

b) (I) $y = -x - 5$
(II) $5 + y = 5x$ | ___
y = ___

___ = ___ | ___
___ = ___ | ___
___ = ___ | ___
___ = ___

x = ___ einsetzen in (I) ___ | ___
___

Probe:
(I) ___ ist wahr, da ___ = ___
(II) ___ ist wahr, da ___ = ___
Lösungsmenge L = {(___ | ___)}

Das Gleichsetzungsverfahren

Das Einsetzungs-
verfahren

Das Einsetzungsverfahren

1 Verbinde mit den passenden Gleichungen.

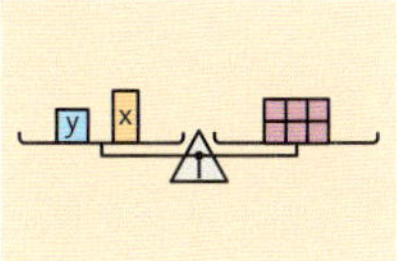
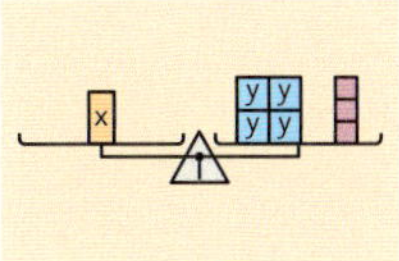
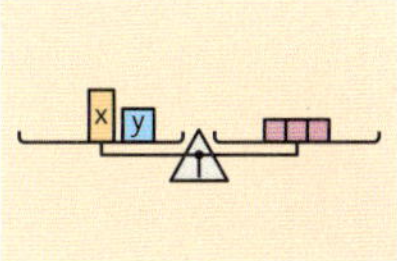
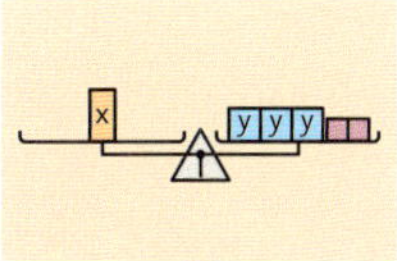

Beispiel:

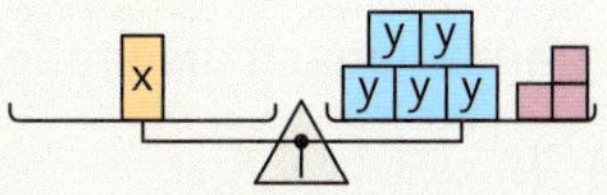

$x = 5y + 3$

$x = 3y + 2$	$x + y = 6$	$x = 4y + 3$	$x + y = 3$

2 Ergänze die Waagen und ermittle y.
Berechne dann x durch Einsetzen von y.
Ergänze danach die Probe und die Lösungsmenge.

Tipp

a) (I) $x = 3y + 2$
(II) $x + y = 6$

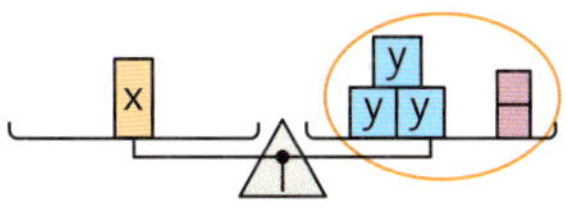

(I) $x = 3y + 2$

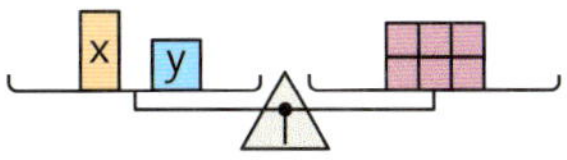

(II) $x + y = 6$

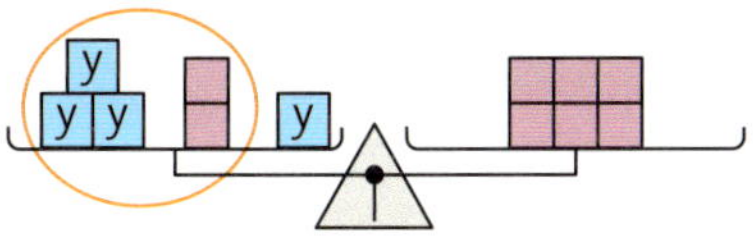

$3y + 2 + y = 6$ | ___

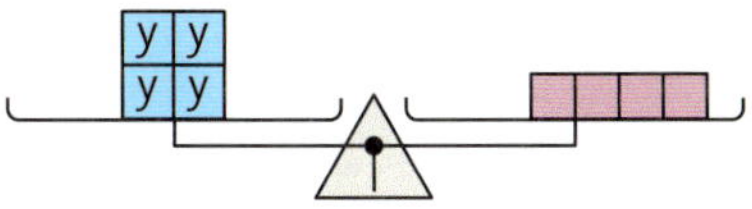

$4y =$ ___ | ___

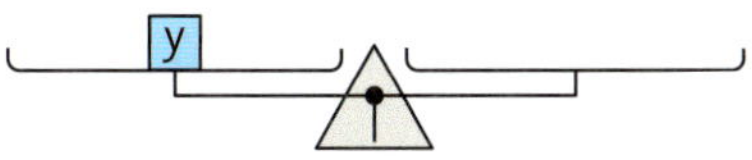

$y =$ ___

$y =$ ___ einsetzen in (I) $x = 3 \cdot y + 2$

$x = 3 \cdot$ ___ $+ 2 =$ ___

Probe: (I) ___ $= 3 \cdot$ ___ $+ 2$ ist wahr.

(II) ___ $+$ ___ $= 6$ ist wahr.

Lösungsmenge L = {(___ | ___)}

b) (I) $x = 4y + 3$
(II) $x + y = 8$

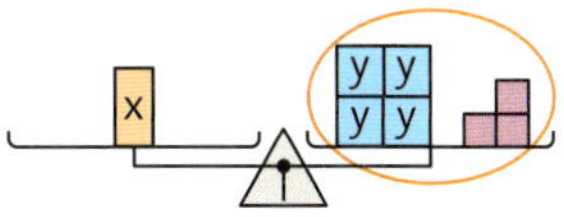

(I) $x = 4y + 3$

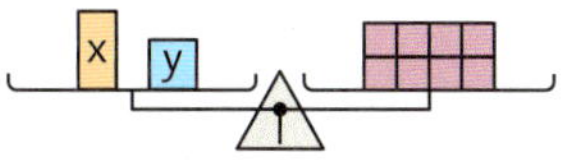

(II) $x + y = 8$

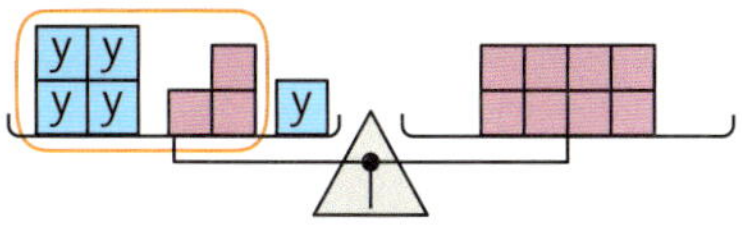

$4y + 3 + y = 8$ | ___

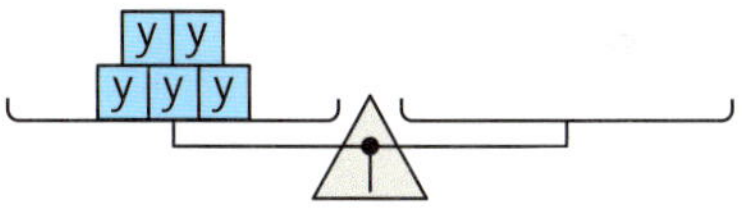

$5y =$ ___ | ___

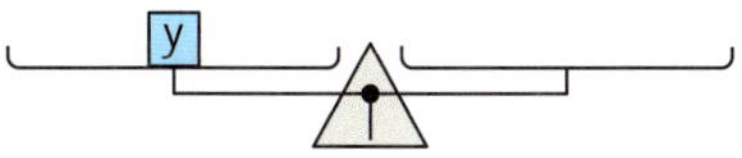

$y =$ ___

$y =$ ___ einsetzen in (I) $x = 4 \cdot y + 3$

$x = 4 \cdot$ ___ $+ 3 =$ ___

Probe: (I) ___ $= 4 \cdot$ ___ $+ 3$ ist wahr.

(II) ___ $+$ ___ $=$ ___ ist wahr.

Lösungsmenge L = {(___ | ___)}

Das Einsetzungs-
verfahren

Das Einsetzungsverfahren

Das Einsetzungsverfahren

1 Ergänze die Waagen und ermittle y.
Berechne dann x durch Einsetzen von y.
Ergänze danach die Probe und die Lösungsmenge.

Tipp

a) (I) $x = 4y + 2$
(II) $x + y = 7$

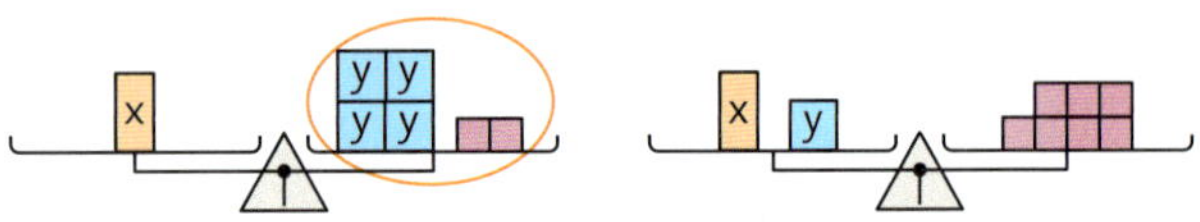

(I) $x = 4y + 2$ (II) $x + y = 7$

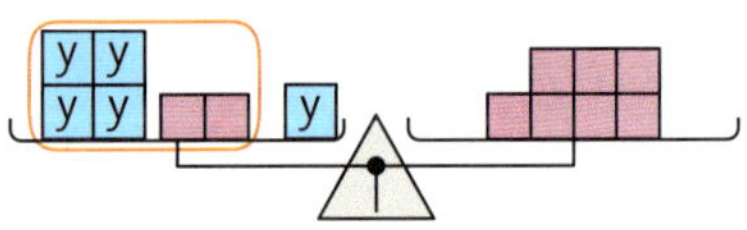

$4y + 2 + y = 7$ | ___

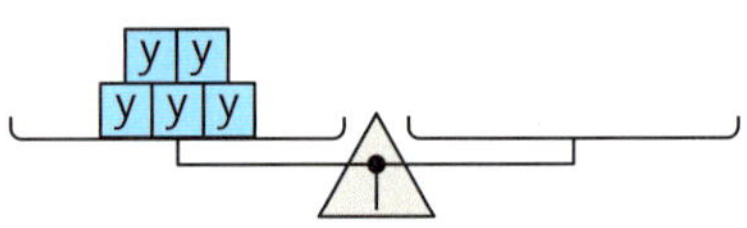

$5y =$ ___ | ___

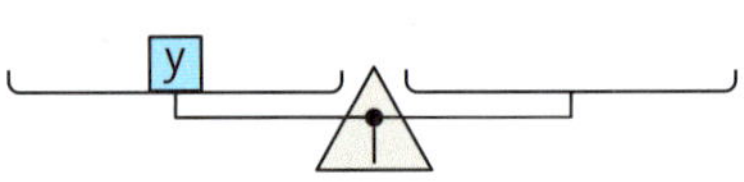

$y =$ ___

$y =$ ___ einsetzen in (I) $x = 4 \cdot y + 2$

$x = 4 \cdot$ ___ $+ 2 =$ ___

Probe: (I) ___ $= 4 \cdot$ ___ $+ 2$

(II) ___ $+$ ___ $= 7$

Lösungsmenge L = {(___ | ___)}

b) (I) $x + 2y = 10$
(II) $x = y + 1$

(I) $x + 2y = 10$ (II) $x = y + 1$

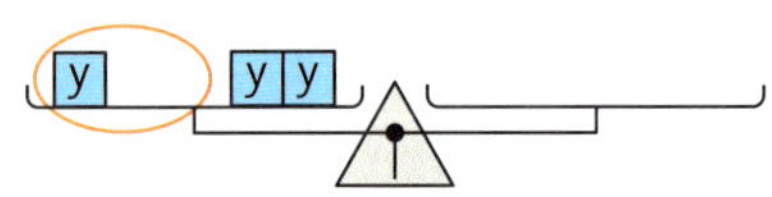

$y + 1 + 2y = 10$ | ___

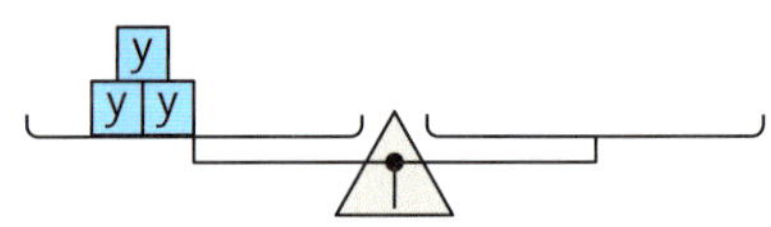

___ $=$ ___ | ___

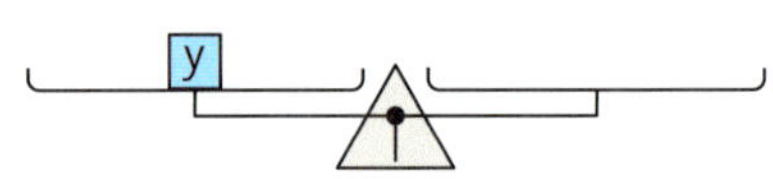

$y =$ ___

$y =$ ___ einsetzen in (II) $x = y + 1$

$x =$ ___ $+ 1 =$ ___

Probe: (I) ___ $+ 2 \cdot$ ___ $= 10$

(II) ___ $=$ ___ $+ 1$

Lösungsmenge L = {(___ | ___)}

c) (I) $x = 3y + 2$
(II) $x + y = 6$

$3y + 2 + y = 6$ | ___

$4y =$ ___ | ___

$y =$ ___

$y =$ ___ einsetzen in (I) $x = 3 \cdot y + 2$

$x = 3 \cdot$ ___ $+ 2 =$ ___

Probe: (I) ___ $= 3 \cdot$ ___ $+ 2$

(II) ___ $+$ ___ $= 6$

Lösungsmenge L = {(___ | ___)}

d) (I) $x + 2y = 19$
(II) $x = y + 1$

$y + 1 + 2y = 19$ | ___

$3y = 18$ | ___

$y =$ ___

$y =$ ___ einsetzen in (II) $x = y + 1$

$x =$ ___ $+ 1 =$ ___

Probe: (I) ___ $+ 2 \cdot$ ___ $= 19$

(II) ___ $=$ ___ $+ 1$

Lösungsmenge L = {(___ | ___)}

Das Einsetzungsverfahren

Das Einsetzungsverfahren

Das Einsetzungsverfahren

Schritte beim Einsetzungsverfahren:	Beispiel:	
	(I) $y - 7x = -5$ (II) $y + x = 3$	 $\mid -y$
① Forme eine Gleichung z. B. nach x um (x = ...).	$x = 3 - y$	
② Setze den Term (...) in die andere Gleichung ein.	$y - 7 \cdot (3 - y) = -5$ $y - 21 + 7y = -5$	
③ Löse die Gleichung mit einer Variablen.	$-21 + 8y = -5$ $8y = 16$ $y = 2$	$\mid +21$ $\mid :8$
④ Setze die Lösung in Gleichung (I) oder (II) ein. Berechne.	$y = 2$ einsetzen in (I) $2 - 7x = -5$ $-7x = -7$ $x = 1$	$\mid -2$ $\mid :(-7)$
⑤ Rechne die Probe.	Probe: (I) $2 - 7 \cdot 1 = -5$ ist wahr, da $-5 = -5$. (II) $2 + 1 = 3$ ist wahr, da $3 = 3$.	
⑥ Gib die Lösungsmenge an.	Lösungsmenge $L = \{(1 \mid 2)\}$	

1 Löse mit dem Einsetzungsverfahren.

a) (I) $y = 3x + 4$
(II) $3x + y = 10$

$3x +$ ____ $= 10$ | ____
____ $=$ ____ | ____
$x =$ ____

$x =$ ____ einsetzen in (I) $y = 3 \cdot$ ____ $+ 4$
$y =$ ____

Probe: (I) ____ $= 3 \cdot$ ____ $+ 4$
(II) ____ $+$ ____ $= 10$

Lösungsmenge L = {(____ | ____)}

b) (I) $3y - 9x = -45$
(II) $x - y = 3$ | $+y$
$x = 3 + y$

$3y - 9 \cdot ($ ____ $) = -45$
$3y - 27$ ____ $= -45$ | $+27$
____ $=$ ____ | ____
$y =$ ____

$y = 3$ einsetzen in (II) $x -$ ____ $=$ ____ | $+3$
$x =$ ____

Probe: (I) $3 \cdot$ ____ $- 9 \cdot$ ____ $= -45$
(II) ____ $=$ ____

Lösungsmenge L = {(____ | ____)}

2 Unterstreiche alle Fehler (außer die Folgefehler) und berichtige.

(I) $x = 2y + 4$
(II) $3y + 2x = 22$

$3y + 2y + 4 = 22$
$5y + 4 = 22$ | -4
$5y = 26$ | $:5$
$y = 5,2$

$x = 2 \cdot 5,2 + 4 = 14,4$

$L = \{(5,2 \mid 14,4)\}$

Das Einsetzungsverfahren

Das Additions-
verfahren

Das Additionsverfahren

1 Alles von (I) und (II) kommt auf die dritte Waage.
Ergänze die dritte Waage und die Gleichung.

(I)

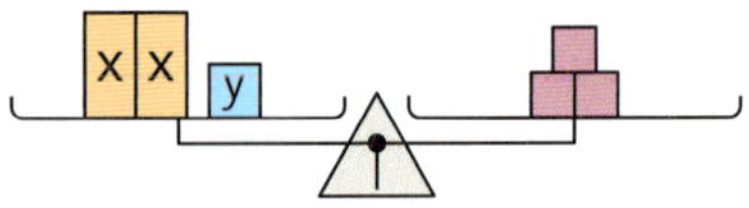

$2x + y = 3$

(II)

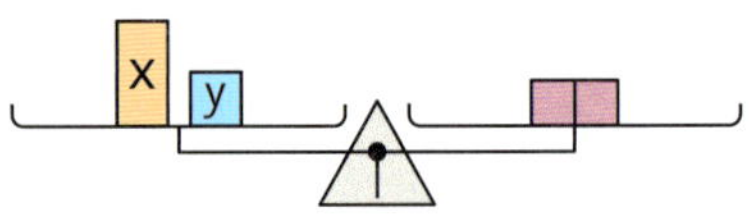

___ = ___

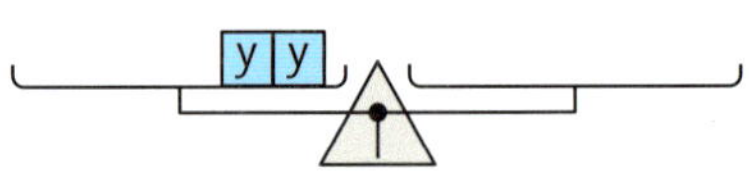

$3x + 2y = 5$

Tipp
① Alles von den linken Seiten auf die linke Seite.
② Alles von den rechten Seiten auf die rechte.

Beispiel: (I)

(II)

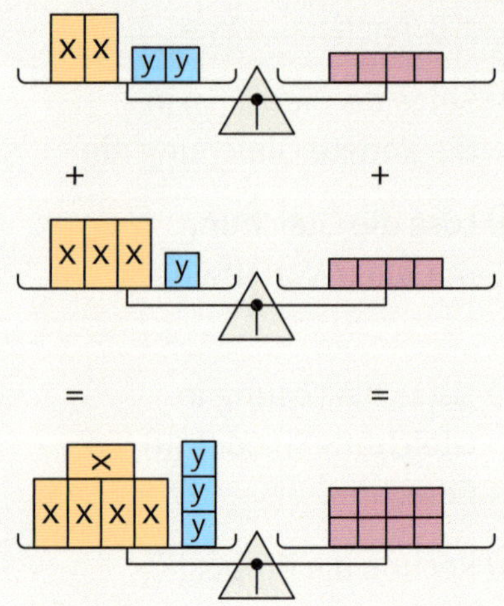

2 Addiere zuerst die Gleichungen (I) und (II).
Berechne dann x.

Tipp ① Addiere die linken Seiten.
② Addiere die rechten Seiten.

Beispiel: (I) $3x + 3y = 9$
$+ \quad +$
(II) $4x - 3y = 5$
$= \quad =$
$7x + 0 = 14 \quad | :7$
$x = 2$

a) (I) $4x + 2y = 10$
(II) $8x - 2y = 2$

$12x =$ ___ | ___

$x =$ ___

b) (I) $5x + 3y = 24$
(II) $x - 3y = 0$

$6x =$ ___ | ___

___ = ___

c) (I) $2x + 5y = 11$
(II) $2x - 5y = 1$

___ = ___ | ___

___ = ___

3 Berechne zuerst x.
Berechne dann y.

Tipp
Löse je eine Gleichung mit einer Unbekannten.

a) (I) $x + y = 8$
(II) $x - y = 4$

$2x =$ ___ | ___

$x =$ ___

$x =$ ___ einsetzen in (I) $x + y = 8$

___ $+ y = 8$ | ___

$y =$ ___

Lösungsmenge L = {(___ | ___)}

b) (I) $2x + 2y = 10$
(II) $3x - 2y = 5$

$5x =$ ___ | ___

$x =$ ___

$x =$ ___ einsetzen in (I) $2 \cdot x + 2y = 10$

$2 \cdot$ ___ $+ 2y = 10$ | ___

$2y = 4$ | ___

$y =$ ___

Lösungsmenge L = {(___ | ___)}

Das Additions-
verfahren

Das Additionsverfahren

Das Additionsverfahren

1 Alles von (I) und (II) kommt auf die dritte Waage. Ergänze die dritte Waage und die Gleichungen.

(I)

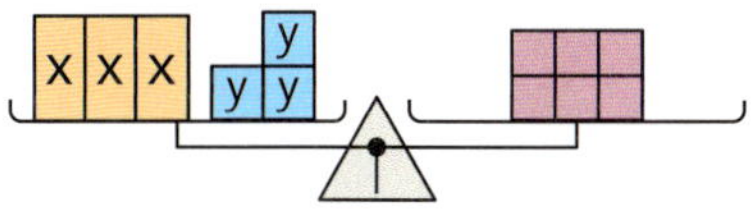

$3x + 3y = 6$

(II)

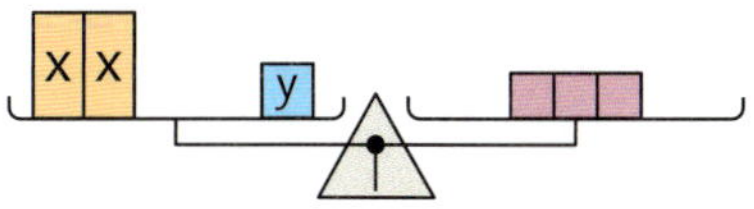

___ = ___

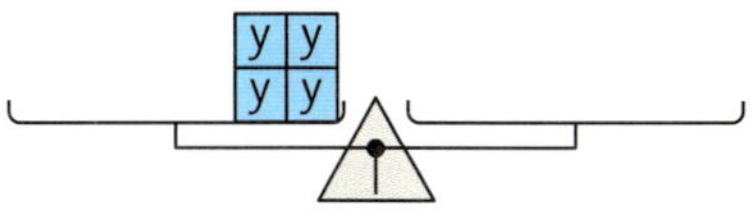

___ = ___

Beispiel: (I)

(II)

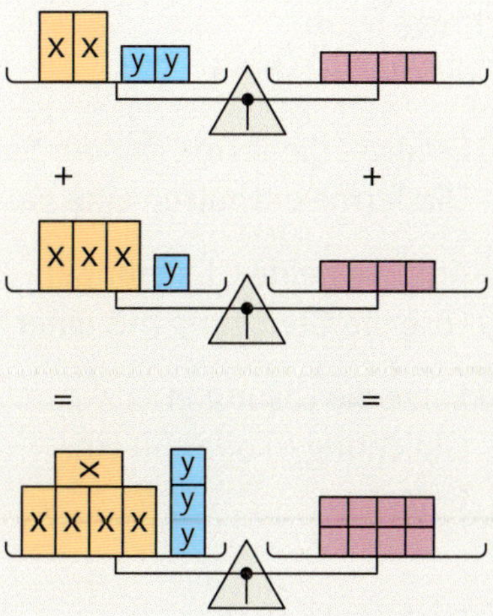

2 Unterstreiche zuerst die Terme mit der Summe 0. Addiere dann die Gleichungen (I) und (II). Berechne danach die Lösung.

Beispiel:
(I) $4x + 3y = 7$
(II) $x - 3y = 3$

$5x + 0 = 10 \quad | : 5$
$x = 2$

a) (I) $x + y = 17$
(II) $x - y = 7$

$2x = $ ___ | ___
$x = $ ___

$x = $ ___ einsetzen in (I) ___ $+ y = 17$ | ___
$y = $ ___

Lösungsmenge L = {(___ | ___)}

b) (I) $3x + 4y = 23$
(II) $4x - 4y = 12$

$7x = $ ___ | ___
$x = $ ___

$x = $ ___ einsetzen in (I) $3 \cdot$ ___ $+ 4y = 23$ | ___
$4y = 8$ | ___
$y = $ ___

Lösungsmenge L = {(___ | ___)}

c) (I) $3x + 4y - 2 = 6$
(II) $-3x + 5y = 10$

$9y - 2 = $ ___ | ___
___ $=$ ___ | ___
___ $=$ ___

$y = 2$ einsetzen in (II) $-3x + 5 \cdot$ ___ $= 10$ | ___
$-3x = 0$ | : (___)
$x = $ ___

Lösungsmenge L = {(___ | ___)}

d) (I) $3y = 10 - 5x$
(II) $5 = 5x + 2y$

___ $= 10 + 2y$ | ___
___ $= 10$ | ___
___ $= 5$

$y = 5$ einsetzen in (I) $3 \cdot$ ___ $= 10 - 5x$ | ___
$5 = -5x$ | : (___)
$-1 = x$

Lösungsmenge L = {(___ | ___)}

Das Additionsverfahren

Das Additions-
verfahren

Das Additionsverfahren

Schritte beim Additionsverfahren:	**Beispiel:** (I) $5x + 10y = 15$ (II) $20 = 2x - 10y$
① Ermittle die Terme mit der Summe 0. Die Terme enthalten eine Variable.	(I) $5x + \underline{10y} = 15$ (II) $2x \underline{- 10y} = 20$
② Addiere beide Gleichungen.	$7x + \underline{0} = 35 \quad \vert :7$
③ Löse die Gleichung mit einer Variablen.	$x = 5$
④ Setze die Lösung in Gleichung (I) oder (II) ein. Berechne.	$x = 5$ einsetzen in (I) $5 \cdot x + 10y = 15$ $5 \cdot 5 + 10y = 15 \quad \vert -25$ $10y = -10 \quad \vert :10$ $y = -1$
⑤ Rechne die Probe.	Probe: (I) $5 \cdot 5 + 10 \cdot (-1) = 15$ ist wahr, da $15 = 15$. (II) $20 = 2 \cdot 5 - 10 \cdot (-1)$ ist wahr, da $20 = 20$.
⑥ Gib die Lösungsmenge an.	Lösungsmenge $L = \{(5 \vert -1)\}$

1 Löse mit dem Additionsverfahren.

a) (I) $7x + 2y = 16$
(II) $10x - 2y = 1$

____ = ____ | ____

x = ____

x = ____ einsetzen in (I)

____ = ____ | ____

____ = ____ | ____

y = ____

Probe: (I) $7 \cdot$ ____ $+ 2 \cdot$ ____ $= 16$

(II) ____

Lösungsmenge L = {(____ | ____)}

b) (I) $5x + 3y = -1$
(II) $5y - 5x = 25$

____ = ____ | ____

____ = ____

y = ____ einsetzen in (I)

____ = ____ | ____

____ = ____ | ____

____ = ____

Probe: (I) ____

(II) ____

Lösungsmenge L = {(____ | ____)}

2 Unterstreiche alle Fehler (außer die Folgefehler) und berichtige.

(I) $3x + 2y = 11$
(II) $4x - 2y = 10$

$3x = 21 \quad \vert :3$
$x = 7$

$21 + 2y = 11 \quad \vert +21$
$2y = 10 \quad \vert :2$
$y = 5$

Probe: $3 \cdot 7 = 21$ wahr
$4 \cdot 7 - 2 \cdot 5 = 10$ falsch

Lösungsmenge $L = \{(5 \vert 7)\}$

Das Additions-
verfahren

Sachaufgaben lösen

Sachaufgaben lösen

1 Lena ist 9 Jahre jünger als Toni. (I)
Lena und Toni sind zusammen 23 Jahre alt. (II)
Berechne das Alter der beiden Kinder.

Tipp
⓪ Lies den Text.
Was ist gegeben?
Was ist gesucht?
① Lege zwei Variablen fest.
② Stelle zwei Gleichungen auf.
③ Löse das lineare Gleichungssystem.
Nutze das Einsetzungsverfahren.
④ Prüfe die Lösung.
⑤ Formuliere die Antwort.

① x steht für das Alter von Lena.
y steht für das Alter von Toni.

② (I) $9 + x =$ ___

(II) $x + y = 23$

③ $x + 9 + x = 23$

$9 + 2x =$ ___ | ___

$2x = 14$ | ___

$x =$ ___

Einsetzen in (I): $9 +$ ___ $= y$

___ $= y$

④ Probe: (I) $9 +$ ___ $=$ ___ ist wahr. Es passt zum Text.

(II) ___ $+$ ___ $= 23$ ist wahr. Es passt zum Text.

⑤ Lena ist ___ Toni ist ___

2 Ein Rechteck hat 50 cm Umfang. (I)
Die eine Seite ist 5 cm länger als die andere Seite. (II)
Wie lang sind die Seiten?

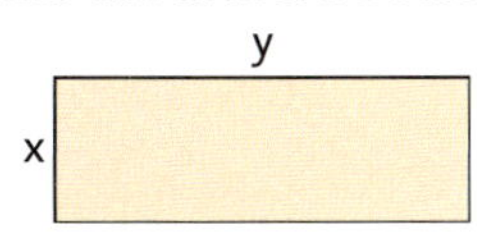

Tipp
⓪ Lies den Text.
Was ist gegeben?
Was ist gesucht?
① Lege zwei Variablen fest.
② Stelle zwei Gleichungen auf.
③ Löse das lineare Gleichungssystem.
Nutze das Einsetzungsverfahren.
④ Prüfe die Lösung.
⑤ Formuliere die Antwort.

① x steht für die Länge der kürzeren Seite.

y steht für die Länge der ___ Seite.

② (I) $2 \cdot x + 2 \cdot y =$ ___

(II) $x + 5 = y$

③ $2 \cdot x + 2 \cdot (x + 5) =$ ___

$2x + 2x + 10 =$ ___

$4x + 10 =$ ___ | ___

$4x =$ ___ | ___

$x =$ ___

Einsetzen in (I): $y -$ ___ $=$ ___ | ___

$y =$ ___

④ Probe: (I) $2 \cdot$ ___ $+ 2 \cdot$ ___ $= 50$ ist wahr. Es passt zum Text.

(II) ___ $-$ ___ $= 5$ ist wahr. Es passt zum Text.

⑤ Die Seiten vom Rechteck sind ___ und ___ lang.

Sachaufgaben lösen

Sachaufgaben lösen

1 Löse mit dem Einsetzungsverfahren.

Tipp
⓪ Lies den Text.
Was ist gegeben?
Was ist gesucht?
① Lege zwei Variablen fest.
② Stelle zwei Gleichungen auf.
③ Löse das lineare Gleichungssystem.
Nutze das Einsetzungsverfahren.
④ Prüfe die Lösung.
⑤ Formuliere die Antwort.

a) Simone und Olaf haben zusammen 30 €. (I)
Simone hat 2 € mehr als Olaf. (II)
Berechne, wie viel Geld jeder hat.

① x steht für das Geld von Simone.
y steht für das Geld von Olaf.

② (I) $x + y = 30$

(II) $x = y +$ ___

③ $y +$ ___ $+ y = 30$

$2y +$ ___ $= 30$ | ___

$2y = 28$ | ___

___ = ___

Einsetzen in (II): $x =$ ___ + ___ = 16

④ Probe: (I) 16 + ___ = 30 ist wahr. Es passt zum Text.

(II) 16 = ___ + ___ ist wahr. Es passt zum Text.

⑤ Simone hat ___ Olaf hat ___

b) Sabine hat 14 € mehr als Patrick. (I)
Zusammen haben sie 40 €. (II)
Berechne, wie viel Geld jeder hat.

① x steht für ___

___ steht für ___

② (I) ___ $= y + 14$

(II) $x + y =$ ___

③ $y + 14 + y =$ ___

$14 + 2y =$ ___ | ___

___ = ___ | ___

___ = ___

Einsetzen in (I): ___ = ___ + 14 = ___

④ Probe: (I) ___ = ___ + 14

(II) ___ + ___ = 40

Beides ist wahr. Es passt zum Text.

⑤ ___

___

c) Ein gleichschenkliges Dreieck hat 25 cm Umfang. Die beiden Schenkel sind jeweils 5 cm länger als die Basis. Wie lang sind die Seiten?

① ___ steht für die Länge eines Schenkels.

___ steht für die Länge der Basis.

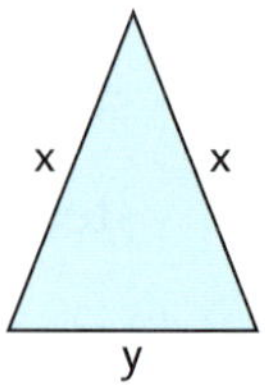

② (I) $2x + y = 25$

(II) $y = x -$ ___

③ $2x +$ ___ $= 25$

___ = ___ | ___

___ = ___ | ___

___ = ___

Einsetzen in (II): ___

④ Probe: (I) ___

(II) ___

Beides ist wahr. Es passt zum Text.

⑤ ___

___

Sachaufgaben lösen

Sachaufgaben lösen

	Beispiel:
⓪ Lies den Text. Was ist gegeben? Was ist gesucht?	Bauer Fritz hat Kühe und Hühner. Zusammen sind es 20 Tiere. (I) Alle Tiere haben zusammen 50 Beine. (II) Berechne die Anzahl der Kühe und Hühner mit dem Gleichsetzungsverfahren.
① Lege zwei Variablen fest.	① x steht für die Anzahl der Kühe. y steht für die Anzahl der Hühner.
② Stelle zwei Gleichungen auf.	② (I) $x + y = 20$, also ist $y = 20 - x$. (II) $4x + 2y = 50$, also ist $y = 25 - 2x$.
③ Löse das lineare Gleichungssystem.	③ $20 - x = 25 - 2x \quad \vert + 2x$ $20 + x = 25 \quad \vert - 20$ $x = 5$ Einsetzen in (I): $5 + y = 20 \quad \vert - 5$ $y = 15$
④ Prüfe die Lösung.	④ Probe: (I) $5 + 15 = 20$ ist wahr. Es passt zum Text. (II) $4 \cdot 5 + 2 \cdot 15 = 50$ ist wahr. Es passt zum Text.
⑤ Formuliere die Antwort.	⑤ Bauer Fritz hat 5 Kühe und 15 Hühner.

1 Löse mit einem linearen Gleichungssystem.

a) Alfred hat 40 Tiere. Es sind Schafe und Enten.
Die Tiere haben insgesamt 130 Beine.
Berechne die Anzahl der Schafe und Enten.

① ____ steht für ____________

____ steht für ____________

② (I) ____________

(II) ____________

③ ________ = ________ | ____

________ = ________ | ____

________ = ________

Einsetzen in ____ ____________

____

④ Probe: (I) ____________

(II) ____________

Beides ist wahr. Es passt zum Text.

⑤ ____________

____

b) Der Schulchor hat 30 Mitglieder.
Es sind 6 Jungen mehr als Mädchen.
Berechne die Anzahl der Jungen und Mädchen.

① ____ steht für ____________

____ steht für ____________

② (I) ____________

(II) ____________

③ ________ = ________ | ____

________ = ________ | ____

________ = ________ | ____

____

Einsetzen in ____ ____________

____

④ Probe: (I) ____________

(II) ____________

Beides ist wahr. Es passt zum Text.

⑤ ____________

____

Sachaufgaben lösen

Quadrieren und Wurzelziehen

1 Verbinde die gleichwertigen Terme.

$2 \cdot 2$	$5 \cdot 5$	$10 \cdot 10$	$12 \cdot 12$	$15 \cdot 15$	$18 \cdot 18$
5^2	18^2	2^2	15^2	10^2	12^2
100	225	144	4	324	25

Beispiel:
$3 \cdot 3 = 3^2 = 9$

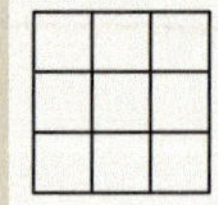

3 Kästchen

3 Kästchen

Es sind insgesamt 9 Kästchen.

2 Quadriere.

a	1	2	3	4	5	6	7	8	9	10
a^2										

Beispiel:
$3^2 = 3 \cdot 3 = 9$

3 Ziehe die Wurzel.

b	16	25	9	49	64	36	81	100	144	400
$\sqrt{b}$										

Beispiel:
$\sqrt{9} = 3$, denn $3^2 = 9$

4 Quadriere zuerst die orange Zahl. Ergänze dann die anderen Zahlen.

a)
$40^2 =$
$4^2 = 16$
$0{,}4^2 =$

b)
$70^2 =$
$7^2 =$
$0{,}7^2 =$

c)
$10^2 =$
$1^2 =$
$0{,}1^2 =$

Beispiel:
$5^2 = 25$
$50^2 = 2500$
doppelt so oft die Ziffer „0"
$0{,}5^2 = 0{,}25$
doppelt so viele Stellen nach dem Komma

5 Ziehe zuerst die Wurzel aus der orangen Zahl.
Ergänze dann die anderen Zahlen.

a)
$\sqrt{6400} =$
$\sqrt{64} = 8$
$\sqrt{0{,}64} =$

b)
$\sqrt{900} =$
$\sqrt{9} =$
$\sqrt{0{,}09} =$

c)
$\sqrt{14400} =$
$\sqrt{144} =$
$\sqrt{1{,}44} =$

Beispiel:
$\sqrt{25} = 5$
$\sqrt{2500} = 50$
halb so oft die Ziffer „0"
$\sqrt{0{,}25} = 0{,}5$
halb so viele Stellen nach dem Komma

Quadrieren

Wurzelziehen

Quadrieren und Wurzelziehen

1 Ergänze zuerst die Anzahl der Kästchen in einer Reihe, wenn nötig. Ergänze dann die Anzahl der Kästchen insgesamt.

			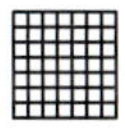	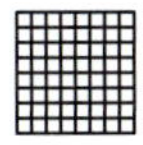	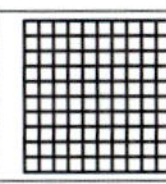			
a						11	12	13
a^2								

Beispiel:
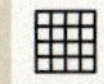 4 Kästchen
4 Kästchen
Es sind insgesamt 16 Kästchen.

$a = 4$
$a^2 = 4^2 = 4 \cdot 4 = 16$

2 Ergänze.

a	4	9	15	16				
a^2					1	36	196	400

Beispiel:
$4^2 = 16$
↑ Quadrat von 4
$\sqrt{16} = 4$
↑ Wurzel aus 16

3 Quadriere zuerst die orange Zahl. Ergänze dann die anderen Zahlen.

a) $50^2 =$
$5^2 = 25$
$0{,}5^2 =$

b) $100^2 =$
$10^2 =$
$1^2 =$

c) $150^2 =$
$15^2 =$
$1{,}5^2 =$

Beispiel:
$40^2 = 1600$
$4^2 = 16$
$0{,}4^2 = 0{,}16$

4 Ziehe zuerst die Wurzel aus der orangen Zahl. Ergänze dann die anderen Zahlen.

a) $\sqrt{8100} =$
$\sqrt{81} = 9$
$\sqrt{0{,}81} =$

b) $\sqrt{32400} =$
$\sqrt{324} =$
$\sqrt{3{,}24} =$

c) $\sqrt{22500} =$
$\sqrt{225} =$
$\sqrt{2{,}25} =$

Beispiel:
$\sqrt{1600} = 40$
$\sqrt{16} = 4$
$\sqrt{0{,}16} = 0{,}4$

5 Gib zuerst die benachbarten natürlichen Zahlen an. Begründe dann darunter mithilfe der Quadratzahlen.

a) ___ $< \sqrt{10} <$ ___
da ___ $< 10 <$ ___

b) ___ $< \sqrt{30} <$ ___
da ___ $< 30 <$ ___

c) ___ $< \sqrt{1{,}7} <$ ___
da ___ $< 1{,}7 <$ ___

Beispiel:
$10 < \sqrt{107} < 11$,
da $100 < 107 < 121$

Quadrieren

Wurzelziehen

Quadrieren und Wurzelziehen

- Beim Quadrieren wird eine Zahl mit sich selbst multipliziert.
  $a \cdot a = a^2$

Beispiel:
$3 \cdot 3 = 3^2 = 9$

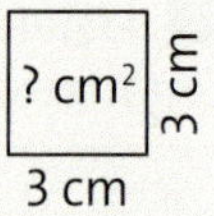

- Beim Wurzelziehen wird die positive Zahl a gesucht, die mit sich selbst multipliziert b ergibt.
  $\sqrt{b} = a$, da $a^2 = b$

$\sqrt{9} = 3$, da $3^2 = 9$

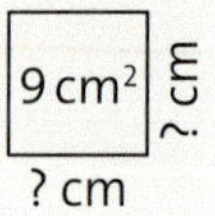

1 Das Quadrat einer natürlichen Zahl (0; 1; 2; 3; 5; ...) nennt man Quadratzahl.
a) Unterstreiche zuerst in der oberen Zeile die 6 Quadratzahlen.
Ermittle dann die Wurzeln der Quadratzahlen ohne Taschenrechner.
b) Berechne alle anderen Wurzeln mit dem Taschenrechner.
Runde auf zwei Stellen nach dem Komma.

a	9	16	20	25	35	36	55	72	81	100
$\sqrt{a}$										

2 Ergänze zuerst die Zahl auf der mittleren Karte.

a)
$60^2 =$
$6^2 = 36$
$0{,}6^2 =$

b)
$80^2 =$
$8^2 =$
$0{,}8^2 =$

c)
$\sqrt{2500} =$
$\sqrt{25} =$
$\sqrt{0{,}25} =$

d)
$\sqrt{1400} =$
$\sqrt{144} =$
$\sqrt{1{,}44} =$

3 Die Fläche des Schildes „Vorfahrtsstraße" ist $3600\,cm^2$ groß.
Das gelbe Quadrat ist halb so lang wie das Schild.
a) Berechne die Länge der Seiten des quadratischen Schildes.

b) Berechne den Flächeninhalt vom gelben Quadrat.

4 Alle 14 cm kommt die nächste quadratische Fliese.
Können mit 100 derartigen Fliesen $2\,m^2$ ausgelegt werden?
Begründe mit einer Rechnung.

Quadrieren

Wurzelziehen

Der Satz des Pythagoras

1 Markiere zuerst den rechten Winkel im Dreieck, wenn möglich.
Zeichne dann die Hypotenuse rot nach.
Zeichne danach die Katheten blau nach.

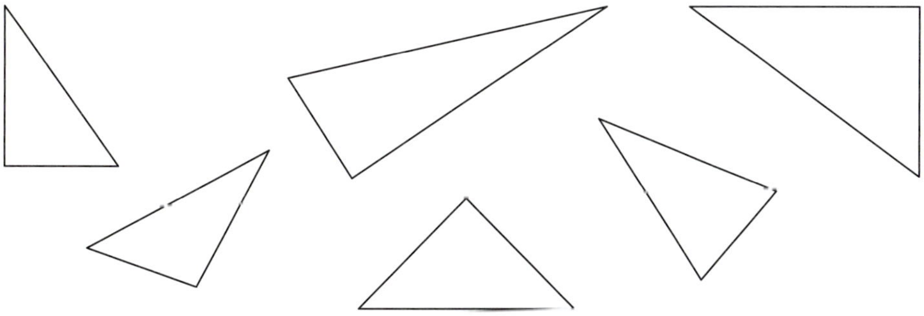

Tipp
Die Hypotenuse liegt dem rechten Winkel gegenüber.
Die Katheten schließen den rechten Winkel ein.

Beispiel:

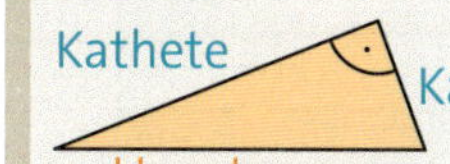

2 Zeichne zuerst die Hypotenuse rot und die Katheten blau nach.
Schreibe dann in jedes Quadrat seinen Flächeninhalt.
Schreibe danach in jedes Dreieck die Nummer der passenden Gleichung.

Beispiel:
Ein Quadrat hat 4 cm lange Seiten.
Berechne den Flächeninhalt A.

$A = a^2 = a \cdot a$
$A = (4\,cm)^2 = 16\,cm^2$

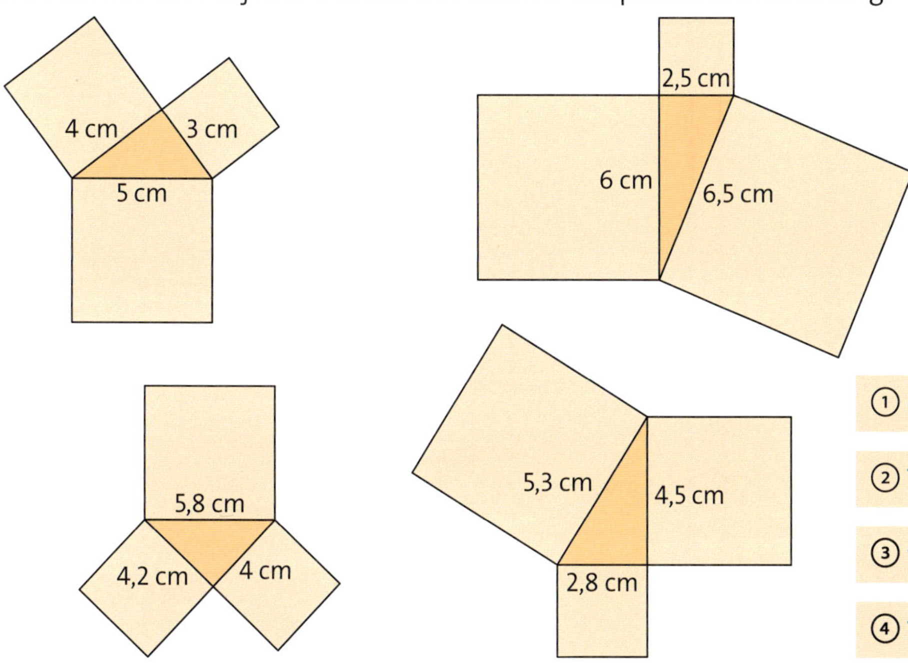

① $6{,}25\,cm^2 + 36\,cm^2 = 42{,}25\,cm^2$

② $7{,}84\,cm^2 + 20{,}25\,cm^2 = 28{,}09\,cm^2$

③ $9\,cm^2 + 16\,cm^2 = 25\,cm^2$

④ $16\,cm^2 + 17{,}64\,cm^2 = 33{,}64\,cm^2$

3 Markiere zuerst den rechten Winkel im Dreieck, wenn möglich.
Zeichne dann die Hypotenuse rot und die Katheten blau nach.
Kreuze danach Zutreffendes an.

a)

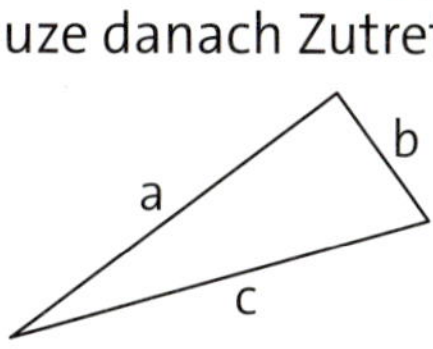

- ☐ $a^2 + b^2 = c^2$
- ☐ $a^2 + c^2 = b^2$
- ☐ $b^2 + c^2 = a^2$

b)

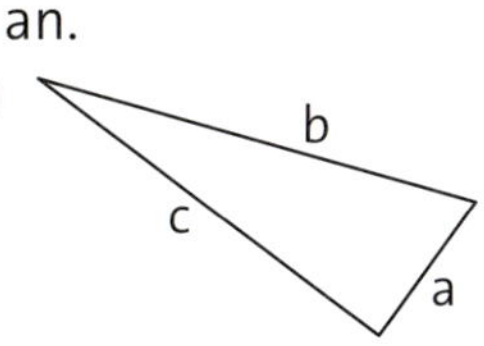

- ☐ $a^2 + b^2 = c^2$
- ☐ $a^2 + c^2 = b^2$
- ☐ $b^2 + c^2 = a^2$

c)

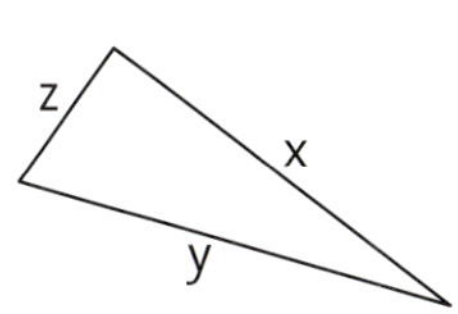

- ☐ $x^2 + y^2 = z^2$
- ☐ $x^2 + z^2 = y^2$
- ☐ $y^2 + z^2 = x^2$

Beispiel:

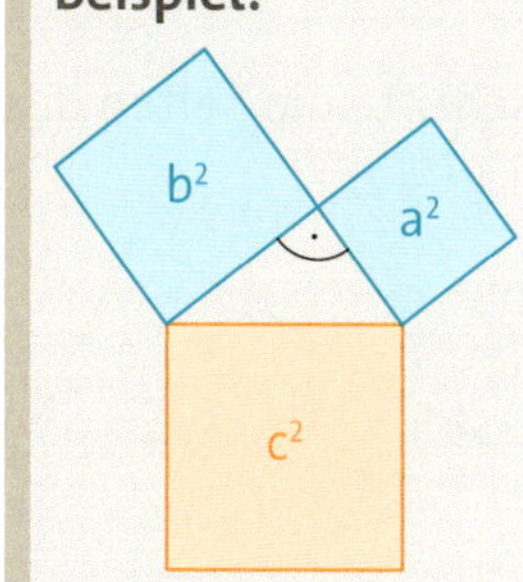

$a^2 + b^2 = c^2$
(Satz des Pythagoras)

Der Satz des Pythagoras

Der Satz des Pythagoras

1 Markiere zuerst den rechten Winkel im Dreieck.
Zeichne dann die Hypotenuse rot und die Katheten blau nach.
Schreibe danach in jedes Quadrat seinen Flächeninhalt und vervollständige die Gleichung.

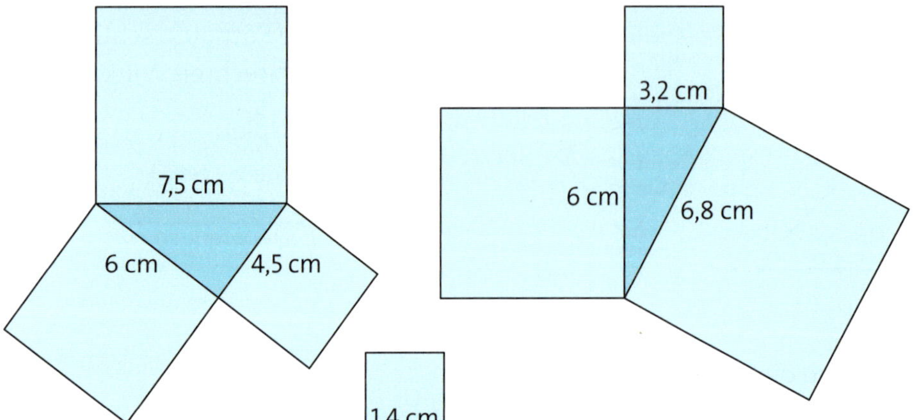

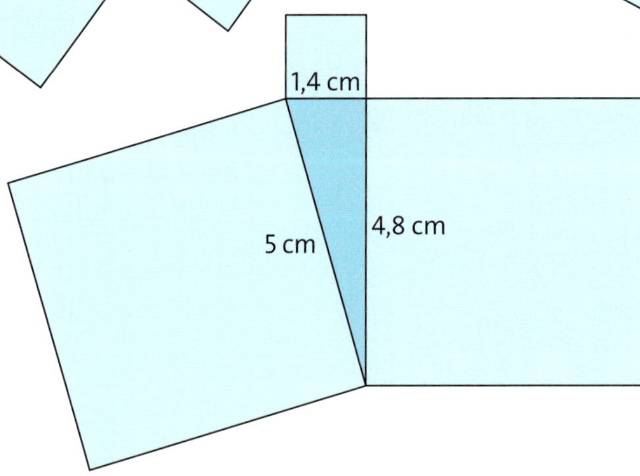

Tipp
Die Hypotenuse liegt dem rechten Winkel gegenüber.
Die Katheten schließen den rechten Winkel ein.

Beispiel:

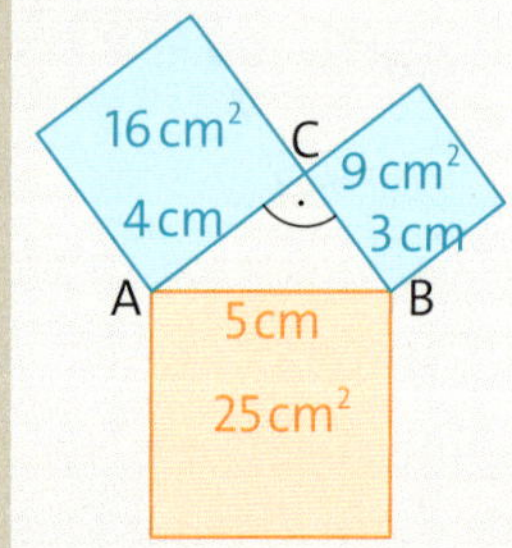

$(4\,\text{cm})^2 + (3\,\text{cm})^2 = (5\,\text{cm})^2$
$16\,\text{cm}^2 + 9\,\text{cm}^2 = 25\,\text{cm}^2$

① $10{,}24\,\text{cm}^2 + 36\,\text{cm}^2 =$ ____________

② $1{,}96\,\text{cm}^2 +$ ____________ $= 25\,\text{cm}^2$

③ ____________ $= 56{,}25\,\text{cm}^2$

2 Verbinde jedes Dreieck mit der passenden Gleichung.

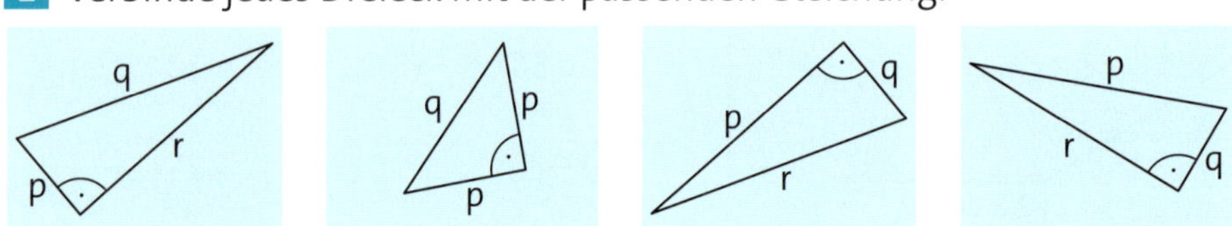

$p^2 + q^2 = r^2$ | $p^2 + r^2 = q^2$ | $q^2 + r^2 = p^2$ | $p^2 + p^2 = q^2$

Beispiel:
c ist die Hypotenuse.
a und b sind Katheten.

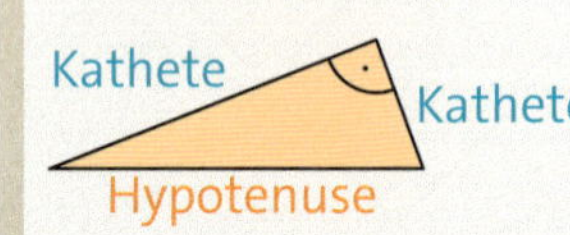

$a^2 + b^2 = c^2$
(Satz des Pythagoras)

3 Beschrifte die Seiten des Dreiecks passend, wenn möglich.

a) $x^2 + y^2 = z^2$

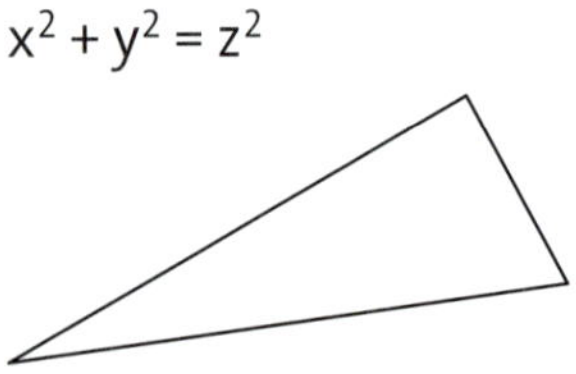

b) $d^2 + f^2 = e^2$

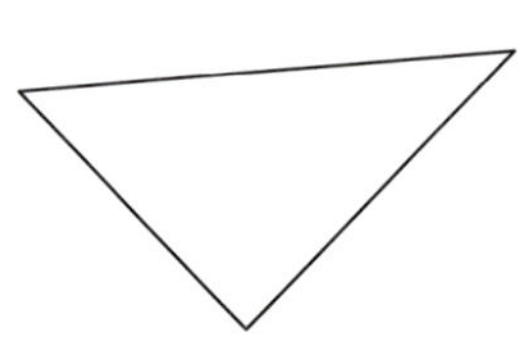

c) $i^2 + g^2 = h^2$

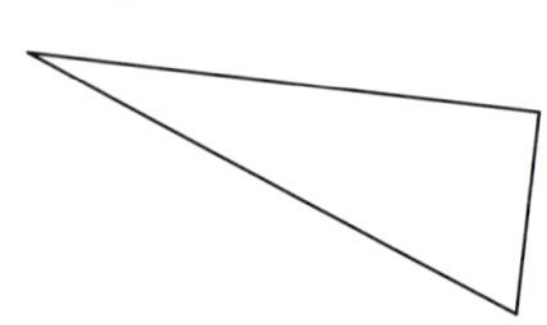

d) $i^2 + g^2 = h^2$

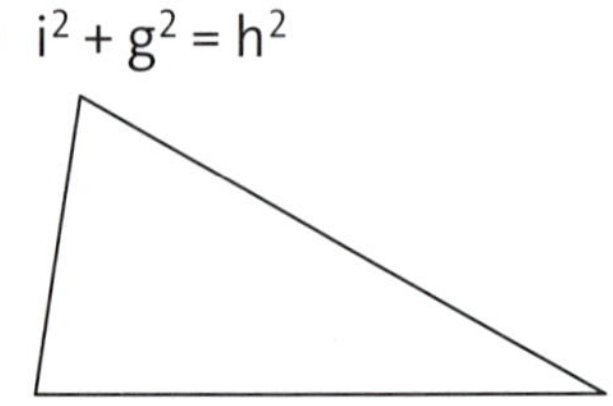

e) $n^2 + n^2 = m^2$

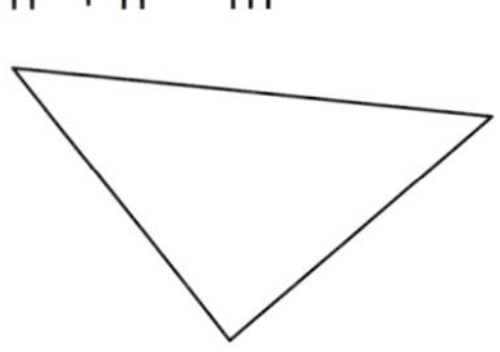

f) $s^2 + (0{,}5\,s)^2 = t^2$

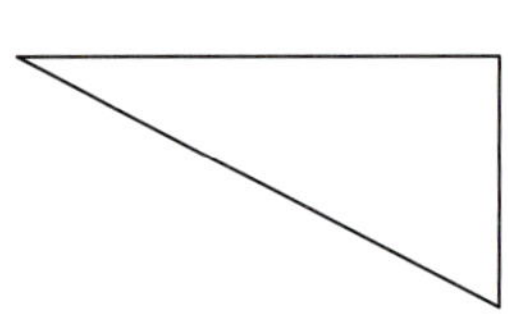

g) $a^2 + b^2 = c^2$

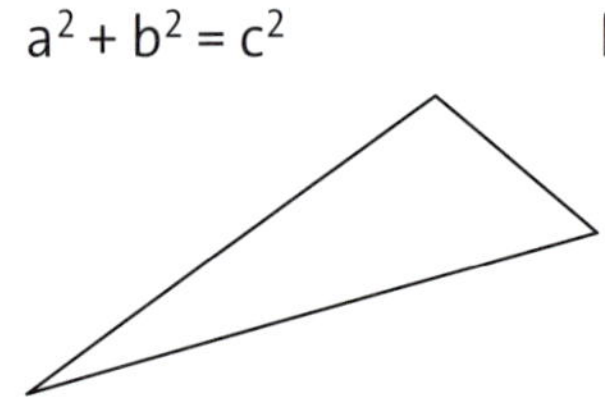

h) $c^2 + b^2 = a^2$

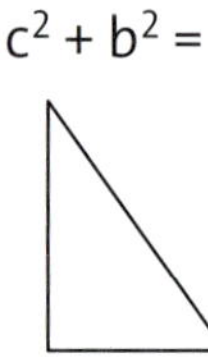

Der Satz des Pythagoras

Der Satz des Pythagoras

- Die Hypotenuse liegt dem rechten Winkel gegenüber.
  Die Katheten schließen den rechten Winkel ein.
- Für rechtwinklige Dreiecke gilt der Satz des Pythagoras:
  Das Quadrat über der Hypotenuse hat denselben Flächeninhalt wie die Quadrate über den Katheten zusammen.

Beispiel:

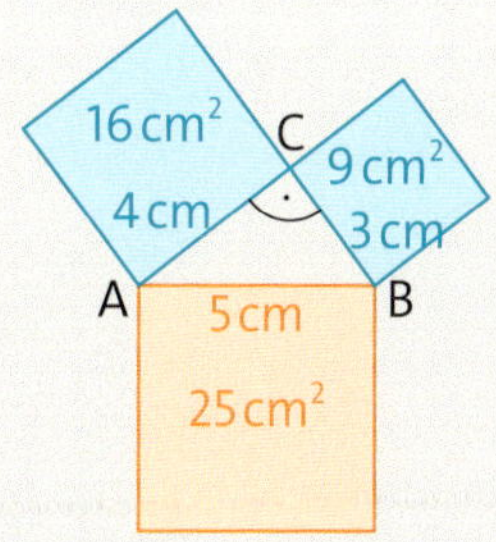

$c^2 = a^2 + b^2$
$(5\,cm)^2 = (4\,cm)^2 + (3\,cm)^2$
$25\,cm^2 = 16\,cm^2 + 9\,cm^2$

1 Zeichne zuerst die Hypotenuse rot und die Katheten blau nach.
Schreibe dann in jedes Quadrat den Flächeninhalt und ergänze die Gleichungen.

a)

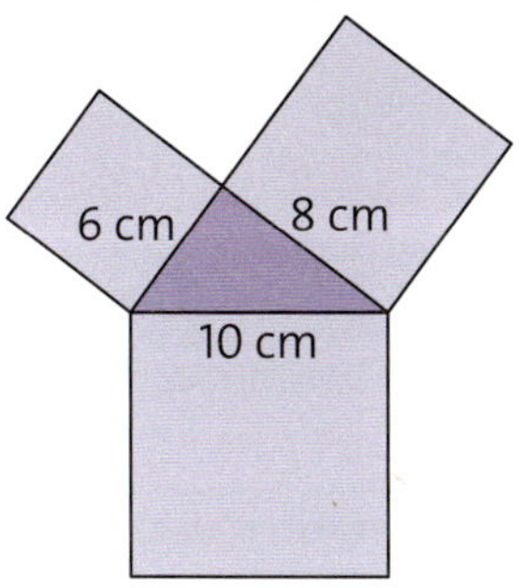

$36\,cm^2 + 64\,cm^2 =$ ______

b)

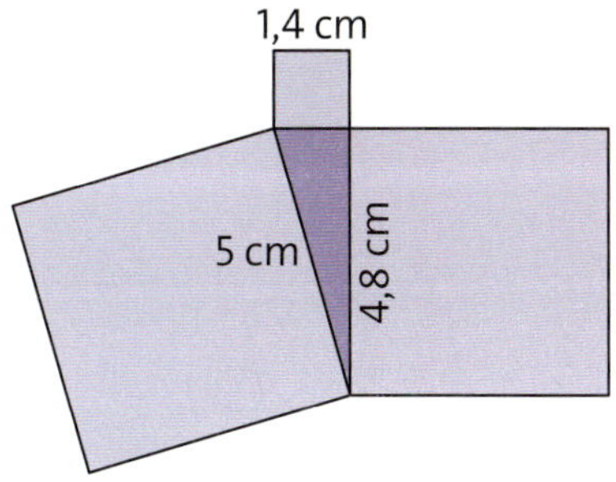

$1{,}96\,cm^2 + 23{,}04\,cm^2 =$ ______

c)

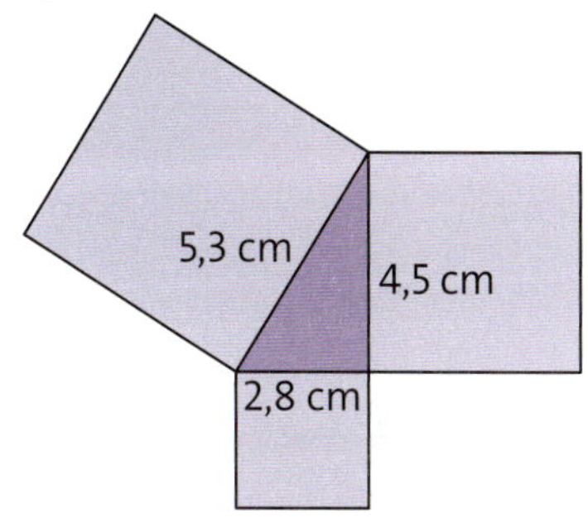

$7{,}84\,m^2 + 20{,}25\,m^2 =$ ______

2 Markiere, wenn möglich, den rechten Winkel und gib eine Gleichung nach dem Satz des Pythagoras an.

a)

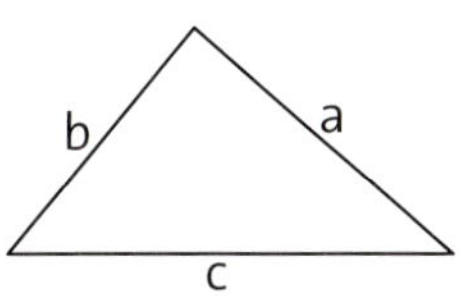

______

b)

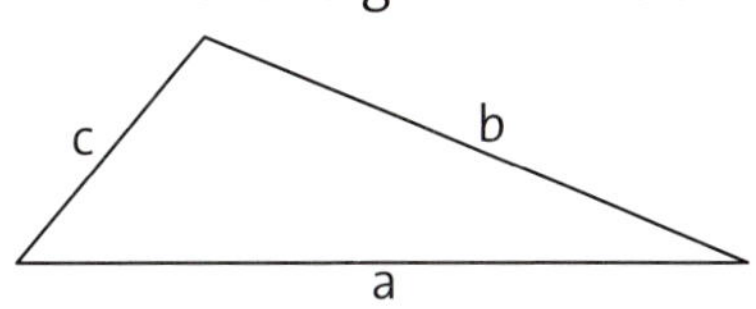

______

c)

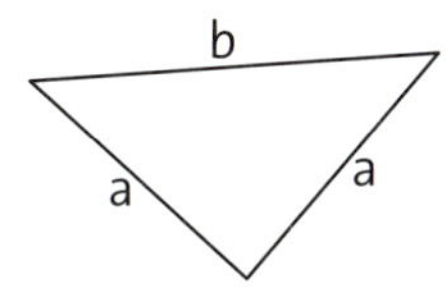

______

3 Die Gleichung gilt nach dem Satz des Pythagoras.
Zeichne ein passendes Dreieck und beschrifte die Seiten.

a) $x^2 + y^2 = z^2$

b) $x^2 - z^2 = y^2$

4 Umkehrung des Satz des Pythagoras

a) Ergänze die Umkehrung des Satz des Pythagoras.

Wenn in einem Dreieck ABC mit der längsten Seite c gilt: ______ = ______, dann ist das Dreieck ______ Der rechte Winkel liegt gegenüber der ______ Seite.

b) Alex meint, dass die Wände rechtwinklig zueinander verlaufen. Hat er recht?

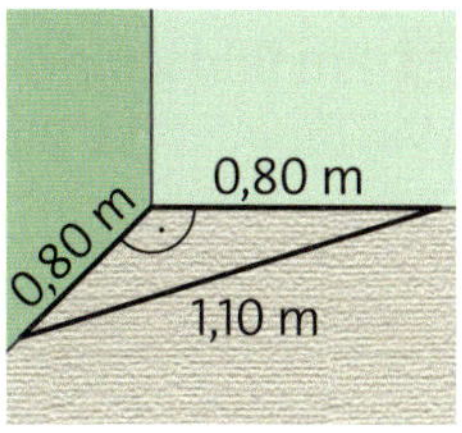

Hypotenuse berechnen

1 Berechne die Länge der Hypotenuse.

a)

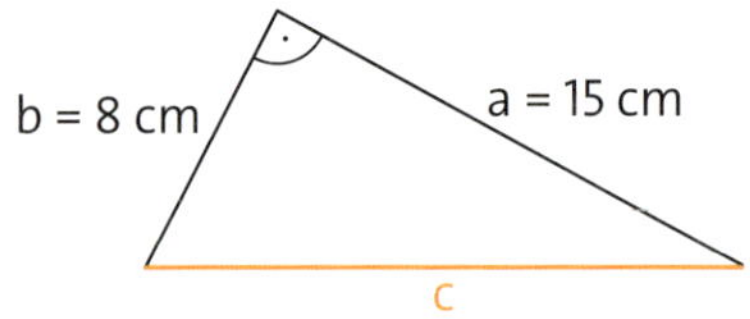

① $c^2 = a^2 + \_\_\_\_$

$c^2 = (15\,\text{cm})^2 + \_\_\_\_$

② $c^2 = 225\,\text{cm}^2 + \_\_\_\_\,\text{cm}^2$

$c^2 = \_\_\_\_\,\text{cm}^2$

③ $c = \_\_\_\_\,\text{cm}$

Tipp

⓪ Färbe die Hypotenuse ein.
① Stelle eine Gleichung auf (Pythagoras). Setze die gegebenen Längen ein.
② Quadriere zuerst. Addiere die Quadrate.
③ Ziehe die Wurzel.

Beispiel:

① $y^2 = x^2 + z^2$

$y^2 = (3\,\text{cm})^2 + (4\,\text{cm})^2$

② $y^2 = 9\,\text{cm}^2 + 16\,\text{cm}^2$

$y^2 = 25\,\text{cm}^2$

③ $y = 5\,\text{cm}$

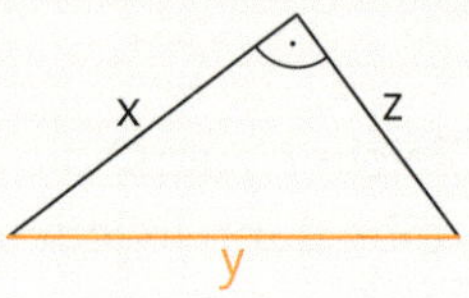

b)

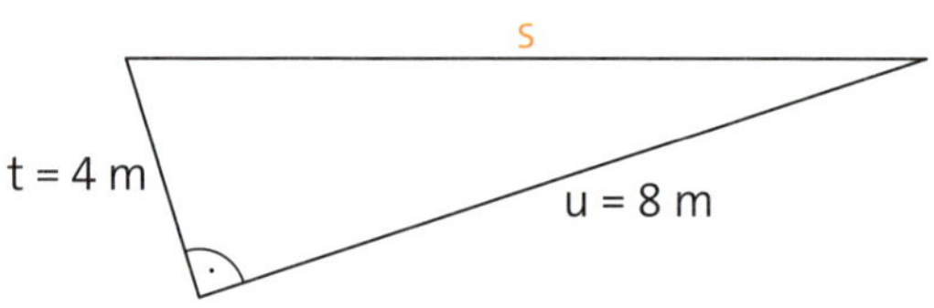

① ____ = ____ + ____

____ = ____ + ____

② ____ = ____ + ____

____ = ____ m^2

③ ____ ≈ ____ m^2

c)

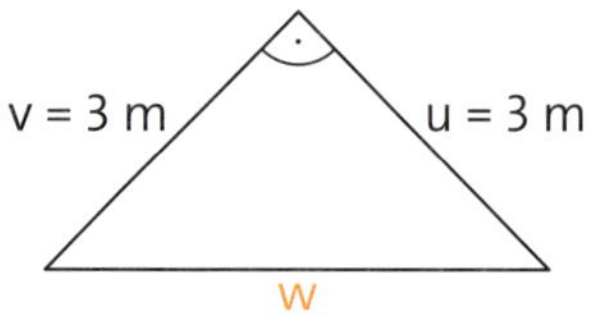

① ____ = ____ + ____

____ = ____ + ____

② ____ = ____ + ____

____ = ____ m^2

③ ____ ≈ ____ m^2

2 Berechne die Länge der roten Strecke.

Tipp
Finde zuerst den rechten Winkel.

a)

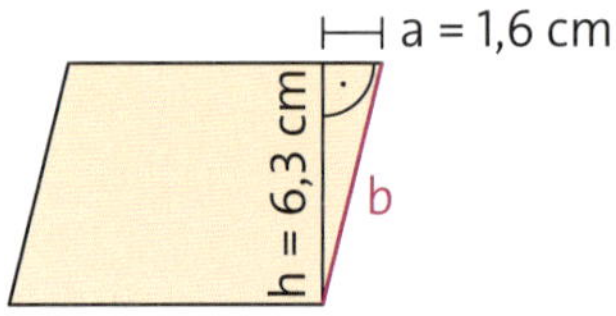

① b^2 = ____ + ____

____ = ____ + ____

② ____ = ____

③ ____ = ____ cm

b)

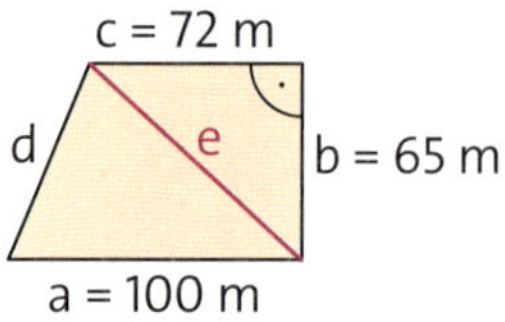

① ____ = ____ + ____

____ = ____ + ____

② ____ = ____

③ ____ = ____ m

3 Ein Bildschirm ist 93 cm breit und 52 cm hoch.
Wie lang ist die Bildschirmdiagonale?

$d^2 = (93\,\text{cm})^2 +$ ____ = ____

$d \approx$ ____ cm

Hypotenuse berechnen

Hypotenuse berechnen

1 Berechne die Länge der Hypotenuse.

a)

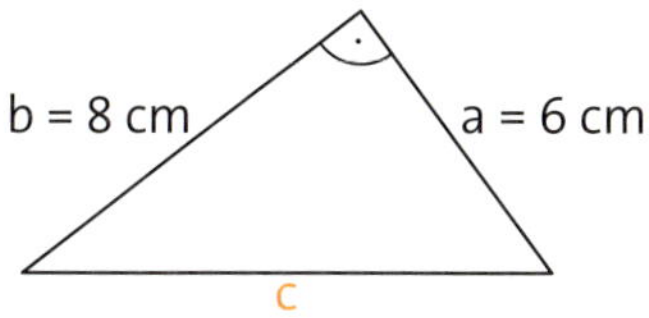

① $c^2 = a^2 \quad +$ ______

$c^2 = (6\,cm)^2 +$ ______

② $c^2 = 36\,cm^2 +$ ______

$c^2 =$ ______

③ $c \ =$ ______

Tipp

① Stelle eine Gleichung auf (Pythagoras). Setze die gegebenen Längen ein.

② Quadriere zuerst. Addiere dann.

③ Ziehe die Wurzel.

Beispiel:

① $y^2 = x^2 + z^2$

$y^2 = (4{,}8\,cm)^2 + (2\,cm)^2$

② $y^2 = 23{,}04\,cm^2 + 4\,cm^2$

$y^2 = 27{,}04\,cm^2$

③ $y \approx 5{,}20\,cm$

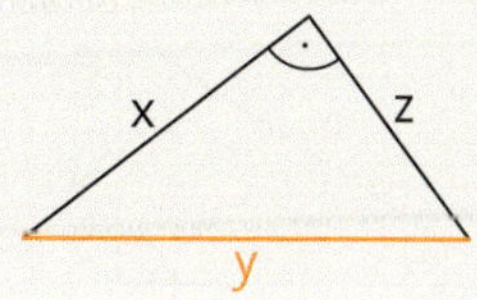

b)

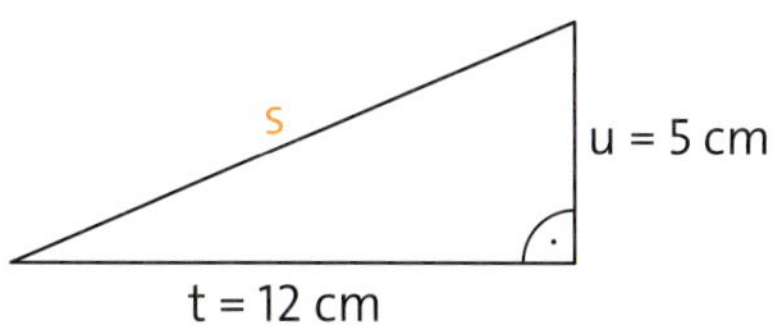

① ______ = ______ + ______

______ = (______)^2 + (______)^2

② ______ = ______ cm^2 + ______ cm^2

______ = ______

③ ______ = ______

c)

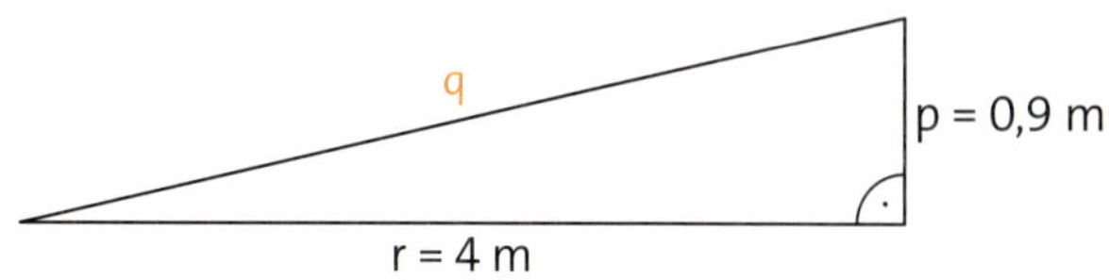

① $q^2 =$ ______

$q^2 =$ ______

② $q^2 =$ ______

$q^2 =$ ______

③ $q \ =$ ______

2 Berechne die Länge der roten Strecke.

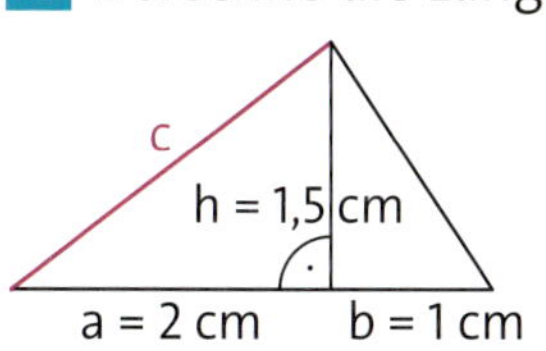

① ______ = ______ + ______

______ = (______)^2 + (______)^2

② ______ = ______

③ ______ = ______

Tipp

Färbe das passende rechtwinklige Dreieck ein.

Beispiel:

① $d^2 = a^2 + b^2$

$d^2 = (1\,cm)^2 + (3\,cm)^2$

② $d^2 = 10\,cm^2$

③ $d \approx 3{,}61\,cm$

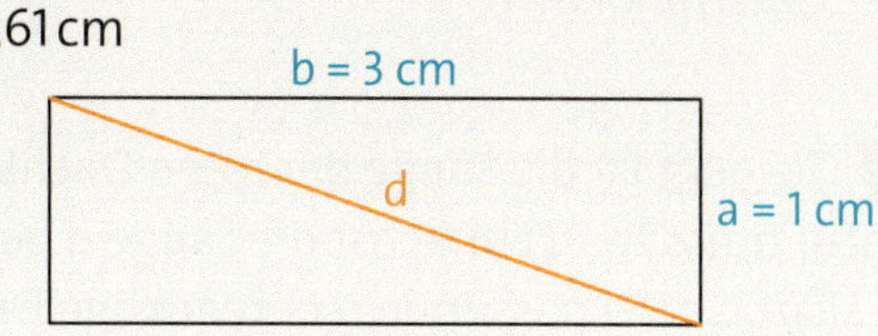

3 Das Tarp besteht aus einer quadratischen Plane. Es schützt beispielsweise vor Regen. Berechne die Länge l der Plane.

$c^2 = (1{,}4\,m)^2 +$ ______

$c \approx$ ______ m

$l = 2 \cdot c =$ ______

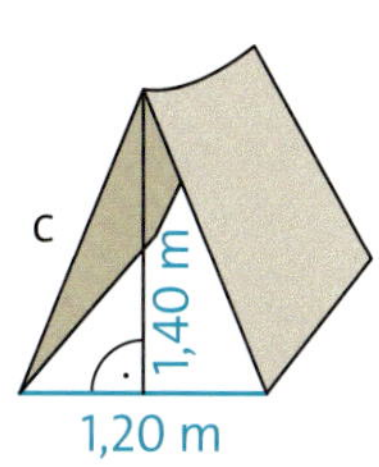

Das Tarp ist rund ______

Hypotenuse berechnen ☒

Schritte beim Berechnen der Hypotenuse:
① Stelle eine Gleichung auf (Pythagoras).
Setze die gegebenen Längen ein.
② Quadriere und addiere.
③ Ziehe die Wurzel.

Beispiel:
① $p^2 = q^2 + r^2$
$p^2 = (12\,m)^2 + (35\,m)^2$
② $p^2 = 1369\,m^2$
③ $p = 37\,m$

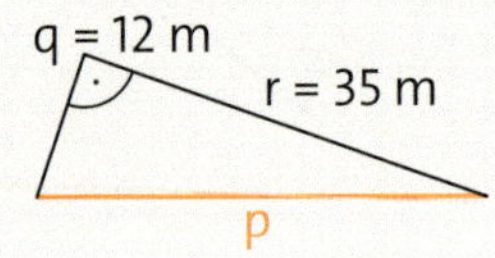

1 Berechne die Länge der Hypotenuse.

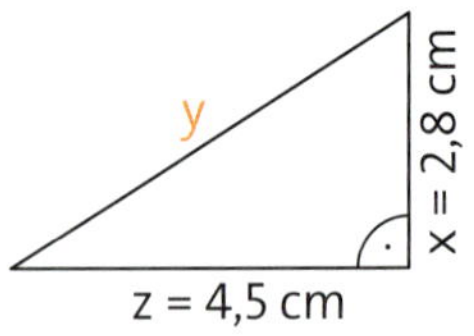

① ____ = ____ + ____
____ = (____)² + (____)²
② ____ = ____
③ ____ = ____

2 Berechne die Länge der roten Strecke.

a)

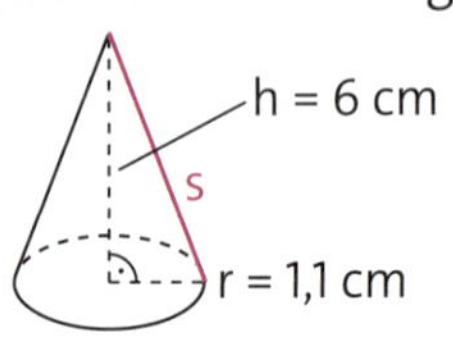

① ____ = ____
____ = ____
② ____ = ____
③ ____ = ____

b)

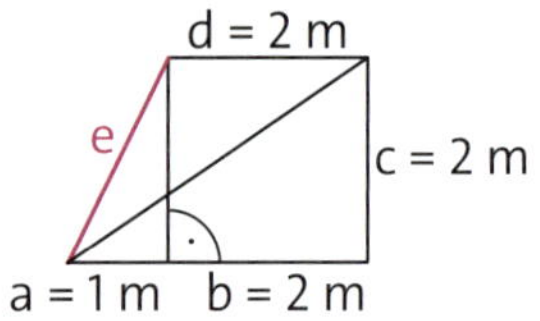

① ____ = ____
____ = ____
② ____ = ____
③ ____ ≈ ____

3 Ein zylinderförmiges Glas hat 6 cm Durchmesser und ist innen 18 cm hoch. Der Trinkhalm soll diagonal 5 cm aus dem Glas herausragen. Berechne die Länge des gesamten Trinkhalmes.

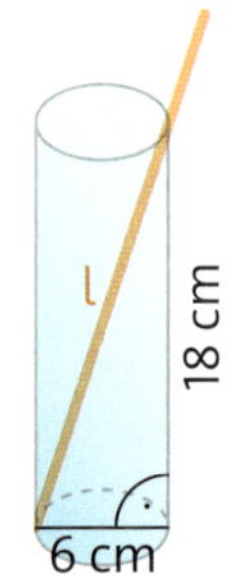

l^2 = ____

l ≈ ____

Der Glastrinkhalm ____

4 Gesucht ist die Länge der roten Dachkante k.
Dafür muss man zunächst die Länge d berechnen.

a) Färbe zwei passende rechtwinklige Dreiecke ein.
Schreibe dann die benötigten Längen in die Zeichnung.

b) Berechne die Länge der Dachkante.

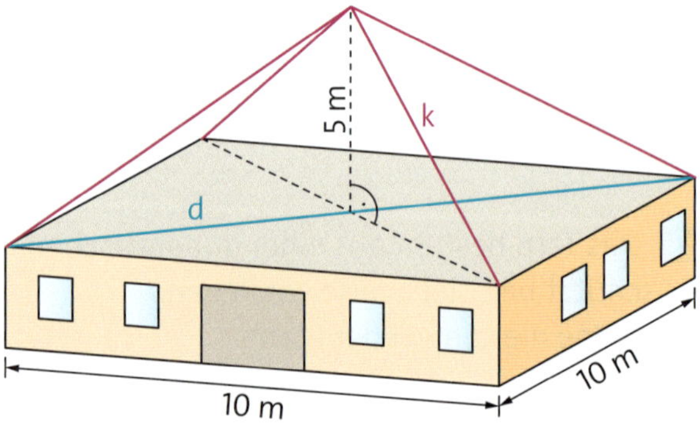

d^2 = ____

d ≈ ____ $\frac{d}{2}$ ≈ ____

k^2 ≈ ____

k ≈ ____

Die Dachkante ist ____

Kathete berechnen

Kathete berechnen

1 Berechne die Länge der blauen Kathete.

a)

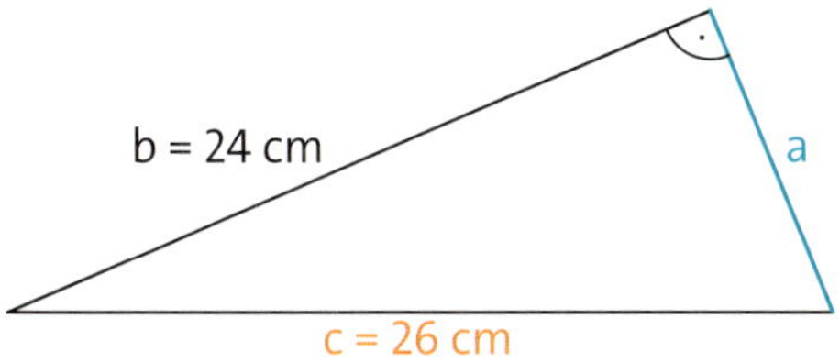

① $a^2 + b^2 = c^2 \quad | -b^2$

$a^2 = c^2 - b^2$

$a^2 = ($ ____ $)^2 - ($ ____ $)^2$

② $a^2 =$ ____ cm^2

③ $a =$ ____ cm

Tipp

⓪ Färbe die Hypotenuse ein.

① Stelle zuerst eine Gleichung auf (Pythagoras).
Forme dann die Gleichung nach der Kathete um.
Setze die gegebenen Längen ein.

② Quadriere zuerst.
Subtrahiere dann die Quadrate.

③ Ziehe die Wurzel.

Beispiel:

① $a^2 + b^2 = c^2 \quad | -b^2$

$a^2 = c^2 - b^2$

$a^2 = (5\,cm)^2 - (4\,cm)^2$

② $a^2 = 9\,cm^2$

③ $a = 3\,cm$

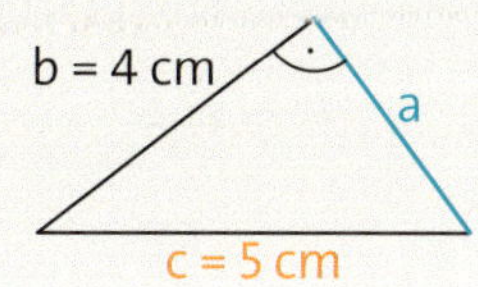

b)

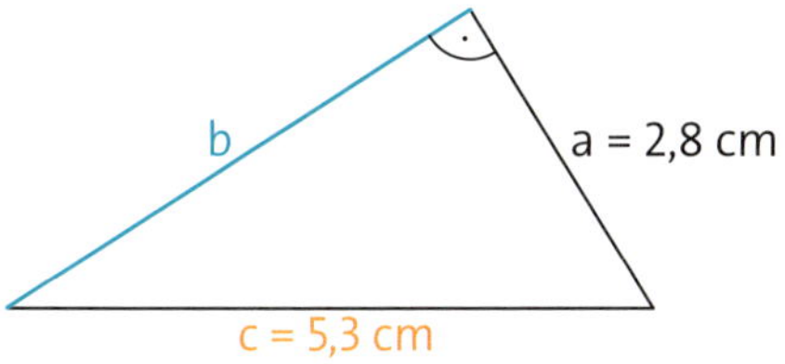

① $a^2 + b^2 = c^2 \quad |$ ____

$b^2 =$ ____ $-$ ____

$b^2 = ($ ____ $)^2 - ($ ____ $)^2$

② $b^2 =$ ____ m^2

③ $b =$ ____ m

c)

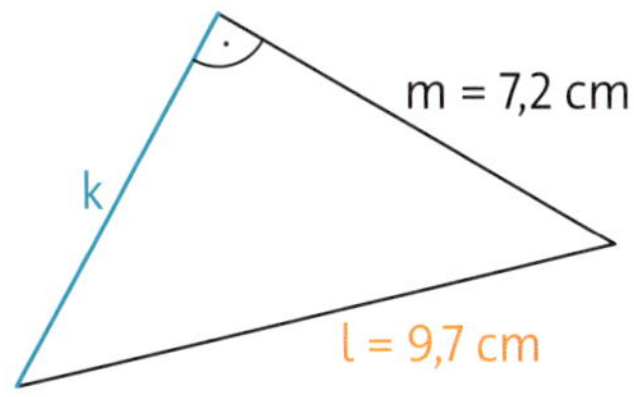

① $m^2 + k^2 = l^2 \quad |$ ____

$k^2 =$ ____

$k^2 = ($ ____ $)^2 - ($ ____ $)^2$

② $k^2 =$ ____

③ $k =$ ____

2 Berechne die Länge der blauen Strecke.

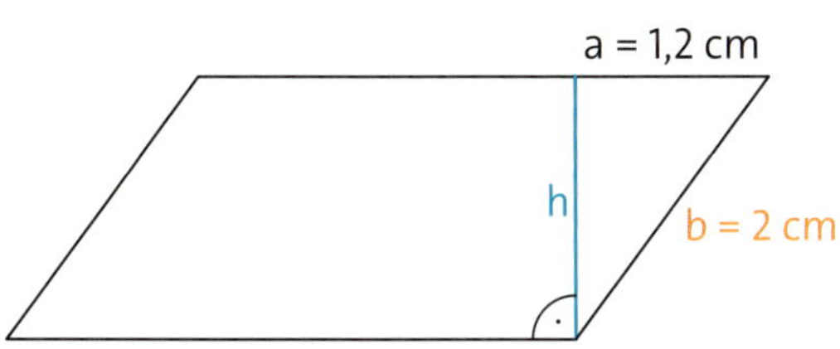

① $a^2 +$ ____ $=$ ____ $|$ ____

____ $=$ ____

____ $= ($ ____ $)^2 - ($ ____ $)^2$

② ____ $=$ ____ cm^2

③ ____ $=$ ____ cm

3 Berechne den Abstand zwischen Leiter und Baum.

____ = ____ | ____

____ = ____

____ = ____

____ ≈ ____

Der Abstand beträgt ____

Tipp

Skizziere ein passendes rechtwinkliges Dreieck.

Kathete berechnen

1 Berechne die Länge der blauen Kathete.

a)

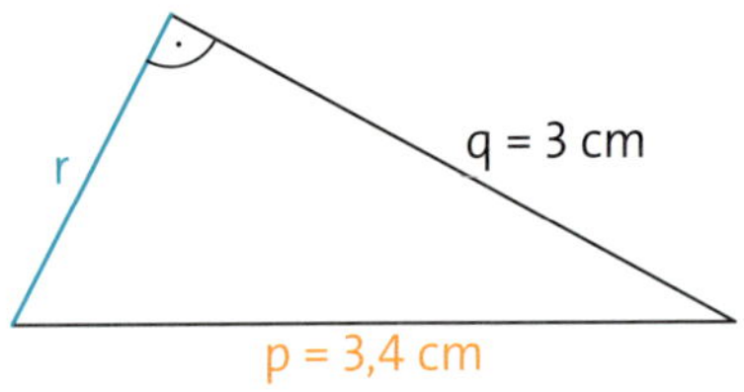

① $q^2 + \_\_\_ = p^2$ | ___

$r^2 = p^2 - \_\_\_$

$r^2 = (3{,}4\,\text{cm})^2 - (\_\_\_)^2$

② $r^2 = \_\_\_\ \text{cm}^2$

③ $r = \_\_\_\ \text{cm}$

Tipp

① Stelle zuerst eine Gleichung auf (Pythagoras).
Forme dann die Gleichung nach der Kathete um.
Setze die gegebenen Längen ein.

② Quadriere zuerst.
Subtrahiere dann die Quadrate.

③ Ziehe die Wurzel.

Beispiel:

① $y^2 + z^2 = x^2$ | $-y^2$

$z^2 = x^2 - y^2$

$z^2 = (5{,}2\,\text{cm})^2 - (4{,}8\,\text{cm})^2$

② $z^2 = 4\,\text{cm}^2$

③ $z = 2\,\text{cm}$

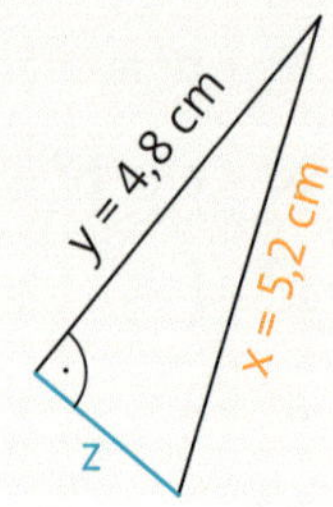

b)

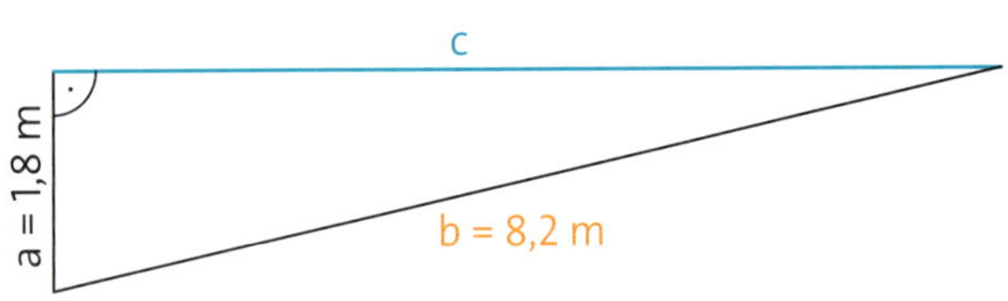

① $\_\_\_ + c^2 = \_\_\_$ | ___

$\_\_\_ = \_\_\_ - \_\_\_$

$\_\_\_ = (\_\_\_\ \text{m})^2 - (\_\_\_\ \text{m})^2$

② $\_\_\_ = \_\_\_$

③ $\_\_\_ = \_\_\_\ \text{m}$

c)

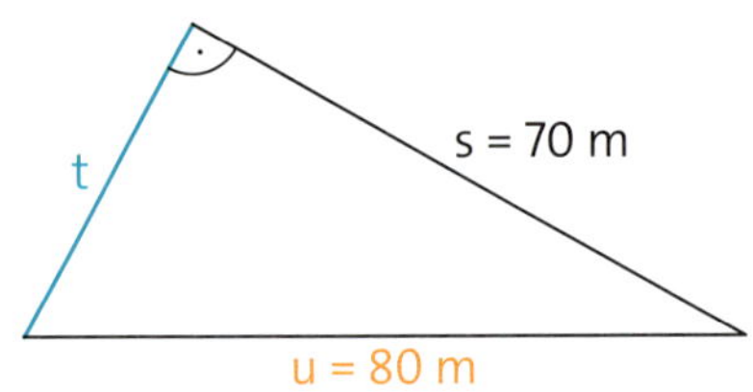

① $s^2 + \_\_\_ = \_\_\_$ | ___

$\_\_\_ = \_\_\_$

$\_\_\_ = \_\_\_$

② $\_\_\_ = \_\_\_$

③ $\_\_\_ = \_\_\_$

2 Berechne die Länge der blauen Strecke.

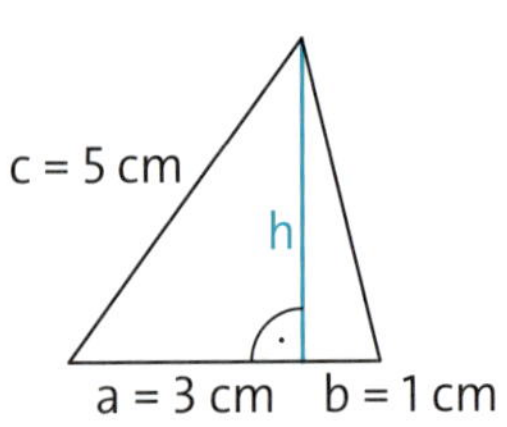

① $\_\_\_ + \_\_\_ = \_\_\_$ | ___

$\_\_\_ = \_\_\_$

$\_\_\_ = \_\_\_ - \_\_\_$

② $\_\_\_ = \_\_\_$

③ $\_\_\_ = \_\_\_\ \text{cm}$

3 Eine Rutsche wird aufgebaut.
Berechne die Höhe der Rutsche.

$\_\_\_ = \_\_\_$ | ___

$\_\_\_ = \_\_\_$

$\_\_\_ = \_\_\_$

$\_\_\_ = \_\_\_$

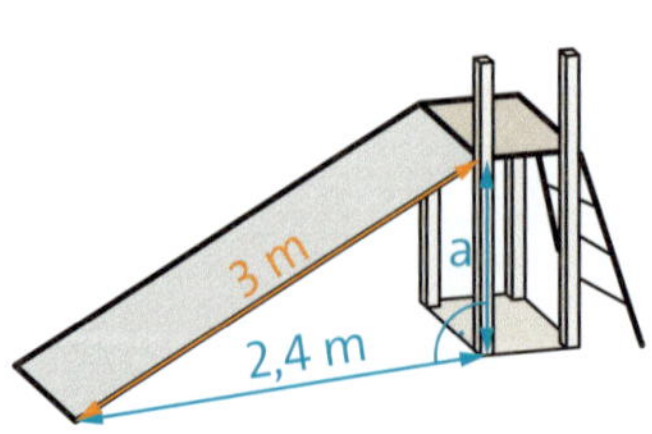

Die Rutsche ist ___

Kathete berechnen

Kathete berechnen

Schritte beim Berechnen einer Kathete:
① Stelle zuerst eine Gleichung auf (Pythagoras).
Forme dann die Gleichung nach der Kathete um.
Setze die gegebenen Längen ein.
② Quadriere zuerst. Subtrahiere dann.
③ Ziehe die Wurzel.

Beispiel:
① $x^2 + z^2 = y^2 \quad | - z^2$
$x^2 = y^2 - z^2$
$x^2 = (15\,cm)^2 - (9\,cm)^2$
② $x^2 = 144\,cm^2$
③ $x = 12\,cm$

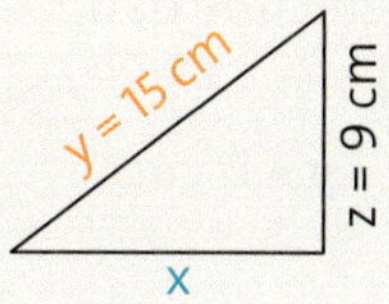

1 Berechne die Länge der blauen Kathete.

a)

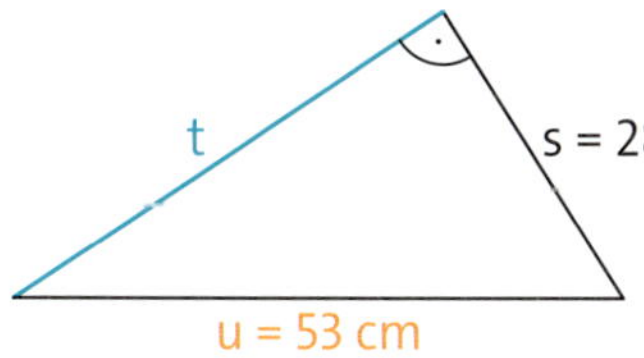

① ____ $+ t^2$ = ____ | ____
____ = ____ − ____
____ = (____ cm)^2 − (____ cm)^2
② ____ = ____ cm^2
③ ____ = ____ cm

b)

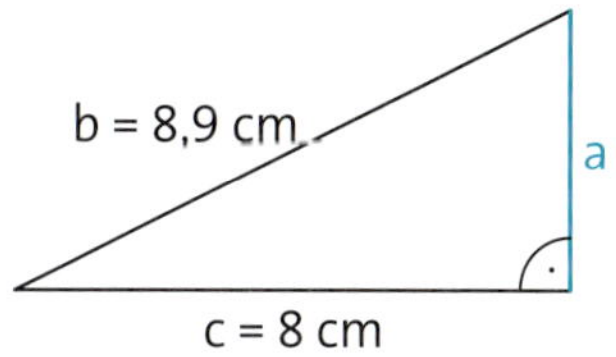

① ____ + ____ = ____ | ____
____ = ____
____ = ____
② ____ = ____
③ ____ = ____

2 Berechne die Länge der blauen Strecke.

a)

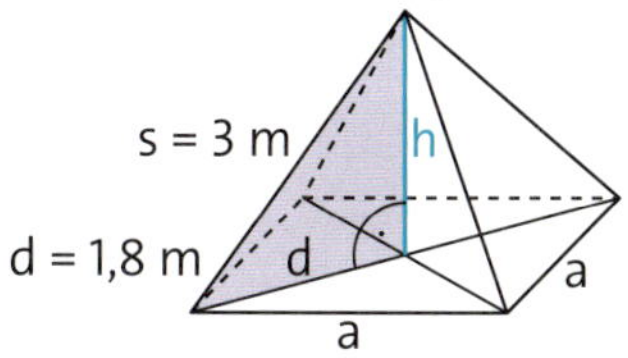

① ____ + ____ = ____ | ____
____ = ____ − ____
____ = ____ − ____
② ____ = ____
③ ____ = ____

b)

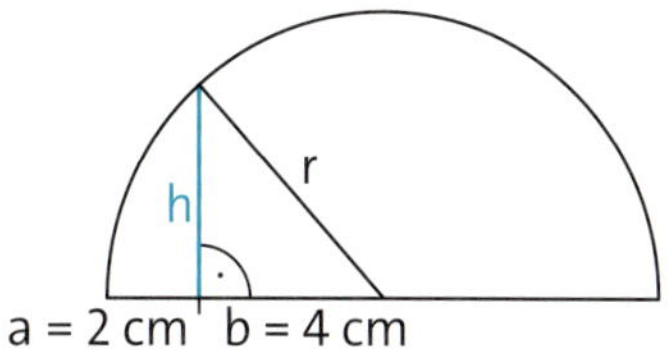

① ____ + ____ = ____ | ____
____ = ____ − ____
____ = ____ − ____
② ____ = ____
③ ____ ≈ ____

3 Aus dem Holzstamm soll ein Balken mit quadratischem Querschnitt entstehen.
Berechne zuerst die größtmögliche Kantenlänge x.
Prüfe dann mithilfe der Zeichnung, ob dein Ergebnis stimmen kann.

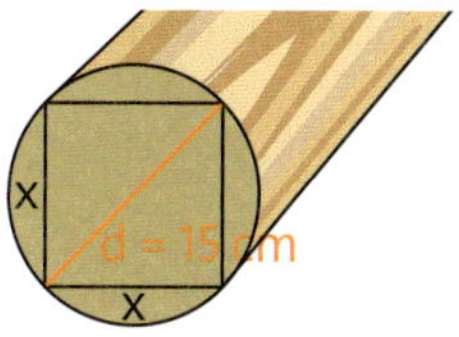

① ____ + ____ = ____
____ = ____ | ____
____ = ____ : ____
② ____ = ____ : ____
____ = ____
③ ____ ≈ ____

Maßstab 1:5

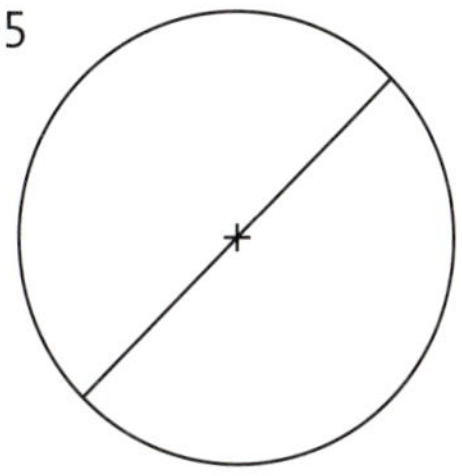

Die größtmögliche Kantenlänge ____

Sachaufgaben mit dem Satz des Pythagoras lösen

Längen mit dem Satz des Pythagoras berechnen

1 Zeichne zuerst die Hypotenuse rot und die Katheten blau nach.
Berechne dann x.

a)

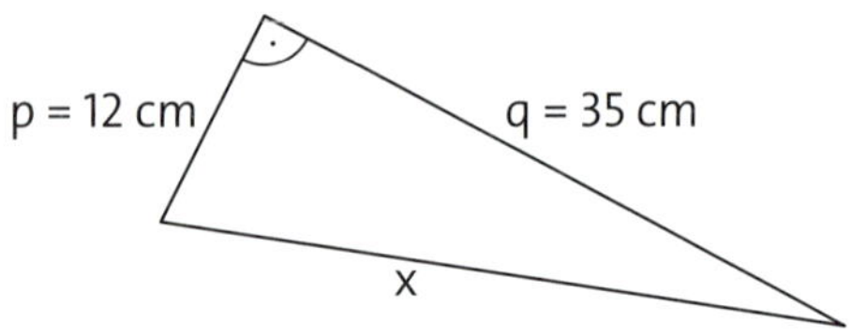

① $x^2 =$ ______

$x^2 = ($ ___ $cm)^2 + ($ ___ $cm)^2$

② $x^2 =$ ___ cm^2

③ $x =$ ______

Tipp

$a^2 = c^2 - b^2$

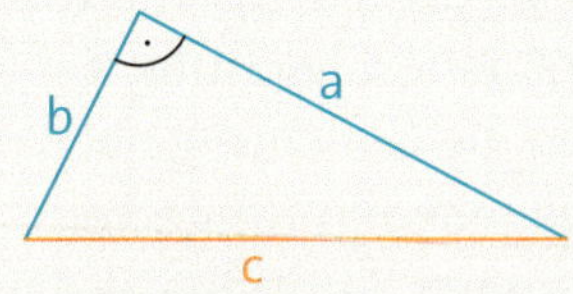

$b^2 = c^2 - a^2$

$c^2 = a^2 + b^2$

① Stelle eine Gleichung auf (Pythagoras).
Stelle die Gleichung um, wenn nötig.
Setze die gegebenen Längen ein.
② Quadriere zuerst. Addiere oder subtrahiere.
③ Ziehe die Wurzel.

b)

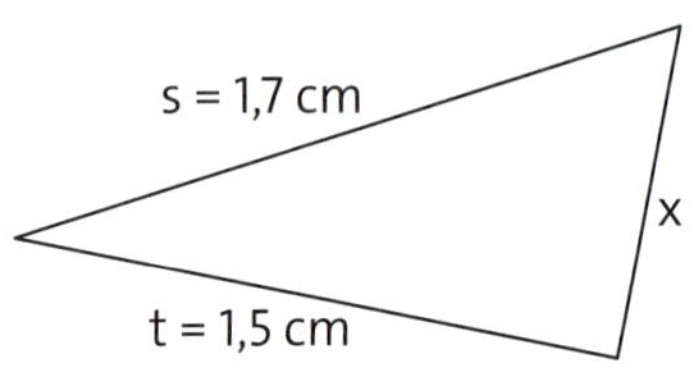

① $x^2 + t^2 = s^2$ | ___

$x^2 =$ ______

$x^2 = ($ ___ $cm)^2 - ($ ___ $cm)^2$

② $x^2 =$ ___ cm^2

③ $x =$ ______

c)

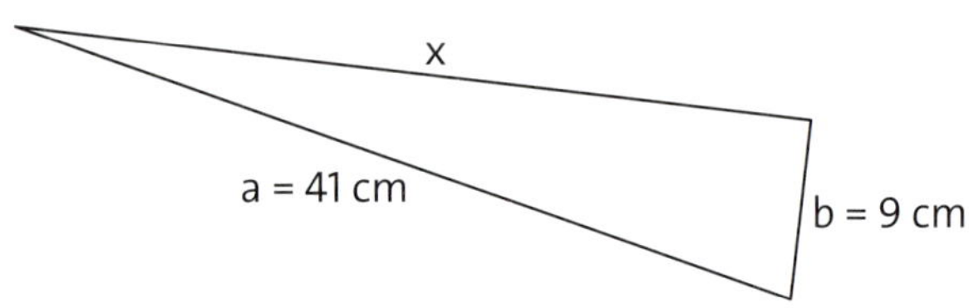

① $x^2 + b^2 = a^2$ | ___

$x^2 =$ ______

$x^2 = ($ ___ $)^2 - ($ ___ $)^2$

② $x^2 =$ ______

③ $x =$ ______

2 Finde ein passendes rechtwinkliges Dreieck.

a) Berechne die Länge der Seilbahn.

① ___ = ______

___ = ______

② ___ = ______

③ ___ ≈ ______

Die Seilbahn ist rund ______

Tipp
Beschrifte die Hypotenuse mit c und die Katheten mit a und b.

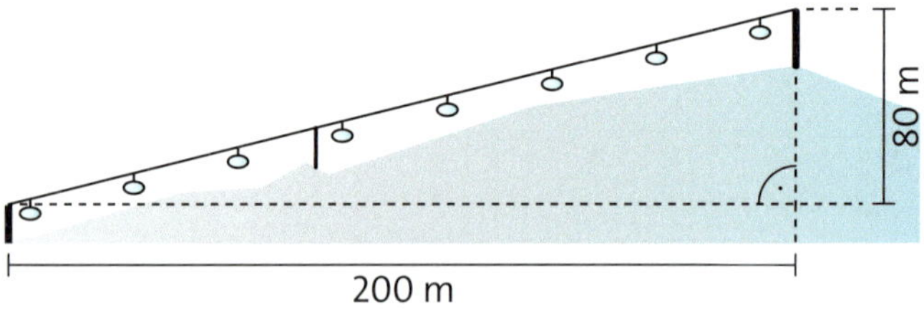

b) Eine Stromleitung verläuft vom Tal zur Bergspitze. Berechne die Höhe des Bergs.

① ___ = ___ | ___

___ = ______

___ = ______

② ___ = ______

③ ___ ≈ ______

Die Höhe ist rund ______

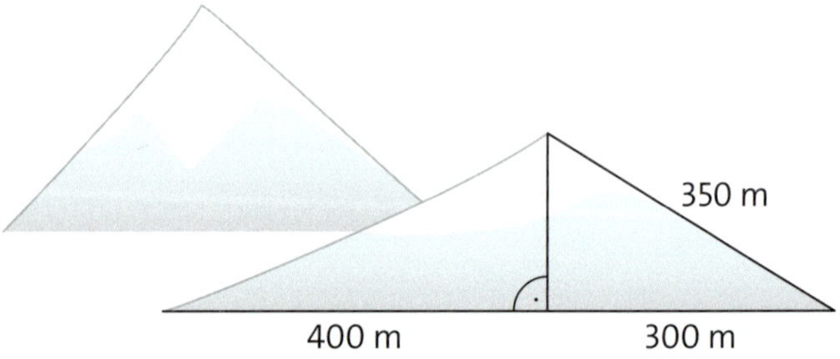

Längen mit dem Satz des Pythagoras berechnen

Sachaufgaben mit dem Satz des Pythagoras lösen

Längen mit dem Satz des Pythagoras berechnen

1 Zeichne zuerst die Hypotenuse rot und die Katheten blau nach, wenn möglich. Berechne dann x, wenn möglich.

a)

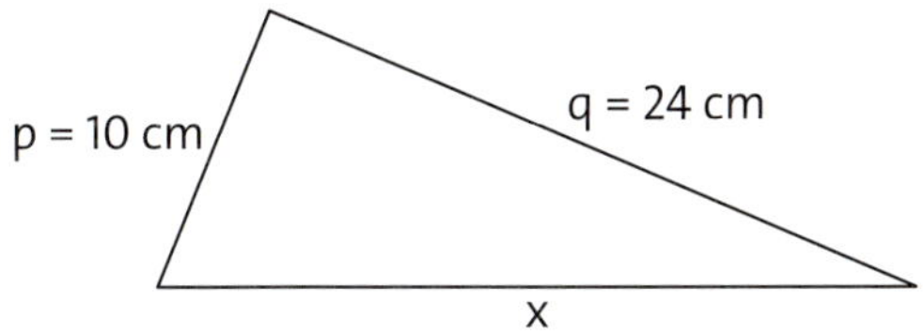

① $x^2 =$ ___

$x^2 = ($ ___ $\text{cm})^2 + ($ ___ $\text{cm})^2$

② $x^2 =$ ___ cm^2

③ $x =$ ___

Tipp

$a^2 = c^2 - b^2$

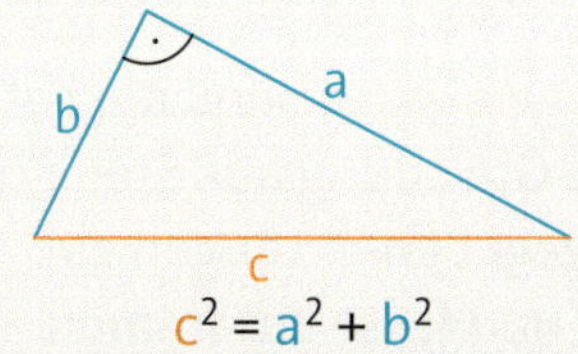

$b^2 = c^2 - a^2$

$c^2 = a^2 + b^2$

① Stelle eine Gleichung auf (Pythagoras).
Stelle die Gleichung um, falls nötig.
Setze die gegebenen Längen ein.
② Quadriere zuerst. Addiere oder subtrahiere.
③ Ziehe die Wurzel.

b)

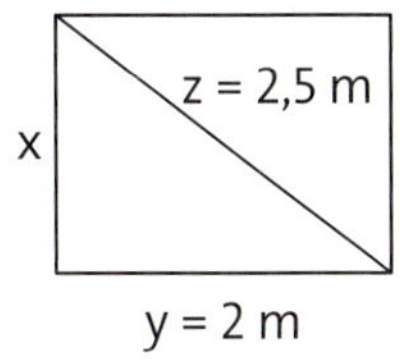

① $x^2 + y^2 = z^2$ | ___

$x^2 =$ ___

$x^2 =$ ___

② $x^2 =$ ___

③ $x =$ ___

c)

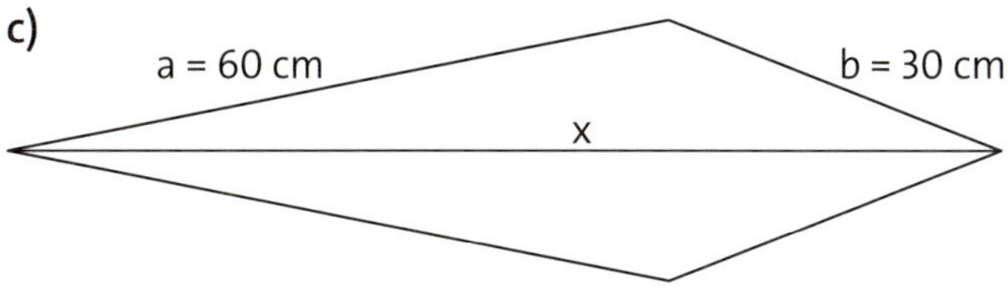

① $x^2 =$ ___

$x^2 =$ ___

$x^2 =$ ___

② $x^2 =$ ___

③ $x =$ ___

2 Finde zuerst ein rechtwinkliges Dreieck.

a) Wie lang ist die längste Seite vom Geodreieck?

① ___ = ___

___ = ___

② ___ = ___

③ ___ ≈ ___

Die längste Seite ist ___

b) Berechne die Höhe der Leiter.

① ___ = ___

___ = ___

___ = ___

② ___ = ___

③ ___ ≈ ___

Die stehende Leiter ist ___

Tipp
Markiere die Hypotenuse rot und die Katheten blau.

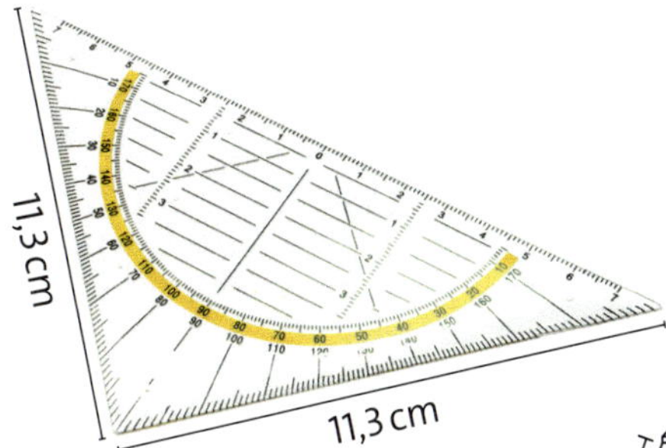

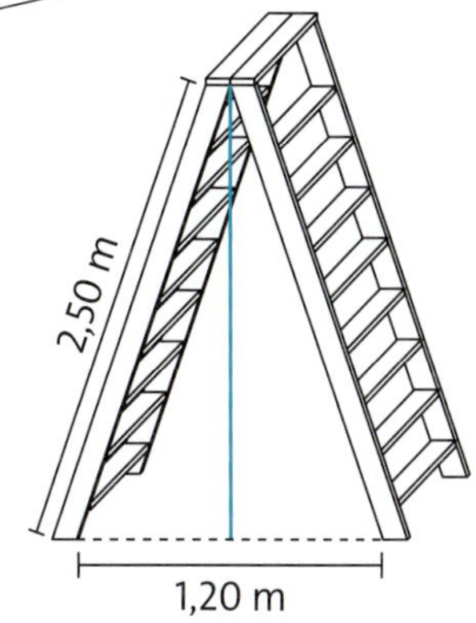

Längen mit dem Satz des Pythagoras berechnen

Sachaufgaben mit dem Satz des Pythagoras lösen

Längen mit dem Satz des Pythagoras berechnen

Schritte beim Anwenden des Satz des Pythagoras:

⓪ Finde die Hypotenuse und die Katheten.
① Stelle eine Gleichung auf. Stelle um, wenn nötig. Setze die gegebenen Längen ein.
② Quadriere und fasse zusammen.
③ Ziehe die Wurzel.

Beispiel:

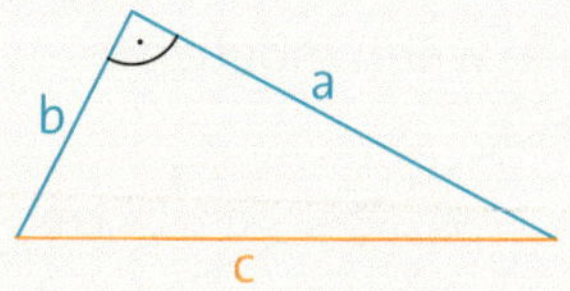

$a^2 = c^2 - b^2$ $b^2 = c^2 - a^2$

$c^2 = a^2 + b^2$

1 Markiere zuerst in einem rechtwinkligen Dreieck die Hypotenuse und die Katheten. Berechne dann die Länge der Seite x.

a)

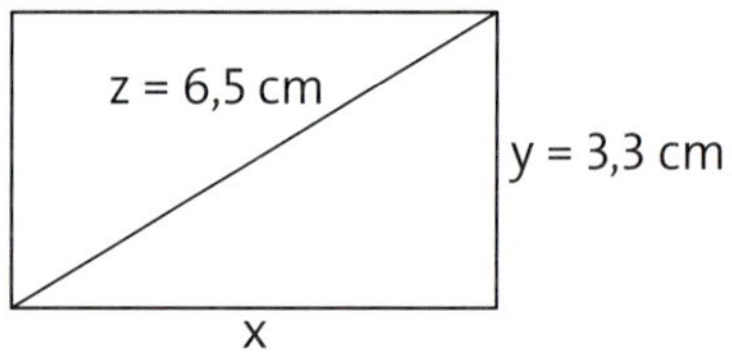

① $x^2 =$ ______ − ______

$x^2 = ($ ______ $)^2 - ($ ______ $)^2$

② $x^2 =$ ______

③ $x =$ ______

b)

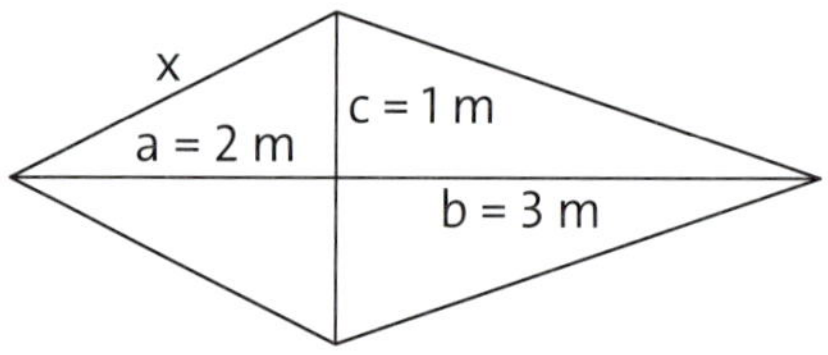

① $x^2 =$ ______

$x^2 = ($ ______ $)^2 + ($ ______ $)^2$

② $x^2 =$ ______

③ $x \approx$ ______

2 Finde zuerst in der Zeichnung ein passendes rechtwinkliges Dreieck.

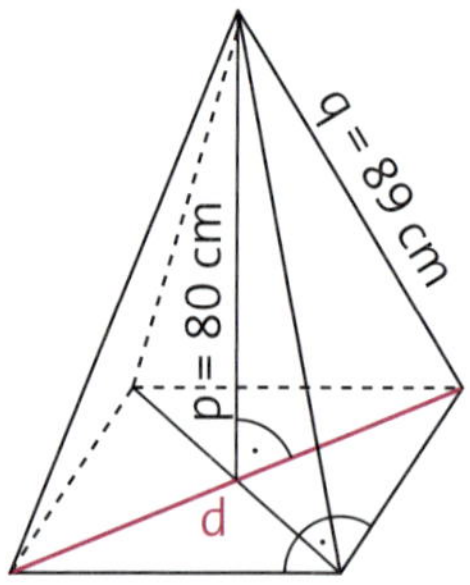

a) Die Grundfläche der Pyramide ist ein Quadrat. Berechne die Länge der Diagonalen des Quadrats.

$x^2 =$ ______

$x^2 = ($ ______ $)^2 - ($ ______ $)^2 =$ ______

$x =$ ______ ______

Die Diagonale ist ______

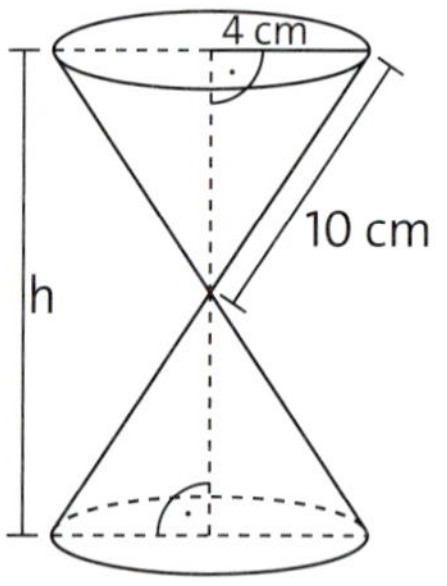

b) Berechne die Höhe h der Sanduhr.

______

______

______ ______

Die Sanduhr ist ______

c) Das gelbe Auto ist 4,5 m lang und 1,8 m breit. Der Abstand zum blauen und zum weißen Auto beträgt je 35 cm. Ermittle mithilfe der Diagonalen des gelben Autos, ob es ausparken könnte.

______

______

______ ______

Das gelbe Auto ______

Längen mit dem Satz des Pythagoras berechnen

Verkleinerung

Maßstäbliche Vergrößerung und Verkleinerung

1 Ergänze.

Länge im Bild	Länge im Original	Vergrößerung im Maßstab
3 cm	1 cm	
5 cm	1 cm	
	1 cm	2 : 1

Tipp
Der Maßstab ist das Verhältnis von Bild und Original.

Beispiel: Vergrößerung im Maßstab 2 : 1

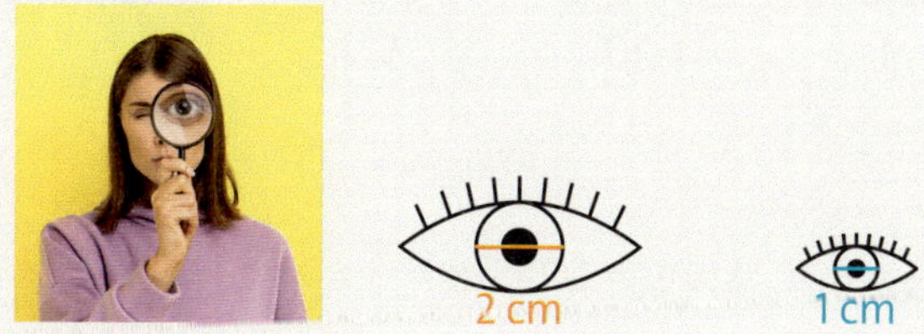

2 Unterstreiche zuerst die Vergrößerungen. Verbinde dann passend.

Maßstab 5 : 1 | Maßstab 1 : 4 | Maßstab 4 : 1 | Maßstab 1 : 3

Streckfaktor $k = \frac{4}{1} = 4$ | Streckfaktor $k = \frac{5}{1} = 5$ | Streckfaktor $k = \frac{1}{4} = 0{,}25$ | Streckfaktor $k = \frac{1}{3} \approx 0{,}33$

Tipp $k = \frac{\text{Länge im Bild}}{\text{Länge im Original}}$ k ist der Streckfaktor.

Beispiele:
Bei Vergrößerungen im Maßstab 2 : 1 ist $k = \frac{2}{1} = 2$.
Bei Verkleinerungen im Maßstab 1 : 2 ist $k = \frac{1}{2} = 0{,}5$.

3 Ergänze.

Beispiel: 1 cm · 2 = 2 cm
Länge im Original → 1 cm; Streckfaktor k → 2; Länge im Bild → 2 cm

a) Vergrößerungen

Länge im Original	Streckfaktor k	Länge im Bild
2 cm	2	
3 cm	2	
5 cm		15 cm
	4	20 cm

b) Verkleinerungen

Länge im Original	Streckfaktor k	Länge im Bild
6 cm	$\frac{1}{2}$	
10 cm	0,5	
	$\frac{1}{4}$	1 cm
70 cm		7 cm

4 Rechtwinklige Dreiecke

a) Vergrößere im Maßstab 2 : 1 $k = \frac{2}{1} = 2$

b) Vergrößere im Maßstab 3 : 1 $k = \frac{3}{1} = 3$

Tipp
Bei Vergrößerungen und bei Verkleinerungen bleiben die Winkel gleich groß.

c) Verkleinere im Maßstab 1 : 2 $k = \frac{1}{2} = 0{,}5$

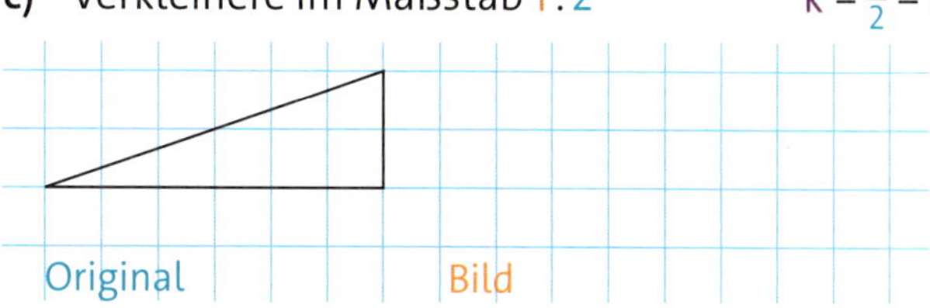

Vergrößerung

Verkleinerung

Verkleinerung

Maßstäbliche Vergrößerung und Verkleinerung

1 Unterstreiche zuerst die Vergrößerungen.
Verbinde dann passend.

Maßstab 10 : 1	Maßstab 1 : 10	Maßstab 5 : 1	Maßstab 1 : 7
$k = \frac{5}{1} = 5$	$k = \frac{1}{10} = 0{,}1$	$k = \frac{10}{1} = 10$	$k = \frac{1}{7}$

Tipp $k = \frac{\text{Länge im Bild}}{\text{Länge im Original}}$ k ist der Streckfaktor.

Beispiele:

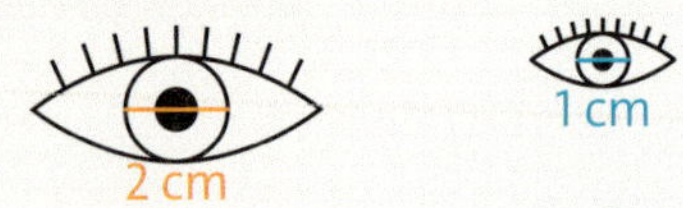

2 cm ist die Länge im Bild. 1 cm ist die Länge im Original.

Maßstab 2 : 1, Streckfaktor $k = \frac{2}{1} = 2$

2 Ergänze.

Beispiel: 1 cm · 2 = 2 cm

Länge im Original – Streckfaktor k – Länge im Bild

a) Vergrößerungen

Maßstab	Streck-faktor k	Länge im Original	Länge im Bild
2 : 1		5 cm	
	$\frac{2}{1} = 2$	7 cm	
10 : 1		2 cm	
9 : 1			18 cm

b) Verkleinerungen

Maßstab	Streck-faktor k	Länge im Original	Länge im Bild
1 : 4		4 cm	
		40 cm	10 cm
	$\frac{1}{10} = 0{,}1$	50 cm	
1 : 8			10 cm

3 Vergrößerte und verkleinerte Pfeile

a) Vergrößere im Maßstab 2 : 1 k = ______

Tipp
Bei Vergrößerungen und bei Verkleinerungen bleiben die Winkel gleich groß.

b) Vergrößere im Maßstab 3 : 1 k = ______

c) Verkleinere im Maßstab 1 : 2 k = ______

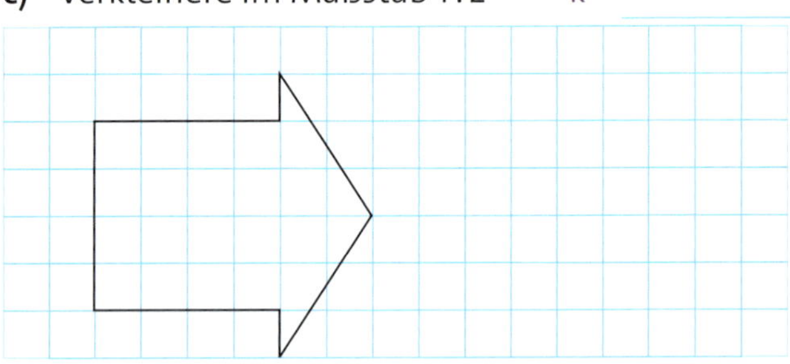

4 Figuren wurden maßstäblich vergrößert.
Färbe zuerst zusammengehörende Figuren mit der gleichen Farbe ein.
Markiere dann das zum Streckfaktor passende Bild.
k = 1 k = 1,5 k = 2

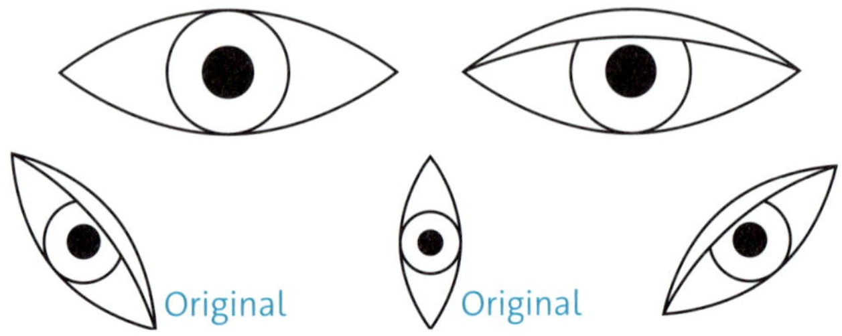

Vergrößerung Verkleinerung

Verkleinerung

Maßstäbliche Vergrößerung und Verkleinerung

- Der Maßstab gibt das Verhältnis zwischen dem Bild und dem Original an.
- Bei einer maßstäblichen Vergrößerung oder Verkleinerung werden alle Längen mit demselben Streckfaktor k multipliziert. Die Winkel bleiben gleich groß.

$k = \frac{\text{Länge im Bild}}{\text{Länge im Original}}$

Beispiel:

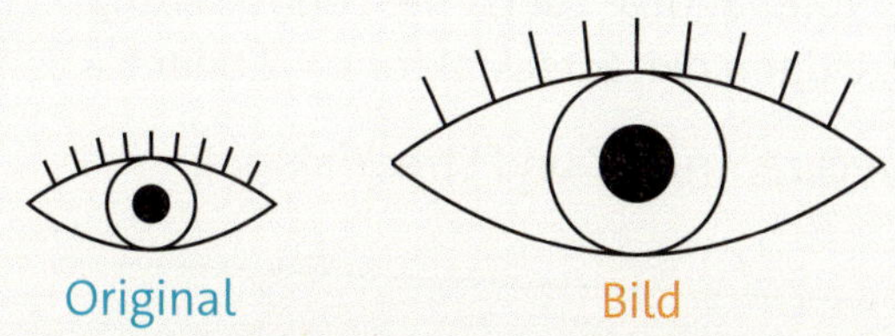

Bei der Vergrößerung ist der Maßstab 2 : 1 und der Streckfaktor $k = \frac{2}{1} = 2$.

1 Verbinde zuerst die Zeichnungen mit dem Maßstab und dem Streckfaktor k. Ergänze dann.

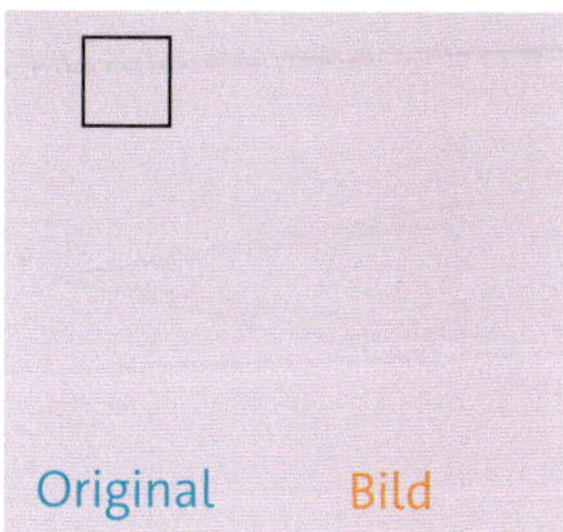

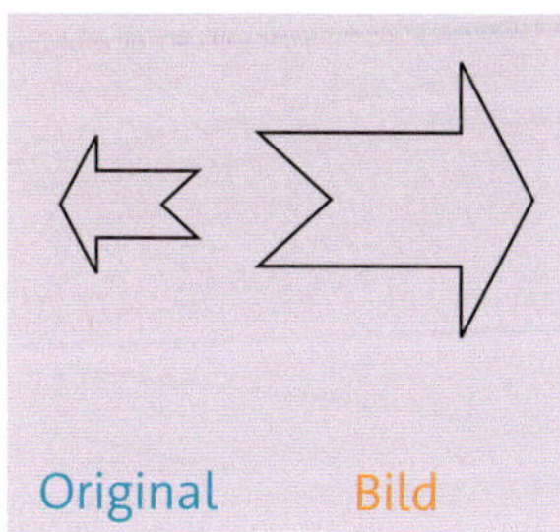

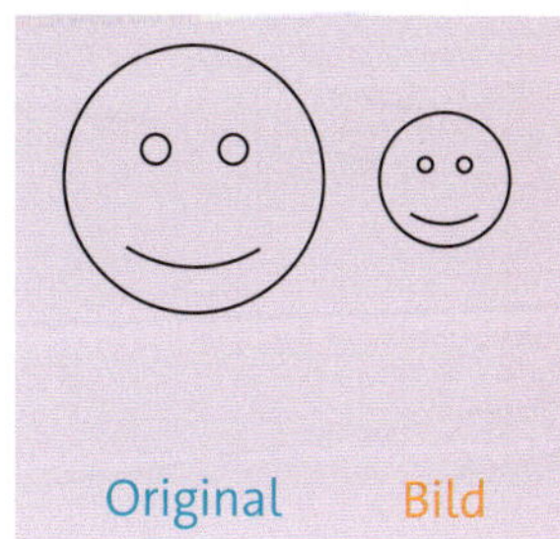

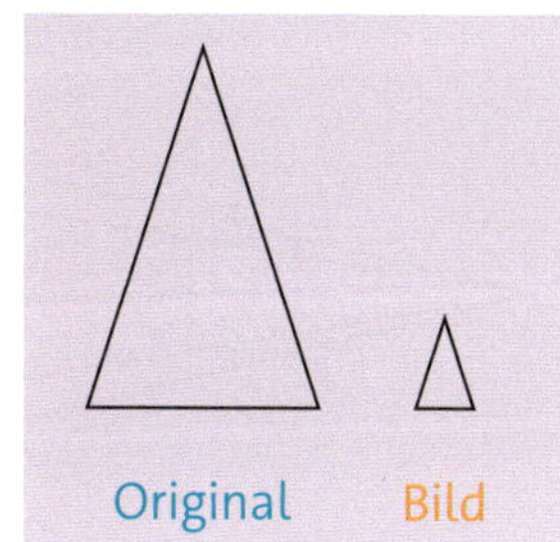

Maßstab 3 : 1	Maßstab 1 : 2	Maßstab	Maßstab 1 : 4	k = 0,5	k = 3	k = 2	k =

2 Ergänze.

Länge im Original	1 cm	0,5 cm	10 cm	300 cm	
Maßstab					2 : 1
Streckfaktor k		10		$\frac{1}{100}$	
Länge im Bild	3 cm		1 cm	3 cm	8 cm

3 Vergrößere und verkleinere.

a) Streckfaktor k = 4

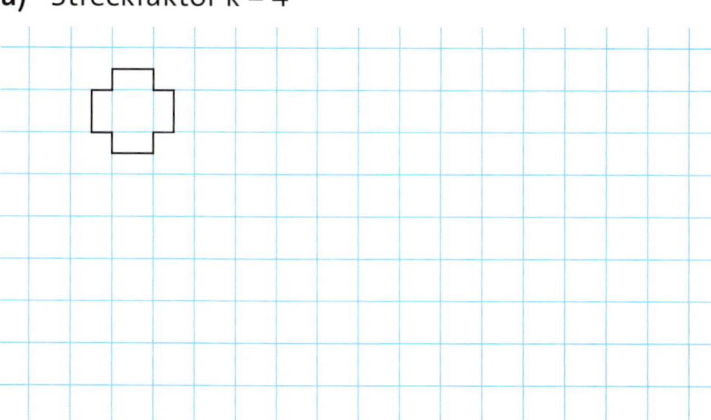

b) Streckfaktor $k = \frac{1}{3}$

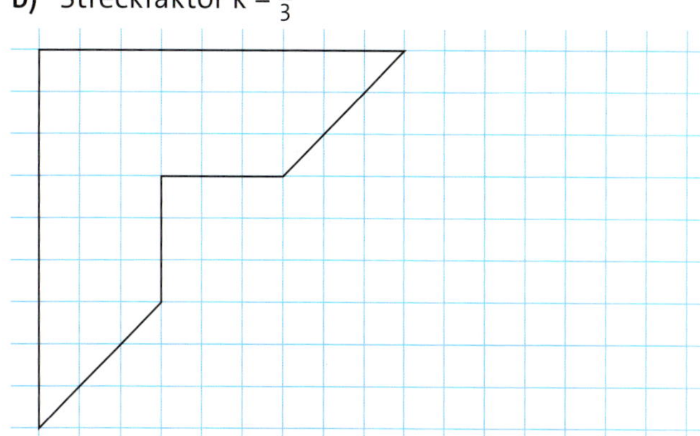

Vergrößerung

Verkleinerung

Zentrische Streckung

Zentrische Streckung

1 Vervollständige zuerst die Vergrößerung.
Ergänze dann den Streckfaktor k = 2 oder k = 3.

a) Streckzentrum Z und Streckfaktor k = ______

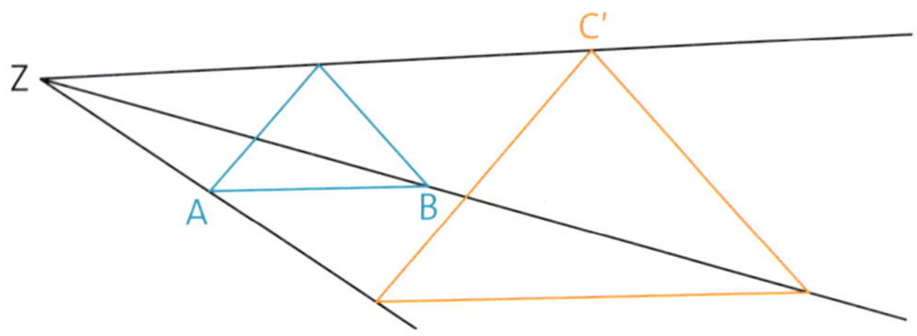

Tipp
Originalpunkt und Bildpunkt liegen auf einer Geraden.
Die Gerade verläuft durch das Streckzentrum Z.

Beispiel: Streckzentrum Z und Streckfaktor k = 2

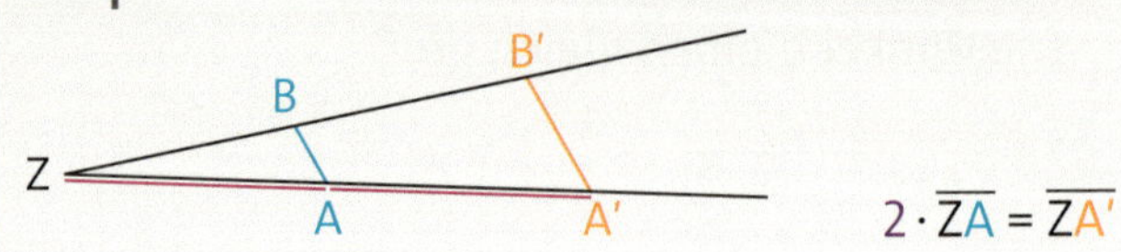

b) Streckzentrum Z und Streckfaktor k = ______

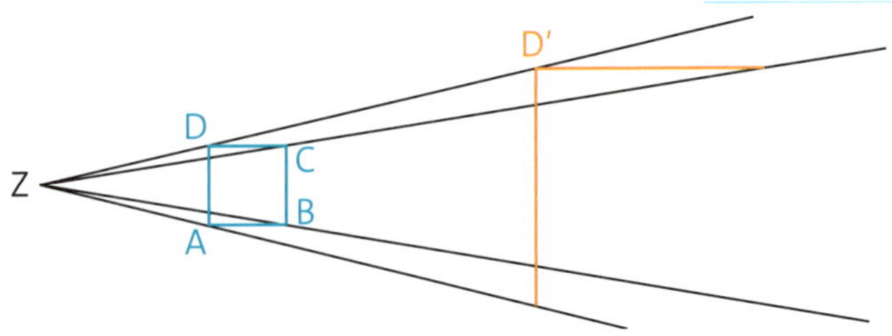

c) Streckzentrum Z und Streckfaktor k = ______

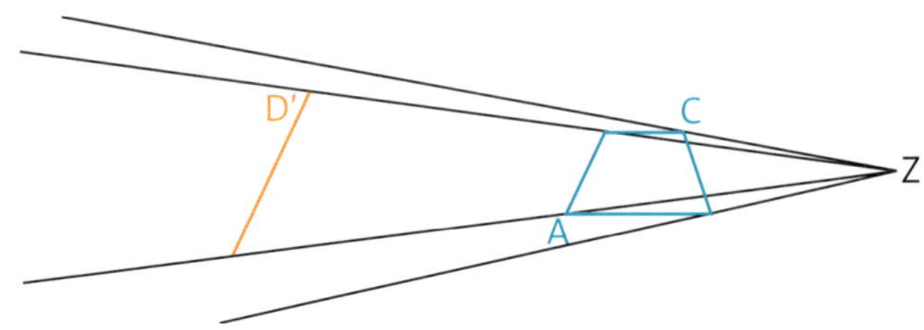

2 Strecke das Dreieck ABC.

a) Streckzentrum Z und Streckfaktor k = 2

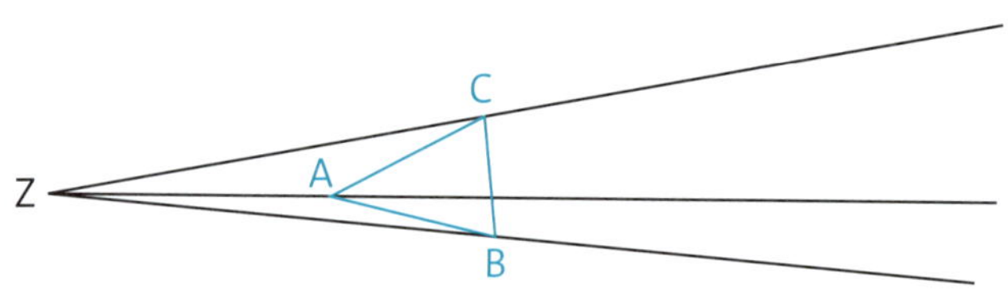

b) Streckzentrum Z und Streckfaktor k = 3

Beispiel:

① Zeichne vom Streckzentrum Z aus den Strahl durch den Punkt A.

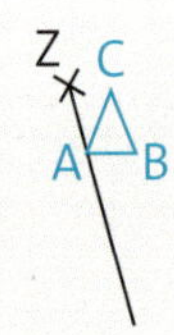

② Multipliziere die Länge von $\overline{ZA}$ mit k. $k \cdot \overline{ZA} = \overline{ZA'}$
Das Ergebnis ist die Länge von $\overline{ZA'}$.
Markiere den Punkt A' auf dem Strahl.

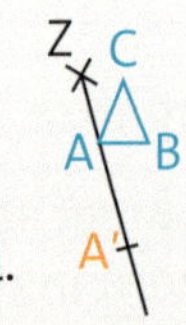

③ Ermittle ebenso B' und C'.
Verbinde die Punkte A', B' und C'.

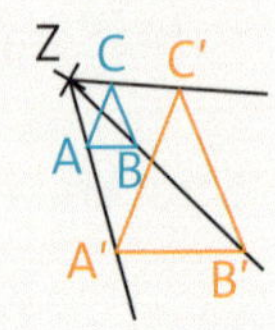

3 Ergänze.

Tipp $k \cdot \overline{ZA} = \overline{ZA'}$ und $k = \frac{\overline{ZA'}}{\overline{ZA}}$

a) Bei Vergrößerungen ist k größer als 1.

$\overline{ZA}$	Streckfaktor k	$\overline{ZA'}$
4 cm	2	
3 cm	2	
6 cm		18 cm
	4	20 cm

b) Bei Verkleinerungen ist k größer 0 und kleiner als 1.

$\overline{ZA}$	Streckfaktor k	$\overline{ZA'}$
10 cm	0,5	
40 cm	0,1	
	0,1	2 cm
8 cm		4 cm

Zentrische Streckung

1 Vervollständige die Vergrößerung mit Streckzentrum Z und Streckfaktor k = 2.

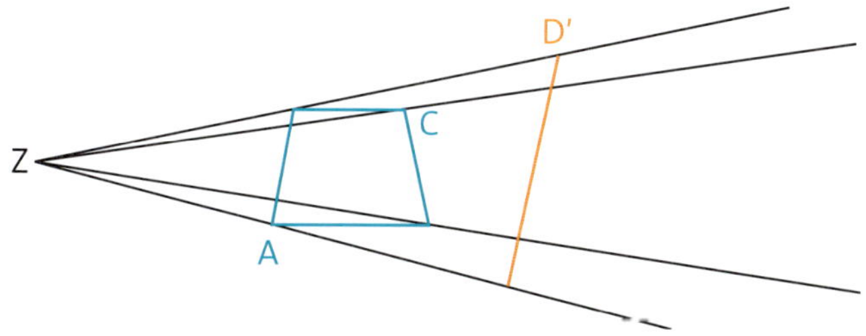

Beispiel:
Streckzentrum Z und Streckfaktor k = 2

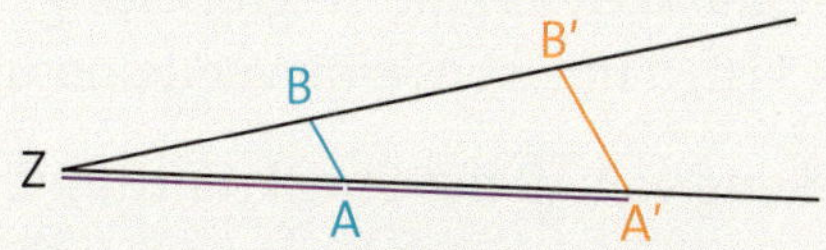

$2 \cdot \overline{ZB} = \overline{ZB'}$

$2 \cdot \overline{ZA} = \overline{ZA'}$

Die Originalfigur ist Strecke $\overline{AB}$.
Die Bildfigur ist Strecke $\overline{A'B'}$.

2 Die Strecke $\overline{AB}$ wird gestreckt.
Das Streckzentrum ist Z und der Streckfaktor ist k.
Ergänze die Beschreibung.

① Zeichne vom Streckzentrum ______ aus einen Strahl durch den Punkt A.

② Multipliziere die Länge von ______ mit ______ Markiere den Punkt ______ auf dem Strahl.

③ Ermittle ebenso ______ Verbinde die Punkte ______ und ______

Beispiel:

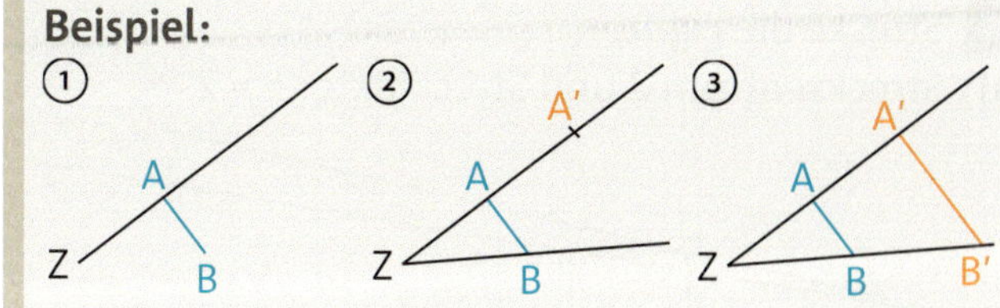

3 Strecke die Figuren.

Tipp Wenn k > 1 ist, dann ist es eine Vergrößerung. Wenn 0 < k < 1 ist, dann ist es eine Verkleinerung.

a) Streckzentrum Z und Streckfaktor k = 2

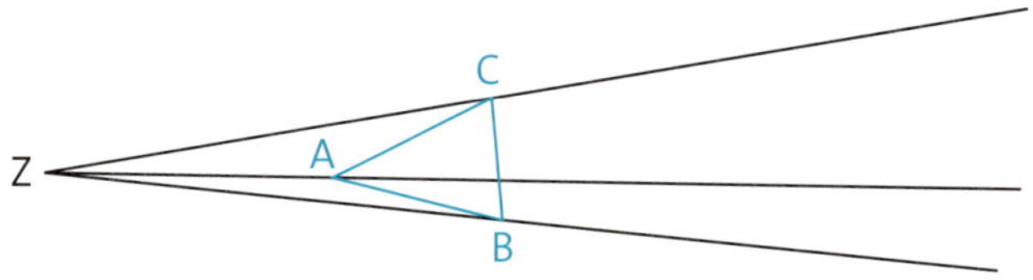

b) Streckzentrum Z und Streckfaktor k = 3

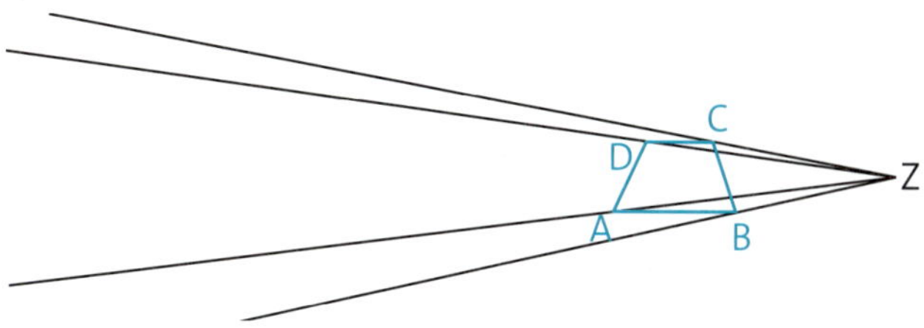

c) Streckzentrum Z und Streckfaktor k = 0,5

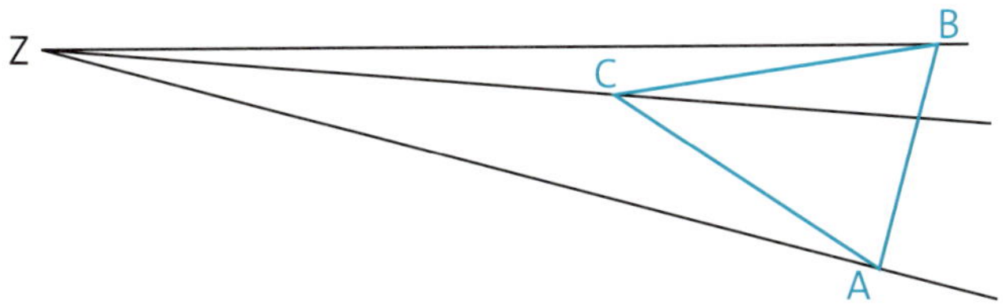

d) Streckzentrum Z und Streckfaktor k = 0,4

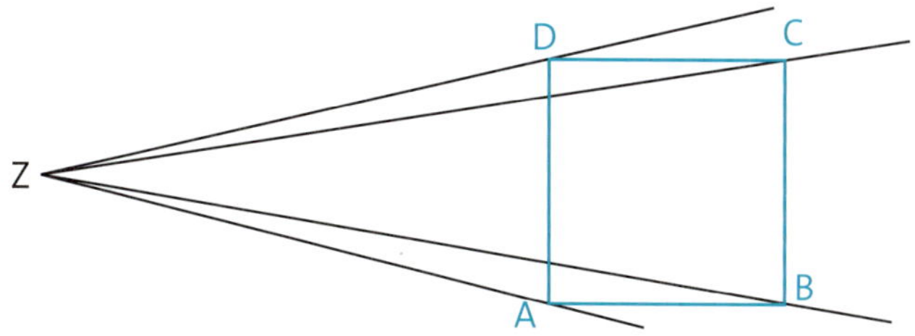

4 Die Strecke $\overline{AB}$ wurde mehrmals gestreckt.
Das Streckzentrum ist Z.
Nenne zuerst die zugehörigen Bildstrecken.
Ergänze dann den fehlenden Streckfaktor.

k = 0,5 ______

k = 0,8 ______

k = 1,2 ______

k = ______ ______

Tipp $k \cdot \overline{ZA} = \overline{ZA'}$ und $k = \frac{\overline{ZA'}}{\overline{ZA}}$

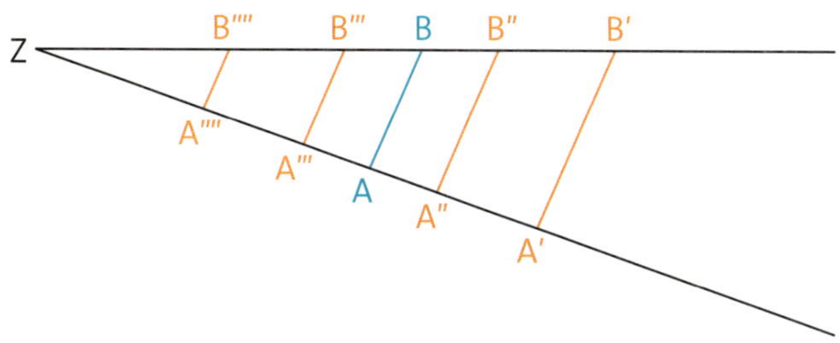

Zentrische Streckung

Zentrische Streckung

- Eine zentrische Streckung wird angegeben durch ein Streckzentrum Z und einen Streckfaktor k.
- Wenn k > 1 ist, dann ist es eine Vergrößerung.
  Wenn 0 < k < 1 ist, dann ist es eine Verkleinerung.

Beispiel: Streckung von $\overline{AB}$ mit Streckzentrum Z und Streckfaktor k = 2

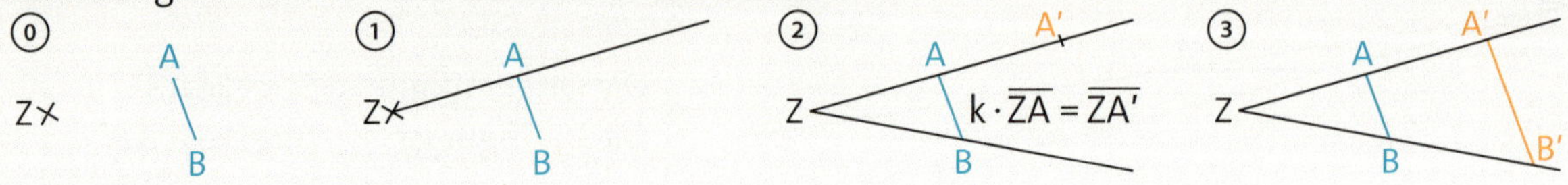

1 Strecke die Figur.

a) Streckzentrum Z und Streckfaktor k = 2

b) Streckzentrum Z und Streckfaktor $k = \frac{1}{3}$

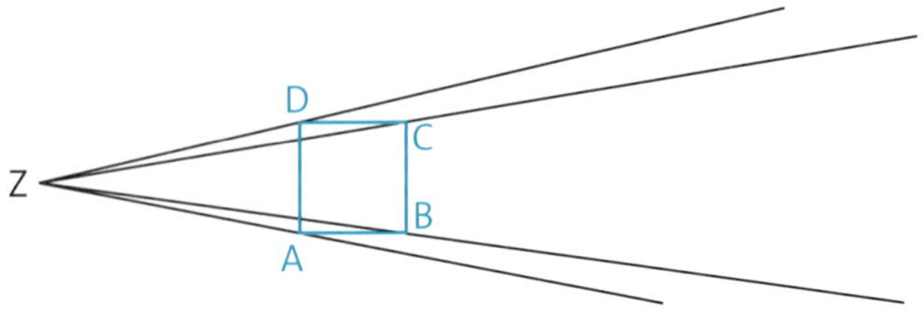

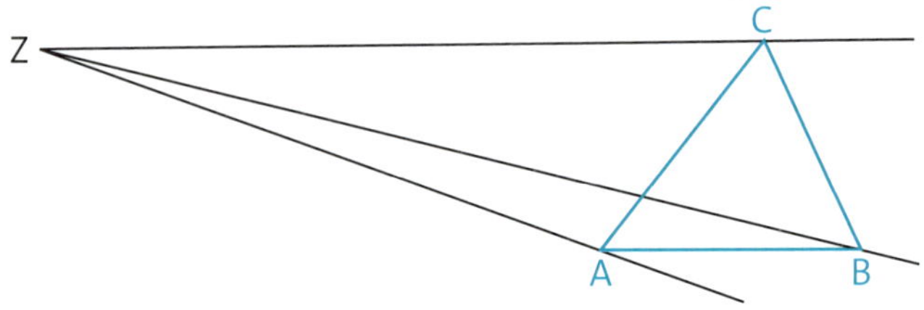

2 Das Streckzentrum ist Z. Der Streckfaktor ist k.
Ergänze zuerst. Unterstreiche dann k bei den Vergrößerungen.

$\overline{ZA}$	2 cm		8 cm	8 cm	8 cm		6 cm
$\overline{ZA'}$		8 cm		2 cm		4 cm	
k	2	4	0,5		0,75	0,4	1,5

3 Die Strecke $\overline{AB}$ wurde mehrmals gestreckt.
Ermittle zuerst das gemeinsame Streckzentrum Z mithilfe geeigneter Linien.
Berechne dann den jeweiligen Streckfaktor k. Zur Kontrolle: Die Summe der Streckfaktoren ist 3,9.

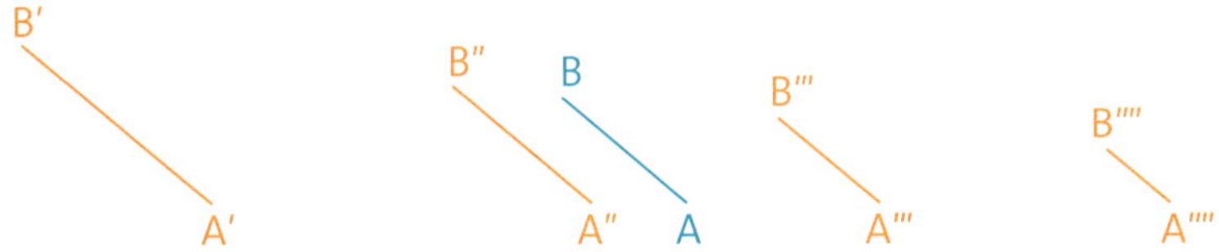

Streckfaktoren von links nach rechts:

k = ______ k = ______ k = ______ k = ______

4 Das gleichschenklige Dreieck ABC wird gestreckt.
Das Streckzentrum ist A. Der Streckfaktor ist 3.
Ergänze die Beschreibung. Zeichne dabei die Bildfigur.

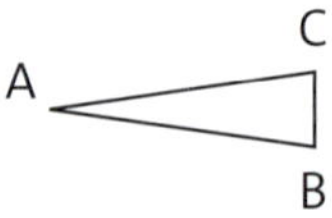

① Zeichne vom Streckzentrum ______ aus je einen Strahl durch den Punkt B und den Punkt C.

② Multipliziere die Länge von ______ mit ______ Markiere die Punkte ______ und ______ auf den Strahlen.

③ Ergänze die Beschriftung. Verbinde die Punkte ______ , ______ und ______

Ähnliche Figuren untersuchen

Ähnliche Figuren untersuchen

1 Markiere zueinander ähnliche Figuren mit der gleichen Farbe. Je eine Figur bleibt übrig.

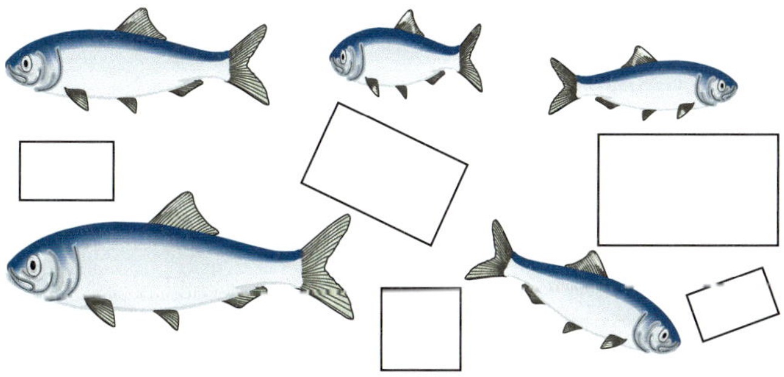

Beispiel:
Zueinander ähnliche Figuren entstehen durch zentrische Streckung oder Bewegung.

nicht zueinander ähnlich Figuren:

2 Finde zueinander ähnliche Figuren. Färbe zugehörige Winkel und Seiten mit der gleichen Farbe.

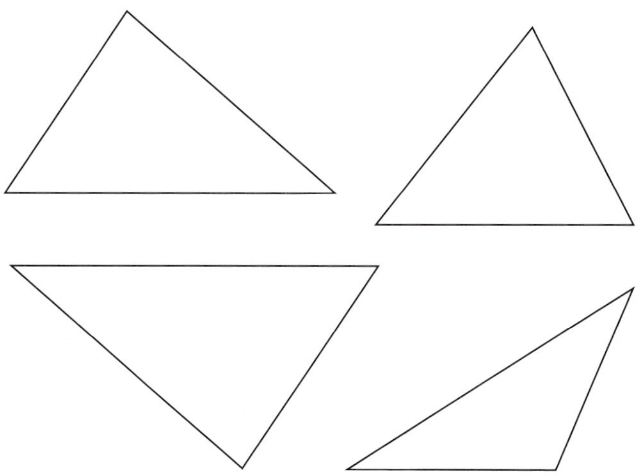

Tipp
Für zueinander ähnliche Figuren gilt:
– Originalwinkel und Bildwinkel sind gleich groß.
– Die Verhältnisse von der Originalseite und der Bildseite sind gleich.

Beispiel:
Streckfaktor k = 0,5

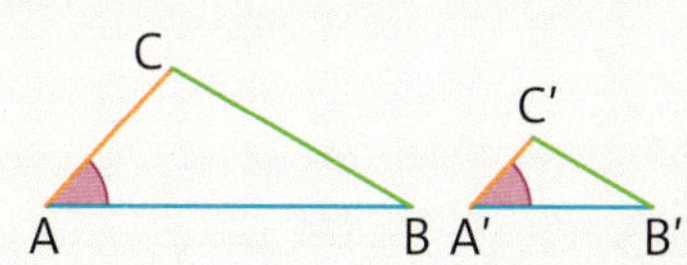

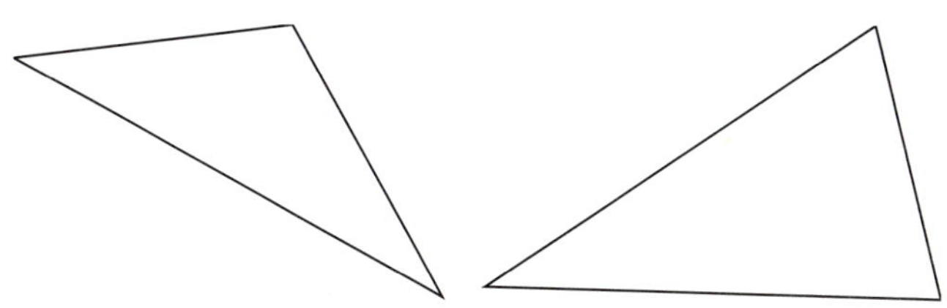

3 Die Figuren sind zueinander ähnlich.
Nenne die Ähnlichkeitsabbildung.

a)

b)

c)

d)

Tipp
Ähnlichkeitsabbildungen sind

– die zentrische Streckung,

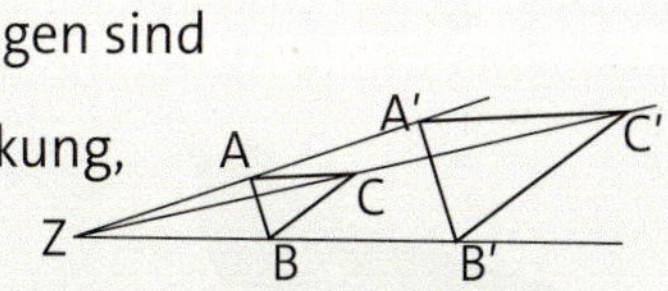

– die Verschiebung,

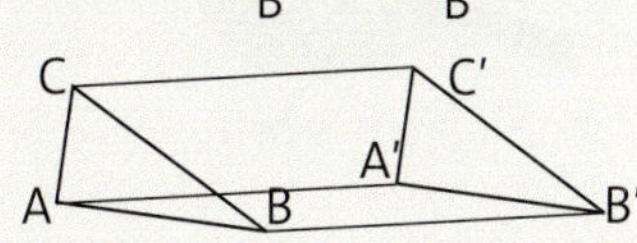

– die Achsenspiegelung,

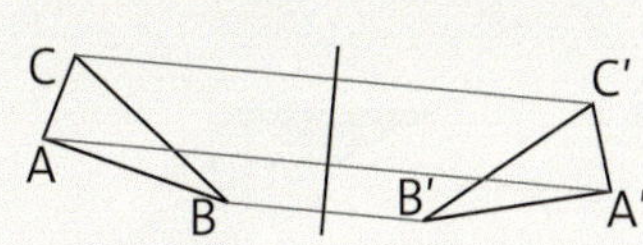

– die Punktspiegelung und

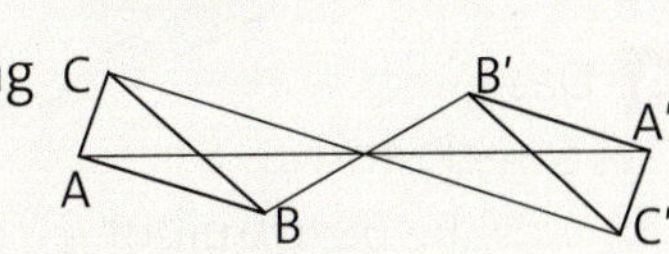

– die Drehung.

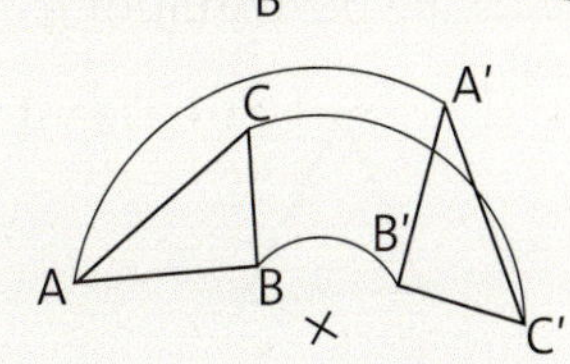

Ähnliche Figuren untersuchen

Ähnliche Figuren untersuchen

Ähnliche Figuren untersuchen

1 Markiere zueinander ähnliche Figuren mit der gleichen Farbe. Zwei Figuren bleiben übrig.

Beispiel:
Zueinander ähnliche Figuren entstehen durch zentrische Streckung oder Bewegung.

nicht zueinander ähnlich Figuren:

2 Finde zueinander ähnliche Figuren.
Färbe zugehörige Winkel und Seiten mit der gleichen Farbe ein. Eine Figur bleibt übrig.

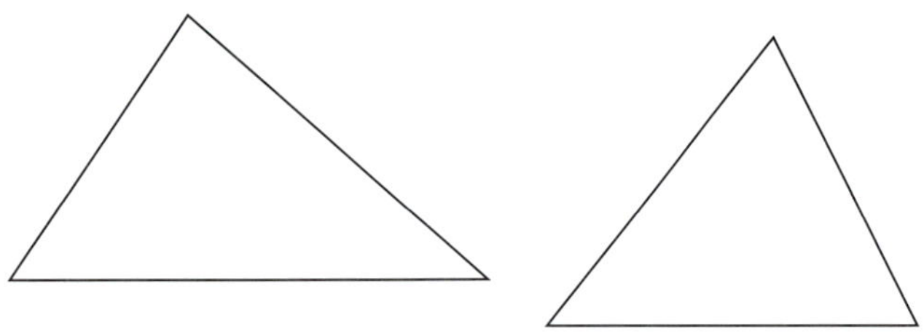

Tipp
Für zueinander ähnliche Figuren gilt:
– Originalwinkel und Bildwinkel sind gleich groß.
– Das Verhältnis zugehöriger Seiten ist gleich.

Beispiel:
Streckfaktor k = 2

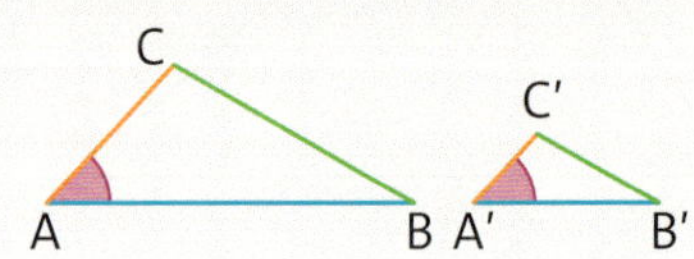

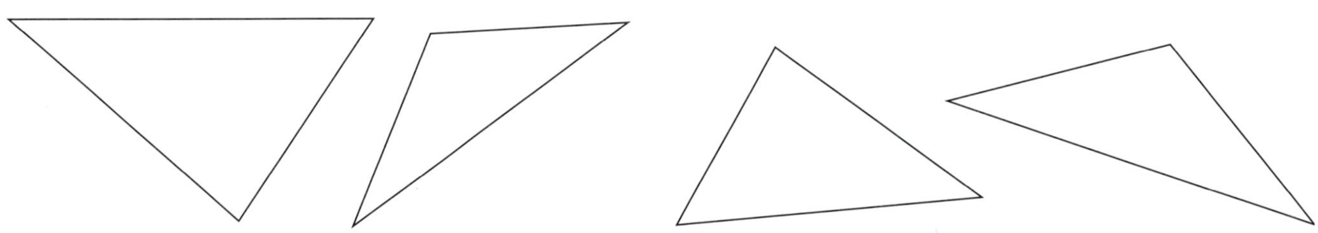

3 Die Figuren sind zueinander ähnlich.
Nenne die Ähnlichkeitsabbildung.

a)

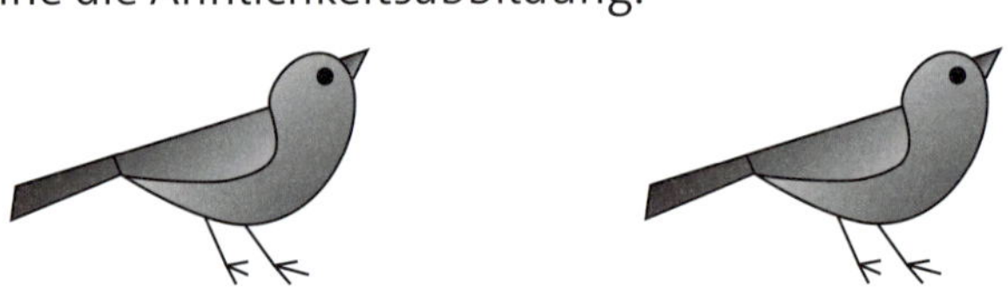

Tipp
Ähnlichkeitsabbildungen sind
– die zentrische Streckung,
– die Verschiebung,
– die Achsenspiegelung,
– die Punktspiegelung und
– die Drehung.

b)

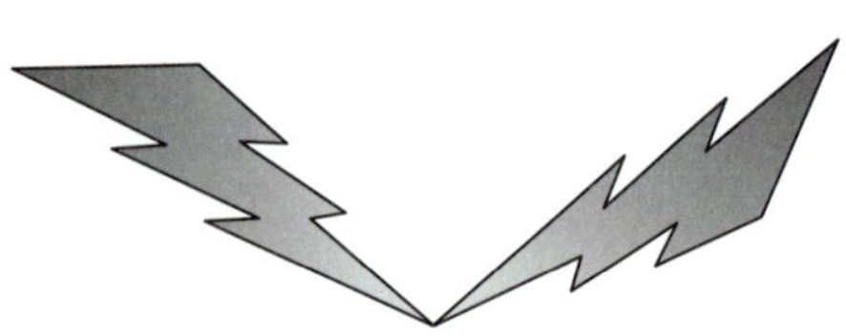

c)

d)

und

Ähnliche Figuren untersuchen

Ähnliche Figuren untersuchen

Ähnliche Figuren untersuchen

- Zueinander ähnliche Figuren entstehen durch zentrische Streckung oder Bewegung.
- Für zueinander ähnliche Figuren gilt:
  – Originalwinkel und Bildwinkel sind gleich groß.
  – Das Verhältnis zugehöriger Seiten ist gleich.

Beispiel:

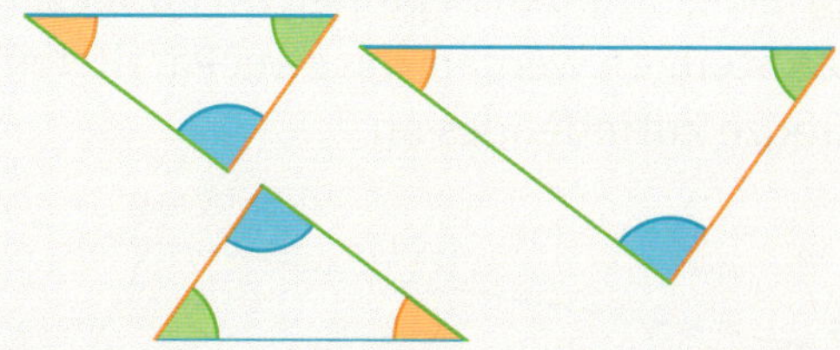

1 Je drei Figuren sind zueinander ähnlich.
Färbe zugehörige Winkel und Seiten mit der gleichen Farbe ein.

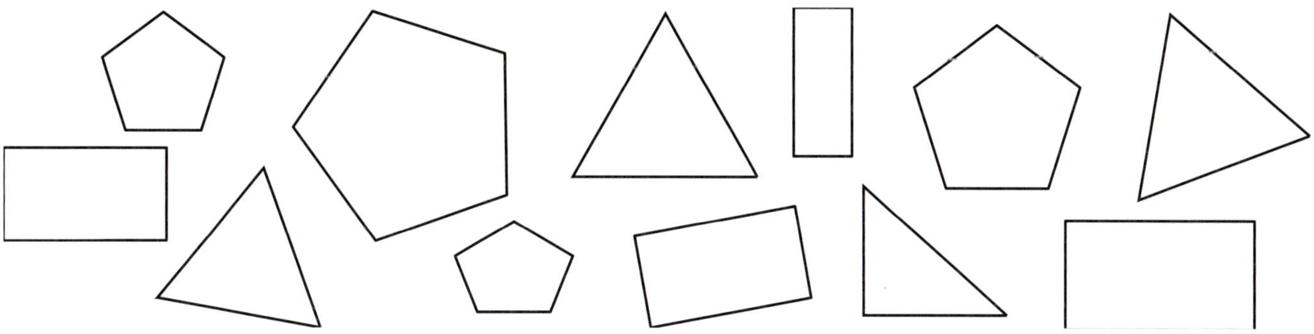

2 Verbinde passend. Zeichne vier Linien ein.

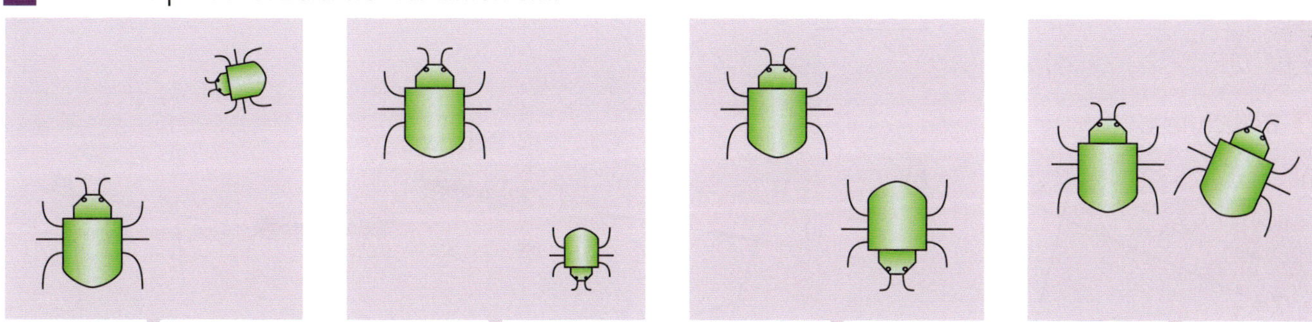

Verschiebung und Achsenspiegelung	zentrische Streckung und Drehung	Punktspiegelung und zentrische Streckung	Drehung

3 Strecke zuerst das Dreieck mit dem Streckfaktor k = 2,5 und dem Streckzentrum Z.
Spiegle das Bild dann an der Geraden g.

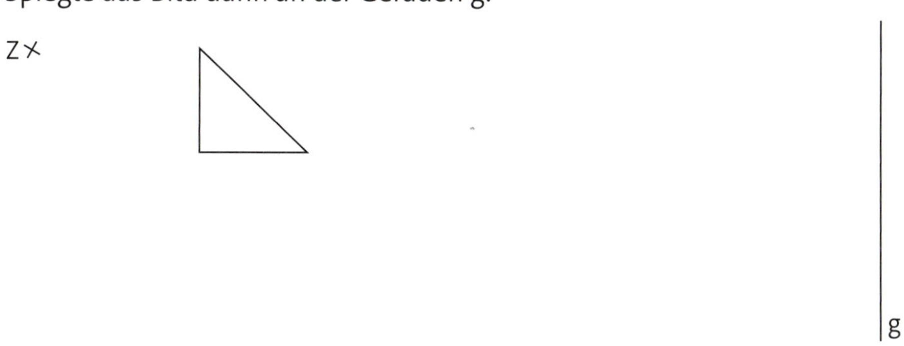

Ähnliche Figuren untersuchen

1. Strahlensatz

1 Zwei Strahlen beginnen im Punkt Z.
Die Strahlen werden von zwei Parallelen geschnitten.
Kreuze Zutreffendes an.

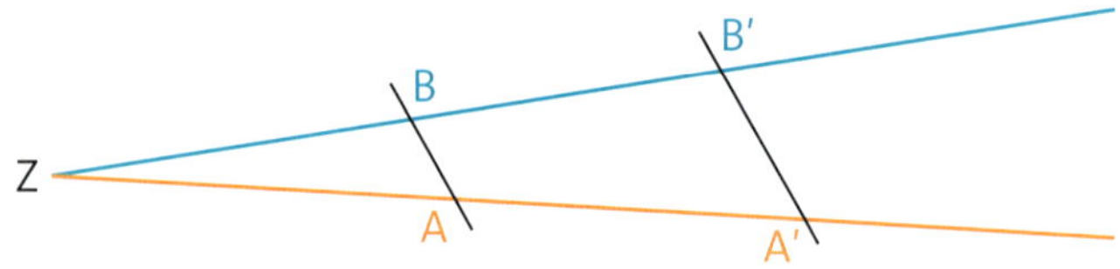

☐ $\frac{\overline{AA'}}{\overline{ZA}} = \frac{\overline{ZB'}}{\overline{BB}}$ ☐ $\frac{\overline{ZA'}}{\overline{ZA}} = \frac{\overline{ZB'}}{\overline{ZB}}$ ☐ $\frac{\overline{ZA'}}{\overline{ZA}} = \frac{\overline{ZB}}{\overline{ZB'}}$

Tipp
Die Abschnitte auf dem einen Strahl verhalten sich zueinander wie die Abschnitte auf dem anderen Strahl.

Beispiel:
$\overline{AB} \parallel \overline{A'B'}$

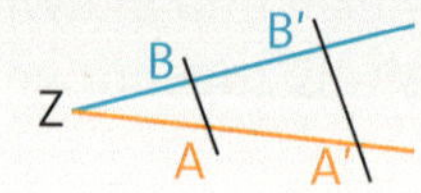

$\frac{\overline{ZA'}}{\overline{ZA}} = \frac{\overline{ZB'}}{\overline{ZB}}$

2 Zwei Strahlen beginnen im Punkt Z.
Die Strahlen werden von zwei Parallelen geschnitten.
Ergänze.

a)

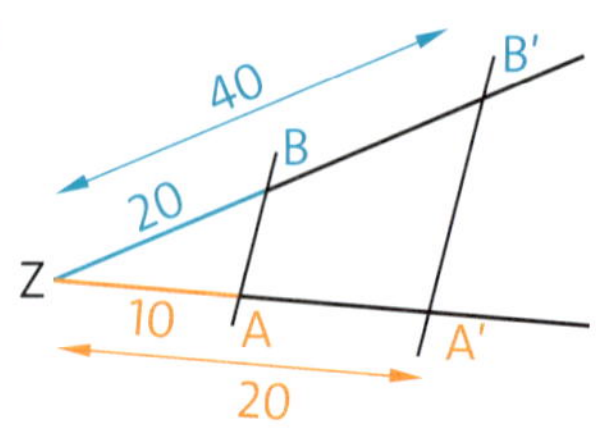

$\frac{20}{10} = \frac{\_\_\_}{20}$

b)

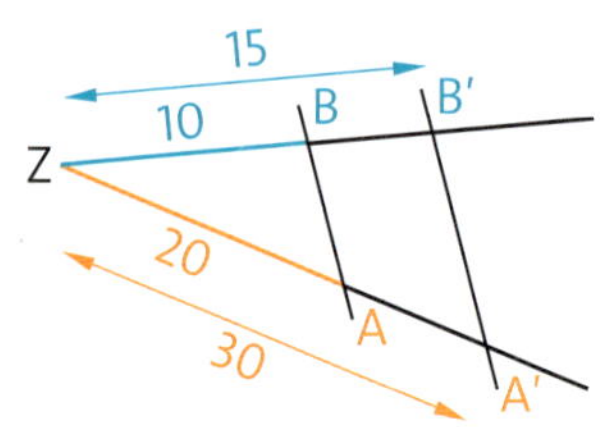

$\frac{\_\_\_}{20} = \frac{15}{10}$

Beispiel:
$\overline{AB} \parallel \overline{A'B'}$

$\frac{25}{10} = \frac{20}{8}$

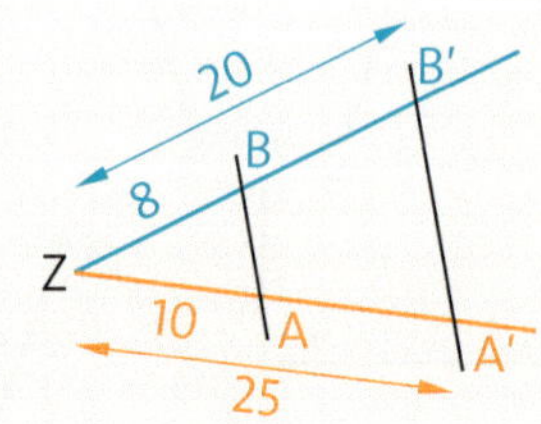

3 Berechne x.

a)

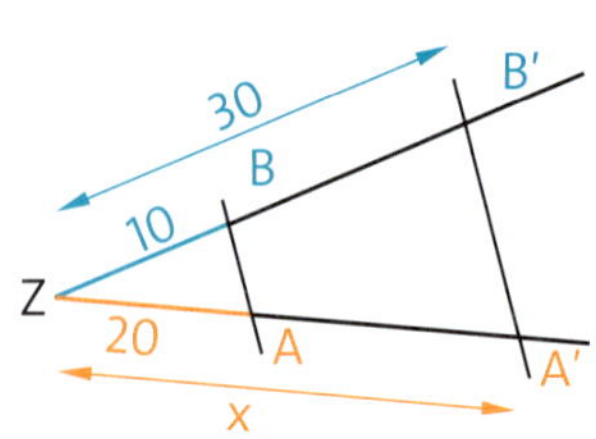

$\frac{x}{20} = \frac{30}{10}$ $\quad | \cdot \_\_\_$

$x = \frac{30}{10} \cdot \_\_\_$

$x = \_\_\_$

b)

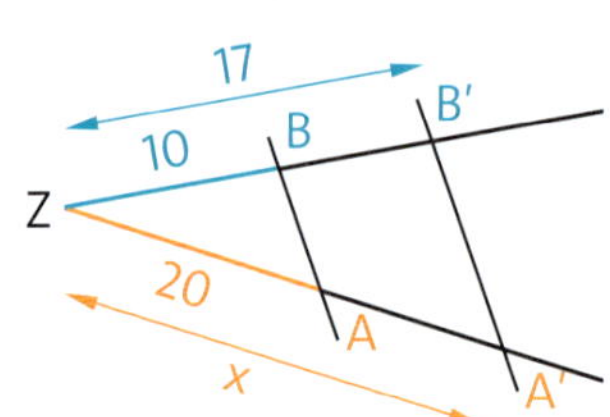

$\frac{x}{20} = \frac{17}{10}$ $\quad | \cdot \_\_\_$

$x = \frac{17}{10} \cdot \_\_\_$

$x = \_\_\_$

Beispiel:
$\overline{AB} \parallel \overline{A'B'}$

$\frac{x}{10} = \frac{20}{8}$ $\quad | \cdot 10$

$x = \frac{20}{8} \cdot 10$

$x = 25$

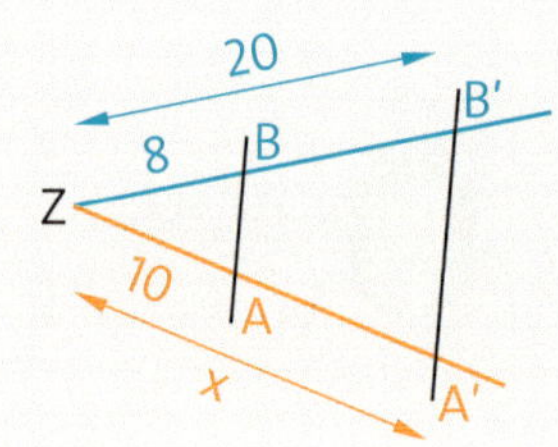

4 Unterstreiche den Fehler und berichtige.

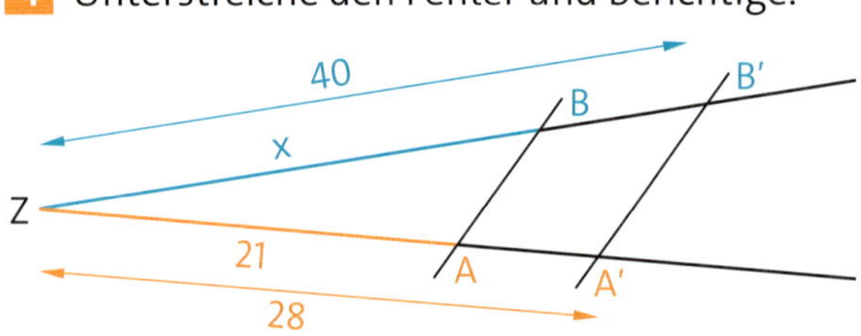

$\frac{21}{28} = \frac{40}{x}$ $\quad | \cdot x$

$\frac{3}{4} \cdot x = 40$ $\quad | : \frac{3}{4}$

$x = \frac{160}{3} \approx 53{,}3$

___ = ___

___ = ___

x = ___

Beispiel:
$\overline{AB} \parallel \overline{A'B'}$

$\frac{25}{10} = \frac{20}{x}$ $\quad | \cdot x$

$\frac{25}{10} \cdot x = 20$ $\quad | : \frac{25}{10}$

$x = 8$

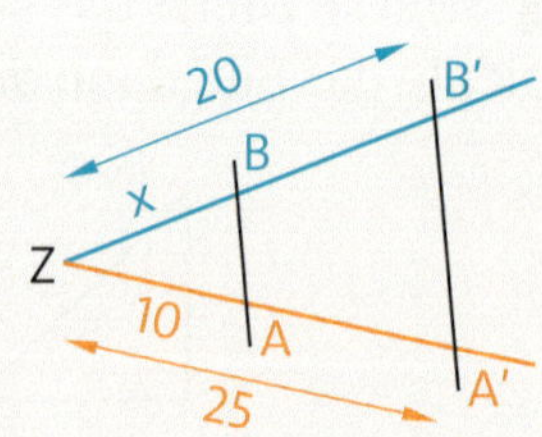

1. Strahlensatz

1 Zwei Strahlen beginnen im Punkt Z.
Die Strahlen werden von zwei Parallelen geschnitten.
Ergänze zuerst die Längen der Abschnitte.
Kreuze dann Zutreffendes an.

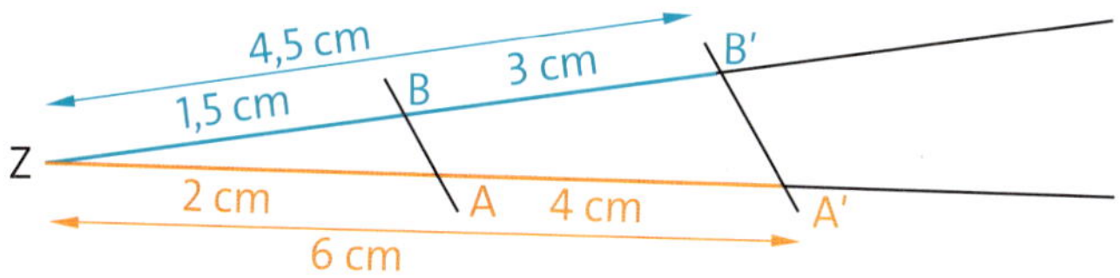

Tipp
Die Abschnitte auf dem einen Strahl verhalten sich zueinander wie die Abschnitte auf dem anderen Strahl.

Beispiel: $\overline{AB} \parallel \overline{A'B'}$

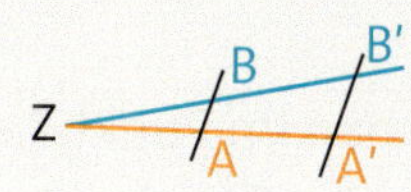

$\frac{\overline{ZA'}}{\overline{ZA}} = \frac{\overline{ZB'}}{\overline{ZB}}$

$\frac{2{,}5\,cm}{1\,cm} = \frac{2\,cm}{0{,}8\,cm}$

☐ $\frac{\overline{ZA'}}{\overline{ZA}} = \frac{\overline{ZB'}}{\overline{ZB}}$ ☐ $\frac{\overline{ZA'}}{\overline{AA'}} = \frac{\overline{ZB'}}{\overline{BB'}}$ ☐ $\frac{\overline{ZA'}}{\overline{ZA}} = \frac{\overline{ZB}}{\overline{ZB'}}$ ☐ $\frac{\overline{ZA}}{\overline{ZA'}} = \frac{\overline{ZB}}{\overline{ZB'}}$

$\frac{6\,cm}{2\,cm} = \frac{\_\_\_}{\_\_\_}$ $\frac{\_\_\_}{\_\_\_} = \frac{\_\_\_}{3\,cm}$ $\frac{\_\_\_}{\_\_\_} = \frac{\_\_\_}{\_\_\_}$ $\frac{\_\_\_}{\_\_\_} = \frac{\_\_\_}{\_\_\_}$

2 Ergänze und berechne x.

a)

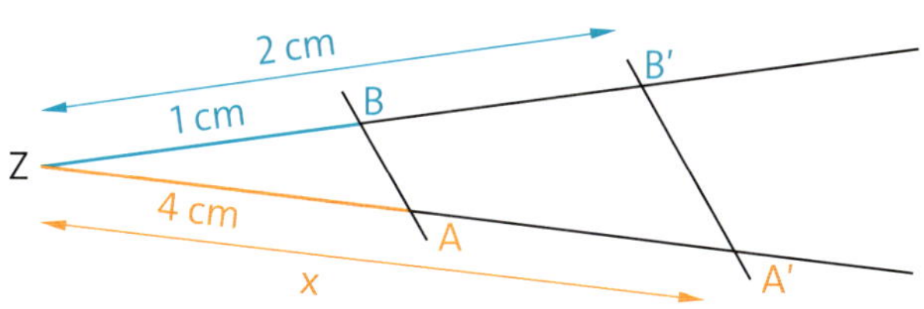

$\frac{x}{4\,cm} = \frac{2\,cm}{1\,cm}$ | · ___

$x = \frac{2\,cm}{1\,cm} \cdot$ ___

$x =$ ___

Beispiel: $\overline{AB} \parallel \overline{A'B'}$

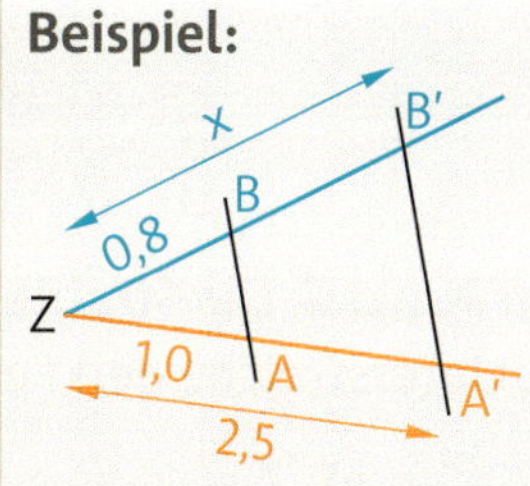

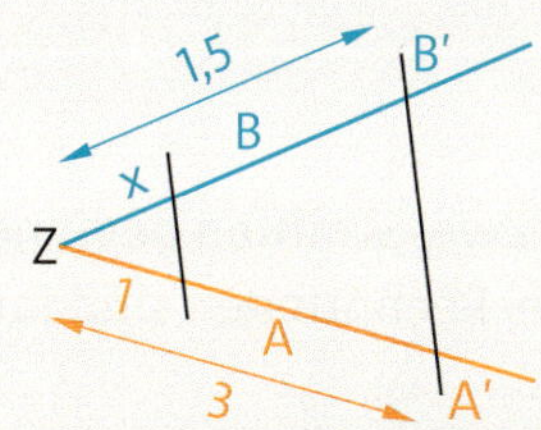

$\frac{2{,}5\,cm}{1\,cm} = \frac{x}{0{,}8\,cm}$ | $\cdot 0{,}8\,cm$

$2\,cm = x$

$\frac{3\,cm}{1\,cm} = \frac{1{,}5\,cm}{x}$ | $\cdot x$

$3\,cm \cdot x = 1{,}5\,cm$ | $: 3\,cm$

$x = 0{,}5\,cm$

b)

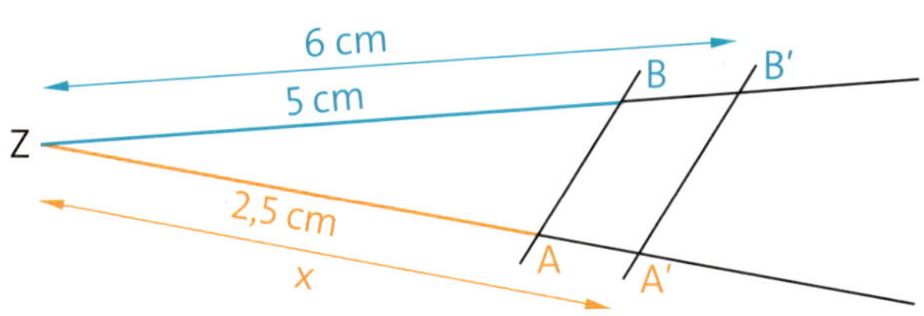

$\frac{x}{2{,}5\,cm} = \frac{6\,cm}{\_\_\_}$ | · ___

$x = \frac{6\,cm}{\_\_\_} \cdot$ ___

$x =$ ___

c)

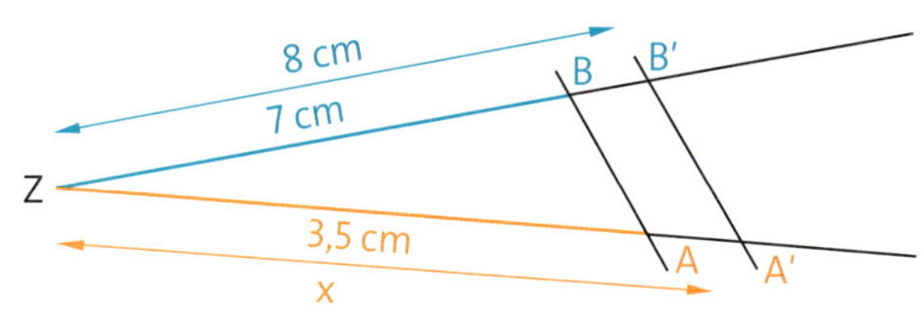

$\frac{x}{3{,}5\,cm} = \frac{\_\_\_}{7\,cm}$ | · ___

$x = \frac{\_\_\_}{7\,cm} \cdot$ ___

$x =$ ___

d)

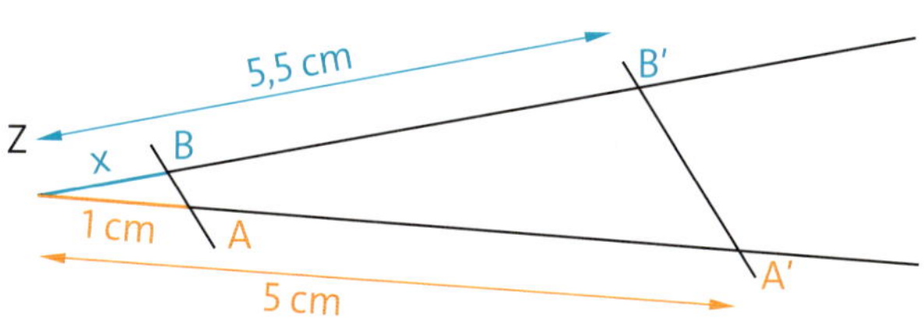

$\frac{5\,cm}{1\,cm} = \frac{5{,}5\,cm}{x}$ | · ___

$\frac{5\,cm}{1\,cm} \cdot x =$ ___ | : ___

$x =$ ___

e)

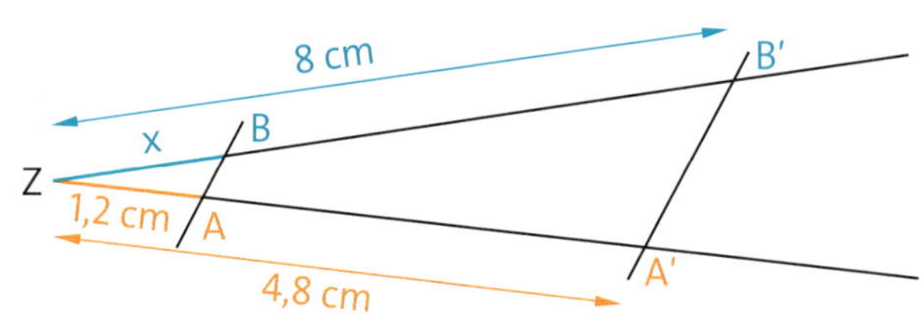

$\frac{4{,}8\,cm}{1{,}2\,cm} = \frac{\_\_\_}{x}$ | · ___

___ = ___ | : ___

___ = ___

1. Strahlensatz

Wenn zwei Strahlen im Punkt Z beginnen und von zwei Parallelen geschnitten werden, dann verhalten sich die Abschnitte auf dem einen Strahl zueinander wie die Abschnitte auf dem anderen Strahl.

Beispiel: $\overline{AB} \parallel \overline{A'B'}$

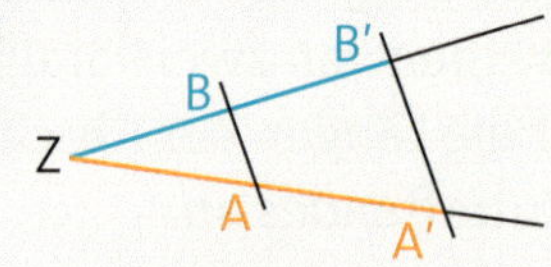

$\frac{\overline{ZA'}}{\overline{ZA}} = \frac{\overline{ZB'}}{\overline{ZB}}$

$\frac{2{,}5\,\text{cm}}{1\,\text{cm}} = \frac{2\,\text{cm}}{0{,}8\,\text{cm}}$

1 Zwei Strahlen beginnen im Punkt Z. Die Strahlen werden von zwei Parallelen geschnitten. Verbinde mit der passenden Gleichung.

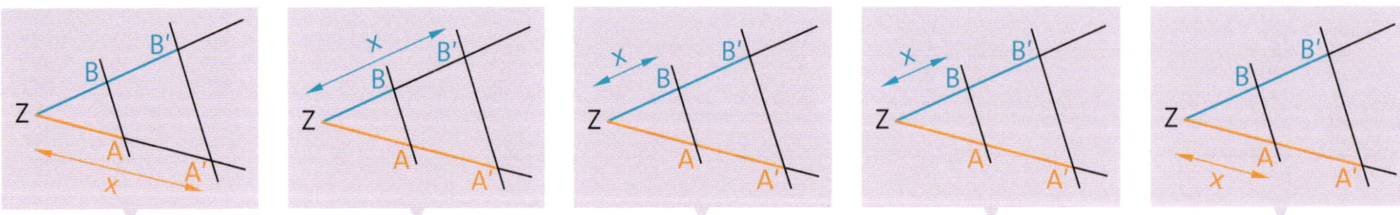

$\frac{\overline{ZA'}}{\overline{ZA}} = \frac{\overline{ZB'}}{x}$ $\frac{x}{\overline{ZA}} = \frac{\overline{ZB'}}{\overline{ZB}}$ $\frac{x}{\overline{ZB}} = \frac{\overline{ZA'}}{\overline{ZA}}$ $\frac{x}{\overline{ZA'}} = \frac{\overline{ZB}}{\overline{ZB'}}$ $\frac{\overline{ZB'}}{x} = \frac{\overline{ZA'}}{\overline{ZA}}$

2 Zwei Strahlen beginnen im Punkt Z. Die Strahlen werden von zwei Parallelen geschnitten. Zwei Rechnungen sind falsch. Unterstreiche den Fehler.

a) $\frac{x}{20} = \frac{30}{10}$ $\quad | \cdot 20$
$x = \frac{30}{10} \cdot 20$
$x = 60$

b) $\frac{x}{20} = \frac{17}{10}$ $\quad | \cdot 20$
$x = \frac{17}{10} \cdot 20$
$x = 34$

c) $\frac{10}{17} = \frac{20}{x}$ $\quad | \cdot x$
$x \cdot \frac{10}{17} = 20$ $\quad | : \frac{10}{17}$
$x = 34$

3 Suche zwei zueinander ähnliche Dreiecke und berechne x.

a)

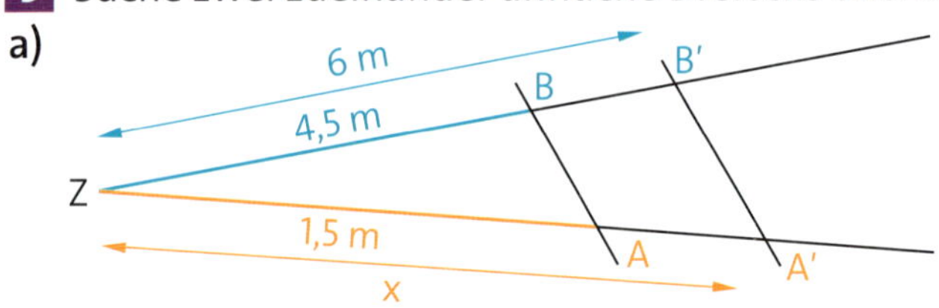

$\frac{x}{1{,}5\,\text{m}} = \frac{6\,\text{m}}{\_\_\_\_}$ $\quad | \cdot \_\_\_\_$

$x = \frac{6\,\text{m}}{\_\_\_\_} \cdot \_\_\_\_$

$x = \_\_\_\_$

b)

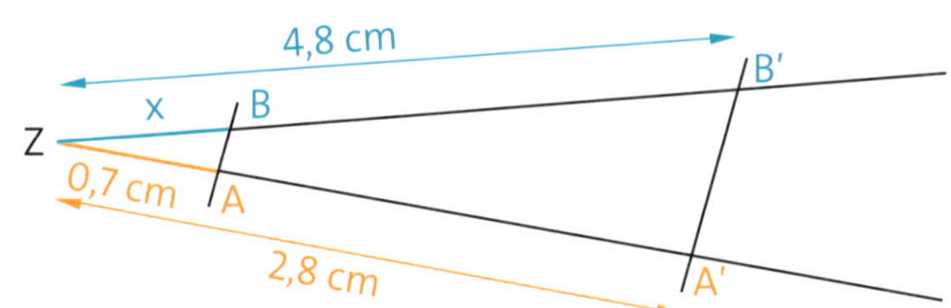

$\frac{2{,}8\,\text{cm}}{0{,}7\,\text{cm}} = \_\_\_\_$ $\quad | \cdot \_\_\_\_$

$\_\_\_\_ = \_\_\_\_$ $\quad | : \_\_\_\_$

$x = \_\_\_\_$

4 Ben ist 1,90 m groß. Sein Schatten ist 5 m lang. Er steht etwa 25 m vom Haus entfernt. Berechne die Höhe vom Haus mit Hilfe von zwei zueinander ähnlichen Dreiecken. Runde sinnvoll.

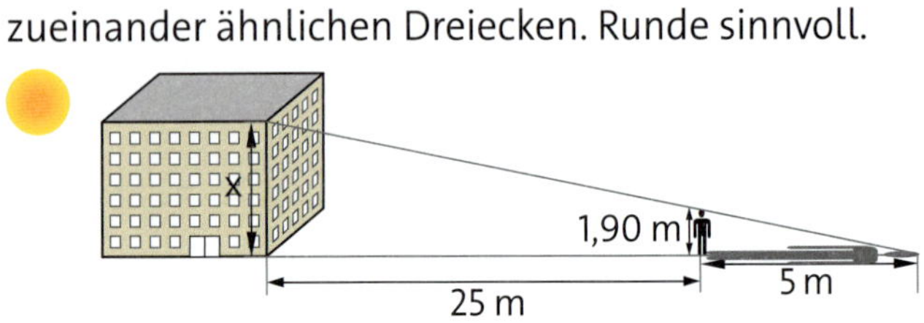

Das Haus ist etwa ________ hoch.

2. Strahlensatz

1 Zwei Strahlen beginnen im Punkt Z.
Die Strahlen werden von zwei Parallelen geschnitten.
Kreuze Zutreffendes an.

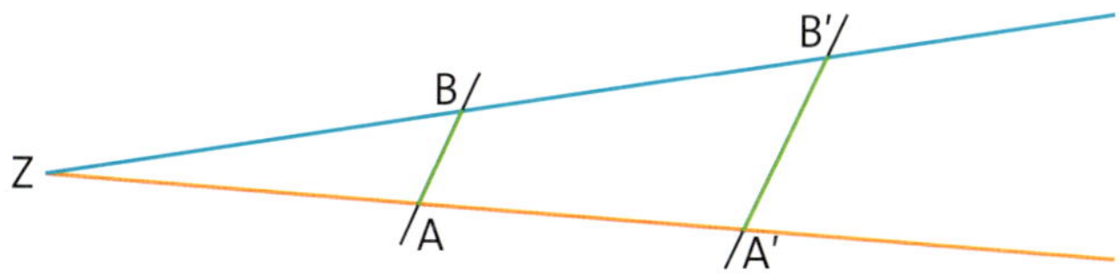

☐ $\frac{\overline{ZB'}}{\overline{ZB}} = \frac{\overline{A'B'}}{\overline{AB}}$ ☐ $\frac{\overline{ZA'}}{\overline{ZA}} = \frac{\overline{ZB}}{\overline{ZB'}}$ ☐ $\frac{\overline{ZA'}}{\overline{ZA}} = \frac{\overline{A'B'}}{\overline{AB}}$

Tipp
Die Abschnitte auf dem einen Strahl verhalten sich zueinander wie die Abschnitte auf den Parallelen.

Beispiel:
$\overline{AB} \parallel \overline{A'B'}$

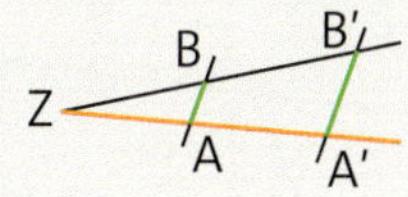

$\frac{\overline{ZA'}}{\overline{ZA}} = \frac{\overline{A'B'}}{\overline{AB}}$

2 Zwei Strahlen beginnen im Punkt Z.
Die Strahlen werden von zwei Parallelen geschnitten.
Ergänze.

a)

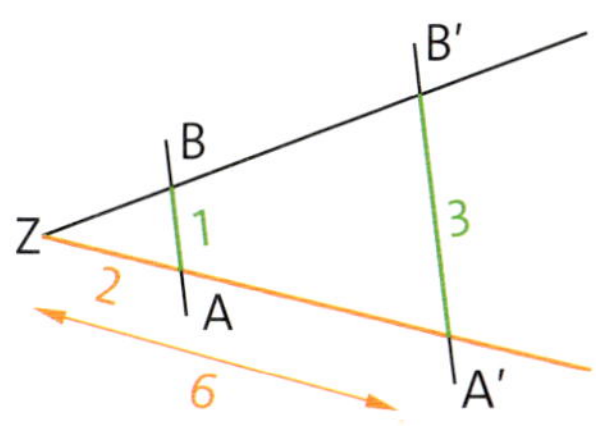

$\frac{\_\_\_}{2} = \frac{3}{1}$

b)

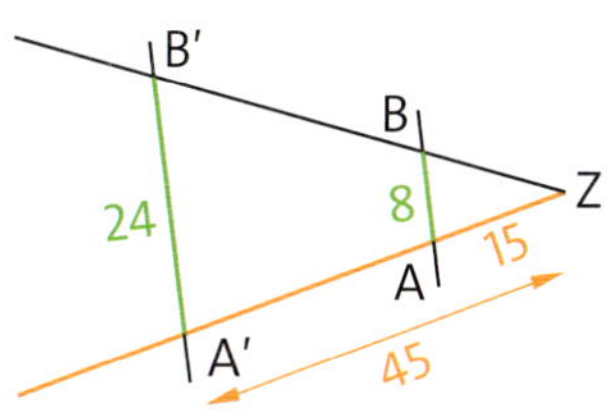

$\frac{\_\_\_}{15} = \frac{24}{8}$

Beispiel:
$\overline{AB} \parallel \overline{A'B'}$

$\frac{30}{10} = \frac{24}{8}$

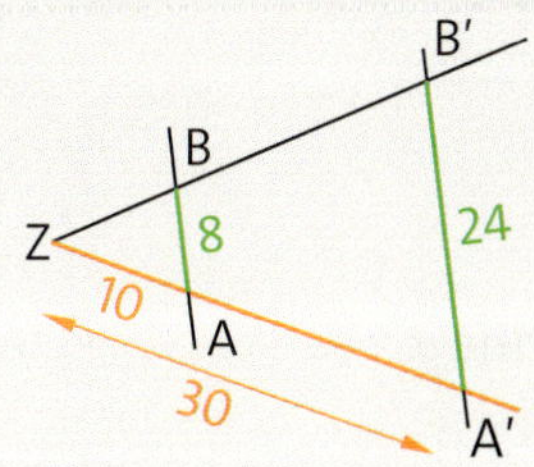

3 Berechne x.

a)

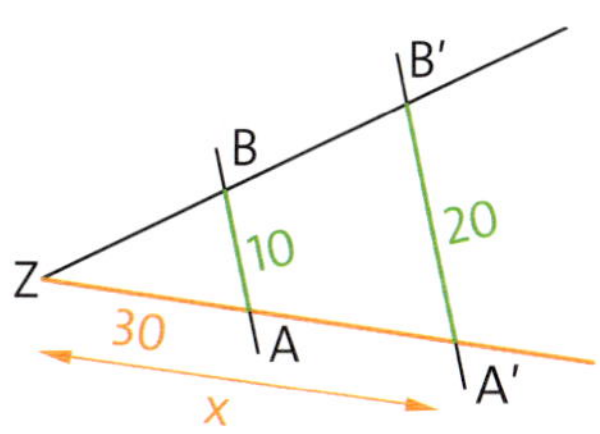

$\frac{x}{30} = \frac{20}{10}$ | · ___

$x = \frac{20}{10} \cdot$ ___

$x =$ ___

b)

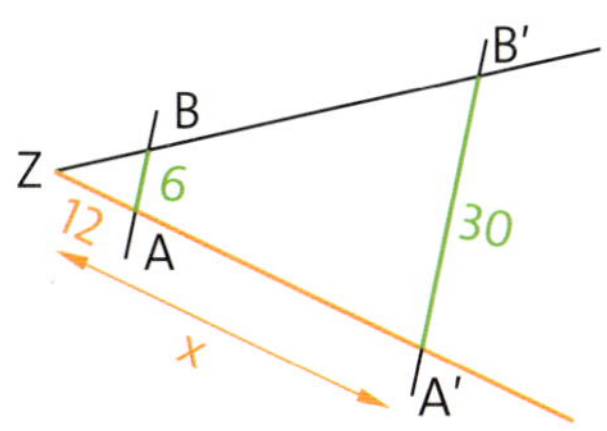

$\frac{x}{12} = \frac{30}{6}$ | · ___

$x = \frac{30}{6} \cdot$ ___

$x =$ ___

Beispiel:
$\overline{AB} \parallel \overline{A'B'}$

$\frac{x}{10} = \frac{24}{8}$ | · 10

$x = \frac{24}{8} \cdot 10$

$x = 30$

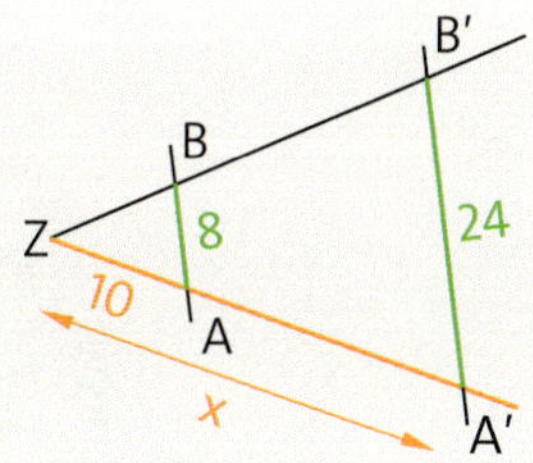

4 Unterstreiche den Fehler und berichtige.

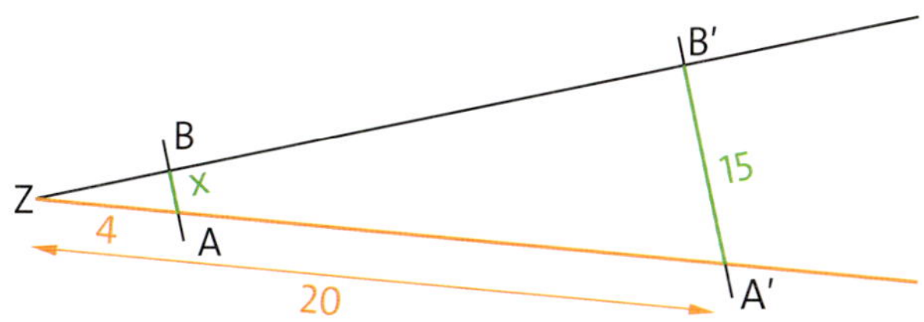

$\frac{20}{4} = \frac{4}{x}$ | · x

$\frac{20}{4} \cdot x = 4$ | : $\frac{20}{4}$

$x = \frac{4}{5}$

___ = ___ | · ___

___ = ___ | : ___

___ = ___

Beispiel:
$\overline{AB} \parallel \overline{A'B'}$

$\frac{30}{10} = \frac{24}{x}$ | · x

$\frac{30}{10} \cdot x = 24$ | : $\frac{30}{10}$

$x = 8$

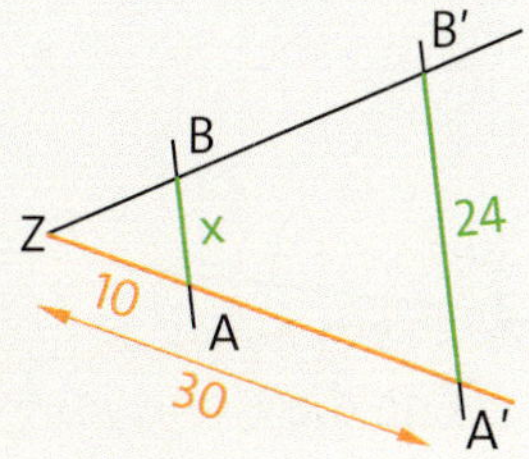

2. Strahlensatz

1 Zwei Strahlen beginnen im Punkt Z.
Die Strahlen werden von zwei Parallelen geschnitten.
Ergänze zuerst die Längen der Abschnitte.
Kreuze dann Zutreffendes an.

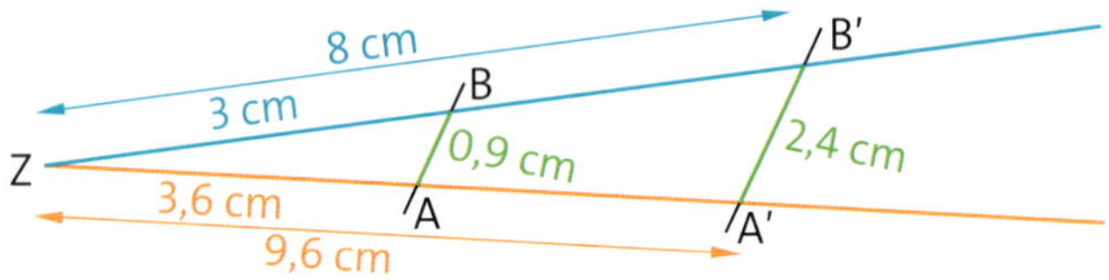

> **Tipp**
> Die Abschnitte auf dem einen Strahl verhalten sich zueinander wie die Abschnitte auf den Parallelen.
>
> **Beispiel:**
> $\overline{AB} \parallel \overline{A'B'}$
>
> 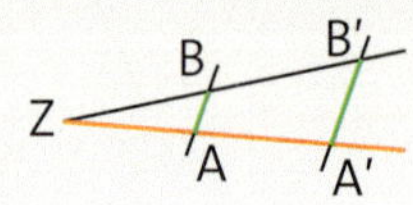
>
>
> $\frac{\overline{ZA'}}{\overline{ZA}} = \frac{\overline{A'B'}}{\overline{AB}}$
>
> $\frac{3\,\text{cm}}{1\,\text{cm}} = \frac{2{,}4\,\text{cm}}{0{,}8\,\text{cm}}$

☐ $\frac{\overline{ZB'}}{\overline{ZB}} = \frac{\overline{A'B'}}{\overline{AB}}$ ☐ $\frac{\overline{A'B'}}{\overline{AB}} = \frac{\overline{ZB'}}{\overline{ZB}}$ ☐ $\frac{\overline{ZB'}}{\overline{ZB}} = \frac{\overline{AB}}{\overline{A'B'}}$ ☐ $\frac{\overline{ZA}}{\overline{ZA'}} = \frac{\overline{A'B'}}{\overline{AB}}$

$\frac{8\,\text{cm}}{3\,\text{cm}} = \frac{\_\_\_\_}{\_\_\_\_}$ $\frac{\_\_\_\_}{\_\_\_\_} = \frac{\_\_\_\_}{3\,\text{cm}}$ $\frac{\_\_\_\_}{\_\_\_\_} = \frac{\_\_\_\_}{\_\_\_\_}$ $\frac{\_\_\_\_}{\_\_\_\_} = \frac{\_\_\_\_}{\_\_\_\_}$

2 Berechne x.

a)

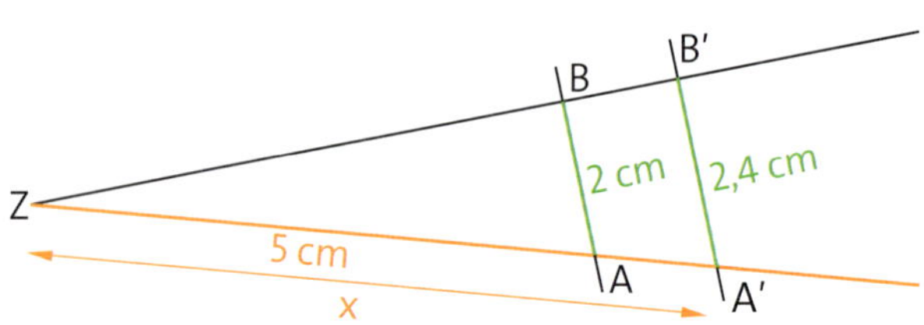

$\frac{x}{5\,\text{cm}} = \frac{2{,}4\,\text{cm}}{2\,\text{cm}}$ $|\cdot$ ____

$x = \frac{2{,}4\,\text{cm}}{2\,\text{cm}} \cdot$ ____

$x =$ ____

> **Beispiel:**
> $\overline{AB} \parallel \overline{A'B'}$
>
> $\frac{2{,}5\,\text{cm}}{2\,\text{cm}} = \frac{x}{0{,}8\,\text{cm}} \quad |\cdot 0{,}8\,\text{cm}$
>
> $1\,\text{cm} = x$
>
> 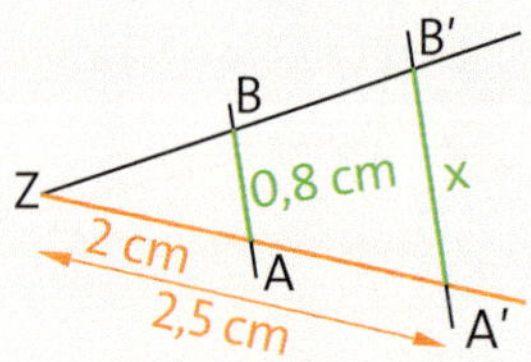
>
>
> $\frac{3{,}3\,\text{cm}}{2{,}2\,\text{cm}} = \frac{3\,\text{cm}}{x} \quad |\cdot x$
>
> $\frac{3{,}3\,\text{cm}}{2{,}2\,\text{cm}} \cdot x = 3\,\text{cm} \quad |: \frac{3{,}3\,\text{cm}}{2{,}2\,\text{cm}}$
>
> $x = 2\,\text{cm}$
>
> 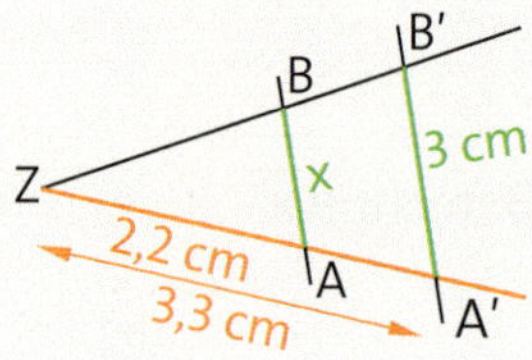
>

b)

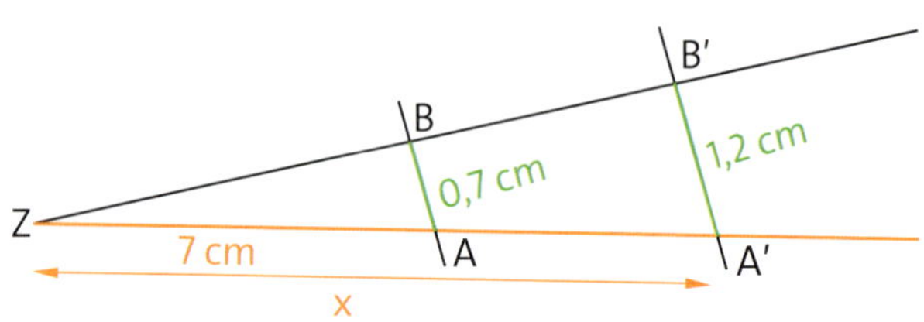

$\frac{x}{7\,\text{cm}} = \frac{1{,}2\,\text{cm}}{\_\_\_\_}$ $|\cdot$ ____

$x =$ ____ $\cdot$ ____

$x =$ ____

c)

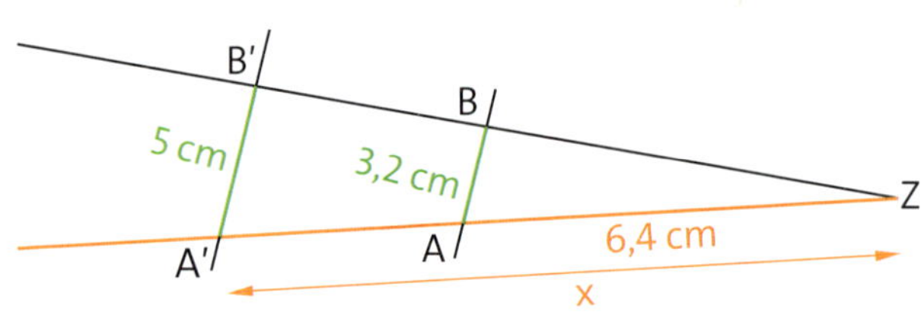

$\frac{x}{6{,}4\,\text{cm}} =$ ____ $|\cdot$ ____

$x = \frac{5\,\text{cm}}{\_\_\_\_} \cdot$ ____

$x =$ ____

d)

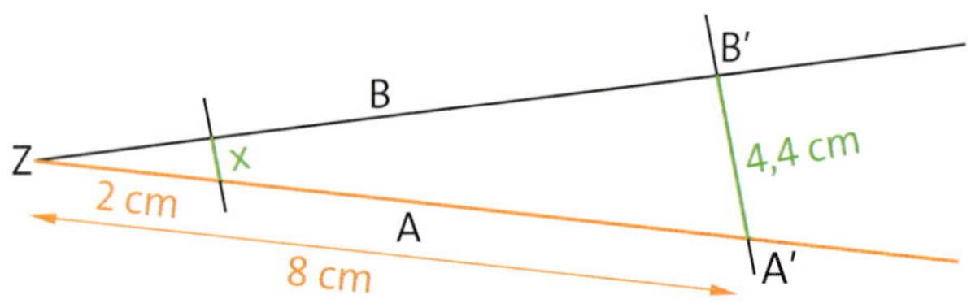

$\frac{8\,\text{cm}}{2\,\text{cm}} = \frac{4{,}4\,\text{cm}}{x}$ $|\cdot$ ____

$\frac{8\,\text{cm}}{2\,\text{cm}} \cdot x =$ ____ $|:$ ____

$x =$ ____

e)

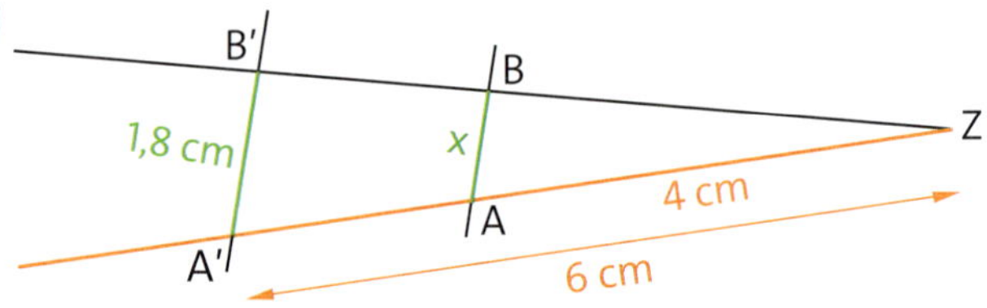

____ $= \frac{1{,}8\,\text{cm}}{x}$ $|\cdot$ ____

____ $=$ ____ $|:$ ____

____ $=$ ____

2. Strahlensatz

Wenn zwei Strahlen im Punkt Z beginnen und von zwei Parallelen geschnitten werden, dann verhalten sich die Abschnitte auf dem einen Strahl zueinander wie die Abschnitte auf den Parallelen.

Beispiel:
$\overline{AB} \parallel \overline{A'B'}$

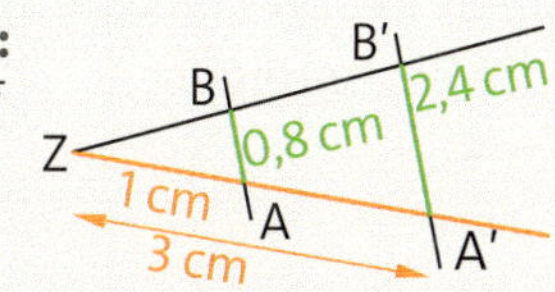

$\frac{\overline{ZA'}}{\overline{ZA}} = \frac{\overline{A'B'}}{\overline{AB}}$

$\frac{3\,\text{cm}}{1\,\text{cm}} = \frac{2{,}4\,\text{cm}}{0{,}8\,\text{cm}}$

1 Zwei Strahlen beginnen im Punkt Z. Die Strahlen werden von zwei Parallelen geschnitten. Verbinde zuerst mit der passenden Gleichung. Markiere dann die Abschnitte mit der passenden Farbe.

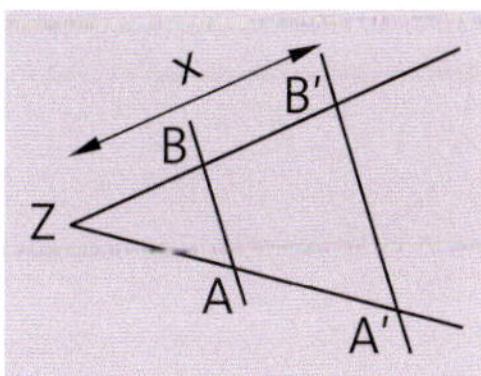

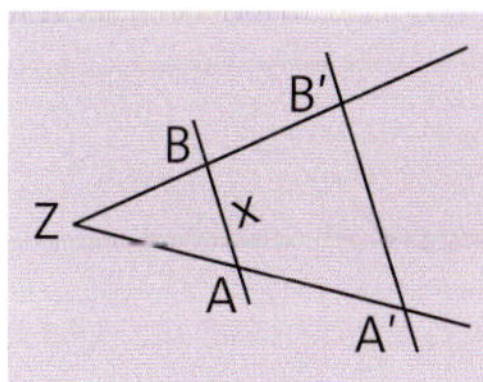

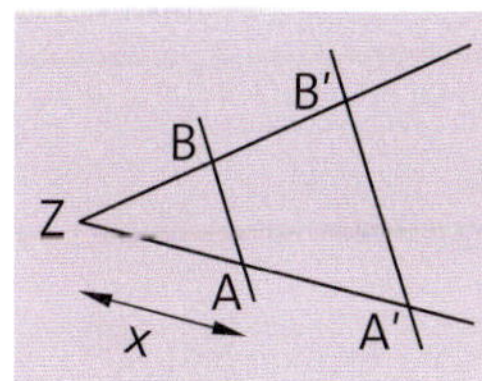

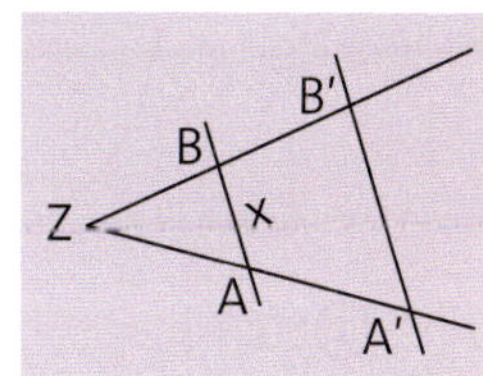

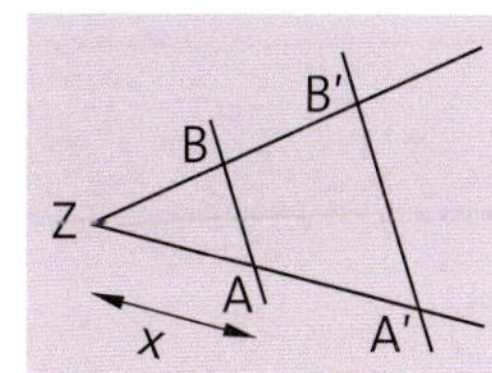

$\frac{\overline{ZA'}}{x} = \frac{\overline{A'B'}}{\overline{AB}}$ $\frac{x}{\overline{ZB}} = \frac{\overline{A'B'}}{\overline{AB}}$ $\frac{\overline{ZA}}{\overline{ZA'}} = \frac{x}{\overline{A'B'}}$ $\frac{\overline{ZB'}}{\overline{ZB}} = \frac{\overline{A'B'}}{x}$ $\frac{\overline{ZA}}{x} = \frac{\overline{A'B'}}{\overline{AB}}$

2 Berechne x.

a)

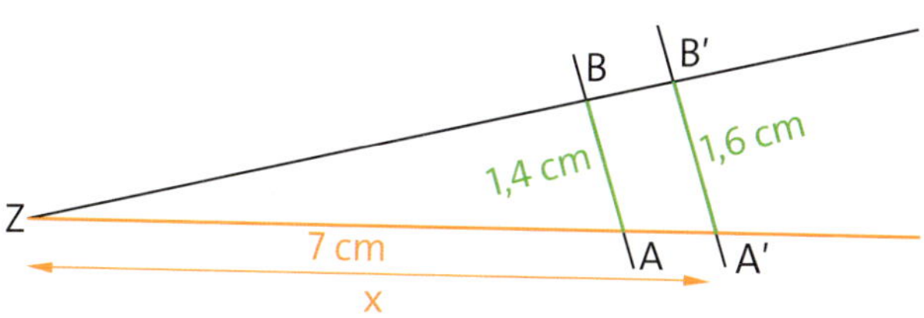

$\frac{x}{7\,\text{cm}} = \frac{1{,}6\,\text{cm}}{\_\_\_}$ | · ___

$x = \frac{1{,}6\,\text{cm}}{1{,}4\,\text{cm}} \cdot$ ___

$x =$ ___

b)

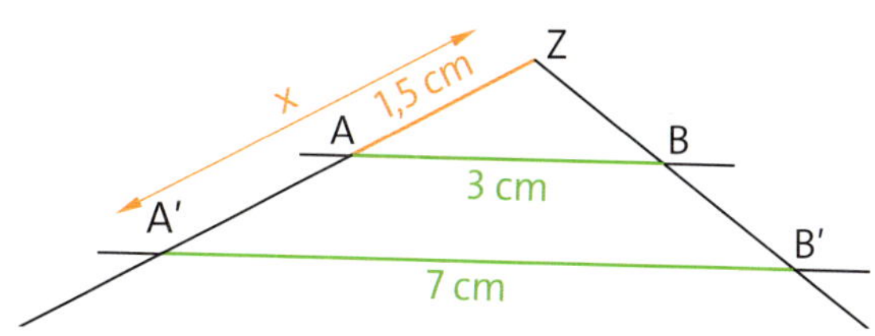

$\frac{x}{1{,}5\,\text{cm}} = \frac{\_\_\_}{3\,\text{cm}}$ | · ___

$x = \frac{7\,\text{cm}}{3\,\text{cm}} \cdot$ ___

$x =$ ___

c)

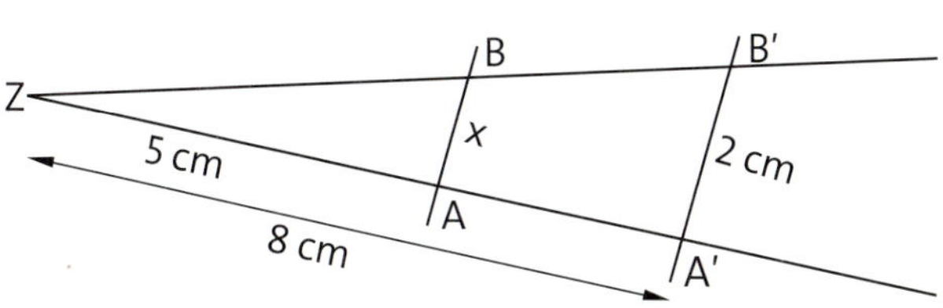

$\frac{8\,\text{cm}}{5\,\text{cm}} = \frac{2\,\text{cm}}{x}$ | · ___

$\frac{8\,\text{cm}}{5\,\text{cm}} \cdot x =$ ___ | : ___

$x =$ ___

d)

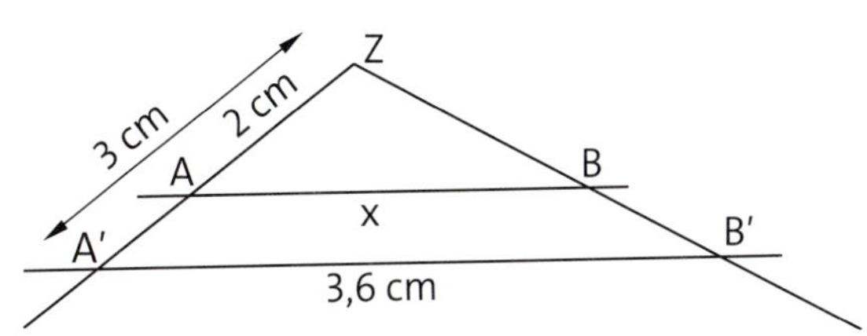

___ $= \frac{3{,}6\,\text{cm}}{x}$ | · ___

___ = ___ | : ___

___ = ___

3 Drei Strahlen beginnen im Punkt Z.
Die Strahlen werden von zwei Parallelen geschnitten.
Ergänze die Längen der Strecken x, y und z.
Rechne im Kopf.

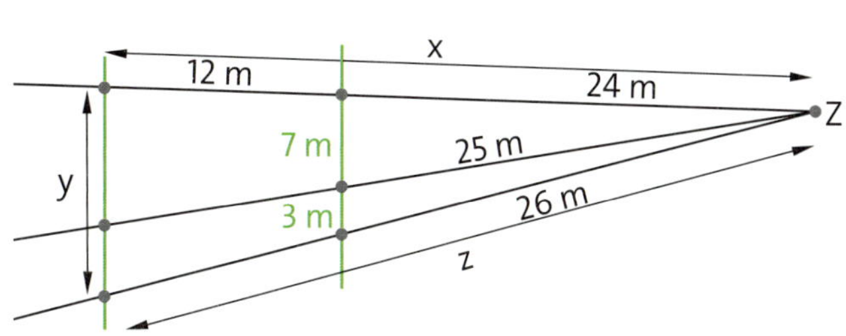

Kreisumfang

Kreis und Kreisumfang

1 Schreibe zuerst in den Kreis die zugehörige Nummer.
Ergänze dann die Rechnungen.

Beispiel:

$u = \pi \cdot d$

$u = \pi \cdot 2{,}5\,cm$

$u = 7{,}853...\,cm$

$u \approx 7{,}85\,cm$

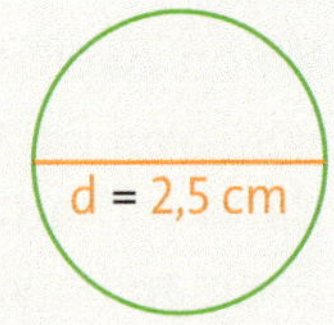

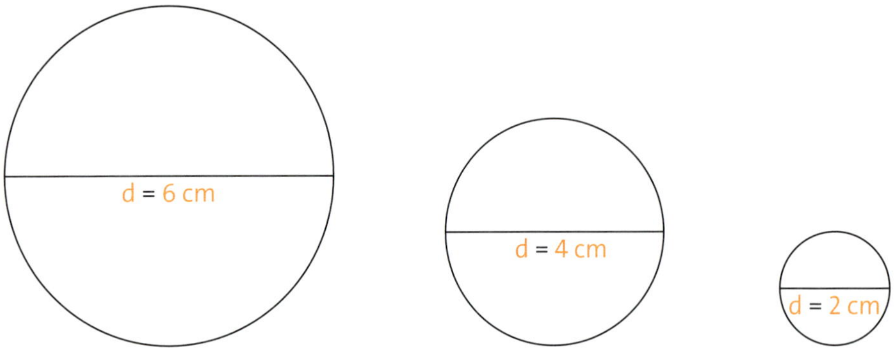

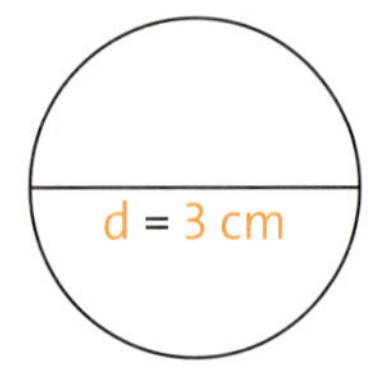

① $u = \pi \cdot d$
$u = \pi \cdot 2\,cm$
$u \approx 6{,}28\,cm$

② $u = \pi \cdot$ ____
$u = \pi \cdot 3\,cm$
$u \approx 9{,}42\,cm$

③ $u =$ ____ $\cdot d$
$u = \pi$ ____ $\cdot 4\,cm$
$u \approx 12{,}57\,cm$

④ $u =$ ____ $\cdot d$
$u =$ ____ $\cdot$ ____
$u \approx 18{,}85\,cm$

2 Berechne den Umfang u der Münze.
Runde auf die zweite Stelle nach dem Komma.

a) 2-€-Münze
mit $d \approx 2{,}58\,cm$
$u = \pi \cdot d$
$u \approx$ ____
$u \approx$ ____

b) 50-Cent-Münze
mit $d \approx 2{,}43\,cm$
$u = \pi \cdot d$
$u \approx$ ____
$u \approx$ ____

Tipp
Prüfe mit einem Faden.

①

②
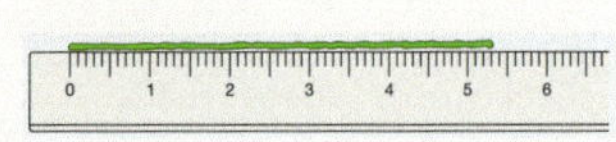

3 Berechne den Umfang u.
Runde auf die zweite Stelle nach dem Komma.

a) $r = 5\,cm$
$u = 2 \cdot \pi \cdot r$
$u = 2 \cdot \pi \cdot$ ____
$u \approx$ ____

b) $r = 7\,cm$
$u = 2 \cdot \pi \cdot r$
$u =$ ____
$u \approx$ ____

Beispiel:

$d = 2 \cdot r$

$u = 2 \cdot \pi \cdot r$

$u = 2 \cdot \pi \cdot 1{,}25\,cm$

$u = 7{,}853...\,cm$

$u \approx 7{,}85\,cm$

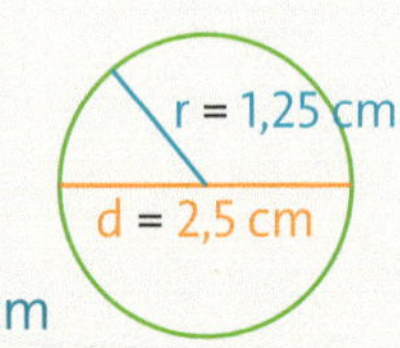

4 Berechne den Durchmesser d.
Runde auf die zweite Stelle nach dem Komma.

a) $u = 15\,cm$
$u = \pi \cdot d$
____ $= \pi \cdot d \quad | :\pi$
____ $: \pi = d$
____ $\approx d$

b) $u = 40\,cm$
$u = \pi \cdot d$
____ $= \pi \cdot$ ____ $\quad | :\pi$
____ $: \pi =$ ____
____ $\approx$ ____

Beispiel: $u = 30\,cm$

$u = \pi \cdot d$

$30\,cm = \pi \cdot d \quad | :\pi$

$30\,cm : \pi = d$

$9{,}55\,cm \approx d$

Kreisumfang

Kreisumfang

Kreis und Kreisumfang

1 Berechne den Umfang u vom Kreis.
Runde auf die zweite Stelle nach dem Komma.

a) d = 7 cm

u = π · d

u = π · ______

u ≈ ______

b) d = 10 cm

u = ______

u = ______

u ≈ ______

Beispiel:

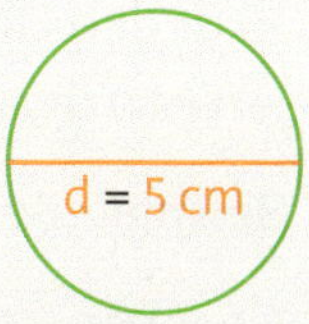

u = π · d
u = π · 5 cm
u ≈ 15,71 cm

2 Verbinde den Durchmesser d mit dem Umfang u vom Kreis.

d = 6,5 cm	d = 5,4 cm	d = 7,2 cm	d = 4,8 cm	d = 9,7 cm
u ≈ 16,96 cm	u ≈ 22,62 cm	u ≈ 20,42 cm	u ≈ 30,47 cm	u ≈ 15,08 cm

3 Berechne den Umfang u vom Kreis.
Runde auf die zweite Stelle nach dem Komma.

a) r = 9 cm

u = 2 · π · r

u = 2 · π · ______

u ≈ ______

b) r = 8 cm

u = ______

u = ______

u ≈ ______

Beispiel:

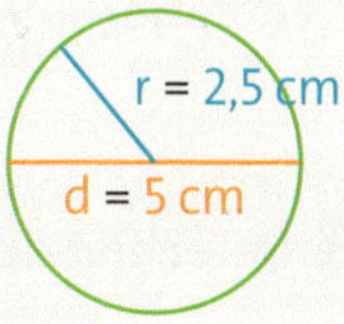

d = 2 · r
u = 2 · π · r
u = 2 · π · 2,5 cm
u = 15,707... cm
u ≈ 15,71 cm

4 Ein Glasdeckel hat 95 cm Umfang.
Berechne den Durchmesser d und den Radius r.

u = π · d

______ = ______ | ______

______ ≈ ______

d = 2 · r

______ ≈ 2 · r | ______

______ ≈ ______

Rund ______ cm ist der Durchmesser. Rund ______ cm ist der Radius.

Beispiel: u = 50 cm

u = π · d
50 cm = π · d | : π
50 cm : π = d
15,92 cm ≈ d

d = 2 · r
15,92 cm ≈ 2 · r | : 2
7,96 cm ≈ r

5 Berechne den Durchmesser d.

a) u = 62 cm

u = π · d

______ = π · d | : π

______ ≈ d

b) u = 85 cm

u = π · d

______ = ______ | : π

______ ≈ ______

Beispiel: u = 30 cm

u = π · d
30 cm = π · d | : π
9,549... = d
9,55 cm ≈ d

Kreisumfang

Kreis und Kreisumfang ☒

- Für den Umfang u von Kreisen mit dem Durchmesser d gilt: $u = \pi \cdot d$
- Wenn der Radius bekannt ist, dann gilt: $u = 2 \cdot \pi \cdot r$

Beispiel: Berechne den Umfang u.

Gegeben ist d = 5 cm.

$u = \pi \cdot d$

$u = \pi \cdot 5\,\text{cm} \approx 15{,}71\,\text{cm}$

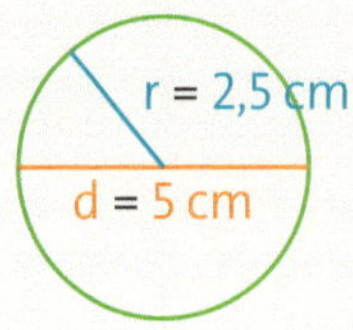

1 Immer ein Durchmesser d, ein Radius r und ein Umfang u gehören zum gleichen Kreis. Verbinde die Angaben.

d = 7 cm	d = 8,52 cm	d = 12,5 cm	d = 16,12 cm	d = 20,34 cm	d = 25,5 cm
r = 3,5 cm	r = 8,06 cm	r = 10,17 cm	r = 4,26 cm	r = 6,25 cm	r = 12,75 cm
u ≈ 21,99 cm	u ≈ 26,77 cm	u ≈ 50,64 cm	u ≈ 80,11 cm	u ≈ 63,90 cm	u ≈ 39,27 cm

2 Berechne den Durchmesser d. Runde auf die zweite Stelle nach dem Komma.

a) u = 99 cm

$u = \pi \cdot d$

_____ $= \pi \cdot d \quad | : \pi$

_____ $\approx d$

b) u = 120,75 cm

_____ = _____

_____ = _____

_____ ≈ _____

c) u = 11 m

3 Ergänze. Runde den Umfang u auf die zweite Stelle nach dem Komma.

r		33,5 m				88,8 m	
d	46,8 cm				151,5 m		
u			95,82 cm	424,12 cm			309,76 cm

4 Der Durchmesser von Felgen wird in Zoll angegeben. 2,54 cm sind 1 Zoll.
Der Umfang einer Felge ist 151,61 cm.
Kreuze zuerst den Durchmesser der Felgen an.
Begründe dann deine Entscheidung.

☐ 18 Zoll ☐ 19 Zoll ☐ 20 Zoll ☐ 21 Zoll ☐ 22 Zoll

Flächeninhalt

Flächeninhalt von Kreisen

1 Schreibe zuerst in den Kreis die zugehörige Nummer.
Ergänze dann die Rechnungen.

Beispiel:

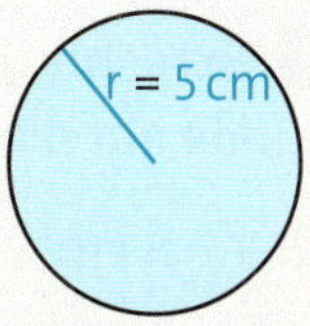

$A = \pi \cdot r^2$
$A = \pi \cdot (5\,cm)^2$
$A = \pi \cdot 25\,cm^2$
$A = 78{,}539...\,cm^2$
$A \approx 78{,}54\,cm^2$

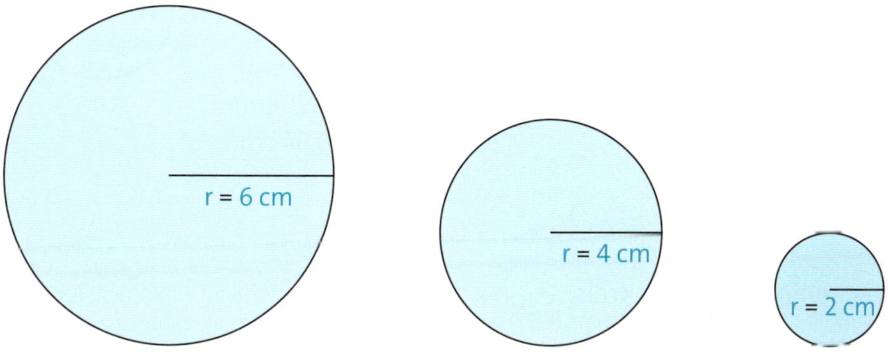

① $A = \pi \cdot r^2$
$A = \pi \cdot (2\,cm)^2$
$A \approx 12{,}57\,cm^2$

② $A = \pi \cdot$ ____
$A = \pi \cdot (3\,cm)^2$
$A \approx 28{,}27\,cm^2$

③ $A =$ ____ $\cdot r^2$
$A = \pi$ ____ $\cdot (4\,cm)^2$
$A \approx 50{,}27\,cm^2$

④ $A =$ ____ $\cdot r^2$
$A =$ ____
$A \approx 113{,}10\,cm^2$

2 Eine Dartscheibe hat einen Radius von $r = 22{,}5\,cm$.
Berechne den Flächeninhalt A. Runde auf die zweite Stelle nach dem Komma.

$A =$ ____
$A \approx$ ____
____

3 Berechne zuerst den Radius r. Berechne dann den Flächeninhalt A.
Runde auf die zweite Stelle nach dem Komma.

Beispiel:

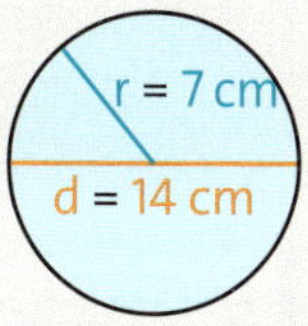

$r = d : 2$
$r = 14\,cm : 2$
$r = 7\,cm$
$A = \pi \cdot r^2$
$A = \pi \cdot (7\,cm)^2$
$A \approx 153{,}94\,cm$

a) $d = 18\,cm$
$r = 18\,cm : 2 =$ ____
$A = \pi \cdot r^2$
$A = \pi \cdot ($ ____ $)^2$
$A \approx$ ____

b) $d = 24\,cm$
$r =$ ____
$A = \pi \cdot r^2$
$A =$ ____
$A \approx$ ____

4 Berechne den Radius r.
Runde auf die zweite Stelle nach dem Komma.

Beispiel: $A = 25\,cm^2$

$A = \pi \cdot r^2$
$25\,cm^2 = \pi \cdot r^2 \quad | : \pi$
$7{,}96\,cm^2 \approx r^2$
$2{,}82\,cm \approx r$

a) $A = 10\,cm^2$
$A = \pi \cdot r^2$
$10\,cm^2 = \pi \cdot r^2 \quad | : \pi$
____ $\approx r^2$
____ $\approx r$

b) $A = 15\,cm^2$
$A = \pi \cdot r^2$
____ $= \pi \cdot r^2 \quad | : \pi$
____ $\approx r^2$
____ $\approx r$

Flächeninhalt

Flächeninhalt

Flächeninhalt von Kreisen

1 Berechne den Flächeninhalt A vom Kreis.
Runde auf die zweite Stelle nach dem Komma.

a) $r = 8\,cm$

$A = \pi \cdot r^2$

$A = \pi \cdot ($ ______ $)^2$

$A \approx$ ______

b) $r = 10\,cm$

$A =$ ______

$A =$ ______

$A \approx$ ______

Beispiel:

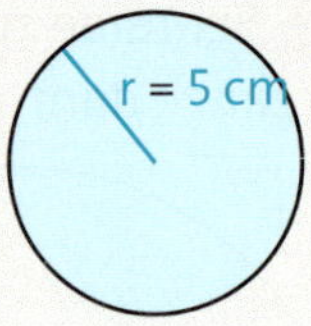

$A = \pi \cdot r^2$
$A = \pi \cdot (5\,cm)^2$
$A = \pi \cdot 25\,cm^2$
$A \approx 78{,}54\,cm^2$

2 Verbinde den Radius r mit dem Flächeninhalt A vom Kreis.

$r = 9\,cm$	$r = 8{,}5\,cm$	$r = 10{,}1\,cm$	$r = 17\,cm$	$r = 7{,}9\,cm$
$A = 196{,}07\,cm^2$	$A = 907{,}92\,cm^2$	$A = 320{,}47\,cm^2$	$A = 226{,}98\,cm^2$	$A = 254{,}47\,cm^2$

3 Berechne zuerst den Radius r. Berechne dann den Flächeninhalt A.
Runde auf die zweite Stelle nach dem Komma.

a) $d = 22\,cm$

$r = 22\,cm : 2 =$ ______

$A = \pi \cdot r^2$

$A = \pi \cdot ($ ______ $)^2$

$A \approx$ ______

b) $d = 31\,cm$

$r =$ ______

$A = \pi \cdot r^2$

$A =$ ______

$A \approx$ ______

Beispiel:

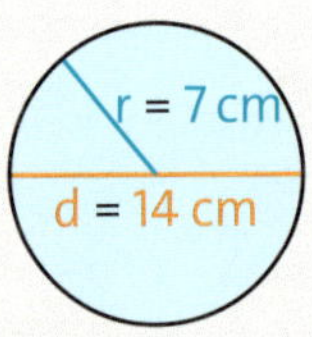

$r = d : 2$
$r = 14\,cm : 2$
$r = 7\,cm$

$A = \pi \cdot r^2$
$A = \pi \cdot (7\,cm)^2$
$A = \pi \cdot 49\,cm^2$
$A \approx 153{,}94\,cm$

4 Berechne den Flächeninhalt A der Münze.

a) 2-€-Münze
mit $r \approx 1{,}29\,cm$

$A = \pi \cdot r^2$

$A \approx$ ______

$A \approx$ ______

b) 1-Cent-Münze
mit $r \approx 0{,}8\,cm$

$A =$ ______

$A \approx$ ______

$A \approx$ ______

c) 50-Cent-Münze
mit $d \approx 2{,}42\,cm$

$A =$ ______

$A \approx$ ______

$A \approx$ ______

5 Berechne den Radius r.

a) $A = 30\,cm^2$
$A = \pi \cdot r^2$

$30\,cm^2 = \pi \cdot r^2 \quad | : \pi$

______ $\approx r^2$

______ $\approx r$

b) $A = 5{,}8\,cm^2$
$A = \pi \cdot r^2$

______ $= \pi \cdot r^2 \quad | : \pi$

______ $\approx r^2$

______ $\approx r$

Beispiel: $A = 40\,cm^2$

$A = \pi \cdot r^2$
$40\,cm^2 = \pi \cdot r^2 \quad | : \pi$
$12{,}73\,cm^2 \approx r^2$
$3{,}57\,cm \approx r$

Flächeninhalt

Flächeninhalt

Flächeninhalt von Kreisen

Für den Flächeninhalt A von Kreisen mit dem Radius r gilt: $A = \pi \cdot r^2$

Beispiel: Berechne den Flächeninhalt A.

Gegeben ist d = 5 cm (also ist r = 2,5 cm).

$A = \pi \cdot r^2$
$A = \pi \cdot (2{,}5\,\text{cm})^2$
$A \approx 19{,}63\,\text{cm}^2$

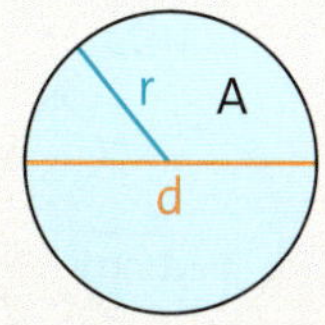

1 Immer ein Durchmesser d, ein Radius r und Flächeninhalt A gehören zum gleichen Kreis. Verbinde die Angaben.

d = 9,6 cm	d = 23 cm	d = 24,16 cm	d = 16,7 cm	d = 32,30 cm	d = 10,5 cm
r = 4,8 cm	r = 5,25 cm	r = 16,15 cm	r = 8,35 cm	r = 12,08 cm	r = 11,5 cm
$A = 72{,}38\,\text{cm}^2$	$A = 219{,}04\,\text{cm}^2$	$A = 86{,}59\,\text{cm}^2$	$A = 415{,}48\,\text{cm}^2$	$A = 819{,}4\,\text{cm}^2$	$A = 458{,}44\,\text{cm}^2$

2 Berechne den Radius r. Runde auf die zweite Stelle nach dem Komma.

a) $A = 45\,\text{cm}^2$

$A = \pi \cdot r^2$
______ $= \pi \cdot r^2$ $\quad | : \pi$
______ $\approx r^2$
______ $\approx r$

b) $A = 85{,}9\,\text{cm}^2$

______ = ______
______ = ______
______ ≈ ______
______ ≈ r

c) $A = 20{,}3\,\text{m}^2$

______ = ______
______ = ______
______ ≈ ______
______

3 Ergänze. Runde den Flächeninhalt A auf die zweite Stelle nach dem Komma.

r	17,25 m					
d		38 m			15 m	9,5 cm
A			$735{,}42\,\text{cm}^2$	$400{,}44\,\text{cm}^2$		

4 Die Sitzflächen von 12 Barhockern soll gestrichen werden.
Ein Barhocker hat einen Durchmesser von d = 36 cm.
Kreuze zuerst an, wie viel Farbe benötigt wird. Für $1\,\text{m}^2$ braucht man 120 mℓ Farbe.
Begründe dann deine Entscheidung.

☐ ca. 50 mℓ ☐ ca. 100 mℓ ☐ ca. 150 mℓ ☐ ca. 200 mℓ ☐ ca. 250 mℓ

______

______

Flächeninhalt

Flächeninhalt eines Kreisrings

Kreisringe

1 Berechne den Flächeninhalt A des Kreisrings.

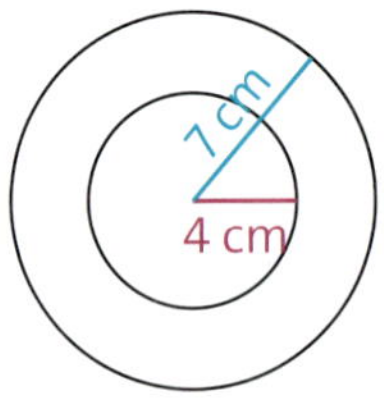

Gehe so vor:
⓪ Zeichne zuerst die Linie vom äußeren Kreis blau und die Linie vom inneren Kreis lila nach.
Färbe dann die Fläche vom Kreisring grau ein.

① Berechne den Flächeninhalt A_a.

② Berechne den Flächeninhalt A_i.

③ Subtrahiere.

Tipp
Rechne zuerst mit dem äußeren Radius.
Rechne dann mit dem inneren Radius.

Beispiel:

$r_a = 5\,cm$ $\quad$ $r_i = 2\,cm$

$A_a = \pi \cdot (5\,cm)^2$ $\quad$ $A_i = \pi \cdot (2\,cm)^2$

$A_a \approx 78{,}54\,cm^2$ $\quad$ $A_i \approx 12{,}57\,cm^2$

$A \approx 78{,}54\,cm^2 - 12{,}57\,cm^2$

$A \approx 65{,}97\,cm^2$

$A_a = \pi \cdot (7\,cm)^2 \approx$ ______

$A_i = \pi \cdot ($ ______ $)^2 \approx$ ______

$A = A_a - A_i \approx$ ______

$A \approx$ ______

2 Berechne den Flächeninhalt A des Kreisrings.

Tipp ① A_a ② A_i ③ $A = A_a - A_i$

a)

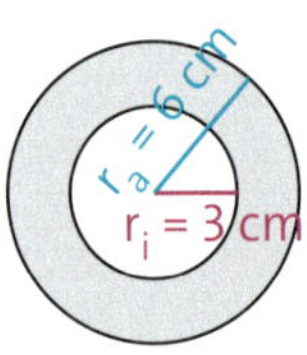

$A_a = \pi \cdot (6\,cm)^2 \approx$ ______

$A_i = \pi \cdot ($ ______ $)^2 \approx$ ______

$A = A_a - A_i \approx$ ______

$A \approx$ ______

b)

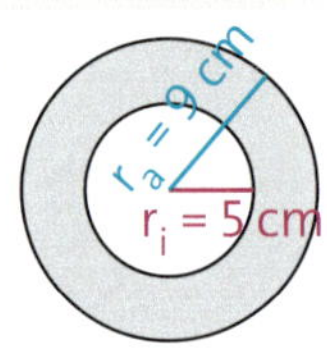

$A_a = \pi \cdot ($ ______ $)^2 \approx$ ______

$A_i =$ ______

$A = A_a - A_i \approx$ ______

$A \approx$ ______

c)

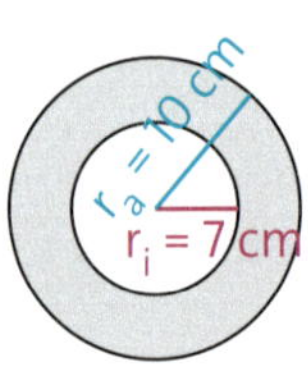

$A_a =$ ______

$A_i =$ ______

$A = A_a - A_i \approx$ ______

$A \approx$ ______

d)

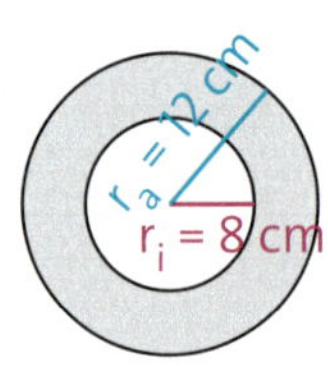

$A_a =$ ______

$A_i =$ ______

$A = A_a - A_i \approx$ ______

$A \approx$ ______

e) gegeben: $r_a = 5{,}5\,cm$ und $r_i = 2{,}2\,cm$

$A_a =$ ______

$A_i =$ ______

$A = A_a - A_i \approx$ ______

$A \approx$ ______

f) gegeben: $r_a = 8{,}2\,cm$ und $r_i = 4{,}1\,cm$

$A_a =$ ______

$A_i =$ ______

$A = A_a - A_i \approx$ ______

$A \approx$ ______

Flächeninhalt eines Kreisrings

Flächeninhalt eines Kreisrings

Kreisringe

1 Berechne den Flächeninhalt A des Kreisrings.

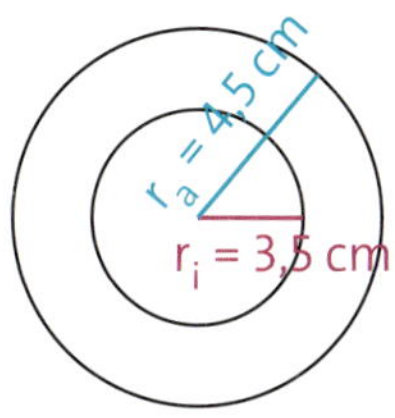

Gehe so vor:

⓪ Zeichne zuerst die Linie vom äußeren Kreis blau und die Linie vom inneren Kreis lila nach. Färbe dann die Fläche vom Kreisring grau ein.

① Berechne den Flächeninhalt A_a.

② Berechne den Flächeninhalt A_i.

③ Subtrahiere.

Tipp
Rechne zuerst mit dem äußeren Radius.
Rechne dann mit dem inneren Radius.

Beispiel:

$r_a = 5{,}5\,cm$	$r_i = 2{,}5\,cm$
$A_a = \pi \cdot (5{,}5\,cm)^2$	$A_i = \pi \cdot (2{,}5\,cm)^2$
$A_a \approx 95{,}03\,cm^2$	$A_i \approx 19{,}63\,cm^2$

$A \approx 95{,}03\,cm^2 - 19{,}63\,cm^2$

$A \approx 75{,}40\,cm^2$

$A_a = \pi \cdot ($ ______ $)^2 \approx$ ______

$A_i =$ ______

$A = A_a - A_i \approx$ ______

$A \approx$ ______

2 Berechne den Flächeninhalt A des Kreisrings.

Tipp ① A_a ② A_i ③ $A = A_a - A_i$

a)

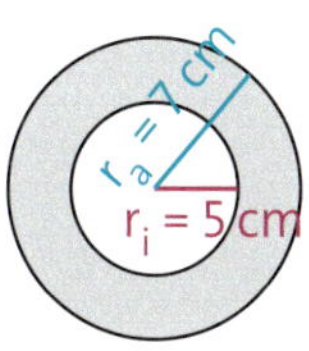

$A_a = \pi \cdot ($ ______ $)^2 \approx$ ______

$A_i =$ ______

$A = A_a - A_i \approx$ ______

$A \approx$ ______

b)

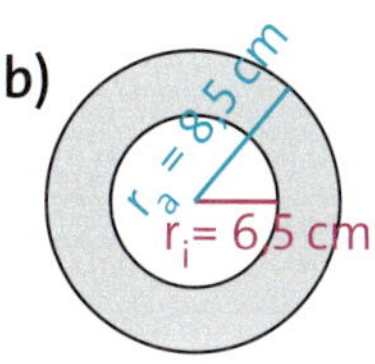

$A_a =$ ______

$A_i =$ ______

$A = A_a - A_i \approx$ ______

$A \approx$ ______

c) gegeben: $r_a = 9{,}3\,cm$ und $r_i = 7{,}2\,cm$

$A_a =$ ______

$A_i =$ ______

$A = A_a - A_i \approx$ ______

$A \approx$ ______

d) gegeben: $r_a = 13{,}3\,cm$ und $r_i = 10{,}7\,cm$

$A_a =$ ______

$A_i =$ ______

$A = A_a - A_i \approx$ ______

$A \approx$ ______

3 Am Eingang eines Schwimmbads soll ein großer Rettungsring aufgemalt werden. Berechne den Flächeninhalt des Rettungsrings.

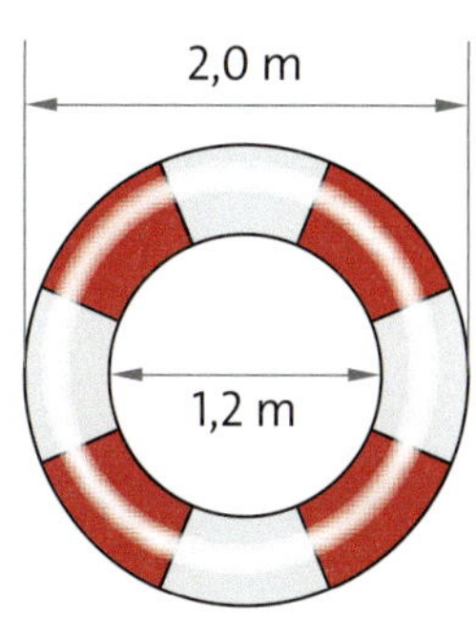

$r_a = 2{,}0\,m : 2 =$ ______ und $r_i =$ ______

$A_a =$ ______

$A_i =$ ______

$A = A_a - A_i \approx$ ______

______

Flächeninhalt eines Kreisrings

Flächeninhalt eines Kreisrings

Kreisringe

Ein Kreisring ist die Fläche zwischen zwei Kreisen.

Für den Flächeninhalt des Kreisrings gilt:
$A = A_a - A_i$

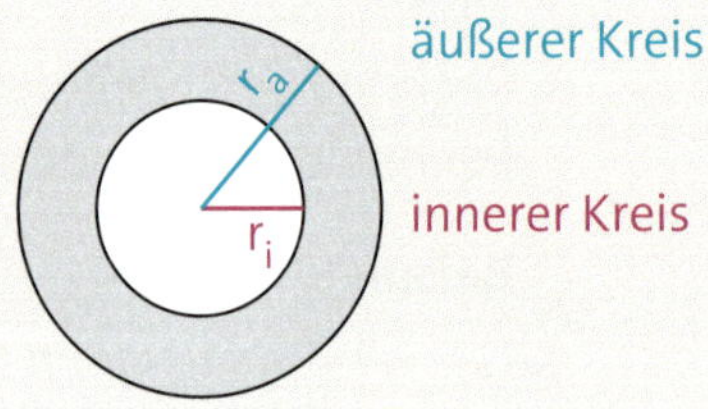

Beispiel:

$r_a = 5{,}5\,cm$ | $r_i = 2{,}5\,cm$

$A_a = \pi \cdot (5{,}5\,cm)^2$ | $A_i = \pi \cdot (2{,}5\,cm)^2$

$A_a \approx 95{,}03\,cm^2$ | $A_i \approx 19{,}63\,cm^2$

$A \approx 95{,}03\,cm^2 - 19{,}63\,cm^2$

$A \approx 75{,}40\,cm^2$

1 Ergänze zuerst in der Zeichnung r_a und r_i. Färbe den Kreisring grau ein. Berechne dann den Flächeninhalt A des Kreisrings.

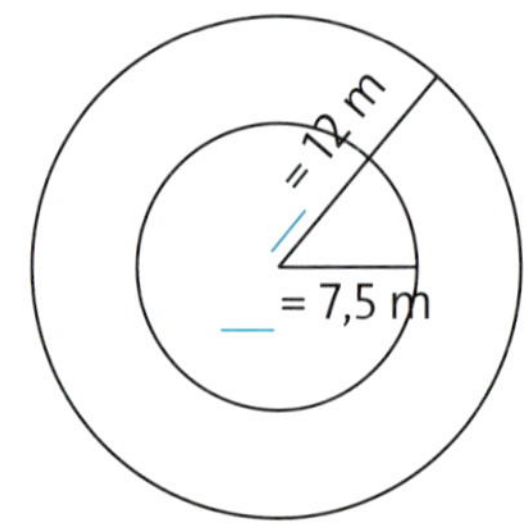

① $A_a =$ ______

② $A_i =$ ______

③ $A = A_a - A_i \approx$ ______

2 Berechne den Flächeninhalt A des Kreisrings.

a) gegeben: $r_a = 10{,}5\,m$ und $r_i = 8{,}9\,m$

$A_a =$ ______

$A_i =$ ______

$A = A_a - A_i \approx$ ______

$A \approx$ ______

b) gegeben: $r_a = 2{,}05\,dm$ und $r_i = 1{,}15\,dm$

$A_a =$ ______

$A_i =$ ______

$A =$ ______

$A \approx$ ______

c)

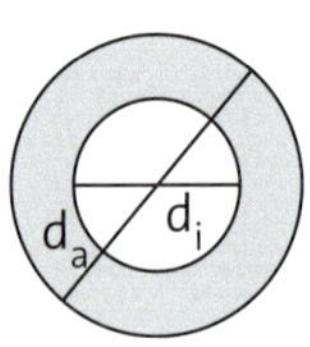

$d_a = 4{,}9\,cm$

$d_i = 3{,}7\,cm$

$r_a =$ ______ und $r_i =$ ______

$A_a =$ ______

$A_i =$ ______

$A \approx$ ______

d)

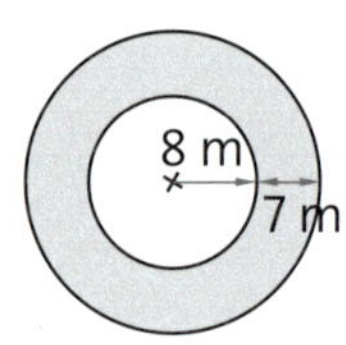

$r_a =$ ______

$A_a =$ ______

$A_i =$ ______

$A \approx$ ______

3 15 Ananas-Scheiben sollen auf einer Seite mit Schokoguss überzogen werden. Für 100 cm² braucht man etwa 25 g Schokoguss. Reichen 150 g Schokoguss?

$r_a =$ ______ und $r_i =$ ______

Flächeninhalt eines Kreisrings

Flächeninhalt eines Kreisausschnitts
Länge eines Kreisbogens

Kreisausschnitte

1 Berechne den Flächeninhalt A.

a) ganzer Kreis

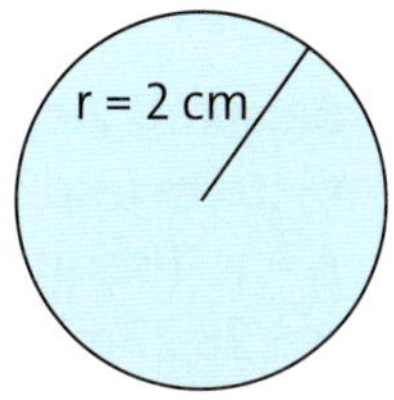

r = ______

$A = \pi \cdot r^2$

A = ______

A ≈ ______

b) Halbkreis

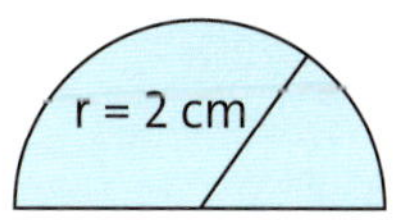

A ≈ $12{,}57\,cm^2$: ______

A ≈ ______

Beispiel:

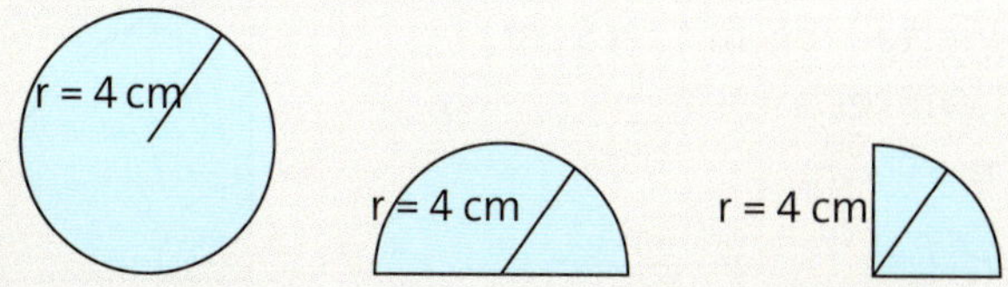

ganzer Kreis	Halbkreis	Viertelkreis
mit r = 4 m	$A \approx 50{,}27\,m^2 : 2$	$A \approx 50{,}27\,m^2 : 4$
$A \approx 50{,}27\,m^2$	$A \approx 25{,}13\,m^2$	$A \approx 12{,}57\,m^2$

c) Viertelkreis

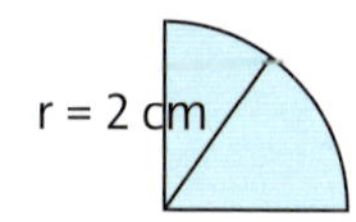

A ≈ ______

A ≈ ______

2 Berechne die Länge vom Kreisbogen b.

a) ganzer Kreis

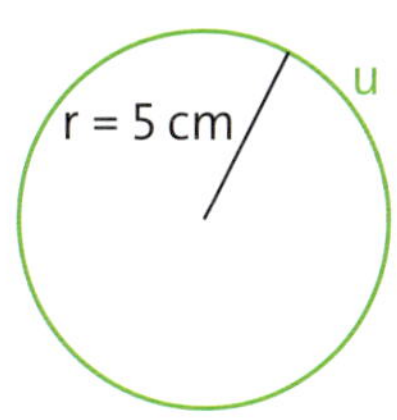

r = ______

$u = 2 \cdot \pi \cdot r$

u = ______

u ≈ ______

b) Halbkreis

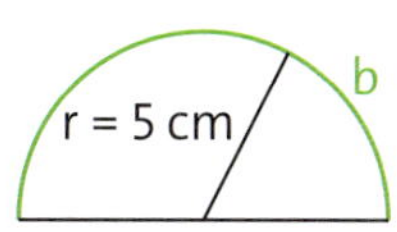

b ≈ 31,42 cm : ______

b ≈ ______

Beispiel:

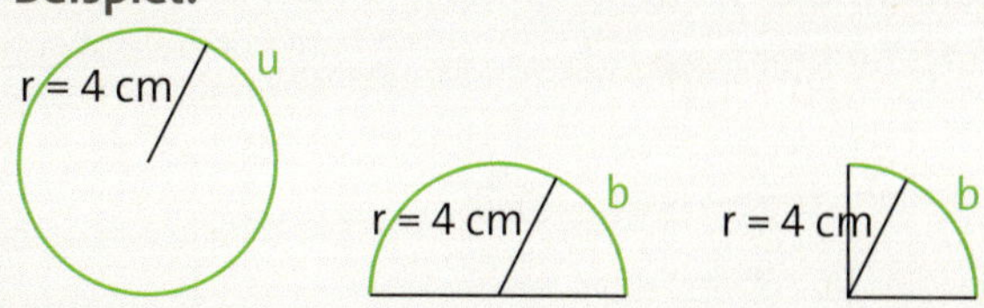

ganzer Kreis	Halbkreis	Viertelkreis
mit r = 4 m	$A \approx 25{,}13\,m^2 : 2$	$A \approx 25{,}13\,m^2 : 4$
$u \approx 25{,}13\,m$	$b \approx 12{,}57\,m$	$b \approx 6{,}28\,m$

c) Viertelkreis

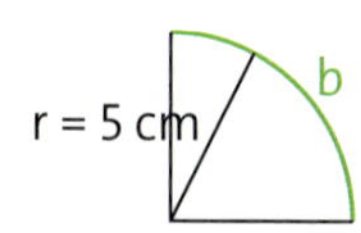

b ≈ ______

b ≈ ______

3 Ein Viertelkreis hat einen Radius von r = 3 cm.

Tipp
ganzer Kreis:
$A = \pi \cdot r^2$
$u = 2 \cdot \pi \cdot r$

a) Zeichne zuerst unten den Viertelkreis.

Schätze dann den Flächeninhalt A und die Länge vom Kreisbogen b.

A ≈ ______ und b ≈ ______

b) Berechne den Flächeninhalt A vom Kreisausschnitt.

ganzer Kreis: A = ______

Viertelkreis: A ≈ ______

c) Berechne die Länge vom Kreisbogen b.

ganzer Kreis: u = ______

Viertelkreis: b ≈ ______

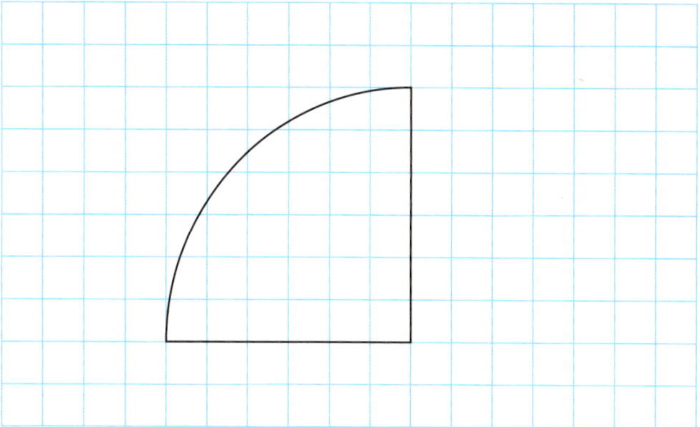

d) Vergleiche deine Ergebnisse mit deinen Schätzwerten.

Flächeninhalt eines Kreisausschnitts

Flächeninhalt eines Kreisausschnitts

Länge eines Kreisbogens

Kreisausschnitte

1 Berechne den Flächeninhalt A.

a) Viertelkreis mit $r = 5\,cm$ und Winkel $\alpha = 90°$

$A = \pi \cdot r^2 \cdot \frac{90°}{360°}$

$A = \pi \cdot (\quad)^2 \cdot \frac{90°}{360°}$

$A \approx$

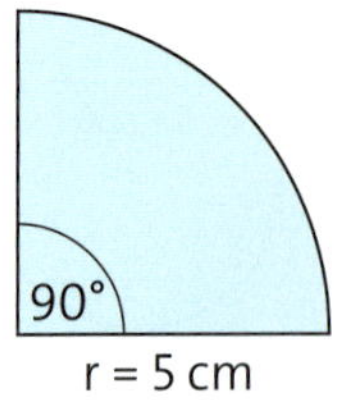

Tipp
Kreisausschnitt $A = \pi \cdot r^2 \cdot \frac{\alpha}{360°}$

Beispiel: Viertelkreis mit $r = 6\,cm$ und Winkel $\alpha = 90°$

$A = \pi \cdot (6\,cm)^2 \cdot \frac{90°}{360°}$

$A \approx 28{,}27\,m^2$

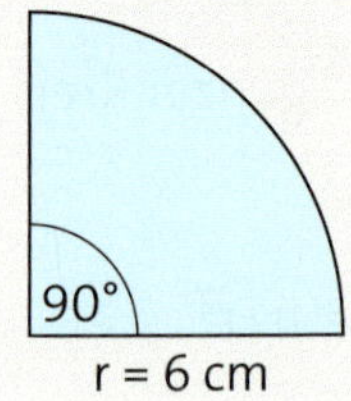

b) Sechstelkreis mit $r = 3\,cm$ und Winkel $\alpha = 60°$

$A = \pi \cdot r^2 \cdot \frac{\alpha}{360°}$

$A =$

$A \approx$

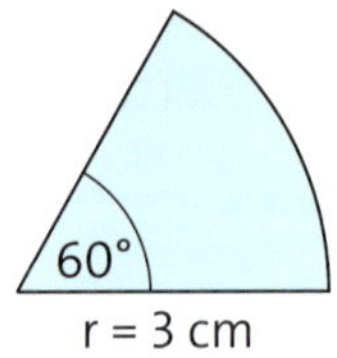

c) Achtelkreis mit $r = 2{,}5\,cm$ und Winkel $\alpha = 45°$

$A = \pi \cdot r^2 \cdot \frac{\alpha}{360°}$

$A =$

$A \approx$

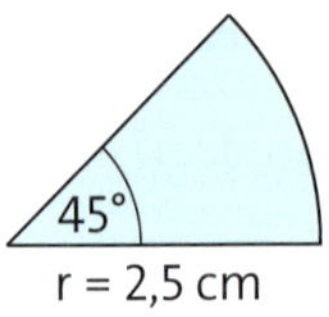

2 Berechne den Flächeninhalt A vom Kreisausschnitt.

Tipp $A = \pi \cdot r^2 \cdot \frac{\alpha}{360°}$

a) $r = 8\,cm$; $\alpha = 120°$

$A = \quad \cdot \frac{\alpha}{360°}$

$A =$

$A \approx$

b) $r = 4{,}5\,cm$; $\alpha = 40°$

$A =$

$A =$

$A \approx$

3 Berechne die Länge vom Kreisbogen b.

a) Halbkreis mit $r = 1\,cm$ und Winkel $\alpha = 180°$

$b = 2 \cdot \pi \cdot r \cdot \frac{\alpha}{360°}$

$b = \quad \cdot \frac{180°}{360°}$

$b \approx$

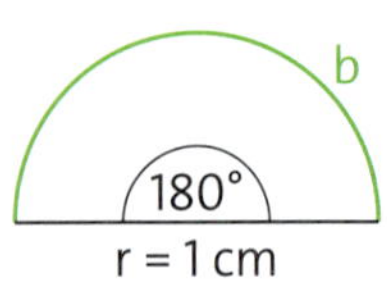

Tipp
Kreisausschnitt $b = 2 \cdot \pi \cdot r \cdot \frac{\alpha}{360°}$

Beispiel: Viertelkreis mit $r = 6\,cm$ und Winkel $\alpha = 90°$

$b = 2 \cdot \pi \cdot (6\,cm)^2 \cdot \frac{90°}{360°}$

$A \approx 28{,}27\,m^2$

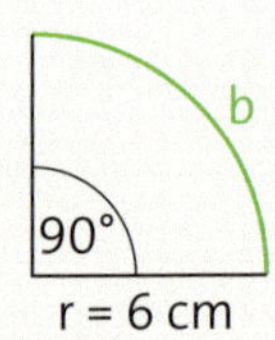

b) Viertelkreis mit $r = 1{,}2\,cm$ und $\alpha = 90°$

$b = \quad \cdot r \cdot \frac{\alpha}{360°}$

$b =$

$b \approx$

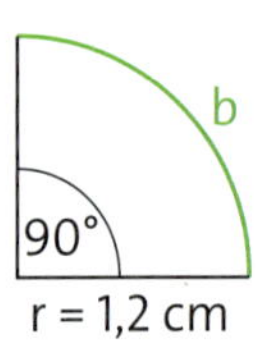

c) Sechstelkreis mit $r = 15\,cm$ und Winkel $\alpha = 60°$

$b =$

$b =$

$b \approx$

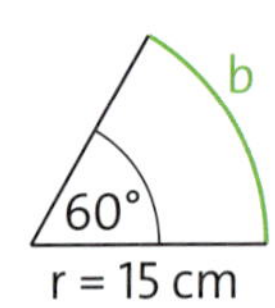

4 Berechne die Länge vom Kreisbogen b.

Tipp $b = 2 \cdot \pi \cdot r \cdot \frac{\alpha}{360°}$

a) $r = 0{,}7\,cm$; $\alpha = 80°$

$b = \quad \cdot \frac{\alpha}{360°}$

$b =$

$b \approx$

b) $r = 12{,}5\,cm$; $\alpha = 150°$

$b =$

$b =$

$b \approx$

Flächeninhalt eines Kreisausschnitts

Flächeninhalt eines Kreisausschnitts

Länge eines Kreisbogens

Kreisausschnitte

- Ein Kreisausschnitt wird begrenzt von zwei Radien r und einem Kreisbogen b. Der eingeschlossene Winkel heißt Mittelpunktswinkel α.
- Für den Flächeninhalt gilt:
  $A = \pi \cdot r^2 \cdot \frac{\alpha}{360°}$
- Für die Länge des Kreisbogens gilt:
  $b = 2 \cdot \pi \cdot r \cdot \frac{\alpha}{360°}$

Beispiel: Kreisausschnitt mit $r = 4\,cm$ und $\alpha = 75°$

Flächeninhalt
$A = \pi \cdot (4\,cm)^2 \cdot \frac{75°}{360°}$
$A \approx 10{,}47\,m^2$

Kreisbogen
$b = 2 \cdot \pi \cdot 4\,cm \cdot \frac{75°}{360°}$
$A \approx 5{,}24\,m^2$

1 Berechne den Flächeninhalt A des Kreisausschnitts.

a) $r = 1{,}5\,cm$; $\alpha = 30°$

A = ________________ $\cdot \frac{\alpha}{360°}$

A = ________________

A ≈ ________________

b) $r = 25\,m$; $\alpha = 96°$

A = ________________

A = ________________

A ≈ ________________

2 Berechne die Länge des Kreisbogens b.

a) $r = 9{,}7\,mm$; $\alpha = 83°$

b = ________________ $\cdot \frac{\alpha}{360°}$

b = ________________

b ≈ ________________

b) $r = 0{,}75\,cm$; $\alpha = 270°$

b = ________________

b = ________________

b ≈ ________________

3 Verbinde mit dem Flächeninhalt A und der Länge des Kreisbogens b.

$r = 19\,cm$; $\alpha = 25°$	$r = 0{,}9\,cm$; $\alpha = 245°$	$r = 4{,}6\,cm$; $\alpha = 130°$	$r = 8{,}5\,cm$; $\alpha = 66°$
$A \approx 24{,}01\,cm^2$	$A \approx 78{,}76\,cm^2$	$A \approx 41{,}61\,cm^2$	$A \approx 1{,}73\,cm^2$
$b \approx 10{,}44\,cm$	$b \approx 3{,}85\,cm$	$b \approx 8{,}29\,cm$	$b \approx 9{,}79\,cm$

4 Die Pizza hat einen Radius von 22,5 cm. Lucio isst die Hälfte. Seine Schwester Maria nimmt sich ein Sechstel. Wie viel cm^2 Pizza sind übrig?

____

____

____

Flächeninhalt eines Kreisausschnitts

Schrägbild eines Zylinders

Zylinder erkennen und zeichnen

1 Kreuze die Zylinder an.

☐ Zylinder ☐ Zylinder ☐ Zylinder ☐ Zylinder

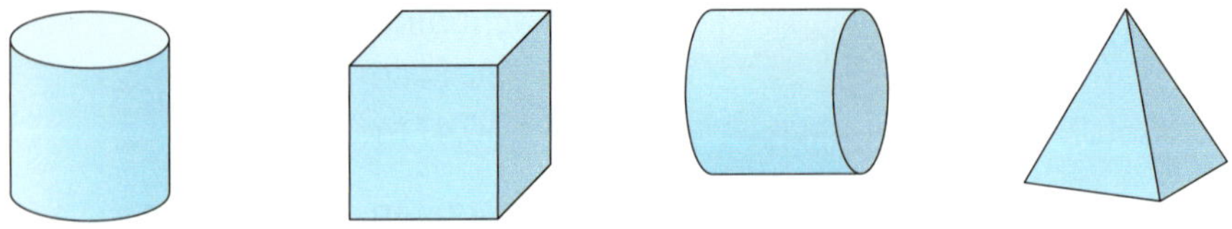

Tipp

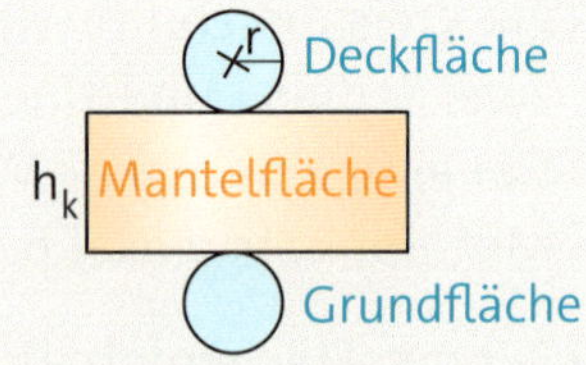

Die Grundfläche und die Deckfläche von Zylindern sind gleich große Kreise.

2 Beschrifte zuerst die Grundfläche G, die Deckfläche G und die Mantelfläche M.
Markiere dann die Körperhöhe h_k.

a) 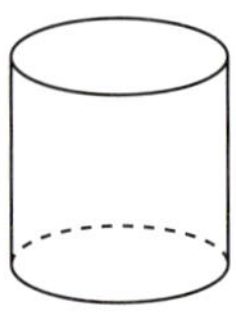

b) 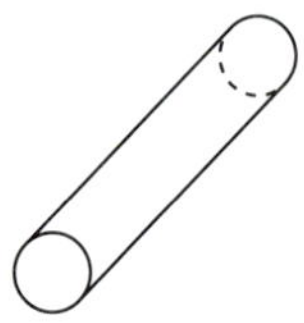

c) 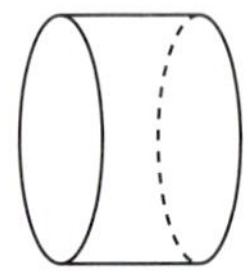

Beispiel:

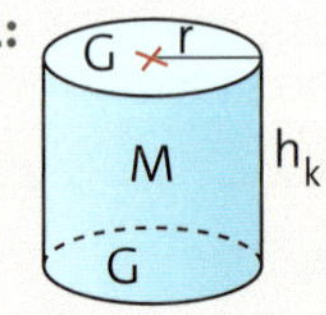

3 Das Schrägbild eines Zylinders wurde in fünf Schritten gezeichnet.
Verbinde jeden Schritt mit der passenden Beschreibung.

Tipp
Zeichne mit.

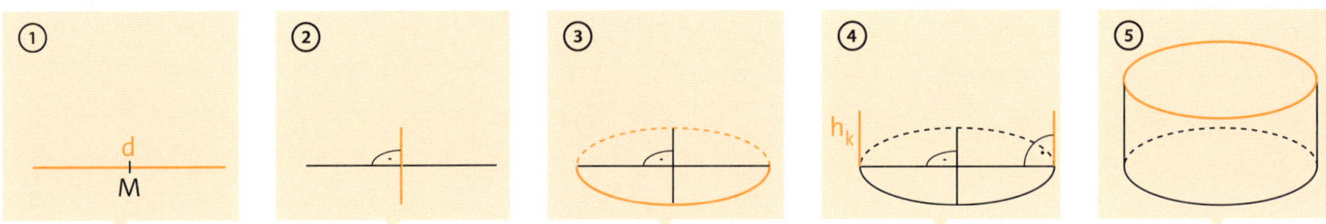

Skizziere die Grundfläche als Ellipse.	Zeichne durch M eine Senkrechte. Die Länge ist $\frac{d}{2}$.	Zeichne die Körperhöhe h_k.	Zeichne den Durchmesser d. Markiere den Mittelpunkt M.	Skizziere die Deckfläche als Ellipse.

4 Vervollständige zum Schrägbild eines Zylinders.

Tipp
Strichle Kanten, die nicht sichtbar sind.

a) 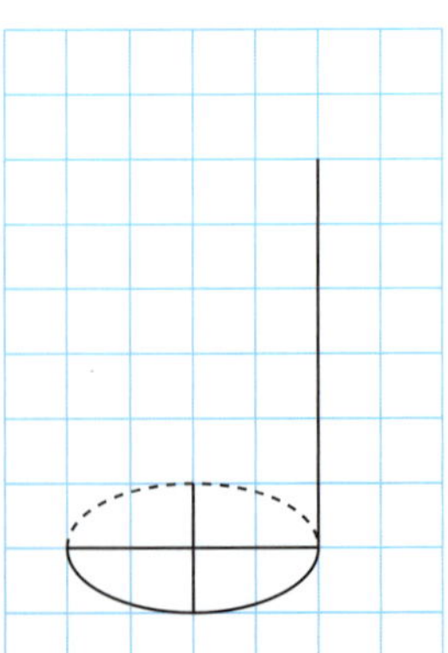

b) 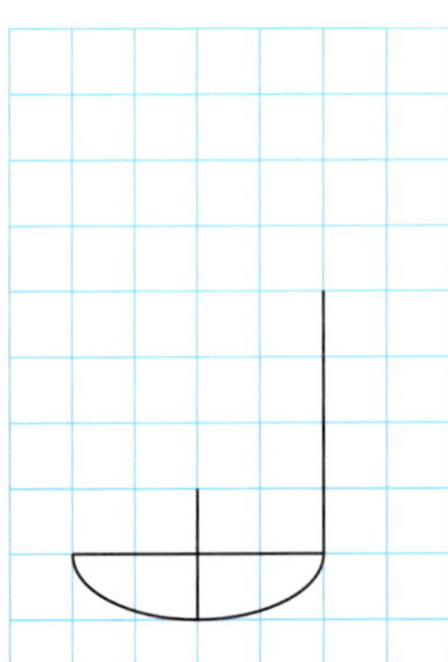

c) 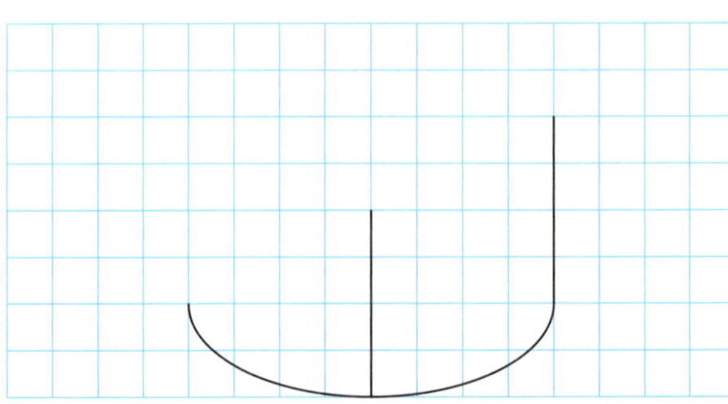

Schrägbild eines Zylinders

Zylinder erkennen und zeichnen

1 Kreuze die Zylinder an.

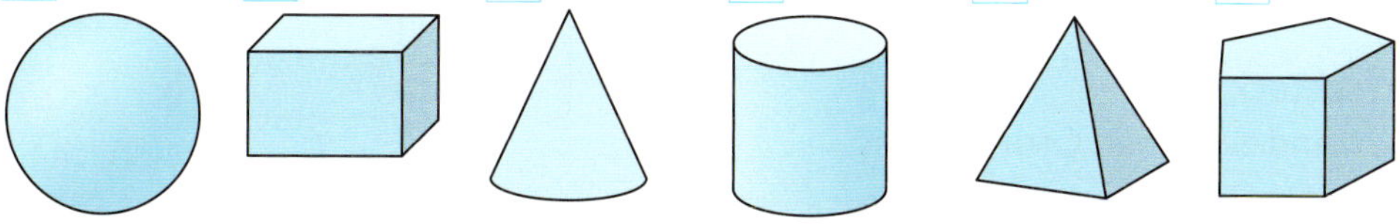

Tipp

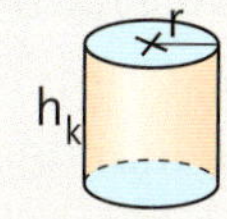

2 Welche Gegenstände haben fast die Form eines Zylinders? Kreuze an.

☐ Münze ☐ Litfaßsäule ☐ Milchpackung ☐ Dose mit Mais

3 Beschrifte zuerst die Grundfläche G, die Deckfläche G und die Mantelfläche M.
Markiere dann die Körperhöhe h_k.

Tipp
- Die Grundfläche G und die Deckfläche G von Zylindern sind gleich große Kreise.
- Die Mantelfläche M ist ein Rechteck.
- Die Körperhöhe h_k ist der Abstand zwischen Grundfläche und Deckfläche.

4 Schrägbild eines Zylinders

a) Vervollständige zum Schrägbild eines Zylinders.

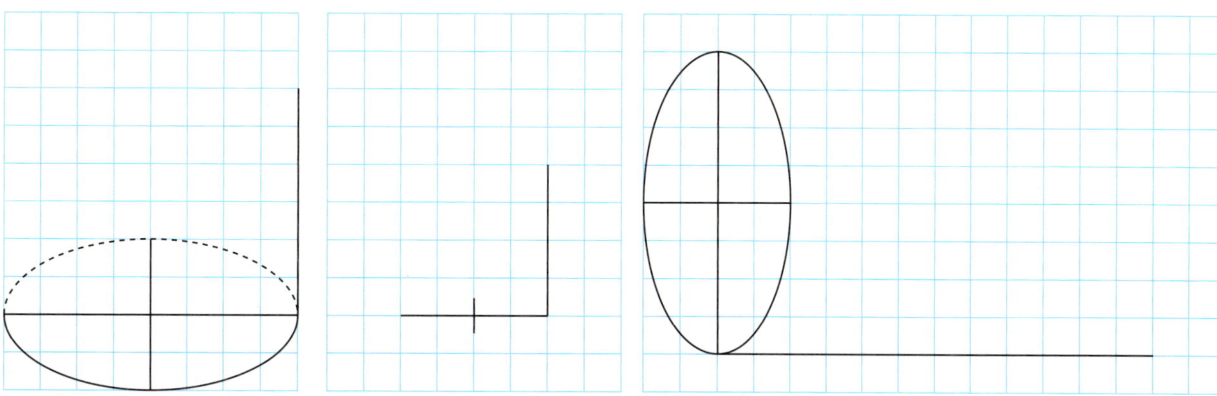

stehender Zylinder   stehender Zylinder   liegender Zylinder

b) Ergänze die Schrittfolge.

Deckfläche	Durchmesser d	Ellipse	Kanten	Körperhöhe h_k	Mittelpunkt M	Senkrechten

① Zeichne den ____________ der Grundfläche.

② Zeichne durch den ____________ eine Senkrecht mit der Länge $\frac{d}{2}$.

③ Skizziere die Grundfläche als ____________

④ Zeichne an den Enden des Durchmessers senkrechte Strecken mit der Länge der ____________

⑤ Strichle nicht sichtbare ____________ Skizziere die ____________

Schrägbild eines Zylinders

Zylinder erkennen und zeichnen

Eigenschaften von Zylindern
- Die Grundfläche G und die Deckfläche G sind gleich große, zueinander parallele Kreise.
- Die Mantelfläche M ist ein Rechteck.
- Die Körperhöhe h_k ist der Abstand zwischen Grundfläche und Deckfläche.

Beispiel:

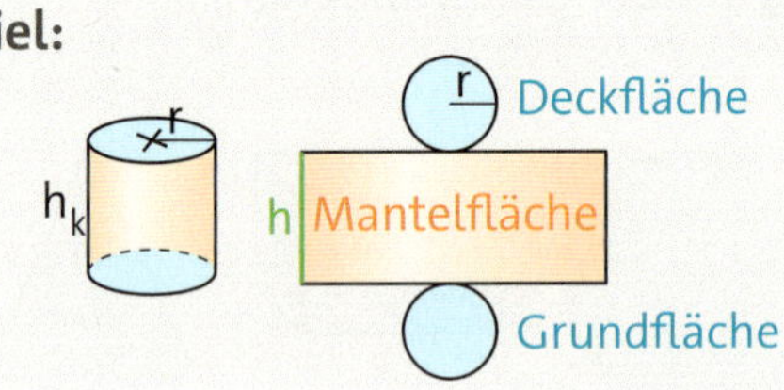

1 Kreuze zuerst die Zylinder an.
Beschrifte dann bei Zylindern die Grundfläche G, die Deckfläche G, die Mantelfläche M und die Körperhöhe h_k.

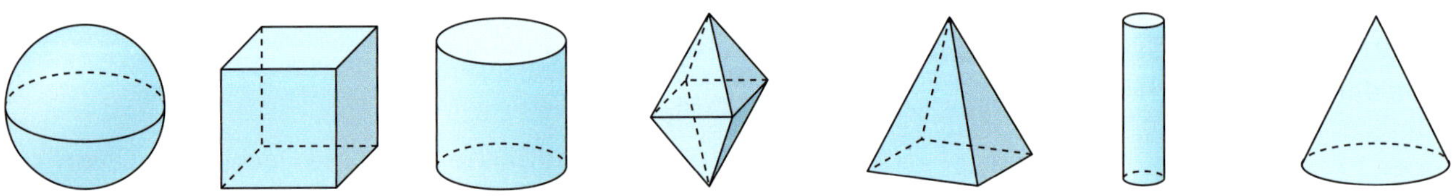

2 Nenne drei fast zylinderförmige Gegenstände aus deiner Umgebung.

3 Die Körperhöhe h_k und die Grundfläche eines Zylinders sind gegeben.
Vervollständige zuerst das Schrägbild. Gib dann die Länge vom Durchmesser d der Grundfläche an.

a) h_k = 3 cm und d = ______ cm

b) h_k = 4 cm und d = ______ cm

c) h_k = 3,5 cm und d = ______ cm

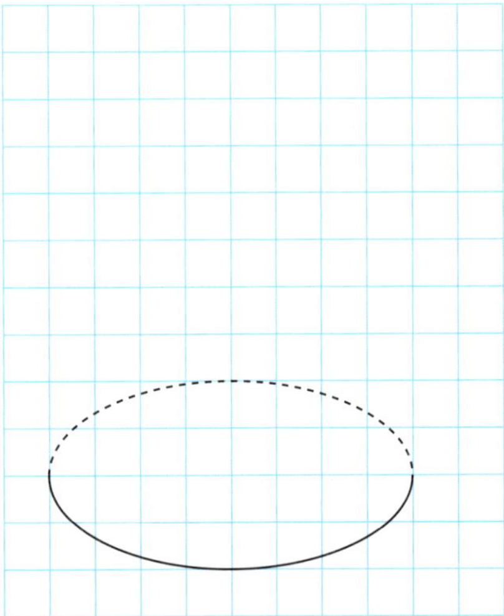

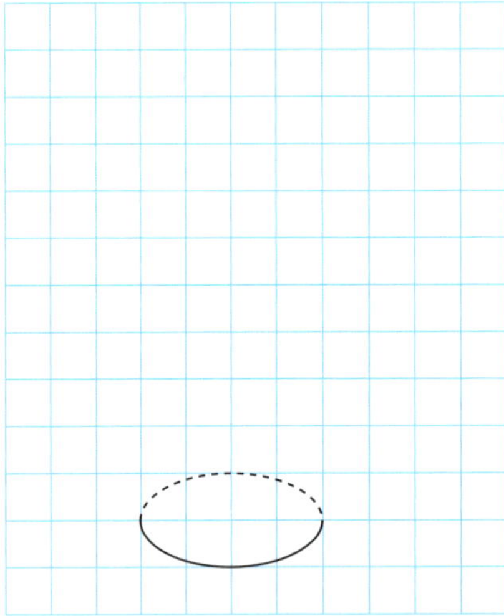

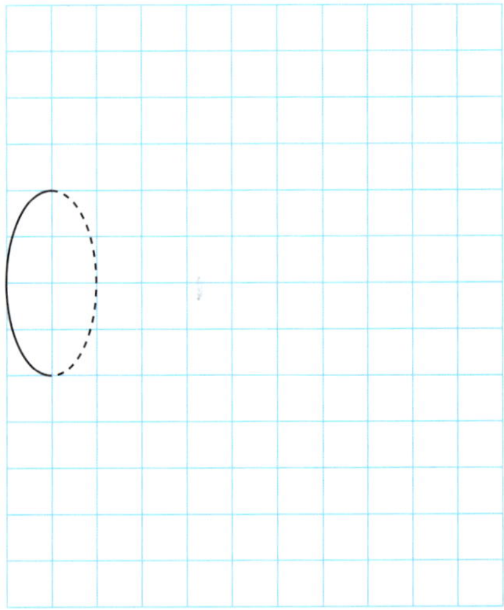

4 Das Walzenrad ist 4,5 m lang und hat einen Durchmesser von 2 m.
Zeichne das Walzenrad in einem geeigneten Maßstab.

Oberflächeninhalt eines Zylinders

Netz und Oberflächeninhalt von Zylindern

1 Kreuze zuerst die Zylinder an.
Beschrifte dann die Grundfläche des Zylinders.

a)
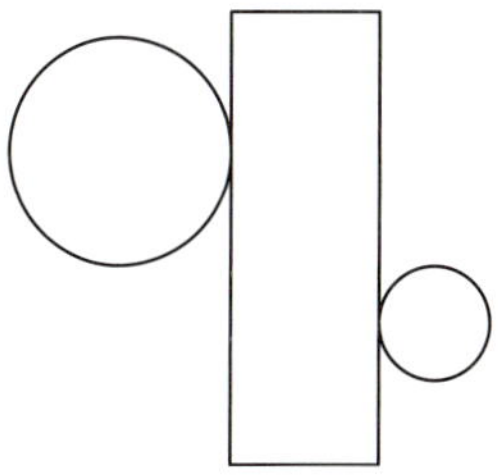
☐ Zylinder ☐ kein Zylinder

b)
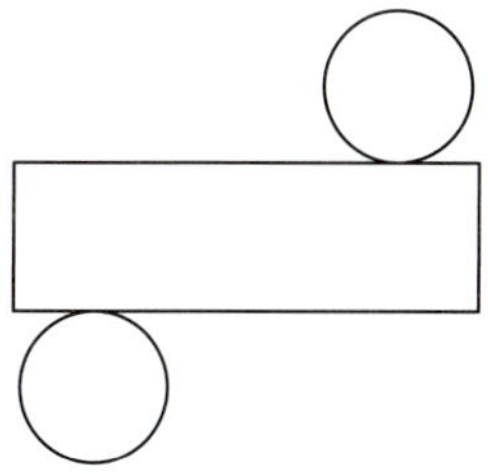
☐ Zylinder ☐ kein Zylinder

Beispiel
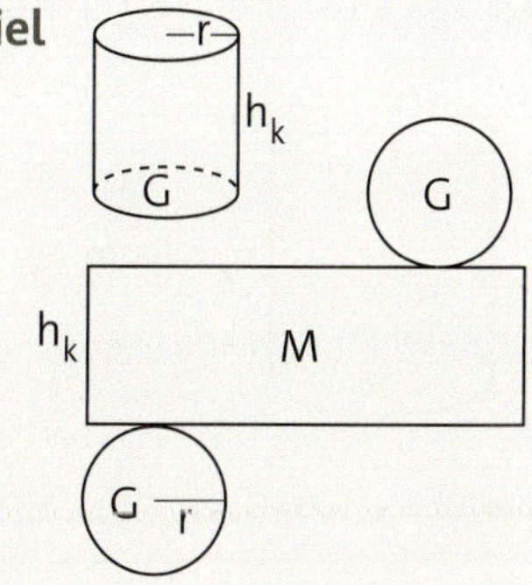

c)
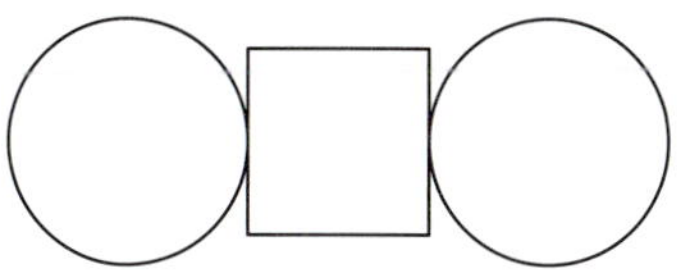
☐ Zylinder ☐ kein Zylinder

d)
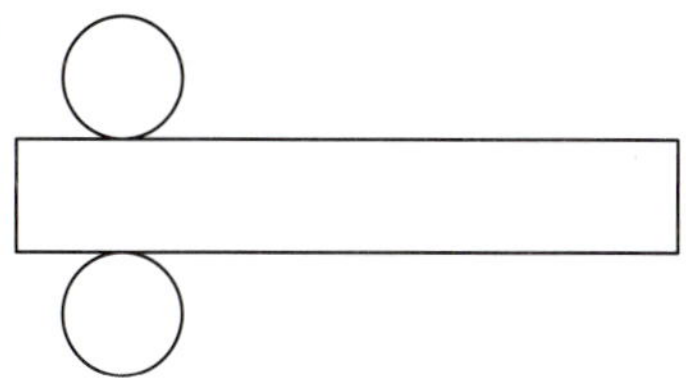
☐ Zylinder ☐ kein Zylinder

e)
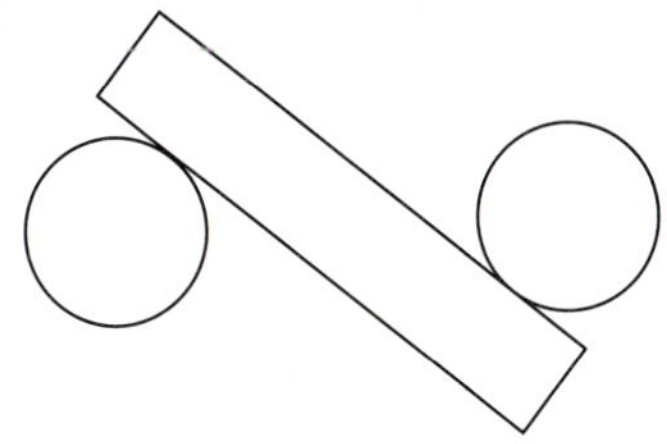
☐ Zylinder ☐ kein Zylinder

2 Färbe zuerst die Grundfläche blau ein.
Berechne dann den Oberflächeninhalt O des Zylinders.

Tipp $O = 2 \cdot G + M$

a)
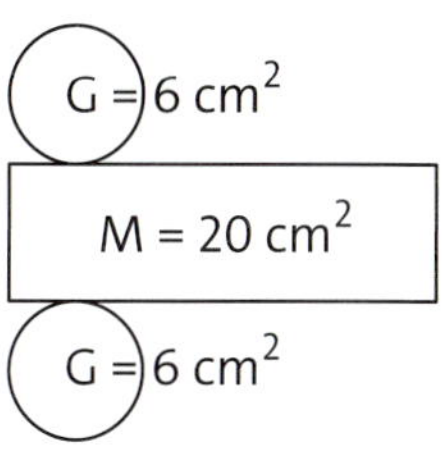

$O = 2 \cdot G + M$

$O = 2 \cdot$ ____ cm^2 + ____ cm^2

$O =$ ____ cm^2

b)
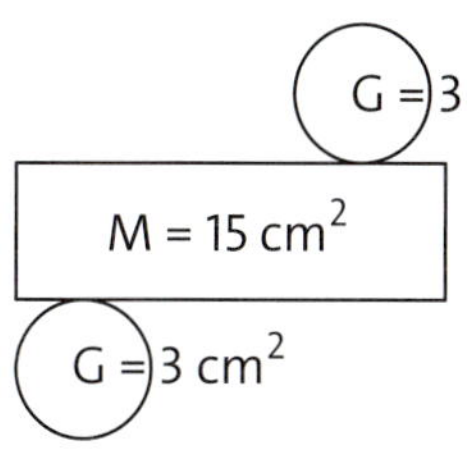

$O = 2 \cdot G + M$

$O = 2 \cdot$ ____ cm^2 + ____ cm^2

$O =$ ____ cm^2

c)
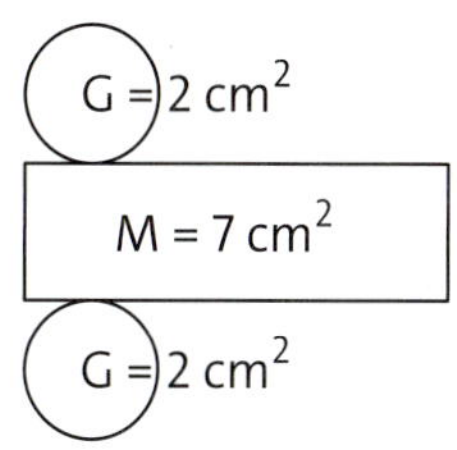

$O = 2 \cdot G + M$

$O = 2 \cdot$ ____ cm^2 + ____ cm^2

$O =$ ____ cm^2

3 Berechne den Oberflächeninhalt O des zylinderförmigen Bausteins.

Tipp
Berechne die Flächeninhalte.
① Grundfläche $G = \pi \cdot r^2$,
② Mantelfläche $M = u \cdot h_k$
③ Oberfläche $O = 2 \cdot G + M$

① $G = \pi \cdot r^2$

$G = \pi \cdot ($ ____ $cm)^2 \approx$ ____ cm^2

② $M = u \cdot h_k$

$M =$ ____ cm · ____ cm = ____ cm^2

③ $O = 2 \cdot G + M$

$O \approx 2 \cdot$ ____ cm^2 + ____ cm^2 = ____ cm^2

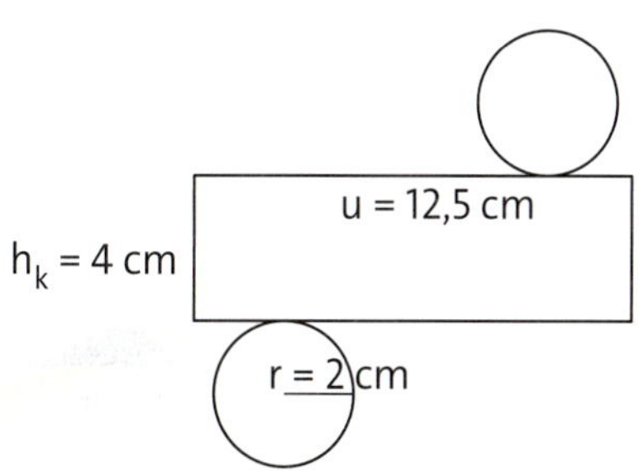

Oberflächeninhalt eines Zylinders

Oberflächeninhalt eines Zylinders

Netz und Oberflächeninhalt von Zylindern

1 Verbinde mit den passenden Netzen.

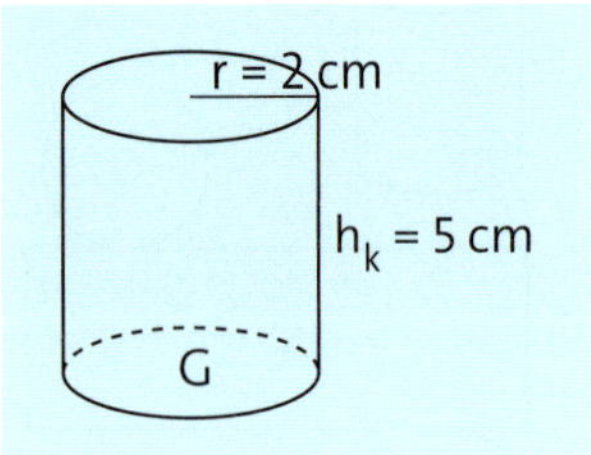

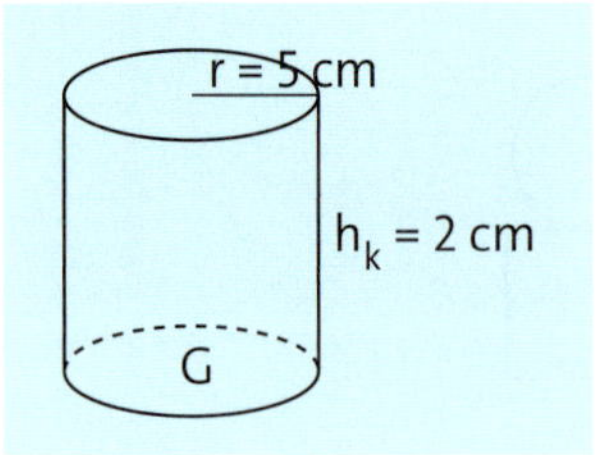

Beispiel:

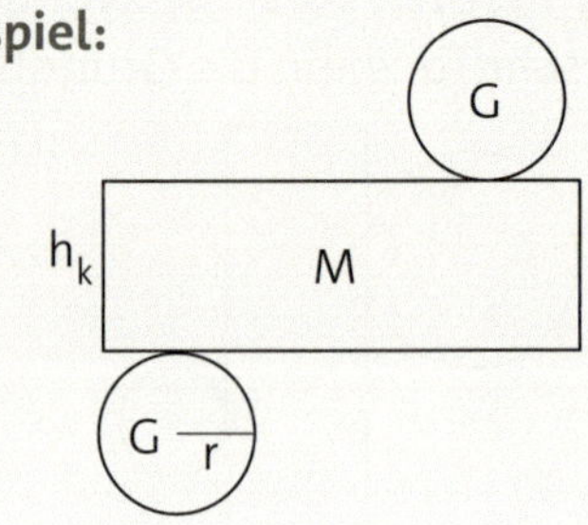

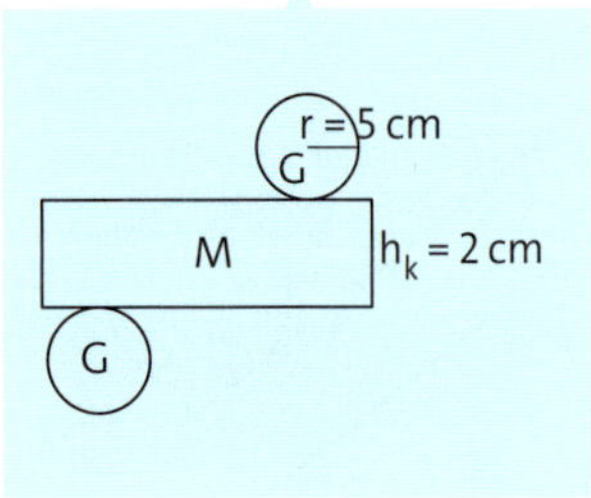

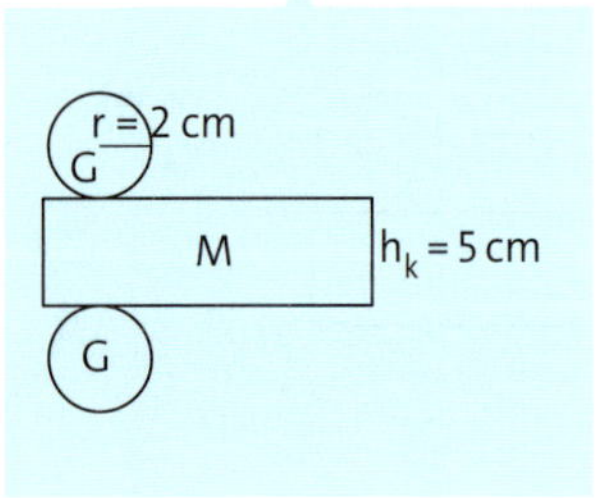

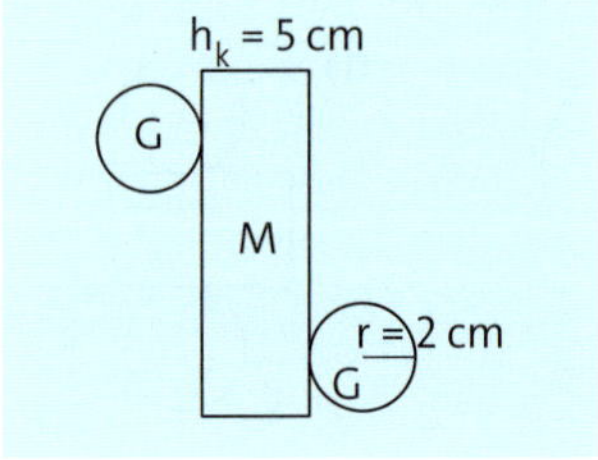

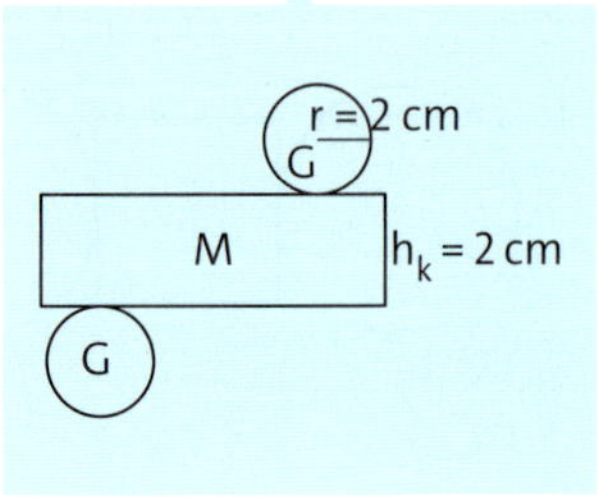

2 Lilly sollte Oberflächeninhalte von Zylindern berechnen.
Streiche zuerst falsche Oberflächeninhalte durch.
Schreibe dann darunter den richtigen Oberflächeninhalt.

Tipp
$O = 2 \cdot G + M$

G	10 cm²	20 cm²	3 cm²	15 cm²	12 cm²	23 cm²
M	80 cm²	40 cm²	9 cm²	10 cm²	12 cm²	37 cm²
O	900 cm²	80 cm²	16 cm²	40 cm²	36 cm²	80 cm²

3 Berechne schrittweise den Oberflächeninhalt O des Zylinders.

Tipp
Berechne Flächeninhalte.
① Grundfläche G
$G = \pi \cdot r^2$
② Mantelfläche M
$M = 2 \cdot \pi \cdot r \cdot h_k$
③ Oberfläche O
$O = 2 \cdot G + M$

a)

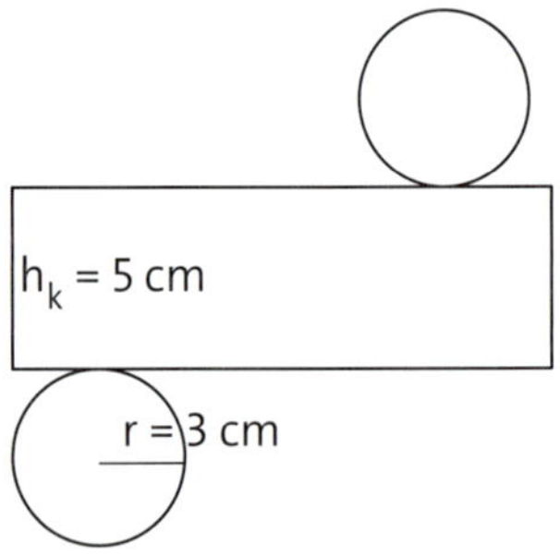

① $G = \pi \cdot r^2$

$G = \pi \cdot (\_\_\_\_ \text{ cm})^2 \approx \_\_\_\_ \text{ cm}^2$

② $M = 2 \cdot \pi \cdot r \cdot h_k$

$M = 2 \cdot \pi \cdot \_\_\_\_ \text{ cm} \cdot \_\_\_\_ \text{ cm} \approx \_\_\_\_ \text{ cm}^2$

③ $O = 2 \cdot G + M$

$O \approx 2 \cdot \_\_\_\_ \text{ cm}^2 + \_\_\_\_ \text{ cm}^2 = \_\_\_\_ \text{ cm}^2$

b)

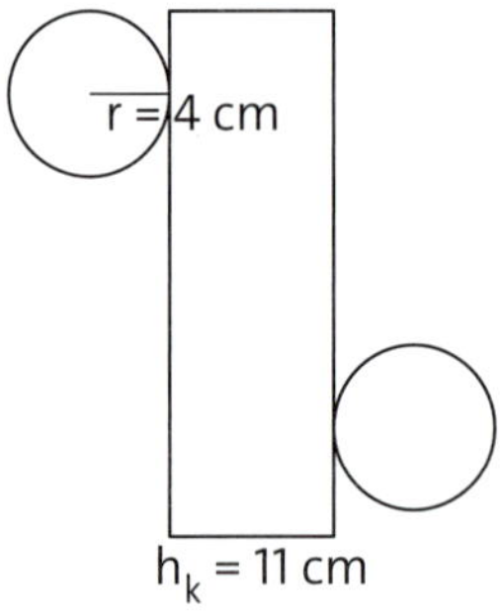

① $G = \pi \cdot r^2$

$G = \pi \cdot (\_\_\_\_ \text{ cm})^2 \approx \_\_\_\_ \text{ cm}^2$

② $M = 2 \cdot \pi \cdot r \cdot h_k$

$M = 2 \cdot \pi \cdot \_\_\_\_ \cdot \_\_\_\_ \text{ cm} \approx \_\_\_\_ \text{ cm}^2$

③ $O = 2 \cdot G + M$

$O \approx 2 \cdot \_\_\_\_ \text{ cm}^2 + \_\_\_\_ \text{ cm}^2 = \_\_\_\_ \text{ cm}^2$

Oberflächeninhalt eines Zylinders

Oberflächeninhalt eines Zylinders

Netz und Oberflächeninhalt von Zylindern

Für den Oberflächeninhalt O eines Zylinders mit Grundfläche G, Deckfläche G und Mantelfläche M gilt:

$O = 2 \cdot G + M$

$G = \pi \cdot r^2$

$M = u \cdot h_k$, mit $u = 2 \cdot \pi \cdot r$

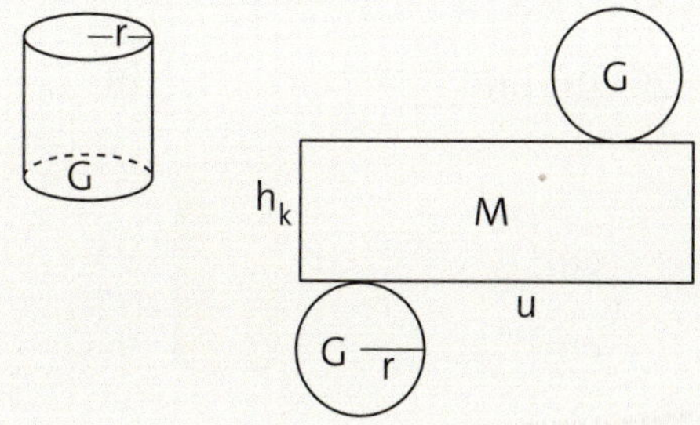

1 Ergänze das Netz des Zylinders und die Längen.

a) $h_k = 2\,cm$, $u = 4\,cm$ und $d \approx$ ______ cm

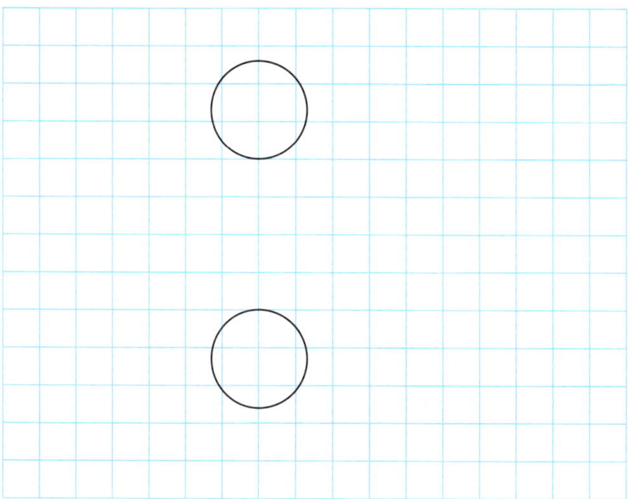

b) $h_k = 1{,}5\,cm$, $u \approx$ ______ cm und r = ______ cm

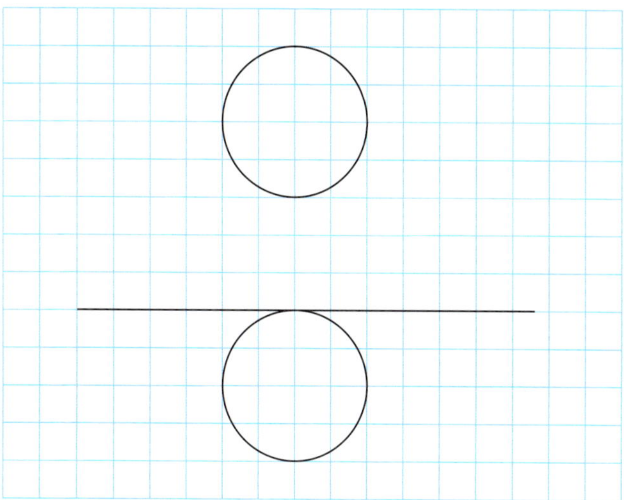

2 Berechne den Oberflächeninhalt O des Zylinders. Runde auf eine Stelle nach dem Komma.

r	d	h_k	M	G	O
2 cm		3 cm			
	8 mm	2 mm			
3 m		6 m			
	10 dm		$314{,}2\,dm^2$		

3 Ein Öltank ist 12 m hoch. Der Durchmesser ist 36 m.

a) Berechne die Größe der Mantelfläche und der Grundfläche des Öltanks.

u = ______________________

M = ______________________

G = ______________________

b) Der Öltank benötigt von außen einen neuen Anstrich. Die Leitern, die Leitungen und anderen Anbauten werden nicht gestrichen. Wie groß ist die Fläche, die gestrichen werden soll? Kreuze an.

☐ rund $2000\,m^2$ ☐ rund $3000\,m^2$ ☐ rund $4000\,m^2$ ☐ rund $5000\,m^2$

Oberflächeninhalt eines Zylinders

Volumen eines Zylinders

Volumen von Zylindern

1 Wie viel Saft ist im Glas? Berechne V.

a) $G = 20\,cm^2$ und $h_k = 9\,cm$

$V = G \cdot h_k$

$V =$ ___ $cm^2 \cdot$ ___ cm

$V =$ ___ cm^3

b) $G = 20\,cm^2$ und $h_k = 3\,cm$

$V = G \cdot h_k$

$V =$ ___ $cm^2 \cdot$ ___ cm

$V =$ ___ cm^3

Beispiel:
$G = 20\,cm^2$ und $h_k = 10\,cm$
$V = G \cdot h_k$
$V = 20\,cm^2 \cdot 10\,cm$
$V = 200\,cm^3$

2 Berechne das Volumen V des Zylinders.

Tipp Multipliziere im Kopf.

G	$15\,cm^2$	$5\,cm^2$	$13\,cm^2$	$9\,dm^2$	$25\,dm^2$	$8\,m^2$
h_k	3 cm	10 cm	6 cm	5 dm	4 dm	12 m
V						

3 Berechne das Volumen V des Zylinders. Runde wie im Beispiel.

a)

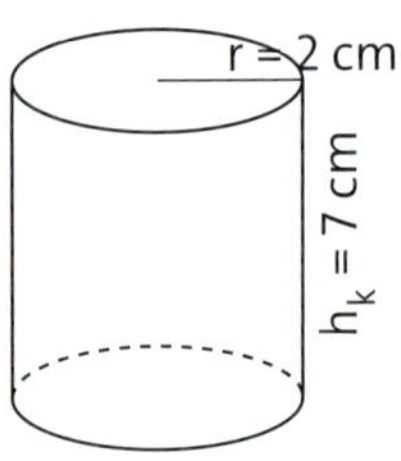

$V = \pi \cdot r^2 \cdot h_k$

$V = \pi \cdot ($ ___ $cm)^2 \cdot$ ___ cm

$V \approx$ ___ cm^3

b)

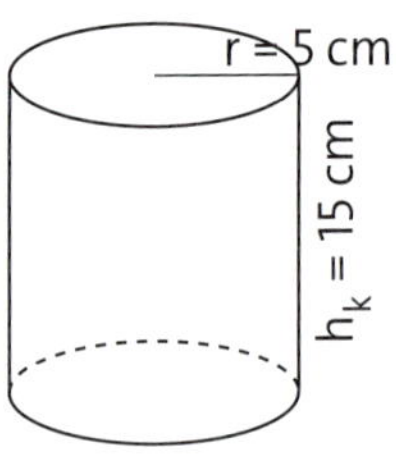

$V = \pi \cdot r^2 \cdot h_k$

$V = \pi \cdot ($ ___ $cm)^2 \cdot$ ___ cm

$V \approx$ ___ cm^3

Tipp
$V = G \cdot h_k$
$V = \pi \cdot r^2 \cdot h_k$

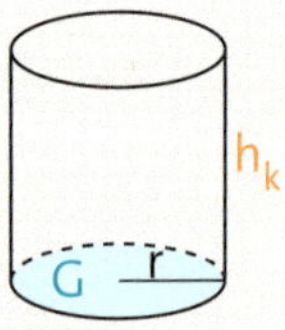

Beispiel:
$r = 4\,cm$ und $h_k = 10\,cm$

$V = \pi \cdot r^2 \cdot h_k$
$V = \pi \cdot (4\,cm)^2 \cdot 10\,cm$
$V \approx 502{,}6\underline{5}\,cm^3$

4 In Glas A und in Glas B ist gleich viel Saft. Ergänze.

V	Zylinder Glas A		Zylinder Glas B	
	G	h_k	G	h_k
$100\,cm^3$	$10\,cm^2$		$5\,cm^2$	
$80\,cm^3$	$10\,cm^2$		$40\,cm^2$	
$60\,cm^3$	$12\,cm^2$		$12\,cm^2$	
$40\,cm^3$		20 cm		4 cm

Beispiel:
$V = G \cdot h_k$
$100\,cm^3 = 10\,cm^2 \cdot h_k$
$100\,cm^3 : 10\,cm^2 = h_k$
$\ldots = h_k$

$V = G \cdot h_k$
$80\,cm^3 = G \cdot 10\,cm$
$80\,cm^3 : 10\,cm = G$
$\ldots = G$

5 Zwei zylinderförmige Gläser haben gleich große Grundflächen. Im ersten Glas sind 200 ml Saft. Das zweite Glas ist halb so hoch gefüllt. Kreuze an, wie viel Milliliter Saft im zweiten Glas sind.

Tipp
$1\,cm^3 = 1\,m\ell$

☐ 100 mℓ ☐ 150 mℓ ☐ 200 mℓ ☐ 250 mℓ ☐ 300 mℓ ☐ 400 mℓ

Volumen eines Zylinders

Volumen eines Zylinders

Volumen von Zylindern

1 Joris sollte das Volumen der Zylinder berechnen.
Streiche zuerst Falsches durch.
Schreibe dann darunter das Ergebnis.

Tipp $V = G \cdot h_k$

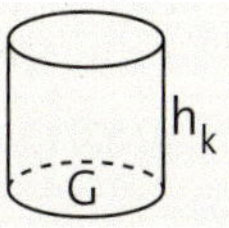

G	$10{,}5\,cm^2$	$23\,cm^2$	$6\,cm^2$	$12\,cm^2$	$42\,dm^2$	$67{,}5\,m^2$
h_k	3 cm	5 cm	3 cm	5,5 cm	2,5 dm	3,5 m
V	$30{,}5\,cm^3$	$115\,cm^3$	$18\,cm^3$	$60\,cm^3$	$106\,dm^3$	$236{,}5\,m^3$

2 Berechne das Volumen V des Zylinders.

Tipp $V = G \cdot h_k$
$V = \pi \cdot r^2 \cdot h_k$

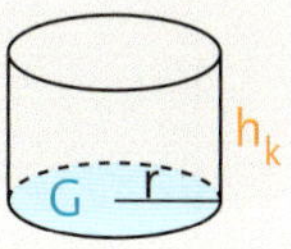

a)

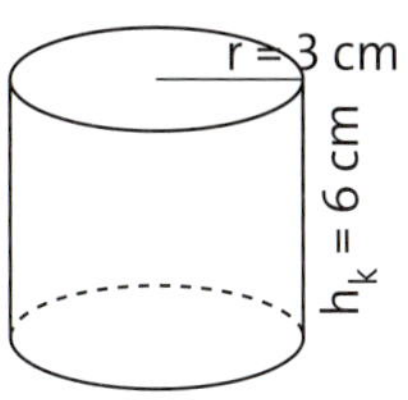

$V = \pi \cdot r^2 \cdot h_k$

$V = \pi \cdot (\quad cm)^2 \cdot \quad cm$

$V \approx \quad cm^3$

b)

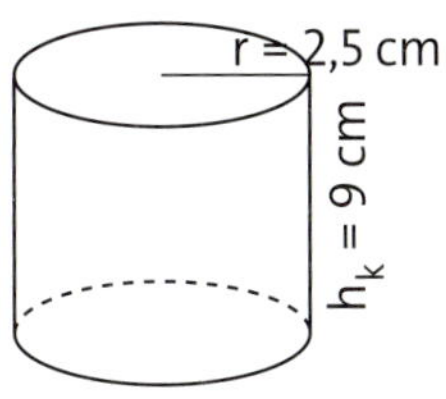

$V = \pi \cdot r^2 \cdot h_k$

$V = \pi \cdot (\quad cm)^2 \cdot \quad cm$

$V \approx \quad cm^3$

c)

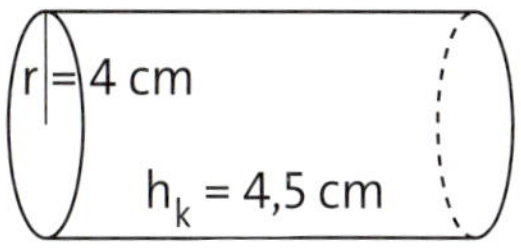

$V = \pi \cdot r^2 \cdot h_k$

$V = \pi \cdot (\quad cm)^2 \cdot \quad cm$

$V \approx \quad cm^3$

3 Zylinder A und Zylinder B haben gleich große Volumen. Ergänze.

V	Zylinder A		Zylinder B	
	G	h_k	G	h_k
$100\,cm^3$	$2\,cm^2$		$4\,cm^2$	
$70\,cm^3$		10 cm		7 cm
$48\,cm^3$	$12\,cm^2$			8 cm
$90\,cm^3$		10 cm	$5\,cm^2$	

Beispiel:

$V = G \cdot h_k$
$100\,cm^3 = 50\,cm^2 \cdot h_k$
$100\,cm^3 : 50\,cm^2 = h_k$
$\ldots = h_k$

$V = G \cdot h_k$
$70\,cm^3 = G \cdot 10\,cm$
$70\,cm^3 : 10\,cm = G$
$\ldots = G$

4 Zwei zylinderförmige Töpfe sind 10 cm hoch. Der kleine rote Topf hat einen Radius von 8 cm. Der Radius vom großen Topf ist doppelt so groß. Berechne, wie viel Liter Wasser in jeden Topf passt. Runde sinnvoll.

Tipp $1000\,cm^3 = 1\,\ell$

Beispiel: $5000\,cm^3 = 5\,\ell$

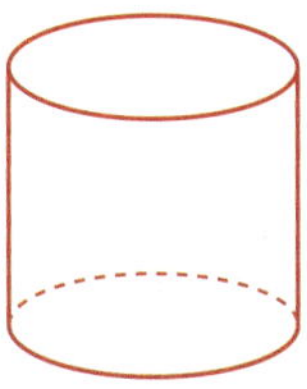

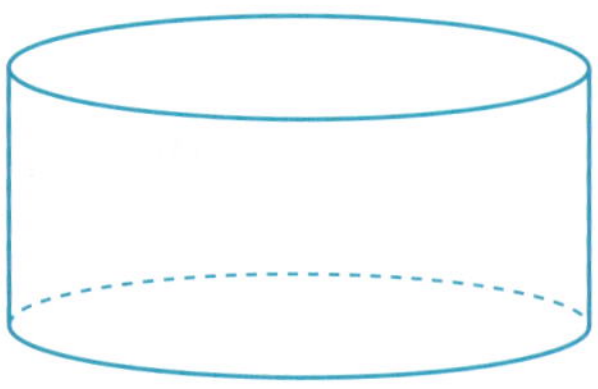

Volumen eines Zylinders

Volumen eines Zylinders

Volumen von Zylindern

Für das Volumen V eines Zylinders mit Grundfläche G und Körperhöhe h_k gilt:

$V = G \cdot h_k$

$V = \pi \cdot r^2 \cdot h_k$

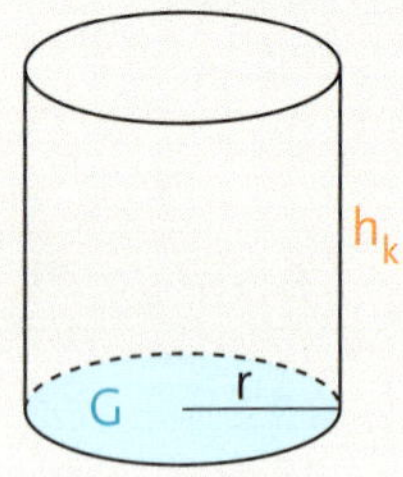

Beispiel:

$r = 3\,cm$ und $h_k = 10\,cm$

$V = \pi \cdot r^2 \cdot h_k$

$V = \pi \cdot (3\,cm)^2 \cdot 10\,cm$

$V \approx 282{,}74\,cm^2$

$282{,}74\,cm^2 \approx 0{,}283\,\ell$

1 Berechne das Volumen V des Zylinders mit Radius r und Körperhöhe h_k.

a)

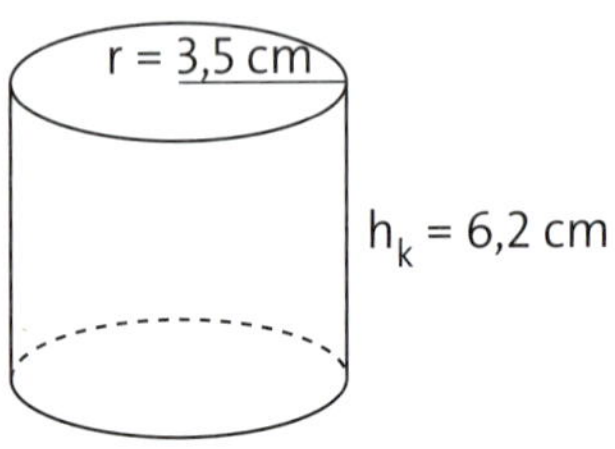

$V = \pi \cdot r^2 \cdot h_k$

$V = \pi \cdot (\qquad)^2 \cdot$ ______

$V \approx$ ______

b)

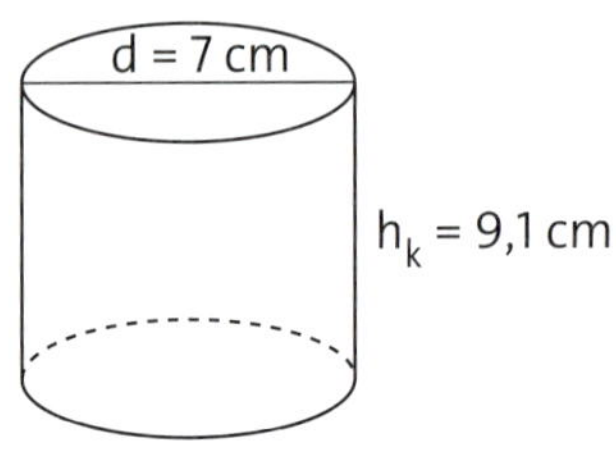

$V = \pi \cdot r^2 \cdot h_k$

$V = \pi \cdot$ ______

$V \approx$ ______

c)

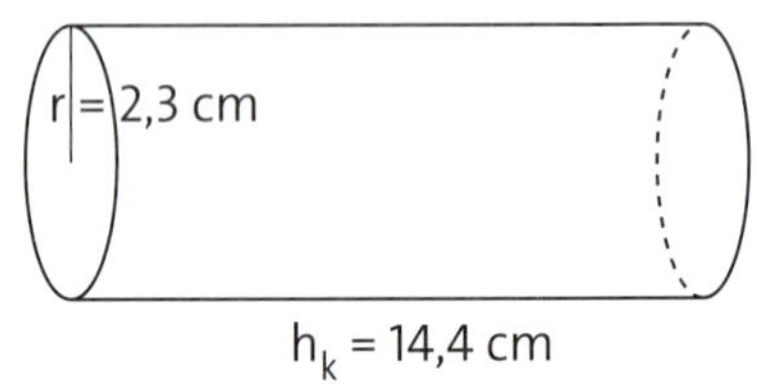

$V = \pi \cdot r^2 \cdot h_k$

$V = \pi \cdot$ ______

$V \approx$ ______

2 Ergänze für die Zylinder.

G	24 cm²	12,2 cm²	44,4 cm²	25 cm²		28 m²
h_k	13,5 cm	7 cm	12,5 cm		40 cm	
V				600 cm³	550 cm³	238 cm³

3 Hedda kocht Suppe für 5 Personen.
Im Topf oben sind etwa 5 cm frei.
Er ist 15 cm hoch und hat 18 cm Durchmesser.

a) Wie viel Liter Suppe sind etwa im Topf? Runde sinnvoll.

______

______

b) Wie viel Liter Suppe kann jede Person bekommen?

______

______

c) Oft werden Töpfe mit dem Durchmesser von 20 cm verwendet.
Gib den Radius und die Höhe von einem 8-ℓ-Topf an.

______

______

Volumen eines Zylinders

Wahrscheinlichkeit für ein Ergebnis

Wahrscheinlichkeit für ein Ereignis

Zufallsexperimente und Wahrscheinlichkeiten

1 Ist das Experiment ein Laplace-Experiment? Kreuze an.

Tipp
Wenn alle Ergebnisse gleich wahrscheinlich sind, dann ist es ein Laplace-Experiment.

Beispiel: Werfen einer Münze

a) Ein Spielwürfel hat die Augenzahlen von 1 bis 6. Noah würfelt damit. ☐ ja ☐ nein
mögliche Ergebnisse: 1; 2; 3; 4; 5; 6

b) Es gibt 500 Lose, davon ist eins der Hauptgewinn. Ein Los wird gezogen. ☐ ja ☐ nein
mögliche Ergebnisse: Hauptgewinn; kein Hauptgewinn

c) Lenja hat eine Murmel in einer Hand versteckt. Uli tippt auf eine Hand. ☐ ja ☐ nein
mögliche Ergebnisse: Murmel gefunden; Murmel nicht gefunden

d) Ein Zapfen trifft auf dem Boden auf. ☐ ja ☐ nein
mögliche Ergebnisse: Spitze nach oben; Spitze nach unten; Spitze zur Seite

2 Wie groß ist die Wahrscheinlichkeit für eine 6? Gib als Bruch an.

Tipp
$\frac{1}{\text{Anzahl aller möglichen Ergebnisse}}$

Beispiel: Zahl fällt mit Wahrscheinlichkeit $\frac{1}{2}$.

a) Auf dem Würfel stehen die Augenzahlen von 1 bis 6. ____________

b) Auf dem Würfel stehen die Augenzahlen von 1 bis 8. ____________

c) Auf dem Würfel stehen die Augenzahlen von 1 bis 10. ____________

d) Auf dem Würfel stehen die Augenzahlen von 1 bis 20. ____________

3 Auf einem Würfel stehen die Augenzahlen von 1 bis 6. Ermittle die Wahrscheinlichkeit.

Tipp
$\frac{\text{Anzahl der günstigen Ergebnisse}}{\text{Anzahl aller möglichen Ergebnisse}}$

a) Es wird die Augenzahl 6 gewürfelt.

günstiges Ergebnis: ________ Anzahl: ________ Wahrscheinlichkeit: ________

b) Es wird die Augenzahl 1 oder die Augenzahl 6 gewürfelt.

günstige Ergebnisse: ________ Anzahl: ________ Wahrscheinlichkeit: ________

c) Es wird eine ungerade Augenzahl gewürfelt.

günstige Ergebnisse: ________ Anzahl: ________ Wahrscheinlichkeit: ________

d) Die gewürfelte Augenzahl ist größer als 4.

günstige Ergebnisse: ________ Anzahl: ________ Wahrscheinlichkeit: ________

Wahrscheinlichkeit für ein Ergebnis

Wahrscheinlichkeit für ein Ereignis

Zufallsexperimente und Wahrscheinlichkeiten

1 Ist das Experiment ein Laplace-Experiment? Kreuze an.

Tipp
Wenn alle Ergebnisse gleich wahrscheinlich sind, dann ist es ein Laplace-Experiment.

a) An einem Schultag fällt zufällig die Schulklingel aus. ☐ ja ☐ nein
mögliche Ergebnisse: Montag; Dienstag; Mittwoch; Donnerstag; Freitag

b) Es gibt 30 Lose, darunter sind 15 Gewinne. Ein Los wird gezogen. ☐ ja ☐ nein
mögliche Ergebnisse: Gewinn; kein Gewinn

c) Das Gewitter beginnt zur vorhergesagten Zeit. ☐ ja ☐ nein
mögliche Ergebnisse: pünktlich; nicht pünktlich

d) Auf dem Tisch stehen 3 verschieden große Vasen. Lea nimmt eine Vase. ☐ ja ☐ nein
mögliche Ergebnisse: kleine Vase; mittlere Vase; große Vase

2 Gib die Wahrscheinlichkeit P für das Ergebnis zuerst als Bruch und dann in Prozent an.

Tipp
$\frac{1}{\text{Anzahl aller möglichen Ergebnisse}}$

a) Auf einem Würfel stehen die Zahlen 0 bis 9. Es wird eine 6 gewürfelt. P(6) = $\frac{1}{10}$ = 10 %

b) Auf einem Würfel stehen die Zahlen 1 bis 20. Es wird eine 6 gewürfelt. P(6) = ______

c) Eine Postkarte fällt. Das Bild liegt oben. P(Bild) = ______

d) Der Opa hat im Winter Geburtstag. P(Winter) = ______

3 Auf einem Spielwürfel stehen die Augenzahlen von 1 bis 4. Gib Wahrscheinlichkeit P in Prozent an.

Tipp
$\frac{\text{Anzahl der günstigen Ergebnisse}}{\text{Anzahl aller möglichen Ergebnisse}}$

a) Es wird eine 2 gewürfelt.
günstige Ergebnisse: 2 Anzahl: ______ P(2) = $\frac{1}{4}$ = 25 %

b) Es wird eine 1 oder eine 2 gewürfelt.
günstige Ergebnisse: ______ Anzahl: ______ P(1 oder 2) = ______

c) Es wird eine gerade Augenzahl gewürfelt.
günstige Ergebnisse: ______ Anzahl: ______ P(ungerade Zahl) = ______

d) Die gewürfelte Augenzahl ist größer als 1.
günstige Ergebnisse: ______ Anzahl: ______ P(kleiner als 4) = ______

4 Gib die Wahrscheinlichkeit P mit einem Bruch an.

a) P(blau) = ______ **b)** P(rot) = ______ **c)** P(gelb) = ______

d) P(grün) = ______ **e)** P(rot oder gelb) = ______ **f)** P(grün oder blau) = ______

Wahrscheinlichkeit für ein Ergebnis

Wahrscheinlichkeit für ein Ereignis

Zufallsexperimente und Wahrscheinlichkeiten

- Wenn bei einem Zufallsexperiment jedes Ergebnis gleich wahrscheinlich ist, dann ist es ein Laplace-Experiment.

  $P(\text{Ergebnis}) = \frac{1}{\text{Anzahl aller möglichen Ergebnisse}}$

- Ein Ereignis besteht aus mehreren Ergebnissen.

  $P(\text{Ereignis}) = \frac{\text{Anzahl der günstigen Ergebnisse}}{\text{Anzahl aller möglichen Ergebnisse}}$

Beispiel: Auf einem Spielwürfel stehen die Zahlen von 0 bis 9. Mögliche Ergebnisse sind 0; 1; 3; 4; 5; 6; 7; 8 und 9.

$P(6) = \frac{1}{10} = 10\,\%$

$P(\text{keine } 6) = \frac{9}{10} = 90\,\%$

1 Ist das Experiment ein Laplace-Experiment? Kreuze an.

a) Aus einem Karton wird, ohne hinzusehen, eine von drei Kugeln genommen. ☐ ja ☐ nein
mögliche Ergebnisse: rote Kugel; goldene Kugel; silberne Kugel

b) Gergely erledigt seine Hausaufgaben. ☐ ja ☐ nein
mögliche Ergebnisse: Vormittag; Mittag; Nachmittag; Abend; Nacht

c) In einer Tüte sind je 7 gleiche Bonbons. Einer davon fällt heraus. ☐ ja ☐ nein
mögliche Ergebnisse: Himbeere; Kirsche; Zitrone

d) Nächste Woche schreibt eure Klasse einen Überraschungstest. ☐ ja ☐ nein
Montag; Dienstag; Mittwoch; Donnerstag; Freitag

2 Gegeben ist ein Glücksrad.
Gib die Wahrscheinlichkeit als Bruch an.

a) 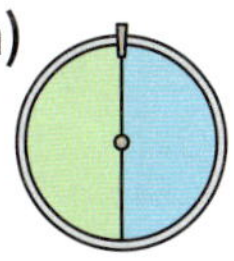

P(blau) = ______

b) 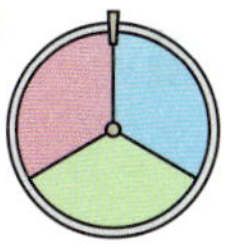

P(rot) = ______

c) 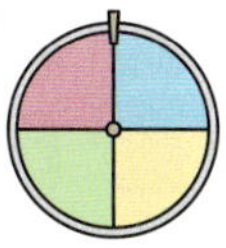

P(gelb) = ______

d) 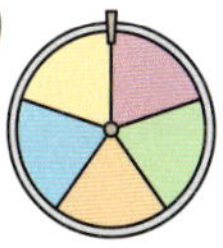

P(orange) = ______

3 Gegeben ist das Glücksrad.
Gib die Wahrscheinlichkeit des Ereignisses zuerst als Bruch und dann in Prozent an.

a) P(grüne Primzahl) = ______

b) P(größer als 1) = ______

c) P(größer als 6) = ______

d) P(nicht rot) = ______

4 Vier Glücksräder stehen zur Wahl. Rot gewinnt.
Welches Glücksrad würdest du wählen? Kreuze an und begründe.

☐ 

☐ 

☐ 

☐ 

______

______

Wahrscheinlichkeit für ein Ergebnis

Wahrscheinlichkeit für ein Ereignis

Kombinationen und Baumdiagramme

1 Vervollständige den Satz.

a) 1. Stufe: Stift — 2. Stufe: Kappe — Kombination

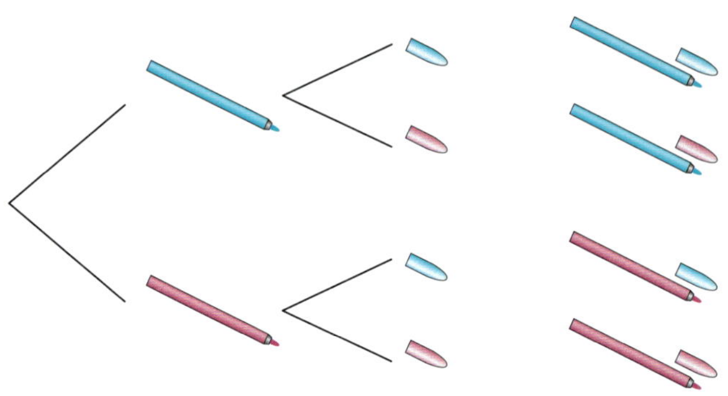

Mit 2 Stiften und 2 Kappen sind ___ Kombinationen möglich.

Beispiel:

1. Stufe: Shirt — 2. Stufe: Hose — Kombination

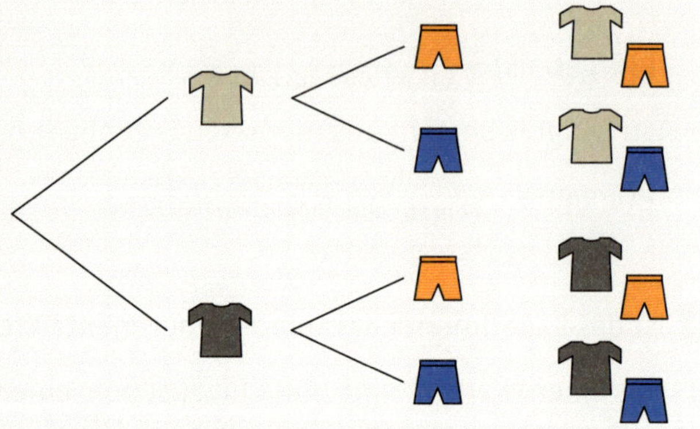

Mit 2 Shirts und 2 Hosen sind 4 Kombinationen möglich.

b) 1. Stufe: Shirt — 2. Stufe: Hose — Kombination

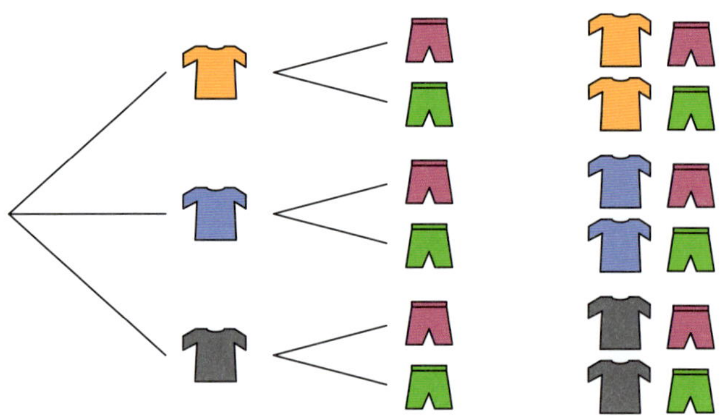

Mit 3 Shirts und 2 Hosen sind ___ Kombinationen möglich.

c) 1. Stufe: Shirt — 2. Stufe: Hose — Kombination

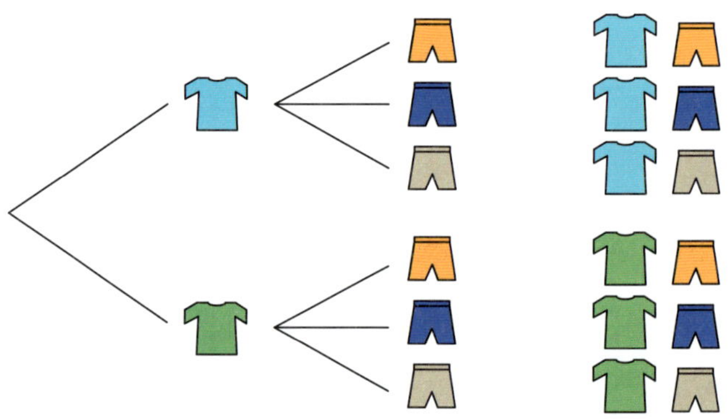

Mit 2 Shirts und 3 Hosen sind ___ Kombinationen möglich.

2 Ergänze.

Beispiel:
In der 1. Stufe stehen zur Wahl 2 Shirts.
In der 2. Stufe stehen zur Wahl 2 Hosen.
Mit 2 Shirts und 2 Hosen sind 4 Kombinationen möglich, denn $2 \cdot 2 = 4$.

a) Mit 3 Shirts und 2 Hosen sind ___ Kombinationen möglich, denn ___ · ___ = ___

b) Mit 3 Shirts und 3 Hosen sind ___ Kombinationen möglich, denn ___ · ___ = ___

c) Mit 4 Shirts und 5 Hosen sind ___ Kombinationen möglich, denn ___ · ___ = ___

d) Mit 4 Shirts und 3 Hosen sind ___ Kombinationen möglich, denn ___ · ___ = ___

e) Mit 2 Stiften und ___ Kappen sind 6 Kombinationen möglich, denn ___ · ___ = ___

f) Mit ___ Messern und 3 Gabeln sind 15 Kombinationen möglich, denn ___ · ___ = ___

Kombinationen und Baumdiagramme

Kombinationen und Baumdiagramme

1 Eine Jacke und eine Mütze werden aus einem Schrank genommen.
Ergänze die Farben im Baumdiagramm.

Tipp
① Färbe die Jacke in einer Farbe ein.
② Färbe die Mütze je Jacke in einer Farbe ein.

a) Es gibt eine rote und eine blaue Jacke. Es gibt eine rote Mütze und eine blaue Mütze.

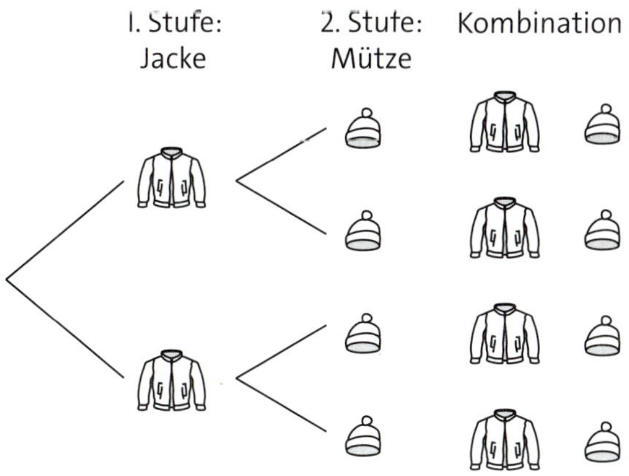

b) Es gibt eine rote, eine blaue und eine schwarze Jacke. Es gibt eine rote und eine gelbe Mütze.

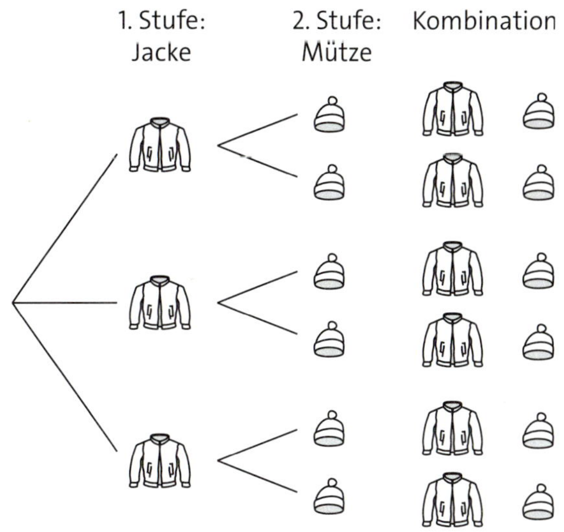

2 Verbinde zuerst mit dem Baumdiagramm.
Ermittle dann die Anzahl aller Kombinationen Ergebnisse.

Beispiel:
Mit 2 Shirts und 2 Hosen sind
4 Kombinationen möglich, denn 2 · 2 = **4**

Das Glücksrad wird 2-mal gedreht.

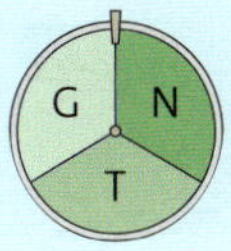

In einer Tüte sind ein rotes und drei gelbe Bonbons.
Jan isst zwei der Bonbons.

Eine 1-Euro-Münze wird 2-mal geworfen.

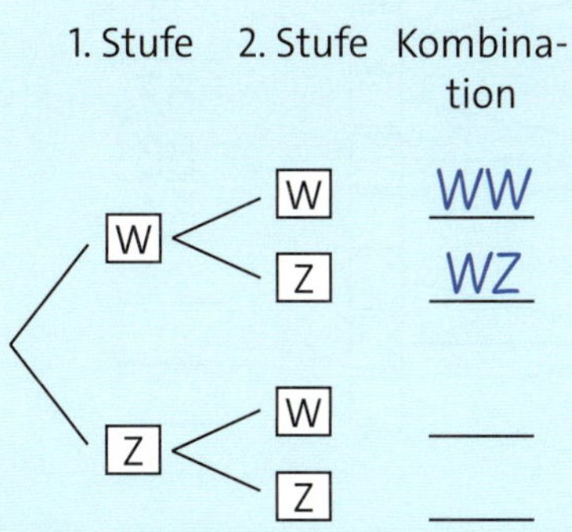

Anzahl aller Kombinationen: ____

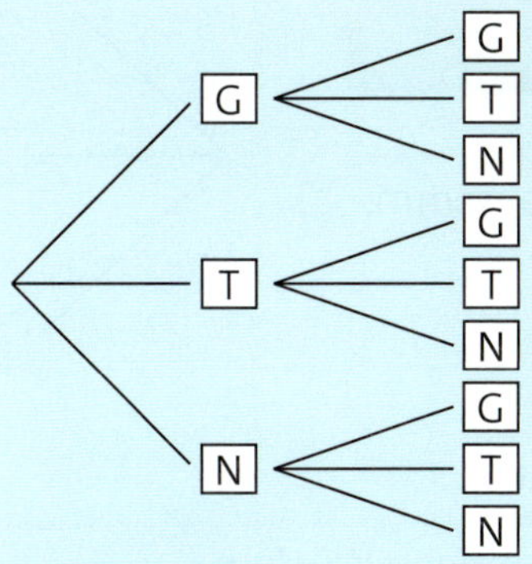

Anzahl aller Kombinationen: ____

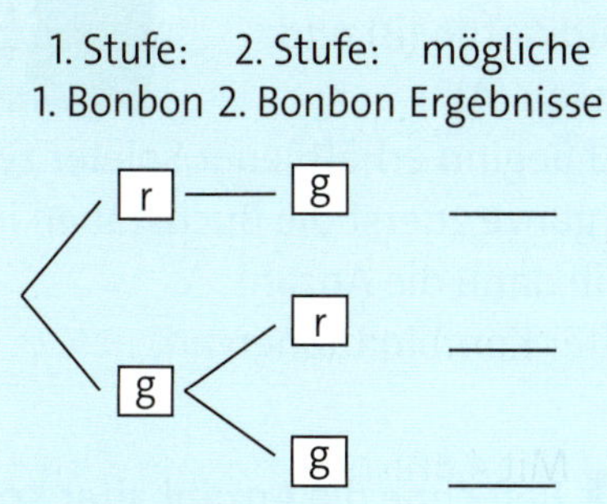

Anzahl aller möglichen Ergebnisse: ____

Kombinationen und Baumdiagramme

Kombinationen und Baumdiagramme

Mit einem Baumdiagramm kann man alle Kombinationen darstellen.
Je Stufe gibt es eine Auswahl. Ein Pfad führt über jede Stufe zu einer Kombination.
Die Anzahl aller Kombinationen ist das Produkt der Möglichkeiten auf jeder Stufe.

Beispiel: Beim Italiener kann man zwischen den Hauptgerichten Pizza (P) und Nudeln (N) wählen. Als Nachspeise werden Eis (E), Tiramisu (T) und Pannacotta (P) angeboten.

Anzahl aller Kombinationen: $2 \cdot 3 = 6$

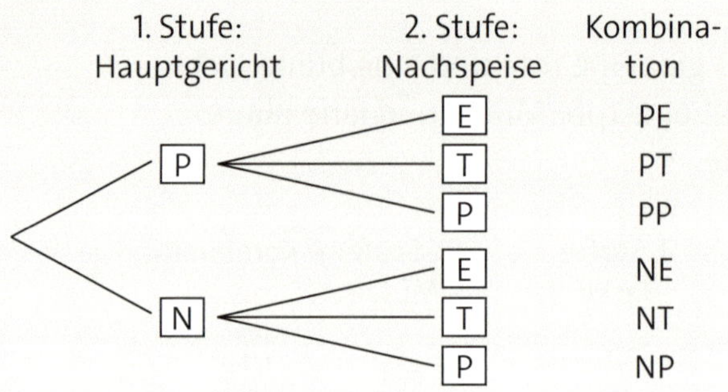

1 Leonid kann im Online-Shop die Farbe vom Cappy und die Farbe vom Schirm wählen. Stelle alle Kombinationen dar. Färbe dazu die Teile ein.

a) Bei Cappy und Schirm darf er jeweils Rot, Blau oder Gelb wählen.

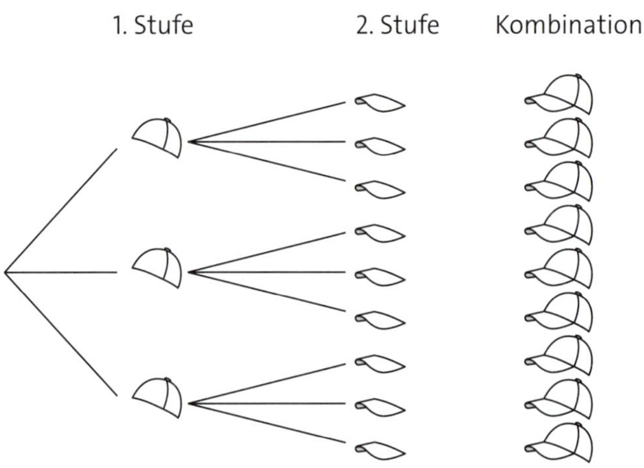

b) Bei Cappy und Schirm darf er zwischen Rot, Blau oder Gelb wählen. Verboten sind gleiche Farben.

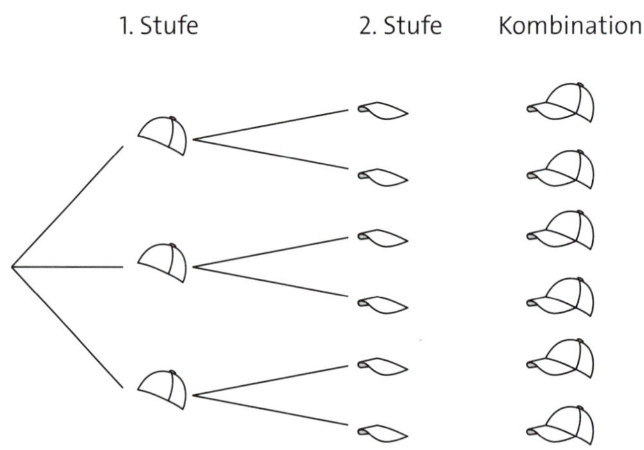

2 Ein Poker-Blatt besteht aus Zahlkarten (Z), Bildkarten (B) und Assen (A).

Zu Beginn erhält jeder Spieler zwei Karten. Ergänze zuerst die Buchstaben im Baumdiagramm. Gib dann die Anzahl aller Kombinationen an. ______

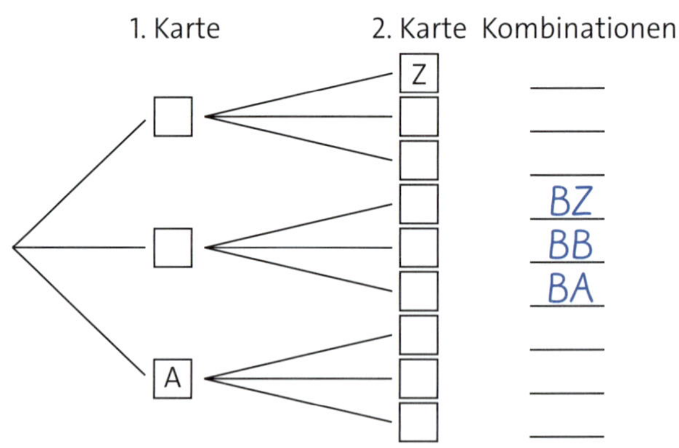

3 Berechne die Anzahl aller Kombinationen.

a) Würfeln mit zwei verschiedenen sechsseitigen Würfeln ______

b) zwei verschiedene von vier Socken auswählen ______

c) zufälliges Auswählen von zwei verschiedenen Wochentagen ______

Zweistufige Zufallsexperimente mit Zurücklegen

Zweistufige Zufallsexperimente mit Zurücklegen

1 Svea dreht jedes Glücksrad zweimal.
Verbinde zuerst mit dem passenden Baumdiagramm.
Ergänze dann die Wahrscheinlichkeiten der Ergebnisse.

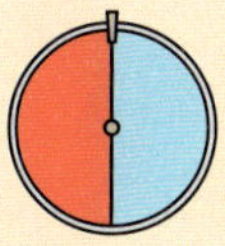

P(R) = $\frac{1}{2}$
P(B) = $\frac{1}{2}$

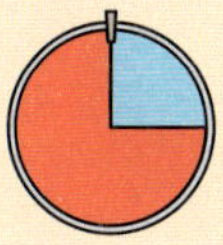

P(R) = $\frac{3}{4}$
P(B) = $\frac{1}{4}$

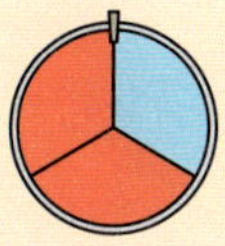

P(R) = $\frac{2}{3}$
P(B) = $\frac{1}{3}$

Tipp
Multipliziere entlang des Pfades.
Beispiel:

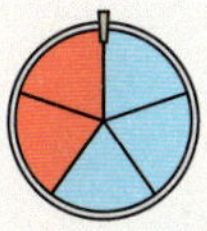

P(A) = $\frac{2}{5}$
P(B) = $\frac{3}{5}$

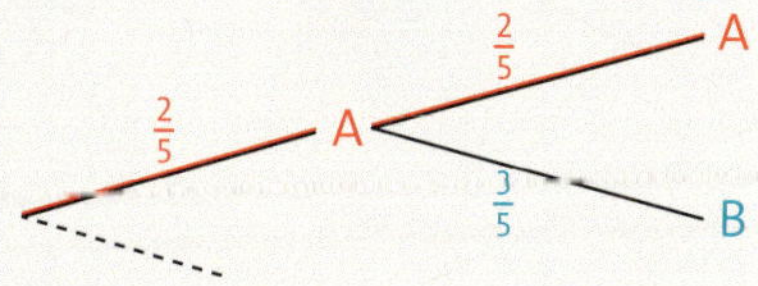

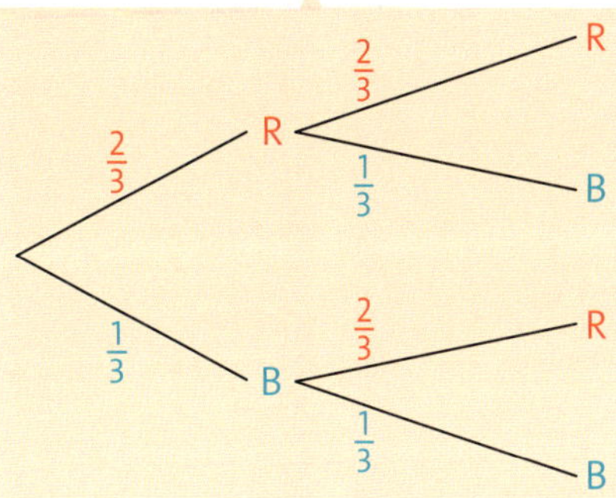

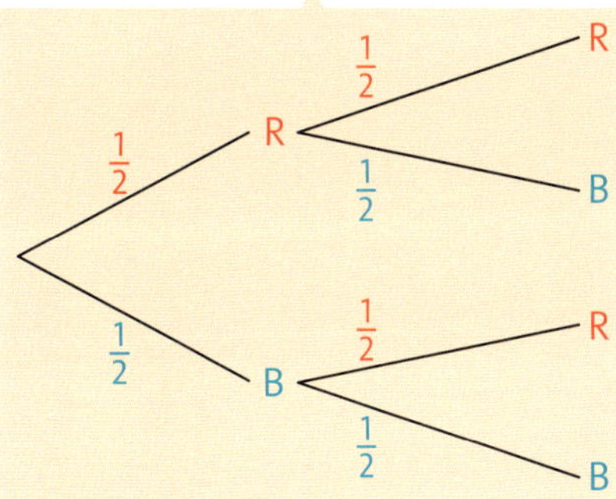

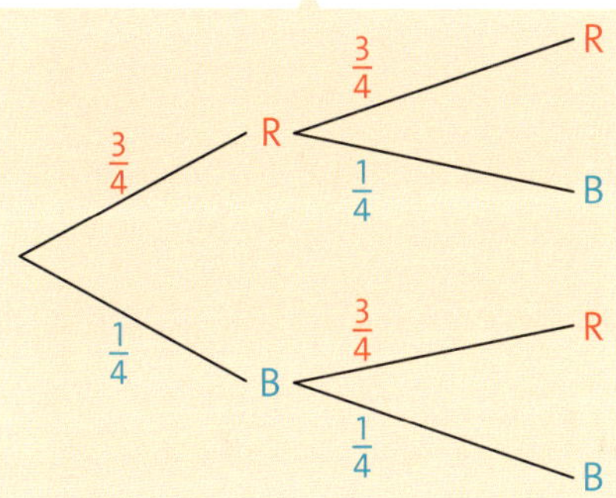

2 Zwei Kugeln werden mit Zurücklegen zufällig gezogen.
Gib zuerst die Wahrscheinlichkeiten auf den Stufen an.
Ergänze dann die Wahrscheinlichkeiten der Ergebnisse.

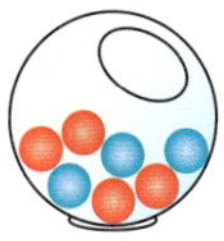

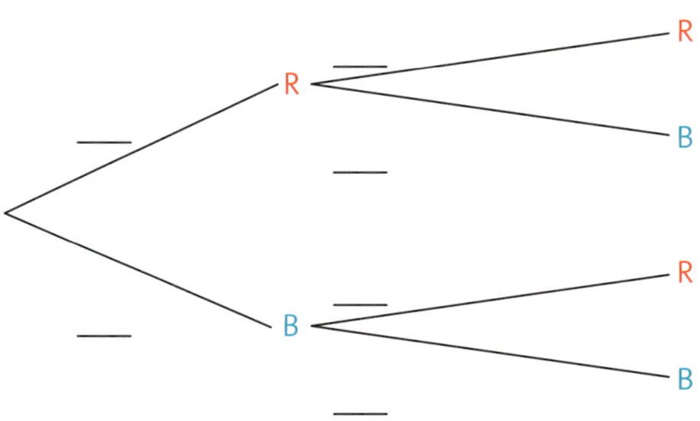

P(RR) = ______

P(RB) = ______

P(BR) = ______

P(BB) = ______

Tipp
① Notiere die Wahrscheinlichkeiten auf den Stufen.
② Multipliziere entlang des Pfades.
Beispiel:
① 3 von 4 sind Rot, also P(R) = $\frac{3}{4}$.
1 von 4 ist Blau, also P(B) = $\frac{1}{4}$.
②

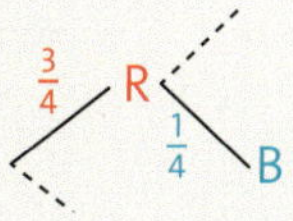

P(RB) = $\frac{3}{4} \cdot \frac{1}{4} = \frac{3}{16}$

3 Der Würfel hat fünf rote und eine blaue Seite.
Er wird zweimal geworfen.
Berechne die Wahrscheinlichkeiten der Ereignisse.

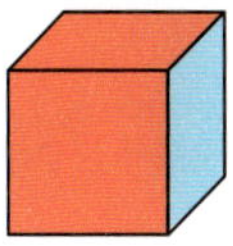

a) P(genau einmal Rot)
= P(RB) + P(BR)
= ______

b) P(mindestens einmal Rot)
= P(RB) + P(BR) + P(____)
= ______

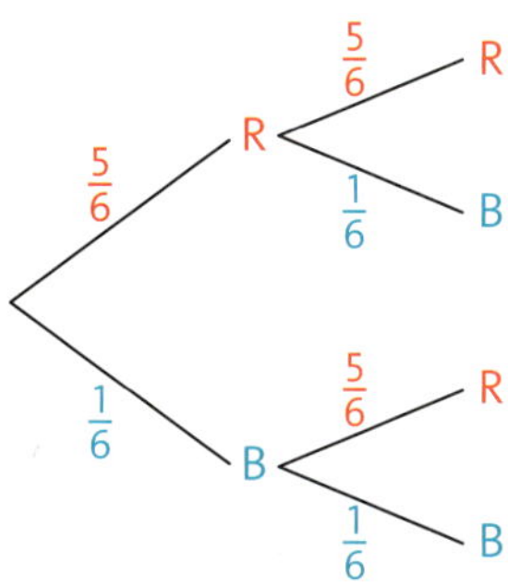

P(RR) = $\frac{5}{6} \cdot \frac{5}{6} = \frac{25}{36}$

P(RB) = $\frac{5}{6} \cdot \frac{1}{6} = \frac{5}{36}$

P(BR) = $\frac{1}{6} \cdot \frac{5}{6} = \frac{5}{36}$

P(BB) = $\frac{1}{6} \cdot \frac{1}{6} = \frac{1}{36}$

Tipp
Addiere die Wahrscheinlichkeiten der zugehörigen Ergebnisse.

Beispiel:

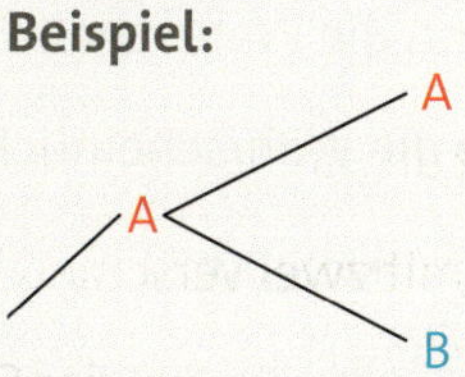

P(AA) = $\frac{4}{25}$

P(AB) = $\frac{6}{25}$

P(AA) + P(AB) = $\frac{4}{25} + \frac{6}{25} = \frac{10}{25}$

Zweistufige Zufallsexperimente mit Zurücklegen

Zweistufige Zufallsexperimente mit Zurücklegen

Zweistufige Zufallsexperimente mit Zurücklegen

1 Das Glücksrad wird zweimal gedreht.

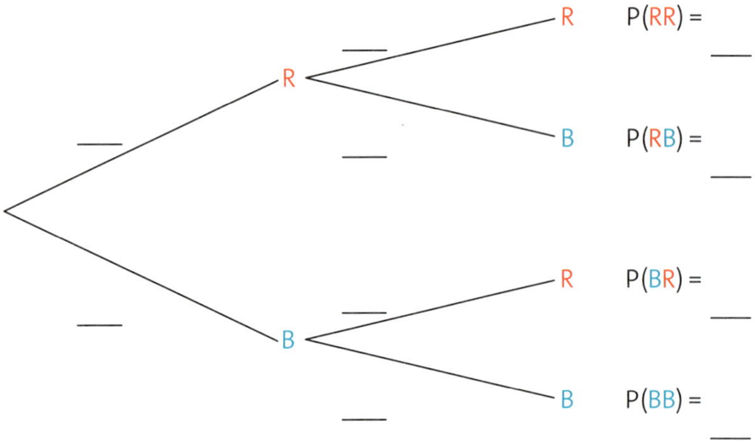

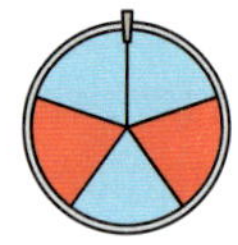

Beispiel:
Wahrscheinlichkeiten
- ... auf den Stufen:
  $P(R) = \frac{2}{5}$
  $\frac{\text{Anzahl der günstigen Ergebnisse}}{\text{Anzahl der möglichen Ergebnisse}}$
- ... von einem Ergebnis:
  $P(RR) = \frac{2}{5} \cdot \frac{2}{5} = \frac{4}{25}$
  Multipliziere entlang des Pfades.
- ... von einem Ereignis:
  P(gleiche Farben)
  = P(RR) + P(BB)
  $= \frac{4}{25} + \frac{9}{25} = \frac{13}{25}$
  Addiere die Wahrscheinlichkeiten der zugehörigen Ergebnisse.

a) Gib zuerst die Wahrscheinlichkeiten auf den Stufen an.
Ergänze dann die Wahrscheinlichkeiten der Ergebnisse.

b) Berechne die Wahrscheinlichkeiten der Ereignisse.

P(genau einmal Blau) = P(BR) + P(___) $= \frac{6}{25}$ + ___ = ___

P(mindestens einmal Blau) = P(___) + P(___) + P(___) = ___ + ___ + ___ = ___

P(höchstens einmal Blau) = P(RR) ___ P(BR) ___ = ___ + ___ + ___ = ___

2 Etwa 1 von 10 Menschen ist Linkshänder.
Du befragst zufällig zwei Personen deiner Schule.

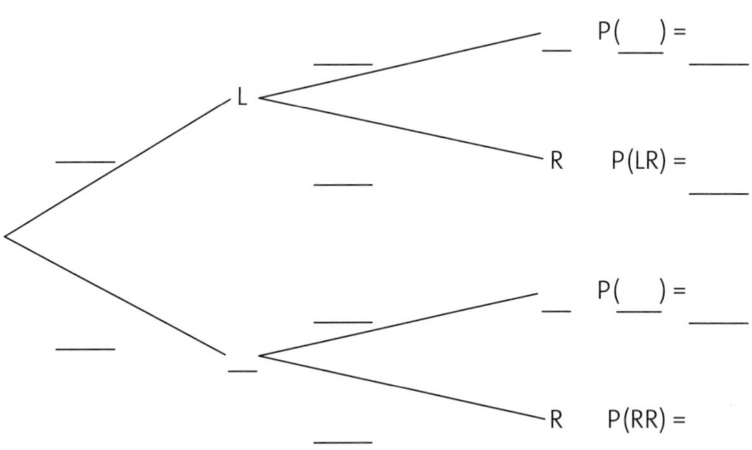

Tipp
- Wahrscheinlichkeit für Rechtshänder:
  $P(R) = \frac{9}{10}$
- Umrechnen in Prozent:
  $\frac{9}{10} = 90$
  100 = 90 %
  Prozent heißt „von 100".

a) Vervollständige zuerst das Baumdiagramm.
Berechne dann die Wahrscheinlichkeiten der Ergebnisse.

b) Berechne die Wahrscheinlichkeiten für Linkshänder.

P(genau ein Linkshänder) = P(___) + P(___) = ___ $= \frac{\_\_\_}{100}$ = ___ %

P(mindestens ein Linkshänder) = ___ = ___ $= \frac{\_\_\_}{100}$ = ___ %

P(höchstens ein Linkshänder) = ___ = ___ $= \frac{\_\_\_}{100}$ = ___ %

Zweistufige Zufallsexperimente mit Zurücklegen

Zweistufige Zufallsexperimente mit Zurücklegen

Zweistufige Zufallsexperimente mit Zurücklegen

- Bei einem Zufallsexperiment mit Zurücklegen sind die Wahrscheinlichkeiten auf den Stufen gleich.
- Produktregel: Die Wahrscheinlichkeit für ein Ergebnis ist das Produkt der Wahrscheinlichkeiten entlang des Pfades.
- Summenregel: Die Wahrscheinlichkeit für ein Ereignis ist die Summe der Wahrscheinlichkeiten der zugehörigen Ergebnisse.

Beispiel: Von 10 Zügen kommen 7 pünktlich (p) und 3 unpünktlich (u). Ana fährt mit zwei Zügen zur Ostsee.

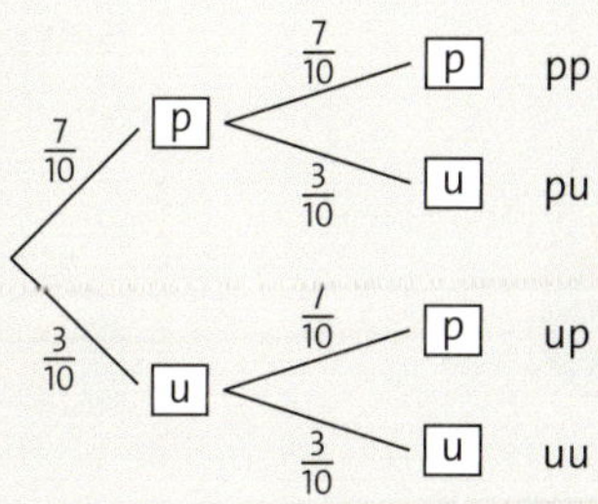

$P(pp) = \frac{7}{10} \cdot \frac{7}{10} = \frac{49}{100} = 49\,\%$

$P(pn) = \frac{7}{10} \cdot \frac{3}{10} = \frac{21}{100} = 21\,\%$

$P(up) = \frac{3}{10} \cdot \frac{7}{10} = \frac{21}{100} = 21\,\%$

$P(uu) = \frac{3}{10} \cdot \frac{3}{10} = \frac{9}{100} = 9\,\%$

P(Genau ein Zug ist pünktlich.)
$P(E) = 21\,\% + 21\,\% = 42\,\%$

1 Gib zuerst die Wahrscheinlichkeiten auf den Stufen an.
Berechne dann die Wahrscheinlichkeiten der Ergebnisse und danach die Wahrscheinlichkeit des Ereignisses.

a) In einem Fach liegen 3 Fineliner und 2 Kugelschreiber.
Vivien nimmt zufällig einen, legt ihn zurück und nimmt ein zweites Mal einen.

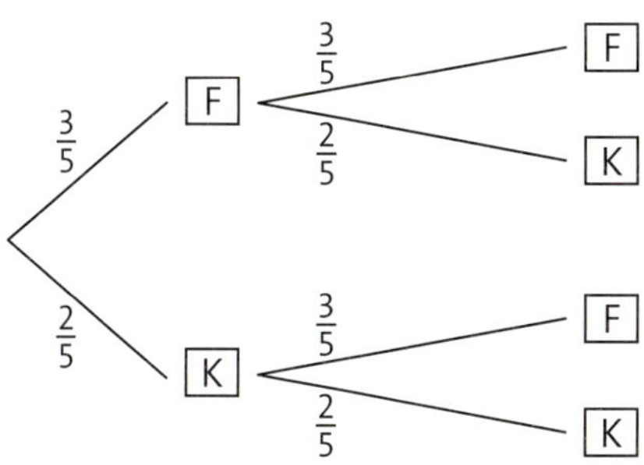

P(FF) = ______

P(FK) = ______

P(KF) = ______

P(KK) = ______

P(genau ein Füller)
= P(FK) + P(KF)
= ______

b) Julian trifft den Korb beim Freiwurf in 1 von 4 Fällen. Er wirft zweimal. (T = Treffer; D = Daneben)

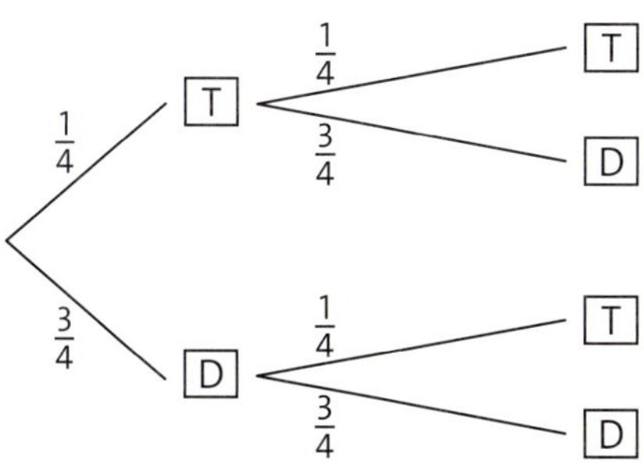

P(TT) = ______

P(TD) = ______

P(DT) = ______

P(DD) = ______

P(mindestens ein Treffer)
= P(TD) + P(DT) + P(____)
= ______

c) Etwa 24 % aller deutschen Erwachsenen sind Raucher.
Max befragt zufällig zwei Erwachsene.

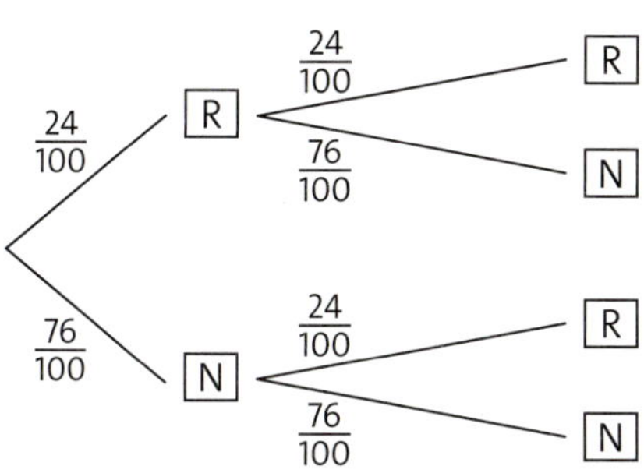

P(RR) = ______

P(RN) = ______

P(NR) = ______

P(NN) = ______

P(höchstens ein Raucher)
= ______
= ______
= ______

Zweistufige Zufallsexperimente mit Zurücklegen

Zweistufige Zufallsexperimente ohne Zurücklegen

Zweistufige Zufallsexperimente ohne Zurücklegen

1 Ergänze die Wahrscheinlichkeiten auf den Stufen.
In einem Beutel liegen 3 rote und 2 blaue Steine.
Linda nimmt zufällig zwei Steine ohne Zurücklegen.

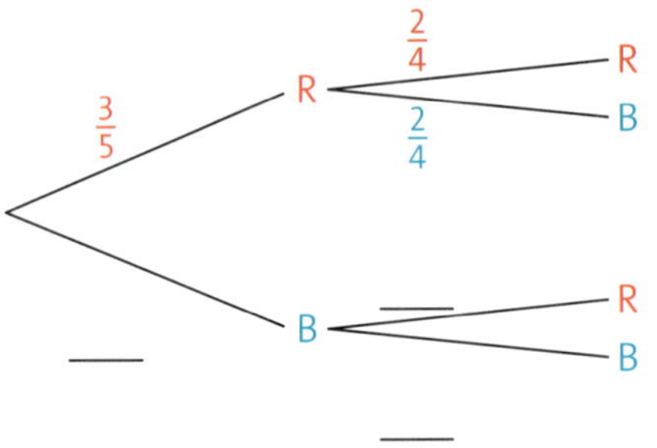

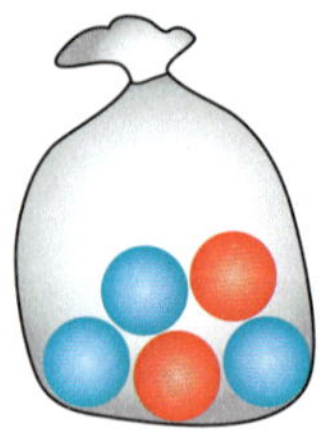

Tipp
Auf der 2. Stufe ist es ein Stein weniger. Deshalb ist der Nenner auf der 2. Stufe um 1 kleiner.

Beispiel:

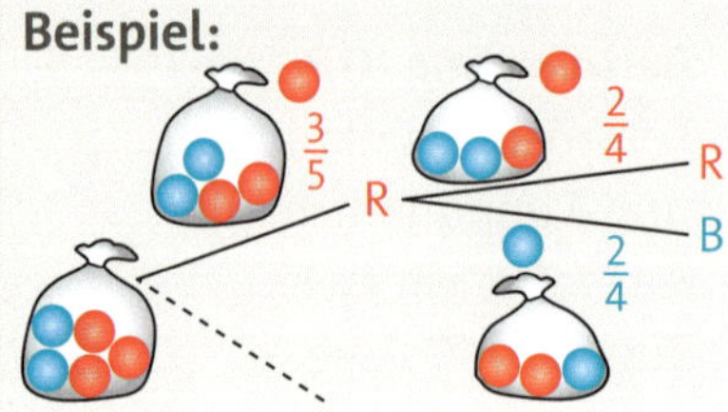

2 In einer Tüte sind 6 rote Bonbons, 4 blaue Bonbons und 3 gelbe Bonbons. Emilia isst nacheinander zwei zufällig ausgewählte Bonbons.

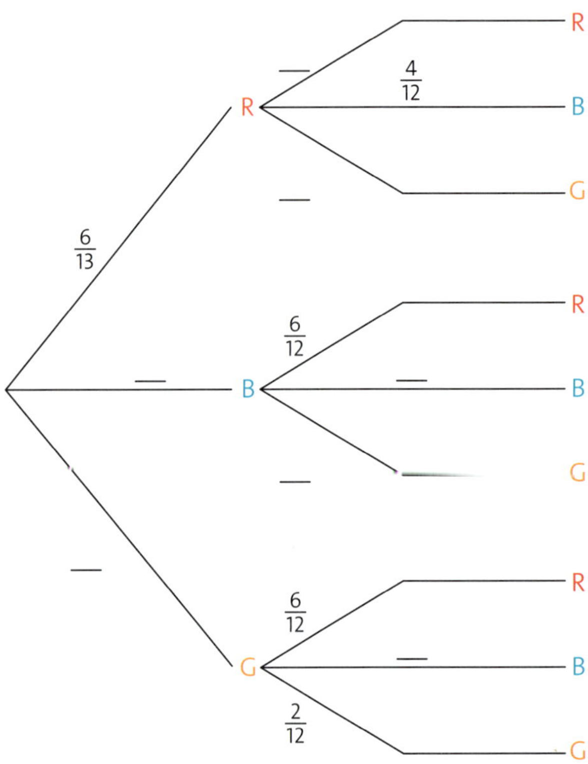

$P(RR) = \frac{6}{13} \cdot \frac{5}{12} = \frac{30}{156}$

$P(RB) = \frac{6}{13} \cdot \frac{4}{12} = \frac{24}{156}$

$P(RG) = \frac{6}{13} \cdot \frac{3}{12} =$ ____

P(BR) = ____

P(BB) = ____

P(BG) = ____

P(GR) = ____

P(GB) = ____

P(GG) = ____

a) Ergänze zuerst die Wahrscheinlichkeiten auf den Stufen. Berechne dann die Wahrscheinlichkeiten der Ergebnisse.

b) Berechne die Wahrscheinlichkeiten der Ereignisse.

P(zwei gleiche Bonbons) = P(RR) + P(BB) + P(____)

$= \frac{30}{156} +$ ____ $+$ ____ $=$ ____

P(genau ein rotes Bonbon) = P(RG) + P(____) + P(____) + P(____)

$= \frac{18}{256} +$ ____

Beispiel:

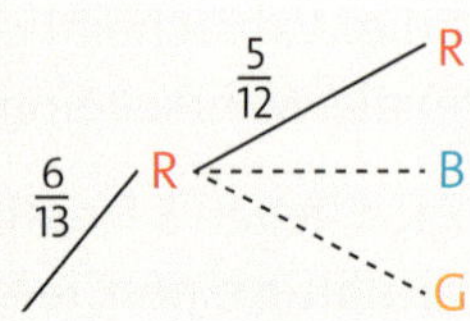

$P(RR) = \frac{30}{156}$

$P(RB) = \frac{20}{156}$

Wahrscheinlichkeiten
- ... auf den Stufen

  1. Bonbon $P(R) = \frac{6}{13}$

  2. Bonbon $P(R) = \frac{5}{12}$

  $\frac{\text{Anzahl der günstigen Ergebnisse}}{\text{Anzahl der möglichen Ergebnisse}}$

- ... von einem Ergebnis

  $P(RR) = \frac{6}{13} \cdot \frac{5}{12} = \frac{30}{156}$

  Multipliziere entlang des Pfades.

- ... von einem Ereignis

P(erst rot, dann rot oder blau)
= P(RR) + P(RB)
$= \frac{30}{156} + \frac{20}{156} = \frac{50}{156}$
Addiere die Wahrscheinlichkeiten der zugehörigen Ergebnisse.

Zweistufige Zufallsexperimente ohne Zurücklegen

Zweistufige Zufallsexperimente ohne Zurücklegen

Zweistufige Zufallsexperimente ohne Zurücklegen

1 In einem Wäschekorb befinden sich 4 rote und 6 blaue Socken. Martin nimmt zufällig zwei Socken aus dem Korb.

a) Ergänze zuerst die Wahrscheinlichkeiten an den Pfaden. Berechne dann die Wahrscheinlichkeiten der Ergebnisse.

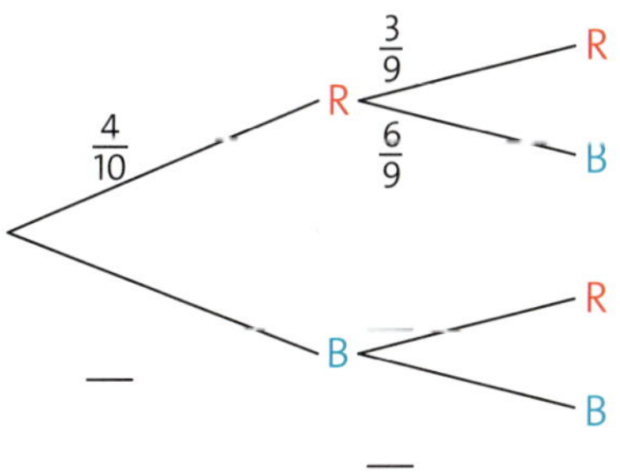

$P(RR) = \frac{4}{10} \cdot \frac{3}{9} = \frac{12}{90}$

$P(RB) =$ ______

$P(BR) = \frac{6}{10} \cdot \frac{4}{9} = \frac{24}{90}$

$P(BB) =$ ______

Tipp
Wahrscheinlichkeiten
- ... auf den Stufen: $\frac{\text{Anzahl der günstigen Ereignisse}}{\text{Anzahl der möglichen Ereignisse}}$
- ... von einem Ergebnis: Multipliziere entlang des Pfades.

b) Berechne die Wahrscheinlichkeiten der Ereignisse. Nutze die Wahrscheinlichkeiten aus **a)**.

Tipp
Addiere die Wahrscheinlichkeiten der zugehörigen Ergebnisse.

A: Zwei gleiche Socken werden gezogen.

P(A) = P(RR) + P(____)

P(A) = ______ = ____

B: Mindestens eine blaue Socke wird gezogen.

P(B) = P(____) + P(____) + P(____)

P(B) = ______ = ____

2 Ein Lostopf enthält 1 Hauptgewinn, 4 Kleingewinne und 16 Nieten. Ida zieht zwei Lose.

a) Vervollständige zuerst das Baudiagramm. Berechne dann die Wahrscheinlichkeiten der Ergebnisse.

b) Berechne die Wahrscheinlichkeit der Ereignisse. Nutze die Wahrscheinlichkeiten aus a).

A: Der Hauptgewinn wird gezogen.

P(A) = P(GK) + P(KG) + P(____) + P(____)

$P(A) = \frac{4}{420}$ ______ = ____ = ____

B: Im zweiten Zug wird eine Niete gezogen.

P(B) = ______

P(B) = ______ = ____ = ____

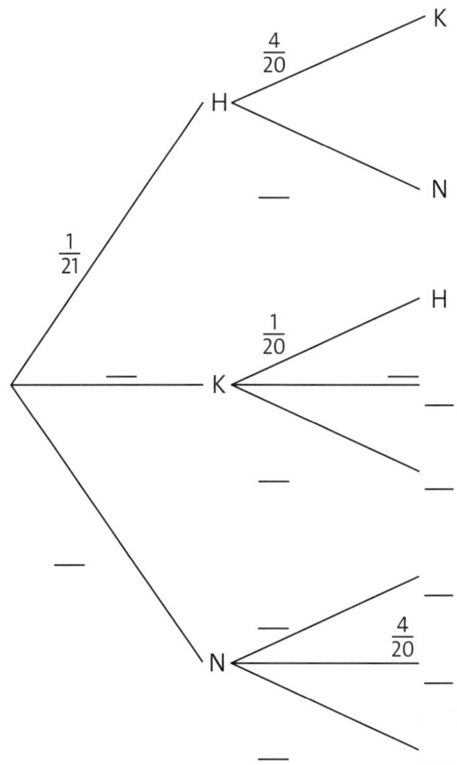

$P(HK) = \frac{1}{21} \cdot \frac{4}{20} = \frac{4}{420}$

P(HN) = ______

P(KH) = ______

P(__) = ______

P(__) = ______

P(__) = ______

P(__) = ______

P(__) = ______

Zweistufige Zufallsexperimente ohne Zurücklegen

Zweistufige Zufallsexperimente ohne Zurücklegen

Zweistufige Zufallsexperimente ohne Zurücklegen

- Bei einem Zufallsexperiment ohne Zurücklegen sind die Wahrscheinlichkeiten auf den Stufen verschieden. Der Nenner ist auf der 2. Stufe 1 kleiner.
- Produktregel: Die Wahrscheinlichkeit für ein Ergebnis ist das Produkt der Wahrscheinlichkeiten entlang des Pfades.
- Summenregel: Die Wahrscheinlichkeit für ein Ereignis ist die Summe der Wahrscheinlichkeiten der zugehörigen Ergebnisse.

Beispiel:
In einem Beutel sind 4 rote und 2 blaue Kugeln. Ono nimmt zufällig zwei der Kugeln ohne Zurücklegen.

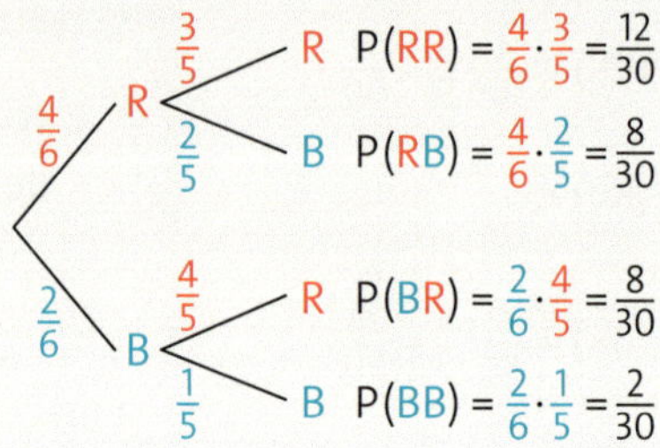

P (zwei gleichfarbige)
= P(RR) + P(BB)
$= \frac{12}{30} + \frac{2}{30} = \frac{14}{30}$

1 In der Truhe sind goldene und silberne Münzen. Dagobert nimmt zufällig zwei Münzen ohne Zurücklegen. Ergänze die Wahrscheinlichkeiten auf den Stufen.

a) 5 goldene und 3 silberne

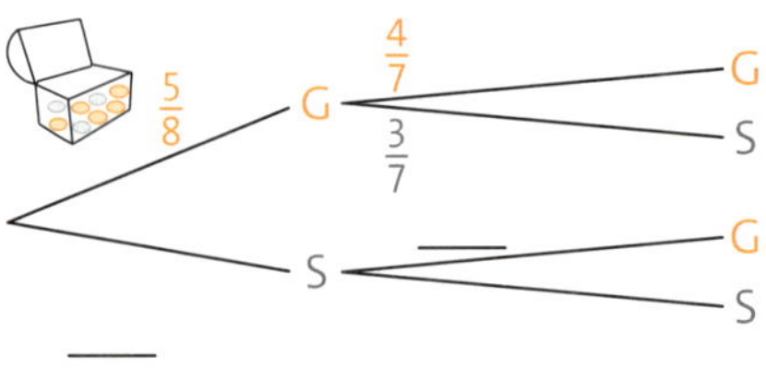

b) 5 goldene und 20 silberne

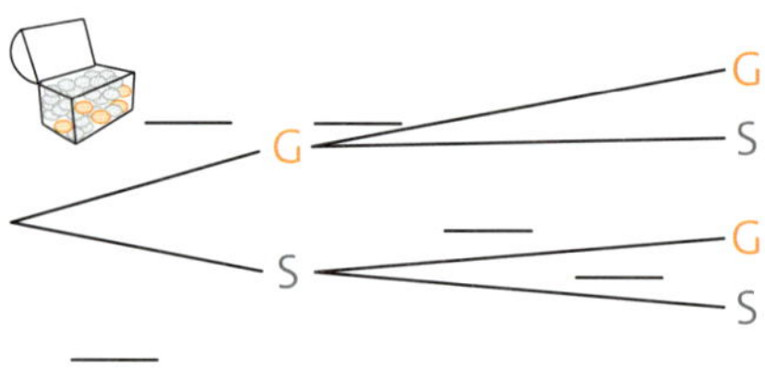

c) 1 goldene und 20 silberne

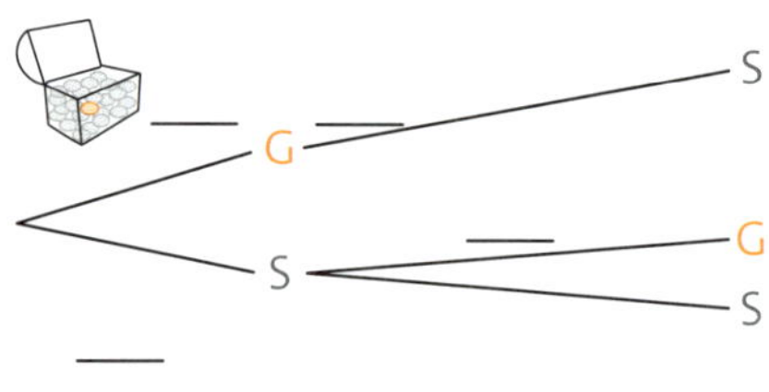

2 Vervollständige.

a) In einem Spiel sind 32 Karten. Genau 8 sind Herz-Karten.
Rene zieht zufällig zwei Karten aus dem Spiel.

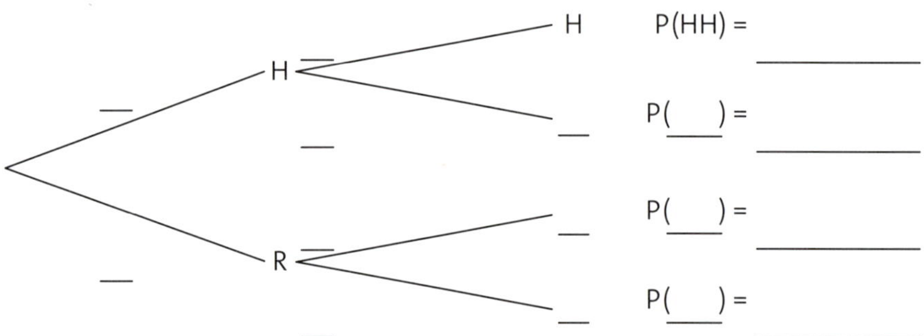

P(genau eine Herz-Karte)
= P(   ) + P(   )
=   =

P(2. Zug Herz-Karte)
=
=

b) Im Team sind 8 Deutsche, 1 Franzose und 1 Engländer.
Zwei davon werden zufällig ausgewählt.

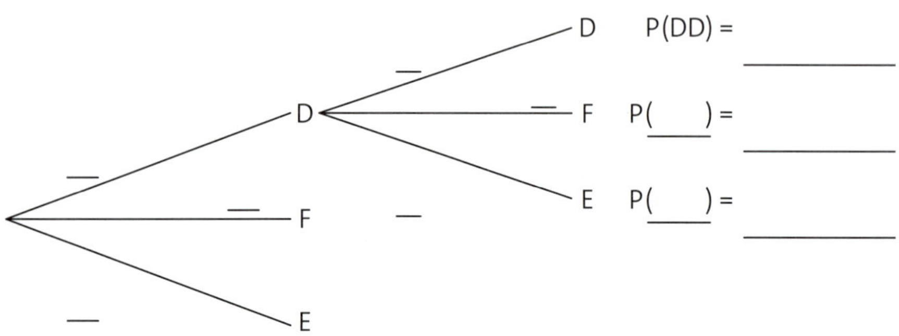

P(Franzose)
= P(DF) + P(FD) + P(FE) + P(   )
=

P(genau ein Deutscher)
= P(DF) + P(DE) + P(FD) +
=

Vierfeldertafeln

Vierfeldertafeln

1 Alle Mitglieder der Schach-AG kommen aus der 7a oder der 7b.
Kreuze zuerst Zutreffendes an.
Unterstreiche dann mit der gleichen Farbe die Aussage und die passende Zahl in der Vierfeldertafel.

	beim Schach	nicht beim Schach	Summe
7a	15	10	25
7b	5	20	25
Summe	20	30	10

☐ 10 aus der 7a sind nicht beim Schach.
☐ Insgesamt 25 sind in der 7a.
☐ Insgesamt 20 aus der 7a und 7b sind beim Schach.

Tipp
Vierfeldertafeln enthalten zwei Merkmale.
Für jedes Merkmal gibt es zwei Möglichkeiten.

Beispiel:

	beim Schach	nicht beim Schach	Summe
7c	3	19	22
7d	20	7	27
Summe	23	26	49

3 aus der 7c sind beim Schach.
Insgesamt 49 sind in der 7c und 7d.
Insgesamt 23 aus der 7c und 7d sind beim Schach.

2 Ergänze.

a)

	beim Schach	nicht beim Schach	Summe
8a	10	17	
8b	15	13	
Summe			

Beispiel:

	beim Schach		nicht beim Schach		Summe
8c	3	+	8	=	11
	+		+		+
8d	2	+	7	=	9
	=		=		=
Summe	5	+	15	=	20

b)

	beim Schach	nicht beim Schach	Summe
8a	10		27
8b	15		
Summe	25		55

c)

	beim Schach	nicht beim Schach	Summe
8a		17	
8b	15		28
Summe	25	30	

3 Vervollständige die Vierfeldertafel passend.
6 Personen von 200 haben Sommersprossen.
50 Personen von 200 haben rote Haare.
5 Personen von 200 haben beides.

	Sommer-sprossen	keine Sommer-sprossen	Summe
rote Haare	*		*
keine roten Haare			
Summe	*		*

Tipp
① Ergänze das Gegebene in Zellen mit *.
② Berechne alle anderen Zahlen.
③ Überprüfe deine Zahlen.
Addiere dazu die ersten beiden Zahlen in jeder Zeile.
Addiere dazu die ersten beiden Zahlen in jeder Spalte.

Vierfeldertafeln

Vierfeldertafeln

Vierfeldertafeln

1 Auf dem Buffet sind belegte Brote mit Wurst oder Käse. Darauf ist entweder Gurke oder Tomate. Vervollständige die Vierfeldertafel passend.

a)

	Wurst	Käse	Summe
Gurke	16	5	
Tomate	24	35	
Summe			

Beispiel:

	Weißbrot	Schwarzbrot	Summe
Wurst	15 +	20 =	35
Käse	15 +	10 =	25
Summe	30 +	30 =	60

20 Schwarzbrote sind mit Wurst.
Insgesamt 35 Brote sind mit Wurst.

b)

	Wurst	Käse	Summe
Gurke	14		27
Tomate	33		50
Summe			

c)

	Wurst	Käse	Summe
Gurke	7	17	
Tomate	23		
Summe		44	

2 Ergänze die Anzahlen in der Vierfeldertafel.

Tipp
Überprüfe deine Zahlen.
Addiere dazu die ersten beiden Zahlen in jeder Zeile und die ersten beiden Zahlen in jeder Spalte.

a) Onur hat 10 grüne und 10 rote Bonbons.
Von den grünen Bonbons sind 6 sauer.
Von den roten Bonbons sind 7 süß.

	süß	sauer	Summe
rote			
grüne			
Summe			

b) 16 Personen von 50 spielen ein Instrument.
20 Personen sind über 40 Jahre alt.
5 sind unter 40 und spielen ein Instrument.

	ein Instrument	kein Instrument	Summe
unter 40			
über 40			
Summe			

3 Ergänze die Prozentangaben in der Vierfeldertafel.

a) 32 % der befragten Männer tragen eine Brille.
Insgesamt 49 % der Befragten waren Männer.
Insgesamt 67 % der Befragten tragen eine Brille.

	Brille	keine Brille	Summe
Männer	32 %		49 %
Frauen			
Summe	67 %		100 %

b) 25 % der Züge waren unpünktlich.
20 % der Züge fuhren in der Nacht.
19 % der Züge waren in der Nacht unpünktlich.

	pünktlich	unpünktlich	Summe
Nacht			
Tag			
Summe			

Vierfeldertafeln

Vierfeldertafeln

Vierfeldertafeln

Beispiel: Ein Merkmal sind die Haustiere. Das andere Merkmal ist die Klasse.

Vierfeldertafel mit absoluten Häufigkeiten

	Tier	kein Tier	Summe
9a	15	10	25
9b	12	13	25
Summe	27	23	50

10 aus der 9a haben kein Tier.

27 haben ein Tier.

Vierfeldertafel mit relativen Häufigkeiten

	Tier	kein Tier	Summe
9a	30 %	20 %	50 %
9b	24 %	26 %	50 %
Summe	54 %	46 %	100 %

P(9a und kein Tier) = $\frac{15}{50}$ = 20 %

P(Tier) = $\frac{27}{50}$ = 54 %

1 Ergänze zuerst die absoluten und die relativen Häufigkeiten. Kreuze dann Zutreffendes an.

	defekt	nicht defekt	Summe
Werk 1	1		
Werk 2			98
Summe		196	200

	defekt	nicht defekt	Summe
Werk 1	0,5 %		
Werk 2			48 %
Summe		98 %	100 %

- ☐ Von Werk 1 ist ein Teil defekt.
- ☐ 200 Teile wurden geprüft.
- ☐ 196 Teile sind nicht defekt.
- ☐ 0,5 % der Teile von Werk 1 sind defekt.
- ☐ 48 Teile kommen aus Werk 2.
- ☐ P(von Werk 2 und nicht defekt) = 98 %

2 50 von 200 Befragten sind Raucher. 14 der Befragten haben Lungenkrebs, davon 2 Nichtraucher.

	Krebs	kein Krebs	Summe
Raucher			
Nichtraucher			
Summe			

	Krebs	kein Krebs	Summe
Raucher			
Nichtraucher			
Summe			

a) Vervollständige zuerst die Vierfeldertafeln mit absoluten und relativen Häufigkeiten.

b) Ergänze dann die Wahrscheinlichkeiten.

P(Krebs) = ____ % P(Krebs und Raucher) = ____ % P(kein Krebs und Nichtraucher) = ____ %

3 500 Personen wurden befragt.
170 der Personen wohnen in der Innenstadt.
50 wohnen in der Innenstadt und haben kein Auto.
240 wohnen außerhalb und haben ein Auto.
Ergänze die Wahrscheinlichkeiten.

	Innenstadt	außerhalb	Summe
Auto			
kein Auto			
Summe			

Vierfeldertafeln

Grundrechenarten

Rationale Zahlen addieren und subtrahieren

Rationale Zahlen multiplizieren

1 Addiere. Beachte die Vorzeichen.

a) (+4) + (+13) = ______ b) (−15) + (−13) = ______ c) (−89) + (+23) = ______

d) −6,5 + (−0,4) = ______ e) −2,9 + (+1,2) = ______ f) 13,4 + (−4,2) = ______

2 Schreibe darunter als Additionsaufgabe und berechne.

a) (+8) − (−16) = ______ b) (−7) − (+10) = ______ c) (+15) − (−4) = ______

(+8) + ______

3 Vervollständige die Additionsmauer.

a)

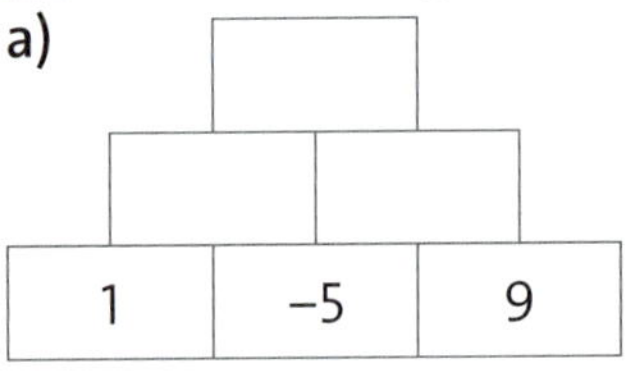

b)

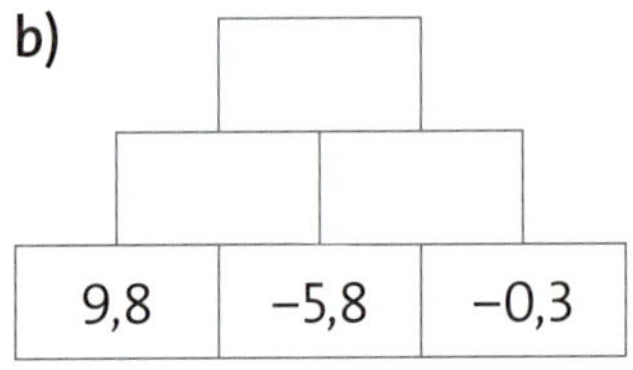

c)

4 Multipliziere.

a) (−6) · (+3) = ______ b) (+4) · (+15) = ______ c) (+11) · (−5) = ______

d) (−4) · (+12) = ______ e) (−12) · (−7) = ______ f) (−100) · (+6) = ______

g) (+9) · (−0,3) = ______ h) (+3) · (+14) = ______ i) (−100) · (+0,5) = ______

5 Vervollständige die Multiplikationsmauer.

a)

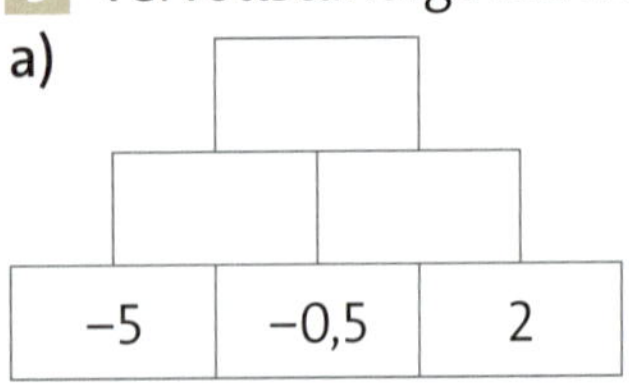

b)

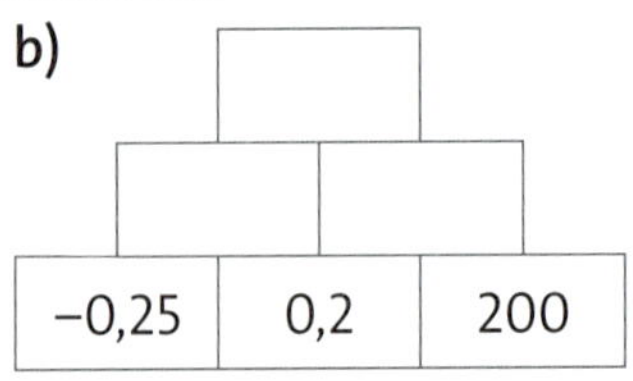

c)

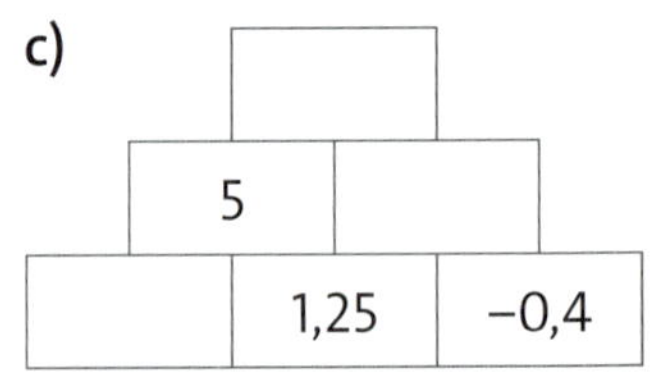

6 Berechne mit dem Verteilungsgesetz (Distributivgesetz).

a) 4 · (10 + 7) = ______ b) 2,5 · (20 − 8) = ______

c) −8 · (2 + 0,5) = ______ d) 9 · (7 − 0,5) = ______

7 Berechne mit dem Verbindungsgesetz (Assoziativgesetz). Ergänze dazu zuerst Klammern.

a) 18 + (−39) + 29 = ______ b) −10 + (−2,7) + (−4,3) = ______ c) −1,8 · (−5) · (−9) = ______

8 Schreibe die passende Aufgabe auf.

a) Bilde das Produkt aus −13 und −6. ______ = 78

b) Er hat 9,60 € Schulden. Ein Drittel davon wird morgen zurückgezahlt. ______ = −3,20 €

c) Sie schuldet fünf Mitschülerinnen je 4,10 €. ______ = −20,50 €

Rationale Zahlen addieren und subtrahieren

Rationale Zahlen multiplizieren

Maße

Gewichte umrechnen

Längen umrechnen

1 Rechne in die angegebene Einheit um.

a) 37 000 g = ______ kg b) 49 g = ______ mg c) 85 200 kg = ______ t

d) 4,31 kg = ______ g e) 18,6 t = ______ kg f) 2700 kg = ______ t

2 Rechne in die angegebene Einheit um.

a) 862 mm = ______ dm b) 9,4 m = ______ cm c) 380 m = ______ km

d) 52,6 cm = ______ mm e) 48,3 km – ______ m f) 2,7 dm = ______ mm

3 Wie viele Stunden und Minuten sind vergangen?

a) 13:26 Uhr bis 15:15 Uhr ______ b) 7:19 Uhr bis 10:03 Uhr

Brüche

Ungleichnamige Brüche addieren

Brüche multiplizieren

Brüche dividieren

4 Addiere und subtrahiere.

a) $\frac{4}{7} + \frac{1}{3} =$ ______ b) $\frac{5}{6} - \frac{5}{18} =$ ______

c) $\frac{2}{3} + \frac{7}{9} + \frac{1}{6} =$ ______ d) $\frac{7}{8} - \frac{1}{4} - \frac{1}{2} =$ ______

e) $1\frac{8}{11} + 1\frac{2}{11} - \frac{1}{3} =$ ______ f) $2\frac{1}{5} + \frac{2}{15} - \frac{1}{3} =$ ______

5 Multipliziere. Kürze, wenn möglich.

a) $\frac{1}{3} \cdot \frac{4}{7} =$ ______ b) $\frac{2}{7} \cdot \frac{4}{5} =$ ______ c) $\frac{3}{5} \cdot \frac{15}{39} =$ ______ d) $\frac{5}{8} \cdot \frac{3}{45} =$ ______

e) $\frac{11}{30} \cdot \frac{9}{22} =$ ______ f) $\frac{4}{9} \cdot \frac{18}{28} =$ ______ g) $\frac{49}{50} \cdot \frac{5}{7} =$ ______ h) $\frac{5}{17} \cdot \frac{17}{5} =$ ______

6 Dividiere. Kürze, wenn möglich.

a) $\frac{3}{7} : \frac{2}{3} =$ ______ b) $\frac{5}{11} : \frac{2}{9} =$ ______

c) $1\frac{2}{5} : \frac{1}{4} =$ ______ d) $2\frac{2}{3} : 6 =$ ______

7 Was ist mehr? $\frac{3}{5}$ von $4\frac{2}{3}$ cm oder $\frac{2}{5}$ von $6\frac{1}{4}$ cm? Begründe deine Antwort mithilfe einer Rechnung und einer Zeichnung.

0

0

Gewichte umrechnen

Längen umrechnen

Ungleichnamige Brüche addieren und subtrahieren

Brüche multiplizieren und dividieren

Prozent- und Zinsrechnung

Grundwert berechnen
Prozentwert berechnen
Prozentsatz berechnen

1 Ergänze.

G	550 €	460 m			445 €	72 kg
W		115 m	450 ℓ	65 g	89 €	
p %	60 %		90 %	32,5 %		33 %

2 Unterstreiche zuerst links p %, W und G mit der gegebenen Farbe, wenn möglich.
Berechne dann rechts die fehlende Angabe und ergänze.

a) 45 ℓ von 50 ℓ sind

b) 20 % von 45 km sind

c) 18 % sind 9 € und 100 % sind

d) 17 richtige Ergebnisse von 20 sind

3 Auf dem Kassenbon stehen der Bruttobetrag und der Nettobetrag.
Der Bruttobetrag enthält 19 % Mehrwertsteuer. Berechne den Nettobetrag.

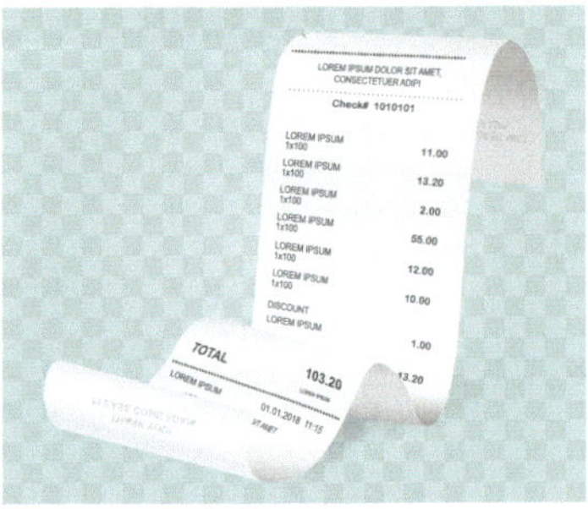

a) Bruttobetrag: 23,80 €

b) Bruttobetrag: 95,20 €

c) Bruttobetrag: 7,14 €

d) Bruttobetrag: 13,09 €

4 Ergänze und berechne die Zinsen für ein Jahr.

a) Frau Klosic leiht sich 3500 € zu einem Zinssatz von 7,5 %.

K = p % = Z =

b) Herr Mars legt zu einem Zinssatz von 2,3 % für ein Jahr 15 500 € an.

K = p % = Z =

c) Familie Kleist leiht sich 5400 €. Der Zinssatz ist pro Jahr 4,1 %.

K = p % = Z =

5 Verbinde mit dem Zinssatz.

Kapital: 200 € Zinsen: 13 €	Kapital: 600 € Zinsen: 9 €	Kapital: 1000 € Zinsen: 3 €	Kapital: 250 € Zinsen: 25 €	Kapital: 320 € Zinsen: 16 €	Kapital: 128 € Zinsen: 48 €	Kapital: 450 € Zinsen: 9 €	Kapital: 960 € Zinsen: 60 €
0,3 %	1,5 %	2 %	3,75 %	5 %	6,25 %	6,5 %	10 %

Grundwert, Prozentwert und Prozentsatz berechnen
Zinsen berechnen
Zinssatz berechnen

Dreisatz

Dreisatz bei proportionalen Zuordnungen

Dreisatz bei antiproportionalen Zuordnungen

1 Die Zuordnung ist proportional. Berechne mit dem Dreisatz.

a) 8 Torten kosten 96 €. 7 Torten kosten ______

	Torten	Preis (in €)	
	8	96	
:8			:8
·7	7		·7

b) Die Miete für 5 h beträgt 90 €. 4 h kosten ______

	Zeit (in h)	Preis (in €)	
	5	90	
:5			
	4		

c) In 5 h wurden 75 m fertig und in 9 h ______

Zeit (in h)	Länge (in m)
5	75

d) 7 Teile wurden in 49 s fertig und 5 in ______

Teile	Zeit (in s)

2 Die Zuordnung ist antiproportional. Berechne mit dem Dreisatz.

a) Für 5 Katzen reicht das Futter ______

	Katzen	Tage	
	7	50	
:7			·7
·5	5		:5

b) Für 3 Hunde reicht das Futter ______

	Hunde	Tage	
	4	15	
:4			
	3		

c) 3 Maler streichen die Treppenhäuser in 24 Tagen.
Mit 8 Malern dauert es ______

Maler	Tage
3	

d) Mit 3 Kränen dauert der Transport 5 Stunden.
Mit 2 Kränen dauert es ______

Kräne	Stunden

e) 8 Tischler bauen die Fenster in 40 h.
Wie lange brauchen 5 Tischler?

f) 6 Lkw fahren mit je 16 Fahrten den Sand weg.
Wie oft müssen 8 Lkw fahren?

Dreisatz bei proportionalen Zuordnungen

Dreisatz bei antiproportionalen Zuordnungen

Flächen und Körper

Umfang von Rechteck und Quadrat

Flächeninhalt von Rechteck und Quadrat

1 Berechne den Umfang des Vierecks. Achte auf gleiche Einheiten.

a)
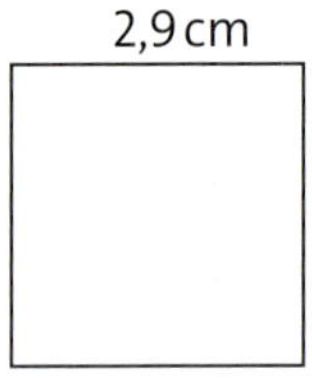

b)
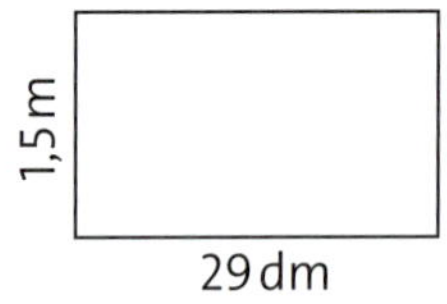

c)
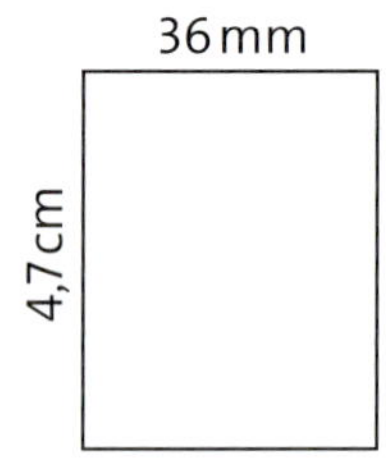

d)
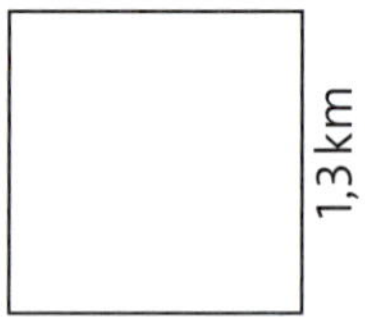

2 Gib den Umfang u der Fläche an. Miss dazu die Längen der Seiten auf halbe Zentimeter genau.

a)
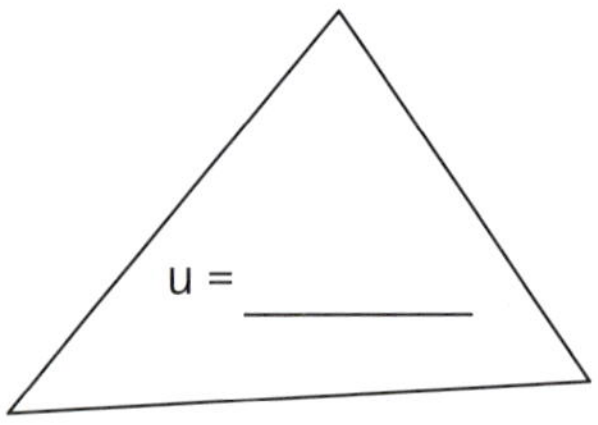

b)
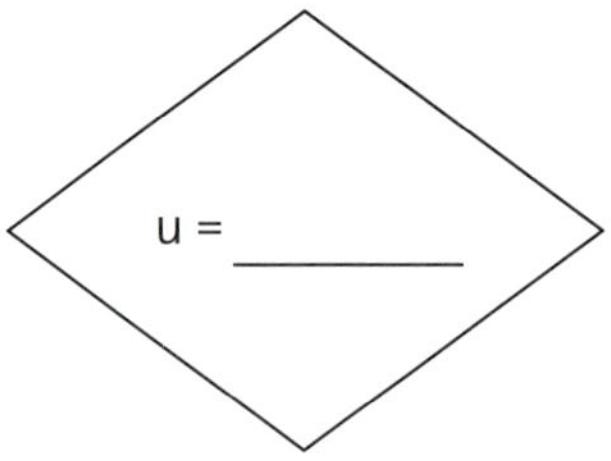

c)
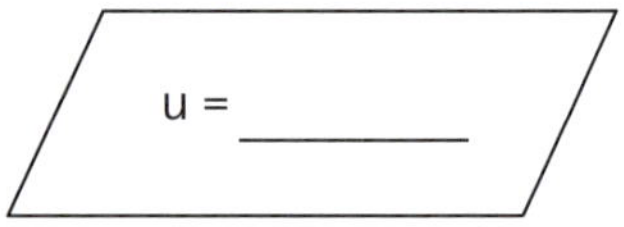

3 Hier ist die Grundfläche eines Prismas gezeichnet. Vervollständige das Schrägbild.

a) Körperhöhe 6 cm
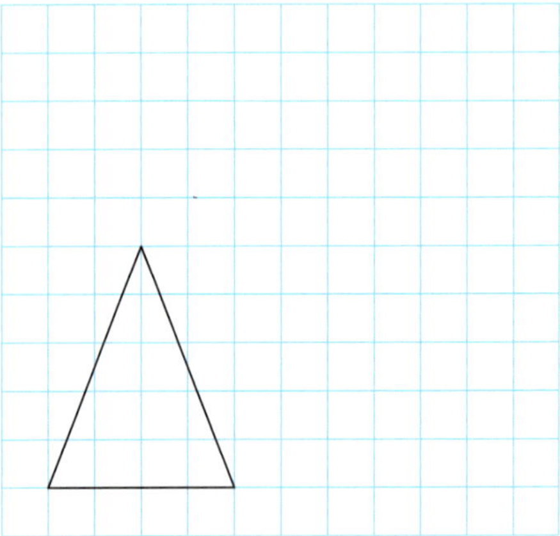

b) Körperhöhe 5 cm
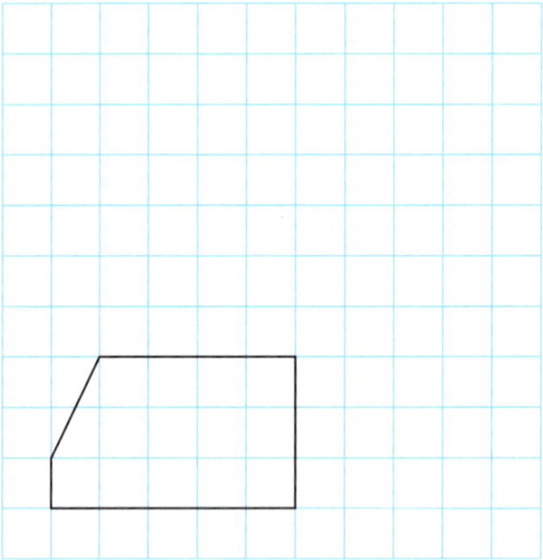

c) Körperhöhe 5 cm
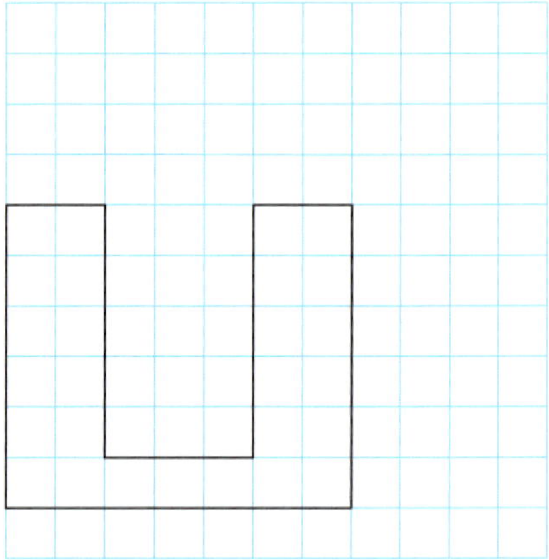

4 Berechne den Flächeninhalt des Rechtecks. Achte auf gleiche Einheiten.

a) a = 2,4 m; b = 2 dm

b) a = 55 cm; b = 0,4 m

c) Quadrat: a = 2,5 m

Umfang von Rechteck und Quadrat

Umfang von Dreiecken und Vierecken

Flächeninhalt von Rechteck und Quadrat

Terme

Klammern auflösen und Terme vereinfachen

Terme ausmultiplizieren

1 Löse zuerst die Klammern auf. Fasse dann zusammen.

a) $6a + (4b - 3a) =$ ______

b) $6a - (5b - 2a) =$ ______

c) $-b - (-2b + 7c) =$ ______

d) $-3x + (-x - x) =$ ______

2 Ergänze die Multiplikationsmauer.

a)

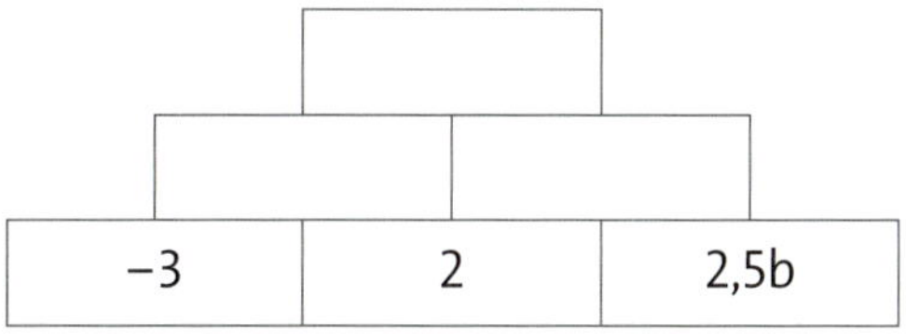

b)

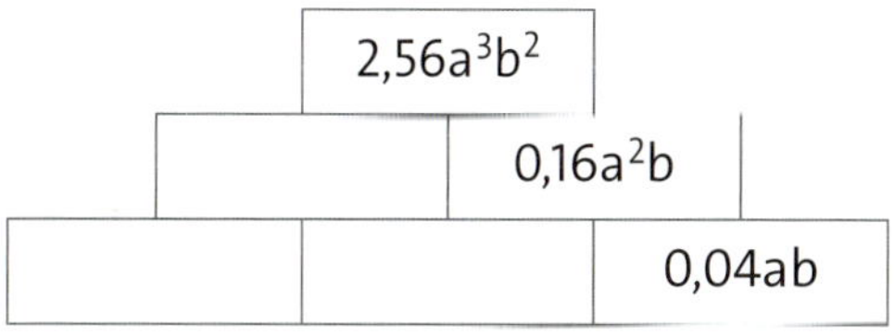

3 Multipliziere aus.

a) $7 \cdot (a + 3) =$ ______

b) $8 \cdot (3b - 4) =$ ______

c) $(11c + 7) \cdot 5 =$ ______

d) $-6 \cdot (6d + 7) =$ ______

e) $(2{,}5d - 9) \cdot 4 =$ ______

f) $2 \cdot (2a + 3 - c) =$ ______

4 Verbinde gleichwertige Terme.

$2 \cdot (a + 3b)$ | $a \cdot (30 - 6b)$ | $5a \cdot (6b + 8)$ | $13 \cdot (q - 3p)$ | $9 \cdot (3p - 5q)$ | $-7 \cdot (p + 2q)$

$30a - 6ab$ | $13q - 39p$ | $30ab + 40a$ | $2a + 6b$ | $-7p - 14q$ | $27p - 45q$

5 Klammere zuerst aus. Multipliziere dann zur Kontrolle im Kopf.

a) ______ $\cdot (a - 5) = 10a - 50$

b) ______ $\cdot (6b + 8) = 54ab + 72a$

c) $(7 - 10d) \cdot$ ______ $= 56e - 80de$

6 Verbinde die Figuren mit den Termen für den Umfang. Zeichne mehr als sechs Linien ein.

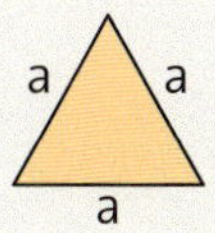

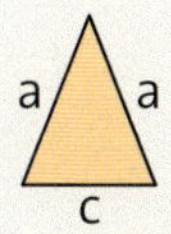

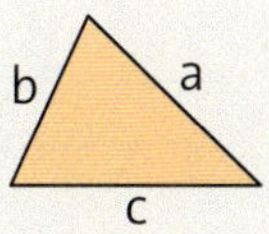

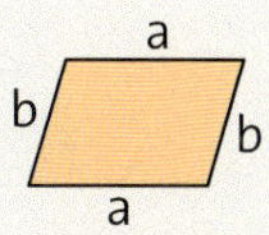

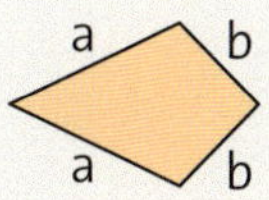

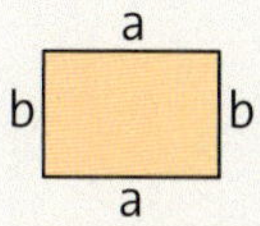

$a + b + c$ | $2a + c$ | $a + a + a$ | $a + b + a + b$ | $2a + 2b$ | $a + a + b + b$

7 Emilia ist halb so alt wie Frederick. Frederick ist 24 Jahre jünger als Tante Gala.

a) Bilde zuerst einen Term für das Alter von Frederick. Bilde dann einen Term für das Alter von Emilia.

______

b) Tante Gala ist 38 Jahre alt. Wie alt sind Frederick und Emilia?

______

Klammern auflösen und Terme vereinfachen

Terme ausmultiplizieren

Parallelo
Mathematik

9
Lösungen zum Arbeitsheft

220007597

Cornelsen

Parallelo
Mathematik

Erarbeitet von: Patrick Letschert, Martin Samol, Stefan Schmidt, Hanno Wieczorek, Mesut Yurt
Unter Mitarbeit der Verlagsredaktion
Redaktion: Albrecht Kröner, Berit Kroschel, Alina Maas, Christina Schwalm

Grafik/Zeichnung: Cornelsen/Christian Böhning, Cornelsen/Ludwig Heyder, Cornelsen/Detlef Seidensticker
Umschlaggestaltung: Studio SYBERG, Berlin
Technische Umsetzung: Straive und CMS – Cross Media Solutions GmbH, Würzburg
Layout: Klein & Halm Grafikdesign

Cover: Foto: Shutterstock.com/John_T; Schrift: Studio Syberg; S. 7/u.l.: Shutterstock.com/Jonas Vegele, u.m.: Shutterstock.com/Steidi, u.r.: Shutterstock.com/Olena Kozachuk; S. 34/Straßenschild: Shutterstock.com/Zoart Studio, u.r.: Shutterstock.com/ESBuka; S. 38/u.r.: Shutterstock.com/Love the wind; S. 45/Geodreieck: stock.adobe.com/stadtratte; S. 46/Autos: Shutterstock.com/kimchin; S. 47–48/Frau: Shutterstock.com/Khosro; S. 62/Geld: Shutterstock.com/Lomonovskyi; S. 63/Glasdeckel: Shutterstock.com/FotoHelin; S. 64/Felgen: Shutterstock.com/wk1003mike; S. 65/Dartscheibe: Shutterstock.com/Bohbeh; S. 66/Geld: Shutterstock.com/Lomonovskyi; S. 67/Hocker: Shutterstock.com/InspiringMoments; S. 70/Ananas: Shutterstock.com/Anton Starikov; S. 73/Pizza: Shutterstock.com/Brent Hofacker; S. 75/3: Shutterstock.com/Evgenia Vasileva; S. 76/u.m.: Shutterstock.com/arga muria; S. 79/u.r.: Shutterstock.com/OlegRi; S. 82/u.r.: Shutterstock.com/kai keisuke; S. 83/roter Würfel: Shutterstock.com/Viktor Fedorenko, Hände: Shutterstock.com/Miriam Doerr/Martin Frommherz, Zapfen: Shutterstock.com/Vladimir Volodin, Geld: Shutterstock.com/Claudio Divizia, 2+3, Würfel: Shutterstock.com/Robert J. Bradshaw; S. 84/m.r.+85/o.r.: Shutterstock.com/Robert J. Bradshaw; S. 88/u.l.: Shutterstock.com/KikoStock; S. 100/m.r.: Shutterstock.com/robuart

Illustrationen
Cornelsen: Christian Böhning: S. 20–23/Elefanten, 84/Pyramide+u.r., 85/alles außer o.r., 99/Zahlenstrahl, 102/2, 103; Detlef Seidensticker: S. 2, 3/alles außer o.l., 4–7, 87–88, 91/o.m., 102/3; Ludwig Heyder: S. 58, 102/1, karierter Hintergrund auf S. 25+28+34+37+81+99+102/u.; Martin Frech: 32–33, 34/o.r., 35–46, 86, 89–90, 91/m.+u., 92–94; Stefan Giertzsch: 8–19, 20–27/Waagen, 24/o.r., 29–30, 47–57, 59–82

Zuordnungen darstellen

1 Kreuze zuerst Zutreffendes an.
Ergänze dann die Tabelle.

a)

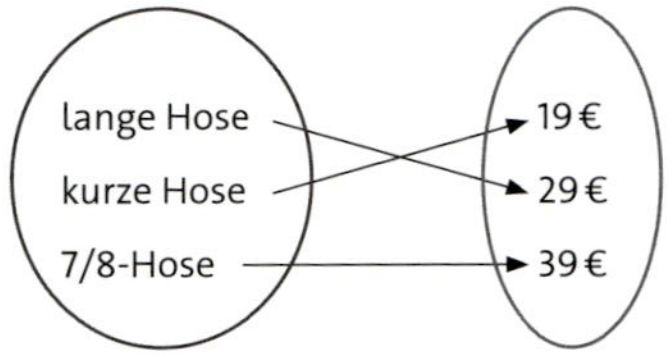

- [x] Jeder Hose ist ein Preis zugeordnet.
- [x] eine Hose → ein Preis
- [x] Die kurze Hose kostet 19 €.
- [ ] lange Hose → 39 €

Hose	lang	kurz	7/8
Preis (in €)	29	19	39

Tipp
Ein Pfeil („→“) steht für „ist zugeordnet“.

b)

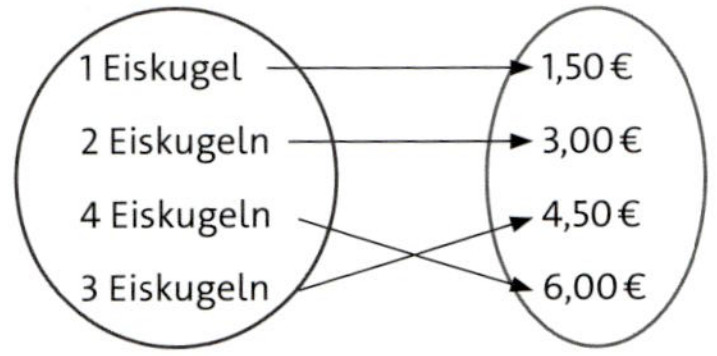

- [x] Anzahl der Eiskugeln → Preis
- [x] 1 Eiskugel → 1,50 €
- [ ] 3 € → 2 Eiskugeln
- [x] 1,50 € kostet jede Eiskugel.

Eiskugeln	1	2	3	4
Preis (in €)	1,50	3,00	4,50	6,00

2 Ergänze zuerst die Tabelle und dann den Graphen im Koordinatensystem.

a) Die Äpfel kosten 2 € je Kilogramm.

Äpfel (in kg)	1	1,5	2	2,5	3
Preis (in €)	2	3	4	5	6

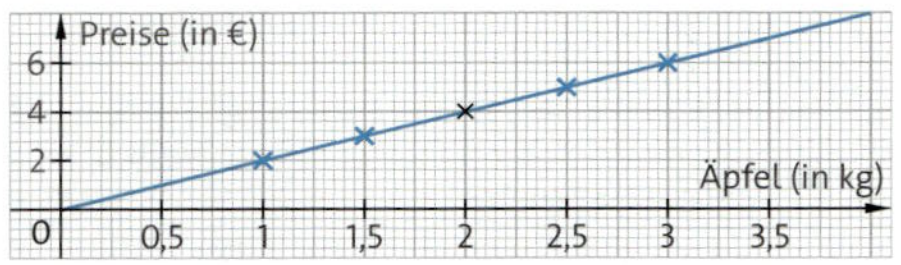

Tipp
Ausgangswert x und zugeordneter Wert y bilden das Wertepaar (x|y). Es gilt: x → y.

Beispiel: Saft (in ℓ) → Preis (in €)

Saft (in ℓ)	1	0,5	1,5	2
Preis (in €)	1,20	0,60	1,80	2,40

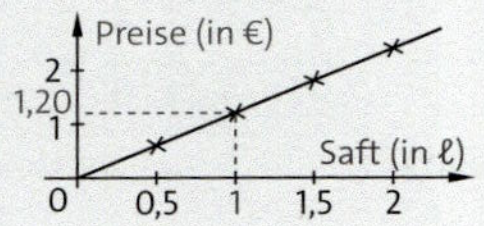

b) Die Pilze kosten 4 € je Kilogramm.
Pilze (in kg) → Preis (in €)

Pilze (in kg)	1	2	3	5	7
Preis (in €)	4	8	12	20	28

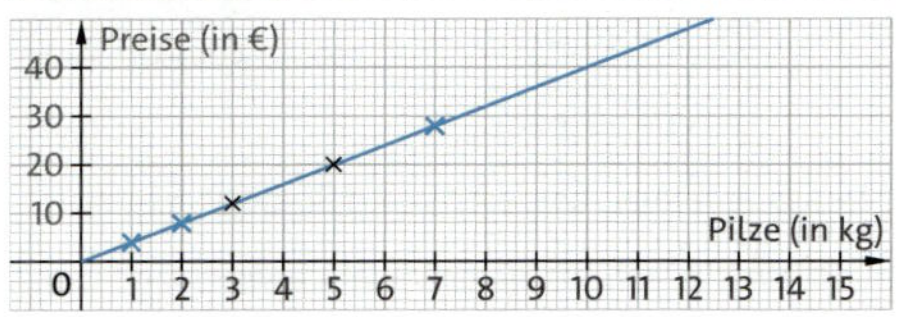

c) Thea teilt 24 Bonbons gerecht auf.
Anzahl an Personen → Anzahl an Bonbons

Personen	3	4	6	8	12
Bonbons	8	6	4	3	2

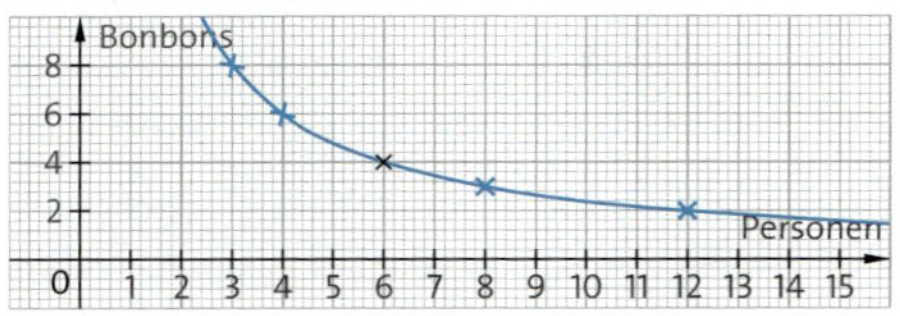

Zuordnungen darstellen

1 Kreuze zuerst Zutreffendes an.
Ergänze dann darunter.

a)

- [x] Jeder Bewertung ist eine Zahl zugeordnet.
- [x] Bewertung → Farbe
- [ ] 5 → Rot

Pfeildiagramm:

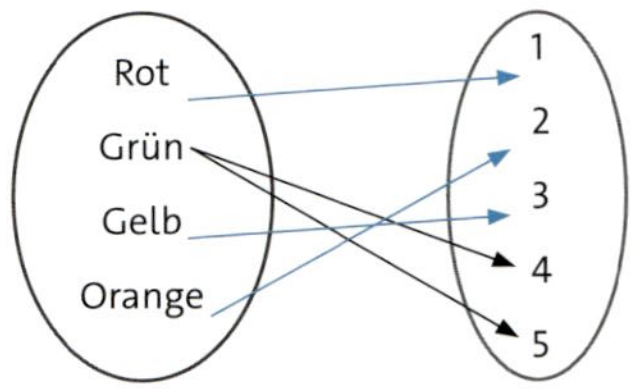

b)

Tarife	Free	Basic	Standard	Premium
	€ 0,00	€ 9,99	€ 19,99	€ 99,99

- [x] Jedem Tarif ist ein Preis zugeordnet.
- [x] Standard → 19,99 €
- [ ] 19,99 € → 99,99 €

Wertetabelle:

Tarif	Preis (in €)
Free	0,00
Basic	9,99
Standard	19,99
Premium	99,99

2 Ergänze zuerst die Tabelle und dann den Graphen im Koordinatensystem.

a) 2 kg Birnen kosten 4 €.

Birnen (in kg)	0,5	1	2	3	3,5
Preis (in €)	1	2	4	6	7

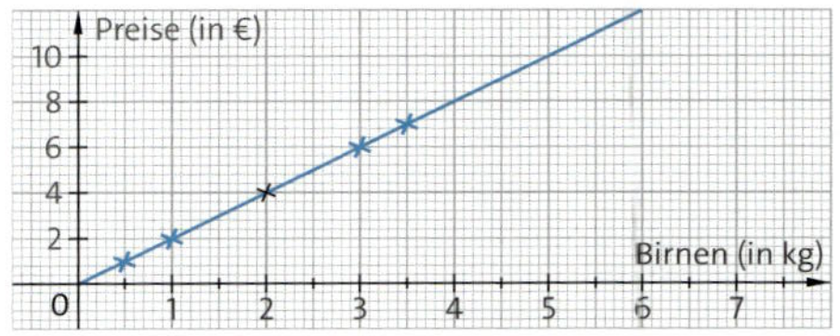

Tipp
Ausgangswert x und zugeordneter Wert y bilden das Wertepaar (x|y).

Beispiel: x → 2x

x	1	0,5	1,5	2
2x	2	1	3	4

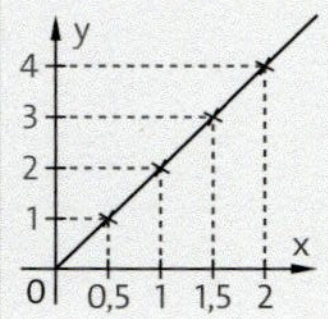

b) Theo verpackt 60 Kekse gerecht in Tüten.

Tüten	20	60	30	15
Inhalt	3	1	2	4

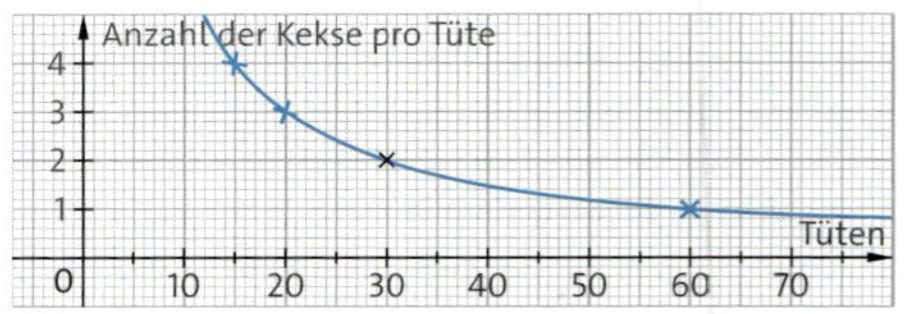

c) $x \rightarrow x \cdot x$

x	−2	−1	0	1	2
x · x	4	1	0	1	4

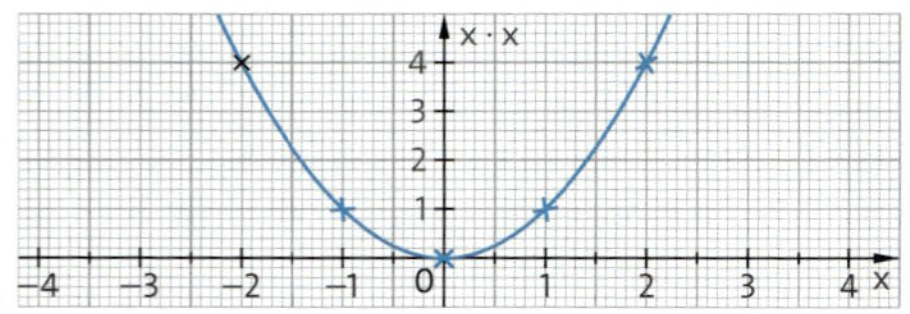

Zuordnungen darstellen

- Ausgangswert x und zugeordneter Wert y bilden das Wertepaar (x|y). Es gilt: x → y.
- Zuordnungen kann man darstellen mit Worten, Pfeildiagrammen, Wertetabellen und Graphen.

Beispiel: Umfang u gleichseitiger Dreiecke mit der Seitenlänge a

Worte:

Der Umfang eines gleichseitigen Dreiecks ist das Dreifache der Seitenlänge.

Gleichung: u = 3a

Pfeildiagramm:

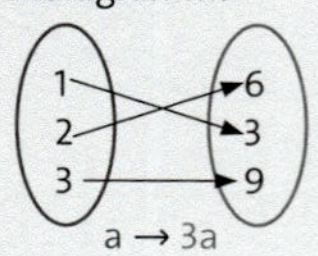

Wertetabelle:

a (in cm)	1	2	3
u (in cm)	3	6	9

Koordinatensystem:

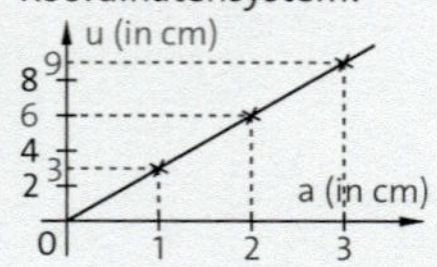

1 Ergänze.

a) Zahlen von 6 bis 8 (x) → Nachfolger (y)

Worte:

Den Zahlen 6; 7 und 8 ist ihr Nachfolger zugeordnet.

Pfeildiagramm:

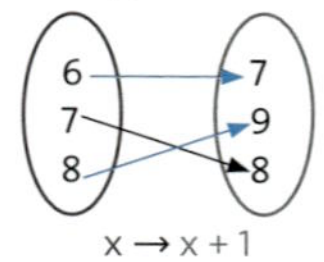

Wertetabelle:

x	6	7	8
y	7	8	9

Koordinatensystem:

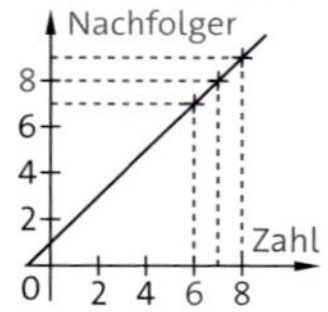

b) Geschlecht (m; w; d) → Anzahl der Personen

Worte:

Es wird erfasst, wie viele Personen entweder m oder w oder d angekreuzt haben.

Pfeildiagramm:

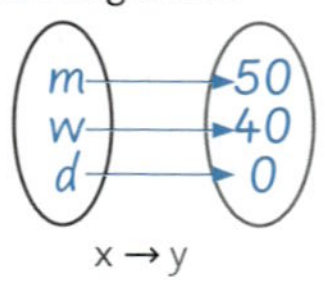

Wertetabelle:

x	m	w	d
y	50	40	0

Säulendiagramm:

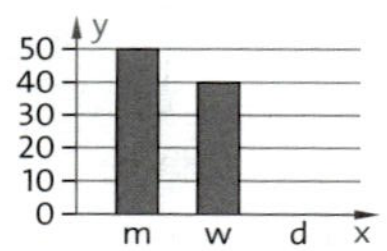

2 Ergänze.

a) Flächeninhalt A (in m²) → Seitenlänge a (in m)

A (in m²)	4	9	2,25	16	6,25
a (in m)	2	3	1,5	4	2,5

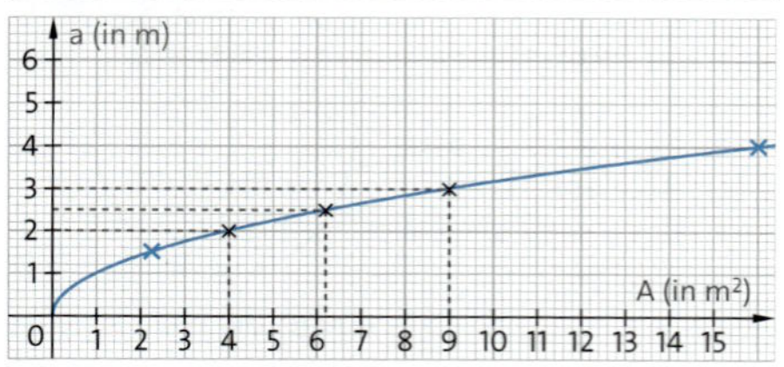

b) Zeit (in s) → zurückgelegter Weg (in m)

Zeit (in s)	0	1	2	3	4
Weg (in m)	0	5	10	15	20

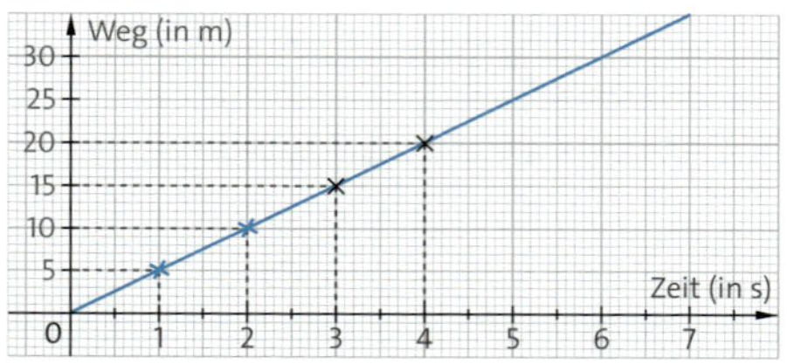

Lineare Funktionen und Funktionsgleichungen

1 Gegeben sind ein x-Wert und die Geradengleichung y = 2x – 1.
Berechne zuerst den y-Wert.
Trage dann den y-Wert in die Wertetabelle ein.

a) x = 1 also y = 2 · 1 – 1 = 1

b) x = 2 also y = 2 · 2 – 1 = 3

c) x = 3 also y = 2 · 3 – 1 = 5

d) x = 4 also y = 2 · 4 – 1 = 7

Tipp
① Ersetze x in der Geradengleichung.
② Berechne y.

x	1	2	3	4
y	1	3	5	7

2 Berechne zuerst die y-Werte.
Trage dann die zugehörigen Punkte in das Koordinatensystem ein.
Zeichne danach die Gerade durch die Punkte.

Beispiel: y = x + 1

x	0	1
y	1	2

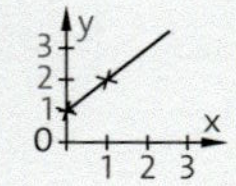

a) y = x + 4

x	0	1	2	3
y	4	5	6	7

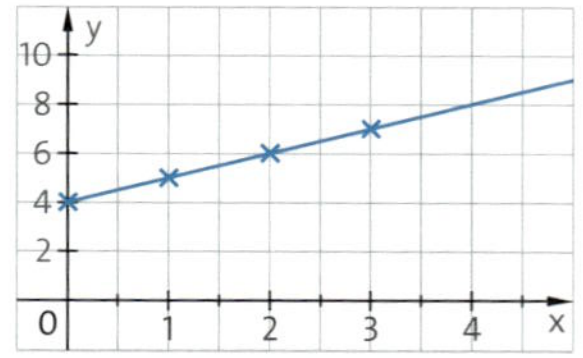

b) y = –2x + 8

x	0	1	2	3
y	8	6	4	2

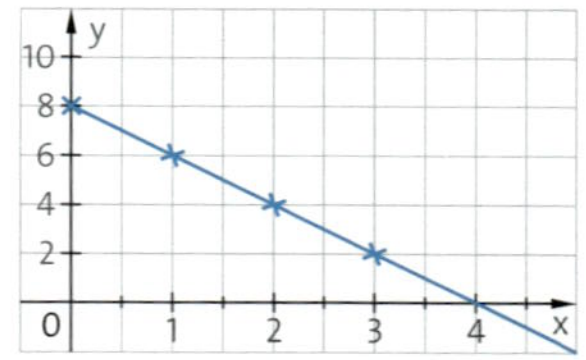

c) y = 3x – 2

x	0	1	2	3
y	–2	1	4	7

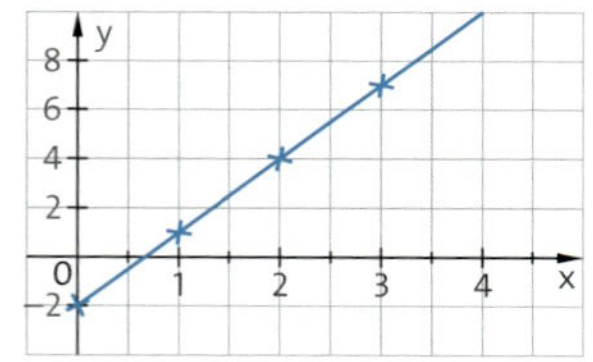

3 Eine Geradengleichung, eine Wertetabelle und ein Koordinatensystem gehören zusammen. Verbinde passend.
Ergänze dann die Wertetabelle und die Punkte auf der Geraden.

Tipp
Lies den x-Wert ab.
Ermittle dazu den y-Wert.

x	0	1	2	3
y	6	4	2	0

x	1	2	3	4
y	–2	0	2	4

x	–2	–1	0	1
y	2	0	–2	–4

y = 2x – 4

y = –2x + 6

y = –2x – 2

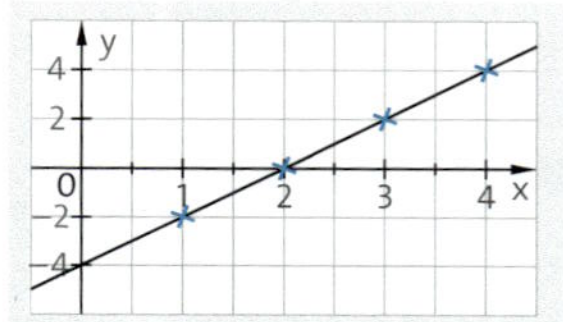

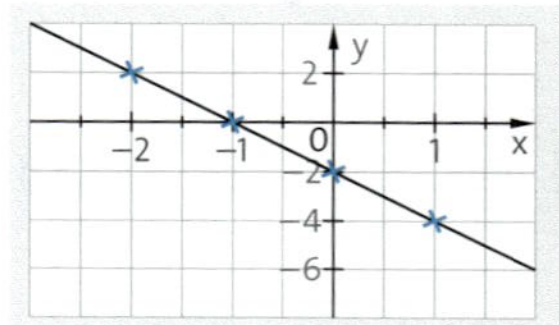

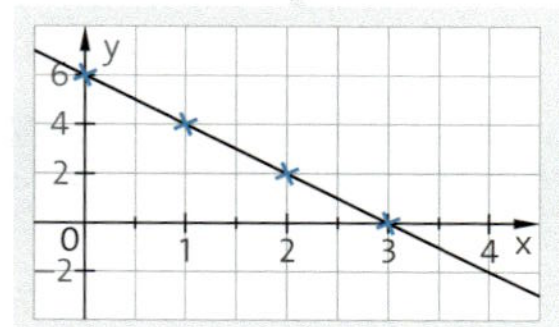

Lineare Funktionen und Funktionsgleichungen

1 Berechne jeweils zuerst den y-Wert für x = 2 und für x = 10.
Ergänze dann die Wertetabelle.

a) y = 3x − 5

y = 3 · 2 − 5 = 1

y = 3 · 10 − 5 = 25

x	2	10
y	1	25

b) y = −4x − 2

y = −4 · 2 − 2 = −10

y = −4 · 10 − 2 = −42

x	2	10
y	−10	−42

Tipp
① Ersetze x in der Geradengleichung.
② Berechne y.

Beispiel: y = 6x + 1

x	2	10
y	13	61

2 Ergänze zuerst die Wertetabelle.
Trage dann die zugehörigen Punkte in das Koordinatensystem ein.
Zeichne danach die Gerade durch die Punkte.

Beispiel:
y = 6x + 1

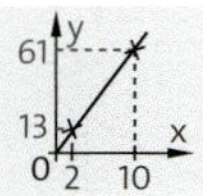

a) y = x + 3

x	−1	0	1	2
y	2	3	4	5

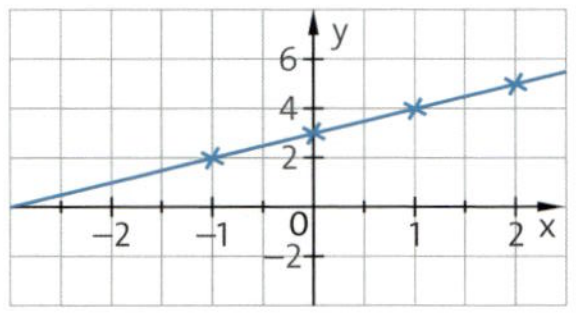

b) y = 2x − 4

x	−1	0	1	2
y	−6	−4	−2	0

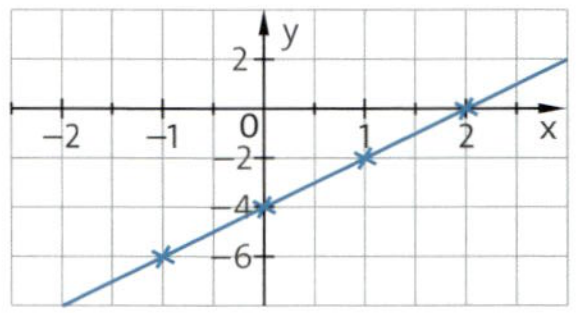

c) y = −3x − 1

x	−1	0	1	2
y	2	−1	−4	−7

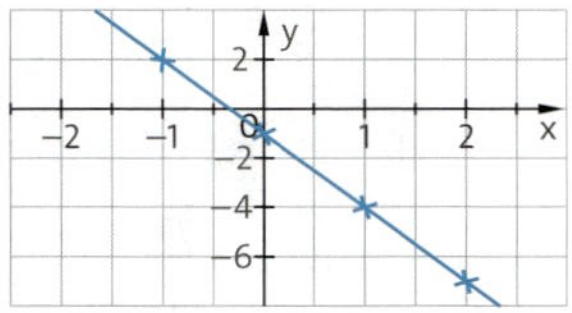

3 Verbinde zuerst die Geradengleichung
mit der Wertetabelle und mit dem Koordinatensystem.
Ergänze dann die Wertetabellen und das Koordinatensystem.

Tipp
Prüfe, ob Punkte auf der Geraden liegen.

x	−1	0	1
y	5	3	1

x	−1	0	1
y	−4	−2	0

x	−1	0	1
y	1	−2	−5

y = 2x − 2   y = −2x + 3   y = −3x − 2

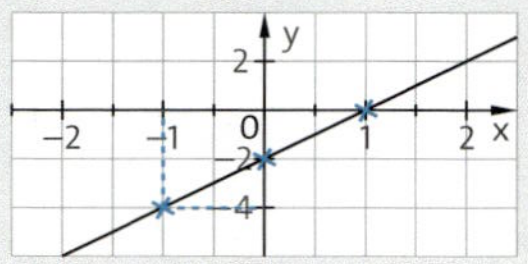

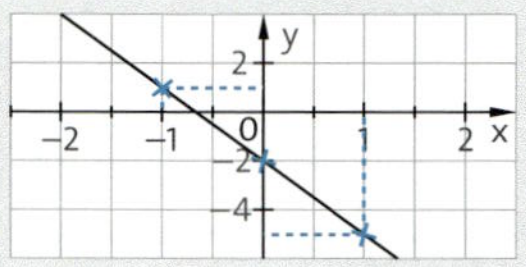

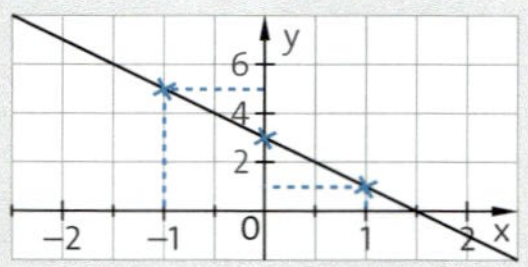

Lineare Funktionen und Funktionsgleichungen

Der Graph einer linearen Zuordnung ist eine Gerade.
Die Geradengleichung hat die Form y = m · x + b.

Beispiel: y = −5 · x + 30

Wertetabelle:

x	−1	0	1	2	3
y	35	30	25	20	15

Graph:

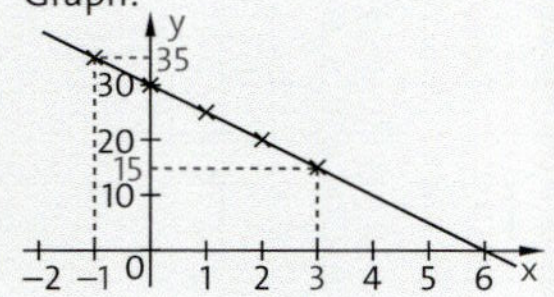

1 Berechne jeweils den y-Wert für x = 10, für x = 11 und für x = −15.

a) y = 3x − 5

y = 3 · 10 − 5 = 25

y = 3 · 11 − 5 = 28

y = 3 · (−15) − 5 = −50

b) y = −4x − 2

y = −4 · 10 − 2 = −42

y = −4 · 11 − 2 = −46

y = −4 · (−15) − 2 = 58

c) y = 0,4x + 10

y = 0,4 · 10 + 10 = 14

y = 0,4 · 11 + 10 = 14,4

y = 0,4 · (−15) + 10 = 4

2 Ergänze die Wertetabellen. Zeichne die zugehöriger Punkte ins Koordinatensystem.

① y = 7x + 10

x	0	1	2	3
y	10	17	24	31

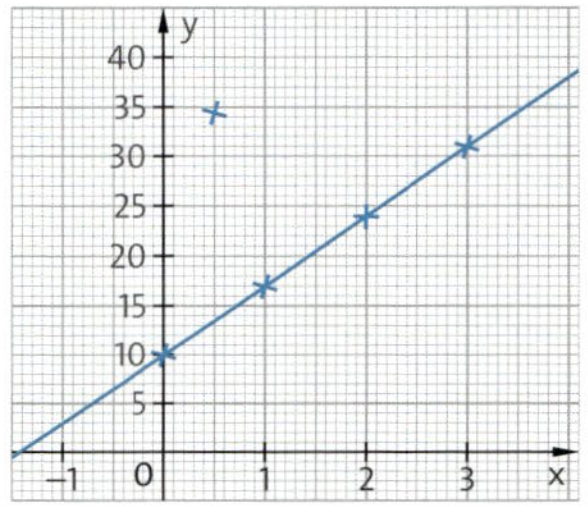

② y = −11x + 40

x	0	1	2	3
y	40	29	18	7

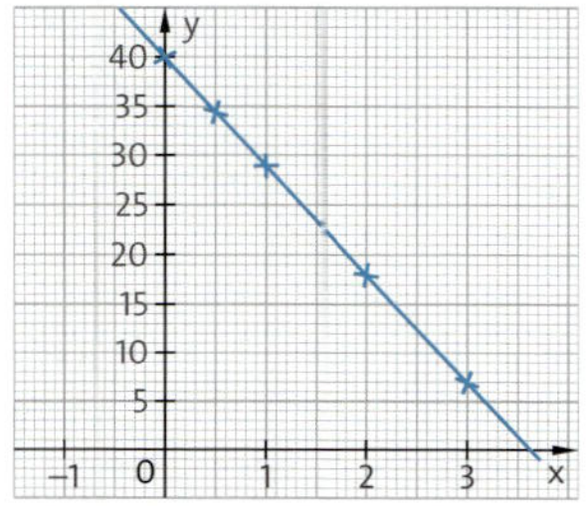

③ y = 16x

x	1	1,5	2	2,5
y	16	24	32	40

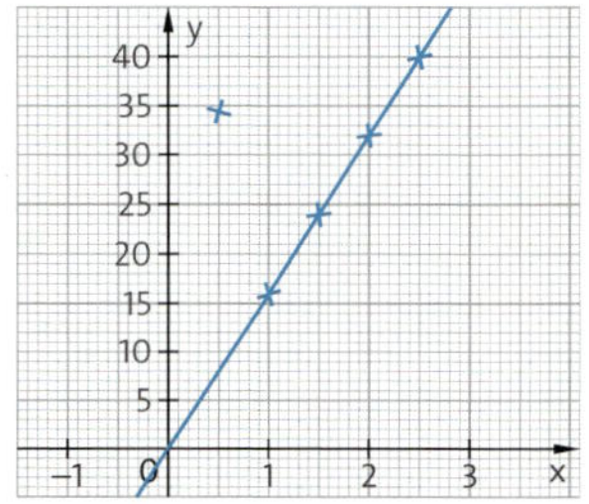

a) Zeichne eine Gerade durch die zugehörigen Punkte im Koordinatensystem.
b) Prüfe grafisch und rechnerisch, ob der Punkt P(0,5|34,5) auf der Geraden liegen kann. Kreuze an.

① y = 7x + 10
y = 7 · 0,5 + 10 = 13,5
☐ ja ☒ nein, da 34,5 ≠ 13,5

② y = −11x + 40
y = −11 · 0,5 + 40 = 34,5
☒ ja ☐ nein, da 34,5 = 34,5

③ y = 16x
y = 16 · 0,5 = 8
☐ ja ☒ nein, da 34,5 ≠ 8

c) Schreibe zuerst die Nummer der passenden Geradengleichung hinter den Satz. Ergänze dann.

Eine Weinbergschnecke kriecht mit 7 cm pro Minute einen Stab hoch. Sie startet bei 10 cm. ①

Eine Wellhornschnecke kriecht mit 16 cm pro Minute in der Nordsee voran. ③

Eine Nachtschnecke kriecht zum 40 cm entfernten Salat mit 11 cm pro Minute. ②

Proportionale Funktionen und Steigung

1 Färbe zuerst am Steigungsdreieck die Strecken passend rot oder blau ein. Schreibe dann die Längen der roten und blauen Strecken an das Steigungsdreieck.

a) $y = \frac{2}{7}x$

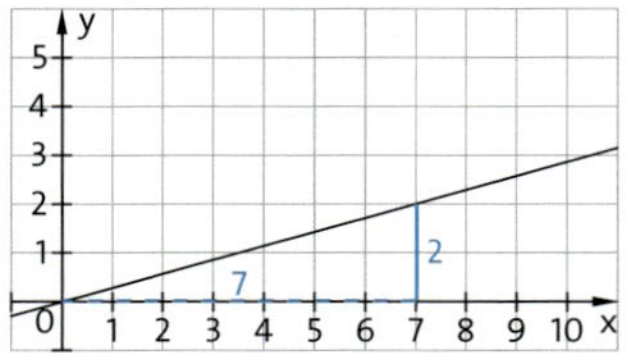

b) $y = \frac{5}{7}x$

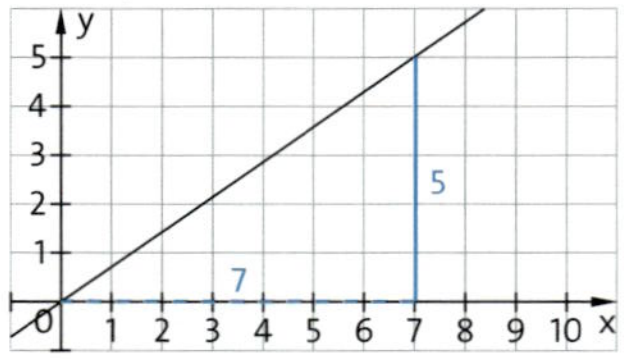

Tipp
Zähle die Kästchen.

Beispiel:

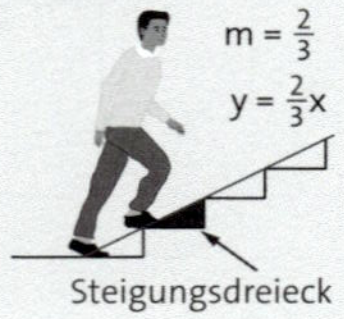

2 Schreibe an die Steigungsdreiecke die Längen der roten und blauen Strecken. Verbinde dann die Funktionsgleichung mit ihrem Graphen.

Beispiel:

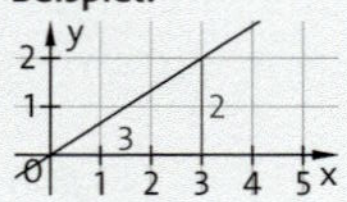

$y = \frac{2}{5}x$ | $y = \frac{3}{5}x$ | $y = \frac{4}{5}x$ | $y = \frac{1}{5}x$

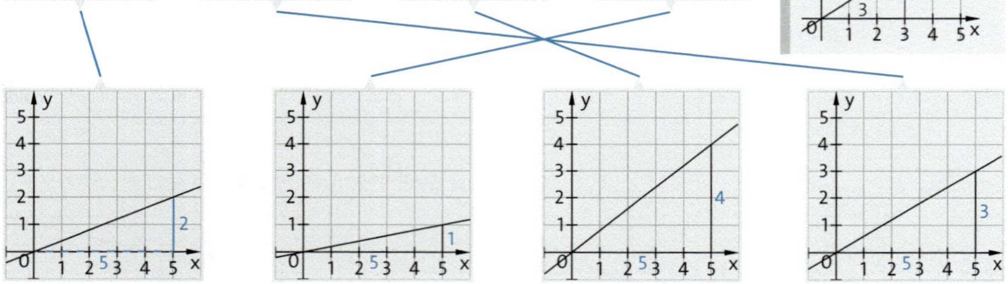

3 Zeichne den Graphen mit einem Steigungsdreieck. Beginne im Ursprung (0 | 0).

Tipp
$y = m \cdot x$ mit der Steigung $m = \frac{y}{x}$

a) $y = \frac{1}{6}x$

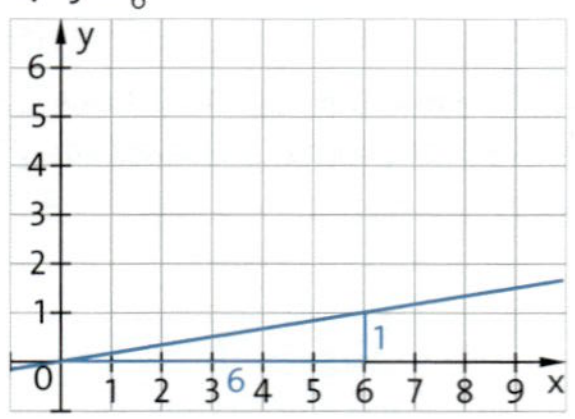

b) $y = \frac{4}{5}x$

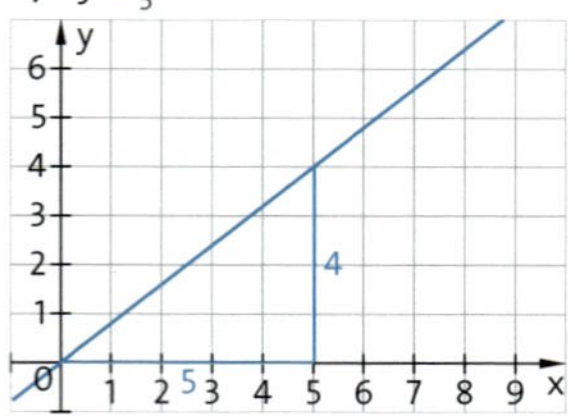

c) $y = \frac{4}{7}x$

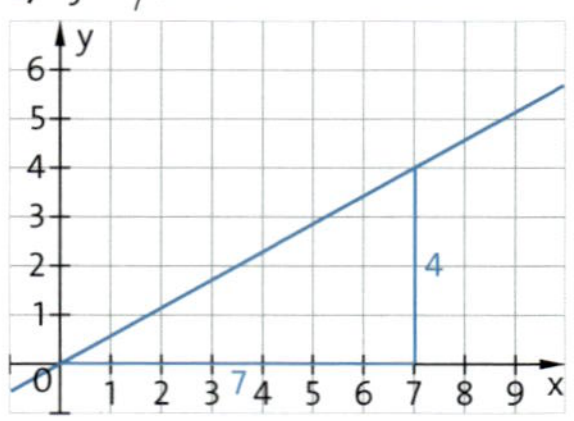

4 Kreuze Zutreffendes an.

a)

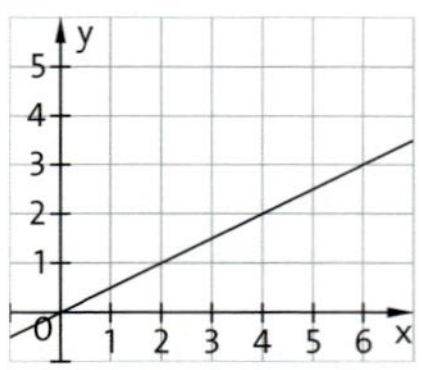

- [x] $y = \frac{1}{2}x$
- [x] $y = \frac{2}{4}x$
- [x] $y = 0{,}5x$

b)

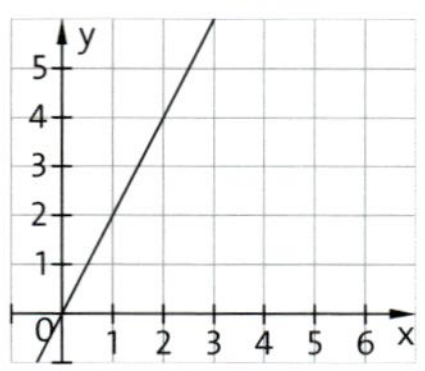

- [x] $y = \frac{2}{1}x$
- [x] $y = \frac{4}{2}x$
- [x] $y = 2x$

Proportionale Funktionen und Steigung

1 Färbe zuerst am Steigungsdreieck die Strecken passend rot und blau ein. Ergänze dann die Funktionsgleichung.

a) $y = \frac{1}{3}x$

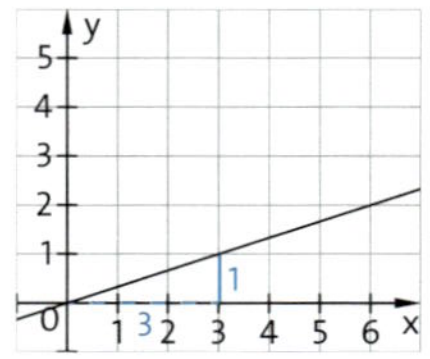

b) $y = \frac{2}{5}x$

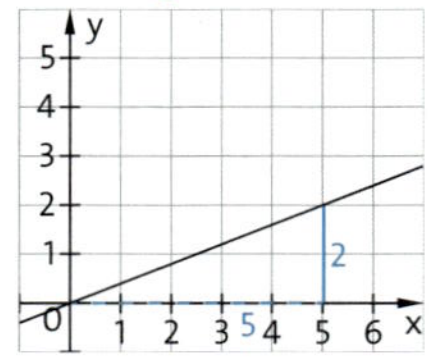

c) $y = \frac{4}{5}x$

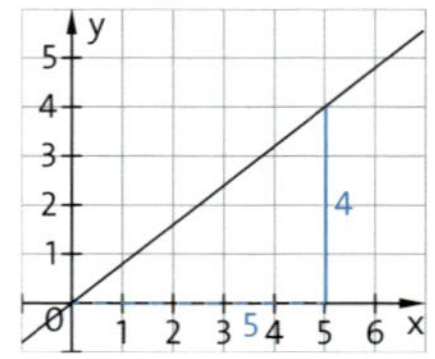

Tipp
m nennt man Steigung.
Es gilt $m = \frac{y}{x}$.

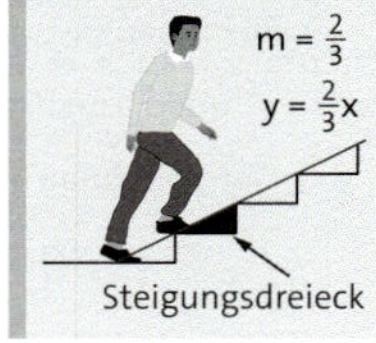

2 Zeichne den Graphen mit einem Steigungsdreieck. Beginne im Ursprung (0 | 0).

Tipp
$y = m \cdot x$ mit der Steigung $m = \frac{y}{x}$

a) $y = \frac{1}{7}x$

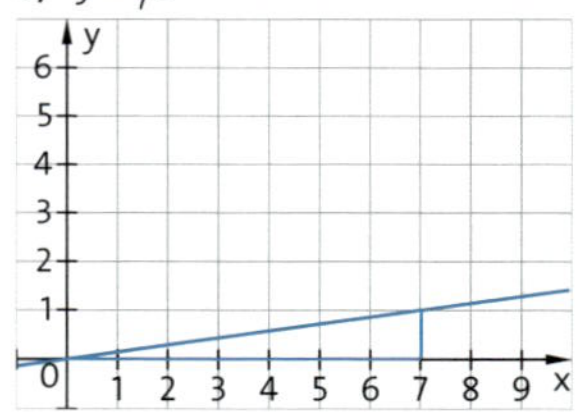

b) $y = \frac{6}{7}x$

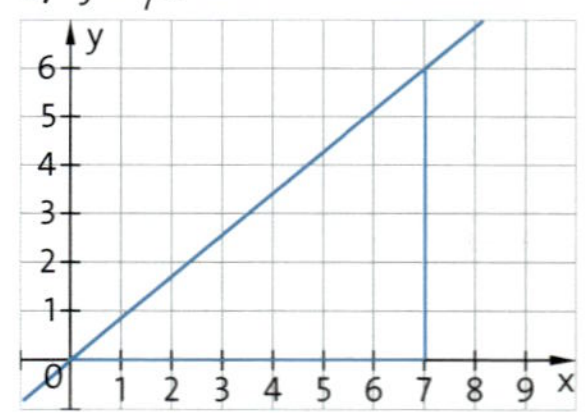

c) $y = \frac{5}{6}x$

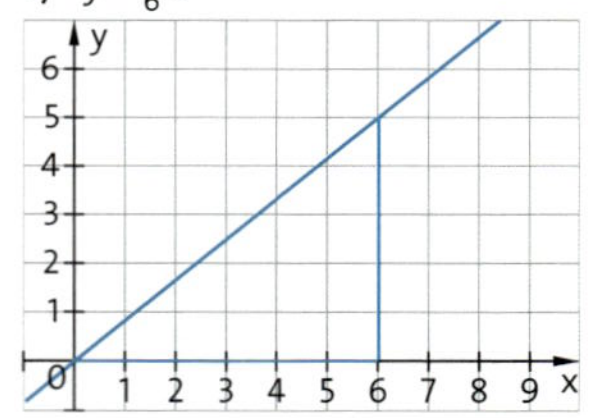

3 Finde die Funktionsgleichung der Form $y = m \cdot x$. Nummeriere die Schritte in der richtigen Reihenfolge.

(4) Setze die Steigung m in die Funktionsgleichung $y = mx$ ein.

(3) Bestimme die Steigung $m = \frac{y}{x}$. Ermittle dafür Längen am Steigungsdreieck.

(2) Zeichne vom Punkt aus eine senkrechte Strecke zur x-Achse. Du erhältst ein Steigungsdreieck.

(1) Wähle auf dem Graphen einen Punkt mit ganzzahligen Werten.

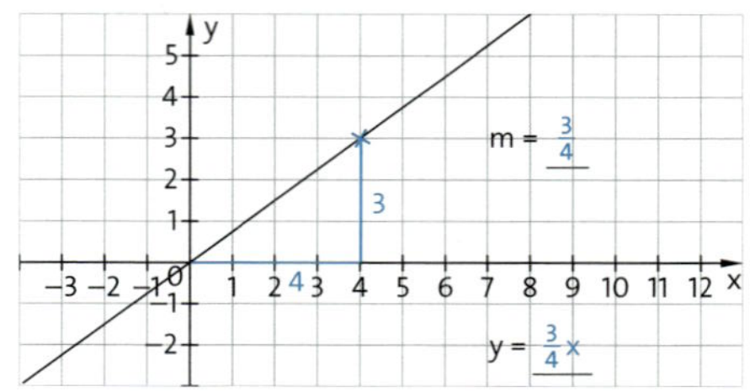

4 Finde die Funktionsgleichung der Form $y = m \cdot x$. Gehe vor wie in Aufgabe 3.

a) $y = \frac{2}{3}x$

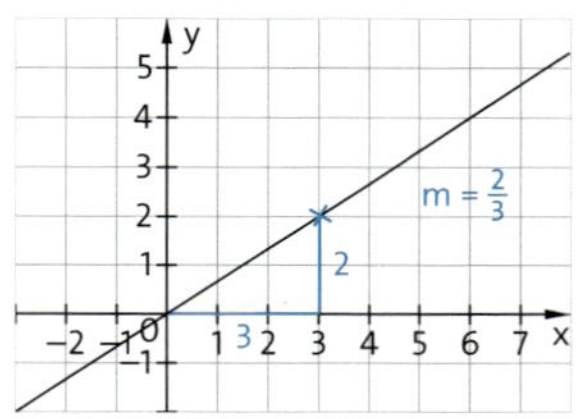

b) $y = \frac{4}{7}x$

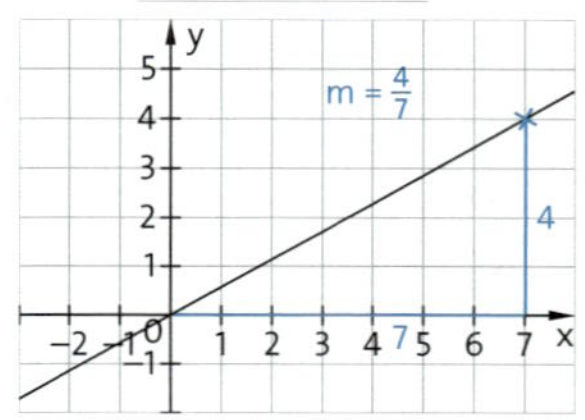

c) $y = -\frac{1}{2}x$

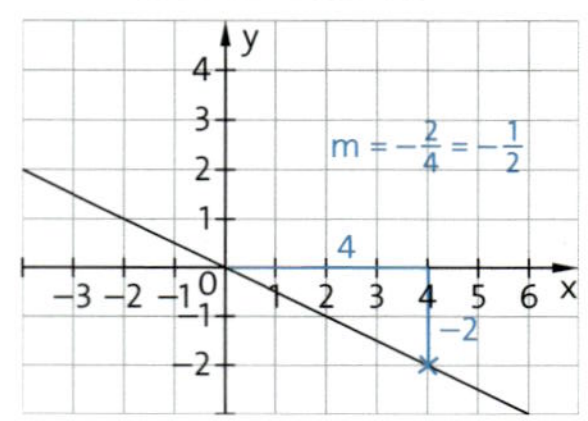

Proportionale Funktionen und Steigung

Jede proportionale Funktion hat eine Gleichung der Form $y = m \cdot x$.
m nennt man Steigung. Es gilt $m = \frac{y}{x}$.
Der Graph ist eine Ursprungsgerade, er verläuft also durch (0 | 0).

Beispiele:

① $y = \frac{2}{3}x$

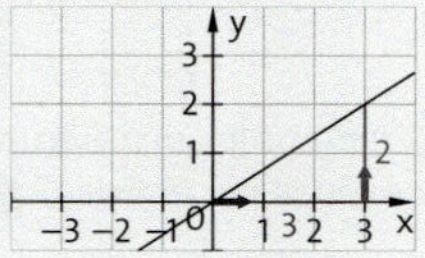

② $y = 2x = \frac{2}{1}x$

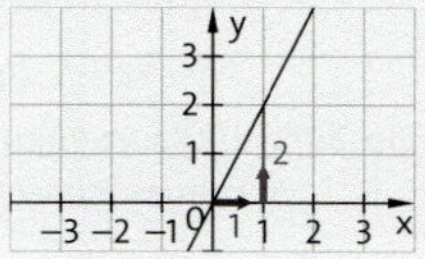

③ $y = -2x = \frac{2}{-1}x$

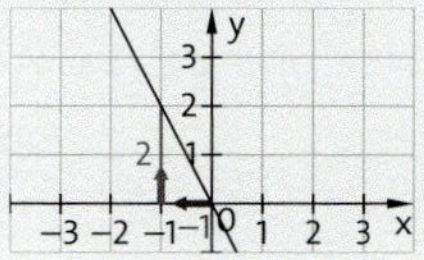

④ $y = -\frac{2}{3}x = \frac{2}{-3}x$

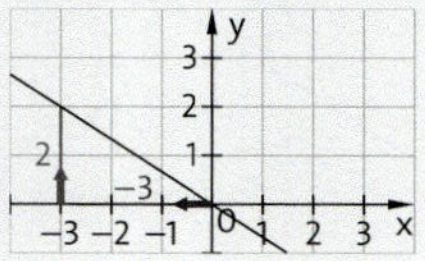

1 Schreibe zuerst die Längen der waagerechten und der senkrechten Strecke an das Steigungsdreieck. Ergänze dann die Funktionsgleichung.

a) $y = \frac{4}{3}x$

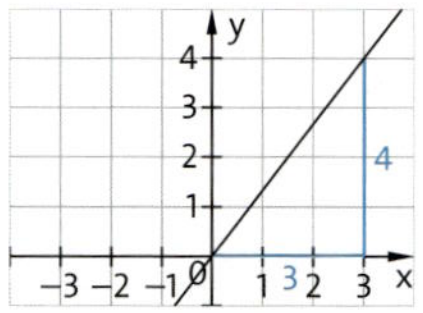

b) $y = \frac{1}{2}x$

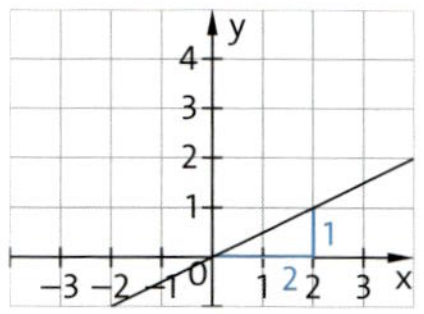

c) $y = \frac{3}{4}x$

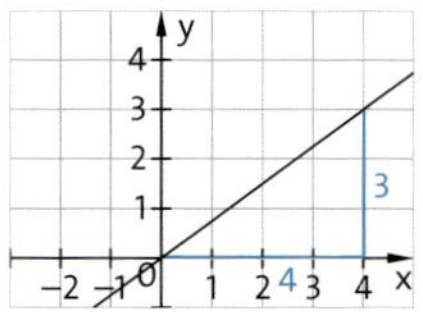

d) $y = -\frac{1}{3}x$

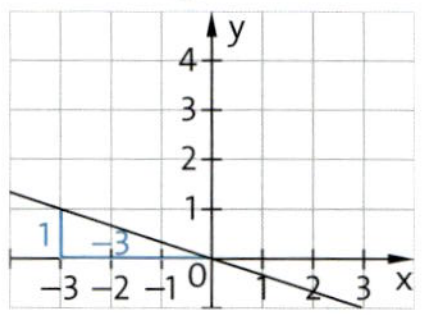

2 Zeichne den Graphen der proportionalen Funktion mit einem Steigungsdreieck.

a) $y = \frac{1}{4}x$

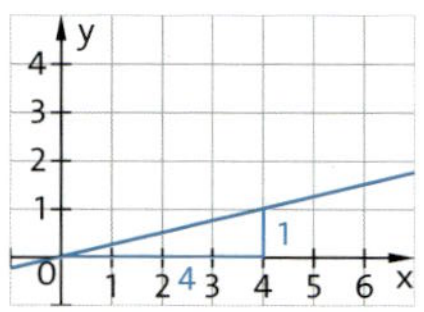

b) $y = \frac{3}{2}x$

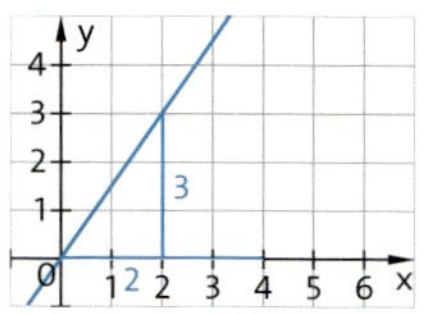

c) $y = \frac{3}{5}x$

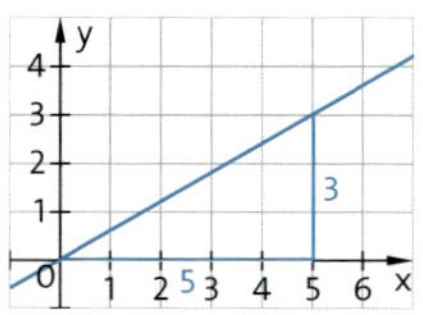

d) $y = 4x$

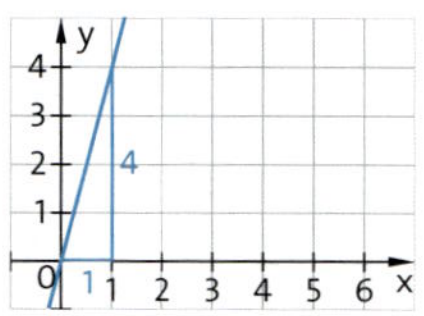

3 Treppen

a) Ergänze die Steigung m. Begründe im Bild.

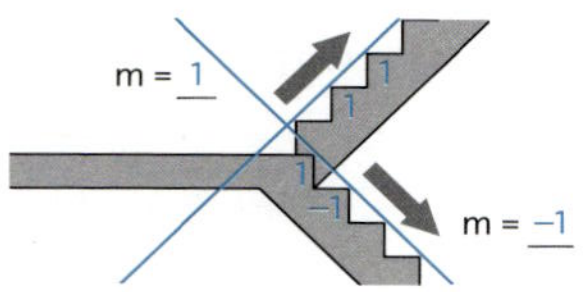

Zeigt die Zeichnung eine normale Treppe?

Nein, eine Treppe ist nicht so steil.

b) Zeichne drei Stufen einer Treppe mit der Steigung m = 0,7.

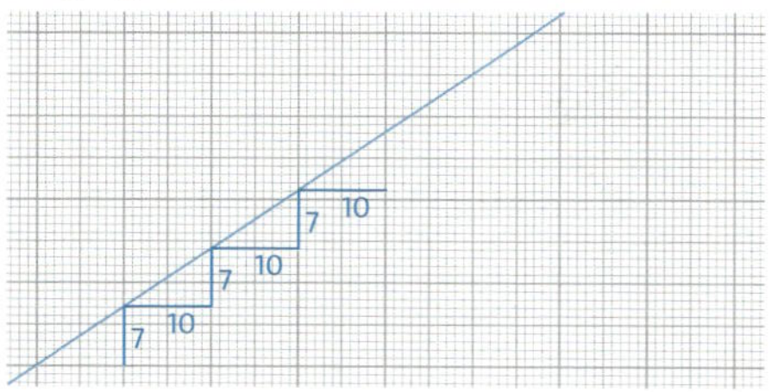

Der y-Achsenabschnitt

1 Unterstreiche den y-Achsenabschnitt b.

a) $y = 5x + 2$ b) $y = \frac{7}{9}x - \frac{2}{7}$ c) $y = -\frac{3}{7}x - \frac{2}{3}$

d) $y = 0{,}4x + 0{,}2$ e) $y = \frac{5}{9}x - \frac{4}{7}$ f) $y = 8x - \frac{1}{7}$

Tipp
$y = m \cdot x + b$
Beispiel:
$y = 2x + 1$

2 Gib die Steigung m und den y-Achsenabschnitt b an.

a) $y = 2x + 3$
m = *2*
b = *3*

b) $y = -\frac{3}{5}x + \frac{2}{3}$
m = *$-\frac{3}{5}$*
b = *$\frac{2}{3}$*

c) $y = \frac{1}{5}x - \frac{2}{3}$
m = *$\frac{1}{5}$*
b = *$-\frac{2}{3}$*

Tipp
$y = m \cdot x + b$
Beispiel: $y = 2x + 1$
m = 2
b = 1

3 Markiere den y-Achsenabschnitt b in der Zeichnung.

a) $y = \frac{2}{7}x + 3$

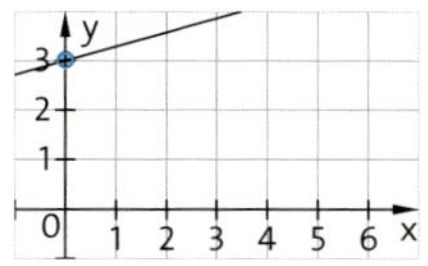

b) $y = \frac{2}{7}x + 1$

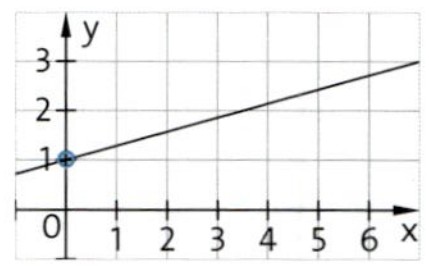

c) $y = \frac{2}{7}x - 2$

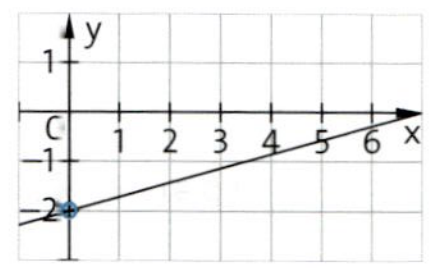

Beispiel: $y = \frac{2}{7}x + 2$

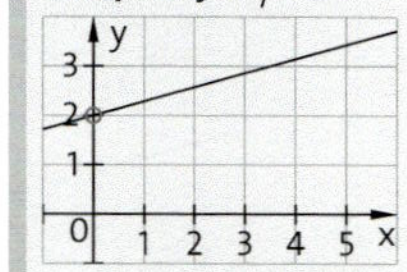

4 Markiere zuerst jeweils den Punkt (0 | b).
Ergänze dann die Funktionsgleichungen.

Tipp
Die Gerade schneidet die y-Achse im P(0 | b).

a)
$y = \frac{1}{2}x$ *+ 6*
$y = \frac{1}{2}x$ *+ 5*
$y = \frac{1}{2}x$ *+ 3*
$y = \frac{1}{2}x$ *+ 2*
$y = \frac{1}{2}x$ *+ 1*

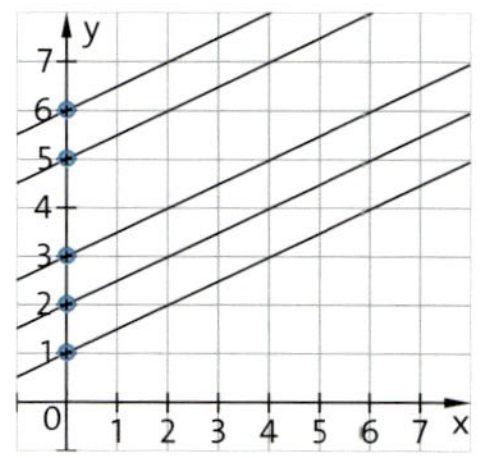

b)
$y = \frac{2}{5}x$ *+ 5*
$y = \frac{2}{5}x$ *+ 4*
$y = \frac{2}{5}x$ *+ 1*
$y = \frac{2}{5}x$ *+ 0*
$y = \frac{2}{5}x$ *− 2*

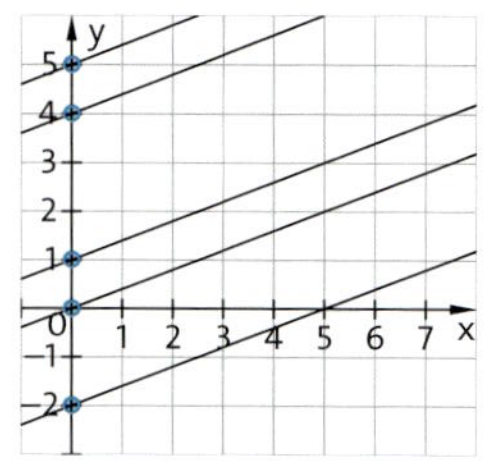

5 Markiere zuerst den y-Achsenabschnitt b.
Zeichne dann die Gerade mithilfe eines Steigungsdreiecks.

a) $y = \frac{1}{2}x + 1$

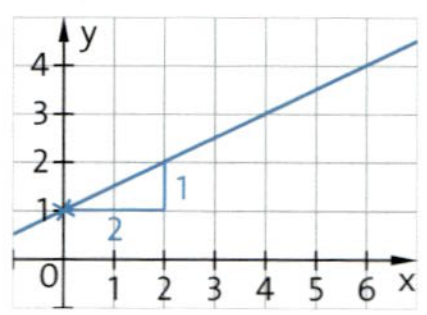

b) $y = \frac{2}{5}x + 1$

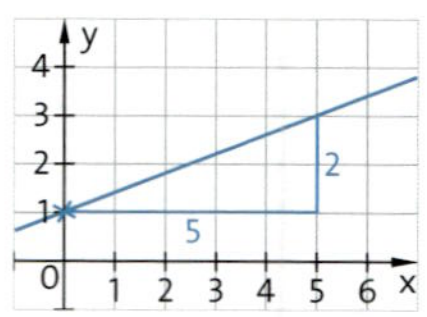

c) $y = \frac{2}{5}x + 3$

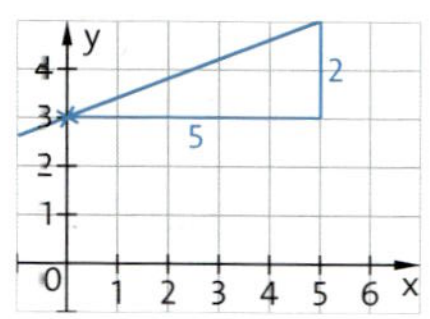

Tipp $y = \frac{2}{3}x$
Beispiel:

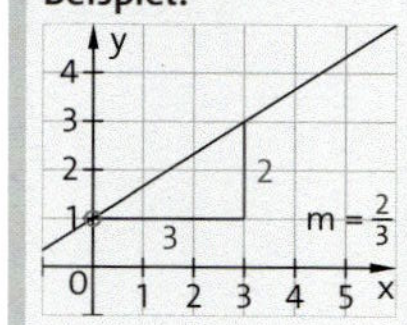

Der y-Achsenabschnitt

1 Unterstreiche den y-Achsenabschnitt b und die Steigung m mit unterschiedlichen Farben.

a) $y = 7x + 3$ b) $y = \frac{17}{19}x - \frac{2}{17}$ c) $y = -\frac{3}{11}x - \frac{2}{3}$

d) $y = 0{,}41x + 0{,}23$ e) $y = \frac{17}{19}x - \frac{2}{17}$ f) $y = \frac{17}{19}x - \frac{2}{17}$

Tipp
$y = m \cdot x + b$
Beispiel: $y = 2x + 1$
$m = 2$
$b = 1$

2 Ergänze die Funktionsgleichungen.

a) $m = 5;\ b = 3$
$y = 5\ x + 3$

b) $m = 0{,}6;\ b = 0{,}5$
$y = 0{,}6\ x + 0{,}5$

c) $m = -7;\ b = 8$
$y = 8 + -7\ x$

d) $m = 0{,}5;\ b = -3$
$y = 0{,}5\ x - 3$

3 Markiere den y-Achsenabschnitt b in der Zeichnung.

a) $y = \frac{3}{7}x + 3$

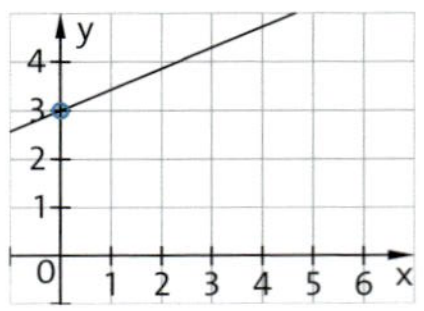

b) $y = \frac{3}{7}x + 2$

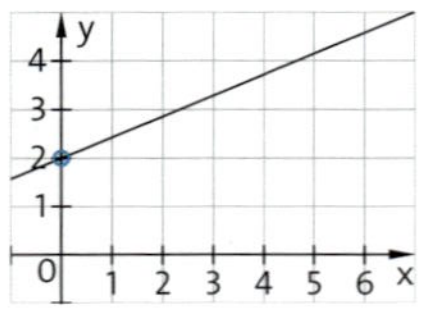

c) $y = \frac{3}{7}x - 1$

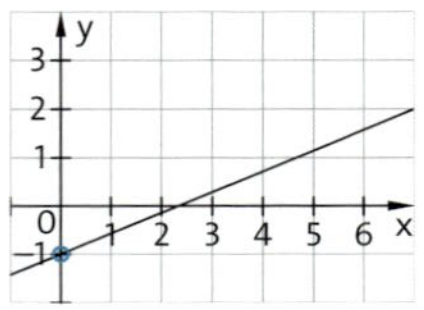

Beispiel: $y = \frac{2}{7}x + 2$

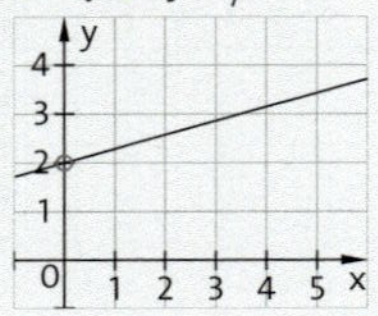

4 Markiere zuerst in der Zeichnung den Punkt P(0 | b).
Verbinde dann die Funktionsgleichung mit dem passenden Graphen.

$y = 0{,}5x - 2$ | $y = -0{,}5x - 2$ | $y = 0{,}5x + 1$ | $y = -0{,}5x + 2$

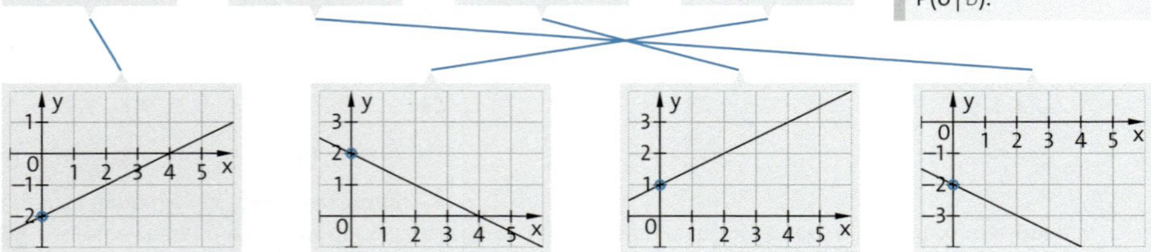

Tipp
Die Gerade schneidet die y-Achse im Punkt P(0 | b).

5 Markiere zuerst den y-Achsenabschnitt b.
Zeichne dann die Gerade mithilfe eines Steigungsdreiecks.

a) $y = \frac{3}{2}x + 2$

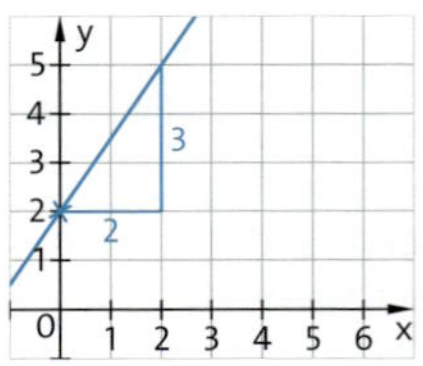

b) $y = 2x + 1$

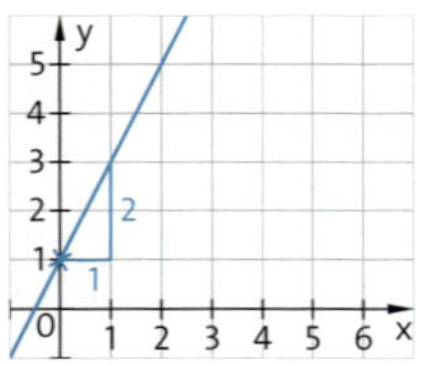

c) $y = x + 3$

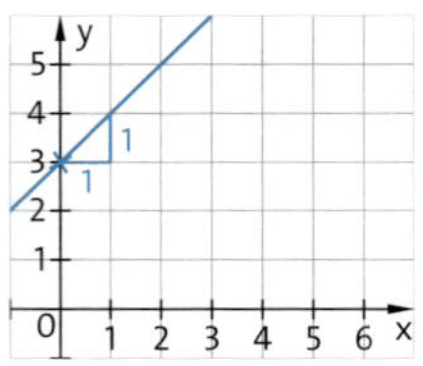

Beispiel:

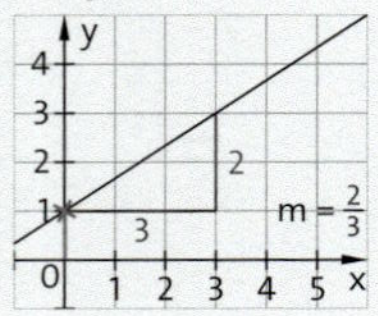

Der y-Achsenabschnitt

Jede lineare Funktion hat eine Gleichung der Form $y = m \cdot x + b$.
m ist die Steigung. Es gilt $m = \frac{y}{x}$.
b ist der y-Achsenabschnitt.
Der Graph ist eine Gerade, die durch den Punkt P(0 | b) verläuft.

Beispiele:

① $y = \frac{2}{3}x + 2$

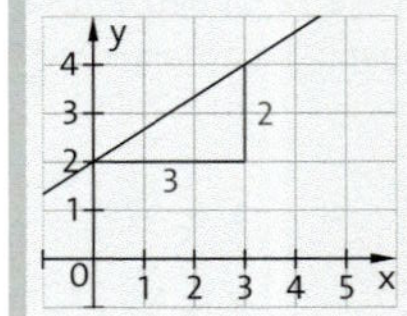

② $y = 2x + 1$

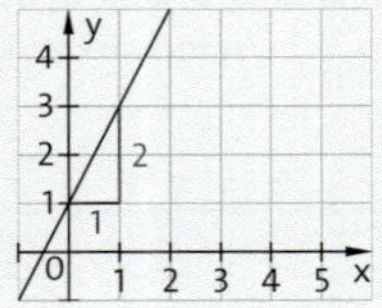

③ $y = -2x + 1$

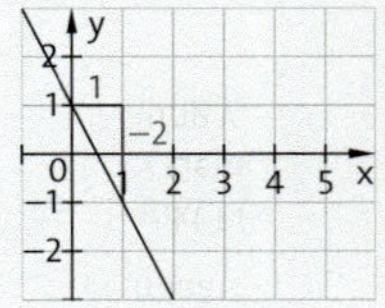

④ $y = -\frac{2}{3}x - 1$

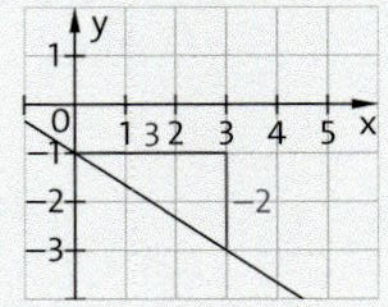

1 Gib die Steigung m und den y-Achsenabschnitt b an.

a) $y = 9x + 7$
$m = 9$
$b = 7$

b) $y = \frac{7}{10}x - \frac{10}{11}$
$m = \frac{7}{10}$
$b = -\frac{10}{11}$

c) $-\frac{8}{9} - \frac{3}{8}x = y$
$m = -\frac{3}{8}$
$b = -\frac{8}{9}$

d) $0{,}7x = y$
$m = 0{,}7$
$b = 0$

2 Markiere zuerst in der Zeichnung den Punkt P(0 | b).
Verbinde dann die Funktionsgleichung mit dem passenden Graphen, wenn möglich.

$y = 1{,}5x - 2$ | $y = -2x - 1{,}5$ | $y = 1{,}5x + 2$ | $y = -2x + 1{,}5$ | $y = 2 - 1{,}5x$

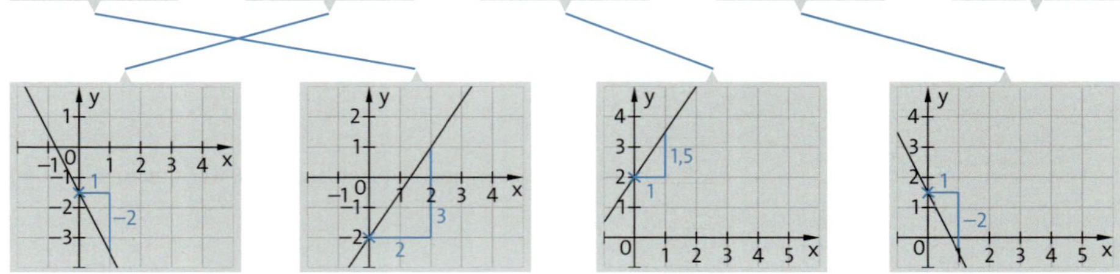

3 Zeichne die Geraden.

a) $y = \frac{4}{5}x + 1$

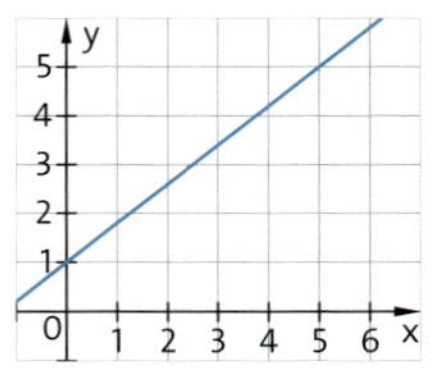

b) $y = 0{,}8x - 2$

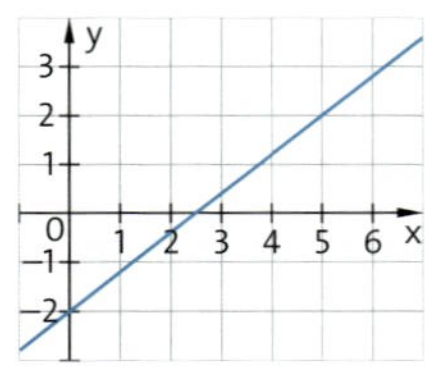

c) $y = 2x - 1$

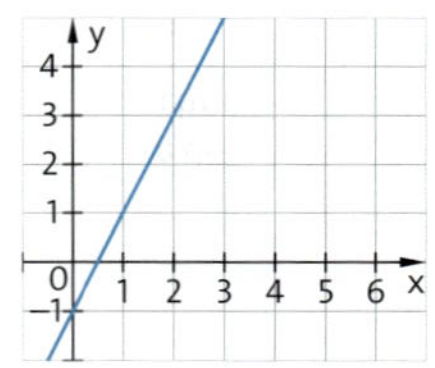

d) $2x - 2 = y$

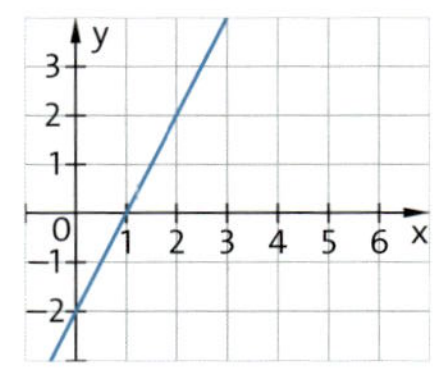

Lineare Gleichungen mit zwei Variablen

1 Ergänze zuerst die Lösungen in der Tabelle.
Gib dann die Lösungen als Zahlenpaare an.

a) x + 10 = y

x	y
0	10
1	11
2	12

Lösungen als Zahlenpaare (x | y):
(0 | 10)
(1 | 11)
(2 | 12)

b) 2x + 10 = y

x	y
0	10
2	14
10	30

Lösungen als Zahlenpaare (x | y):
(0 | 10)
(2 | 14)
(10 | 30)

c) 3x – 1 = y

x	y
2	5
5	14
10	29

Lösungen als Zahlenpaare (x | y):
(2 | 5)
(5 | 14)
(10 | 29)

Tipp
Die Lösungen einer linearen Gleichung sind Zahlenpaare (x | y).
① Setze den x-Wert in die Gleichung ein.
② Berechne den y-Wert.
Beispiel: x = 1 und x + 5 = y
1 + 5 = y
6 = y
Lösung als Zahlenpaar: (1 | 6)

2 Verbinde die Gleichungen mit ihren Lösungen.

8 – x = y | x – y = 8 | y = 4 – x | x – 4 = y

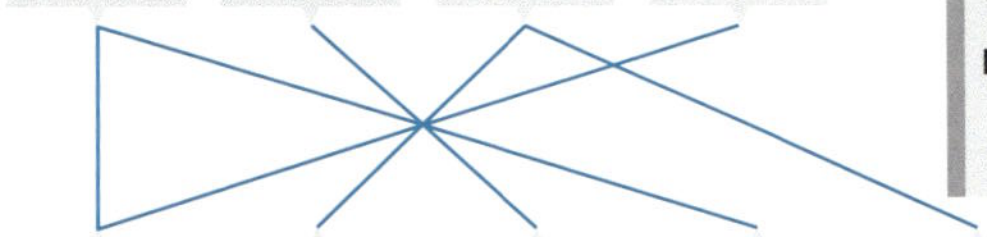

(6 | 2) | (2 | 2) | (10 | 2) | (5 | 3) | (3 | 1)

Tipp
① Setze den x-Wert und den y-Wert ein.
② Ist die Aussage wahr? Wahr bedeutet Lösung.
Beispiel: (3 | 1) und 8 – x = y
8 – 3 = 1 ist falsch.
(3 | 1) ist keine Lösung von 8 – x = y.

3 Ergänze zuerst die Lösungen.
Markiere dann die Punkte im Koordinatensystem und zeichne durch die Punkte eine Gerade.

a) y = 2x – 2
Lösungen:
(0 | –2)
(1 | 0)
(2 | 2)

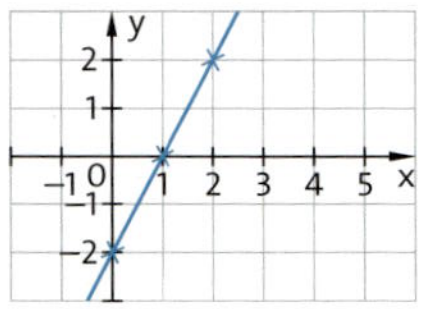

b) y = 2x + 1
Lösungen:
(0 | 1)
(1 | 3)
(2 | 5)

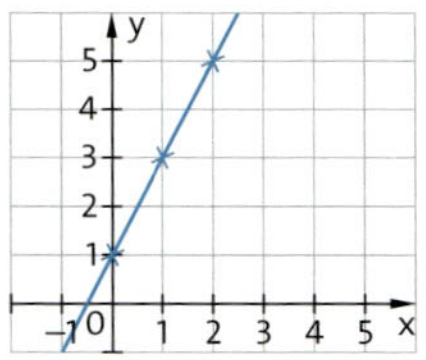

Beispiel:
y = 3x – 2
y = 3 · 0 – 2 = –2
Lösung als Zahlenpaar: (0 | –2)
Der Punkt P(0 | –2) liegt auf der Geraden mit y = 3x – 2.

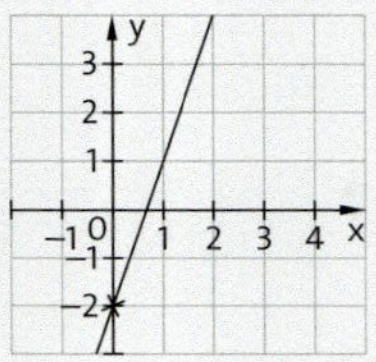

c) x + y = 4
Lösungen:
(0 | 4)
(1 | 3)
(2 | 2)

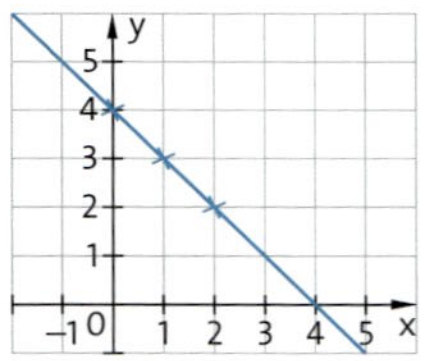

Lineare Gleichungen mit zwei Variablen

1 Ergänze zuerst die Lösungen in der Tabelle.
Gib dann die Lösungen als Zahlenpaare an.

a) 2x + 3 = y

x	y
0	3
1	5
2	7

Lösungen als Zahlenpaare (x | y):
(0 | 3)
(1 | 5)
(2 | 7)

b) 3x – 3 = y

x	y
0	–3
1	0
2	3

Lösungen als Zahlenpaare (x | y):
(0 | –3)
(1 | 0)
(2 | 3)

Tipp
Die Lösungen einer linearen Gleichung sind Zahlenpaare (x | y).
① Setze den x-Wert in die Gleichung ein.
② Berechne den y-Wert.
Beispiel: x = 1 und x + 7 = y
1 + 7 = y
8 = y
Lösung als Zahlenpaar: (1 | 8)

c) 1,5x – 1 = y

x	y
0	–1
2	2
5	6,5

Lösungen als Zahlenpaare (x | y):
(0 | –1)
(2 | 2)
(5 | 6,5)

2 Verbinde die Gleichungen mit ihren Lösungen.

x + y = 9 | x – 6 = y | x – y = –1 | y = x – 1

(8 | 2) | (2 | 3) | (7,5 | 1,5) | (6 | 5) | (3 | 1)

Beispiel: (3 | 1) und x + y = 9
3 + 1 = 9 ist falsch.
(3 | 1) ist keine Lösung von x + y = 9.

3 Ergänze zuerst die Lösungen.
Markiere dann die Punkte im Koordinatensystem und zeichne durch die Punkte eine Gerade.

y = 2x + 3
Lösungen:
(0 | 3)
(1 | 5)
(–1 | 1)

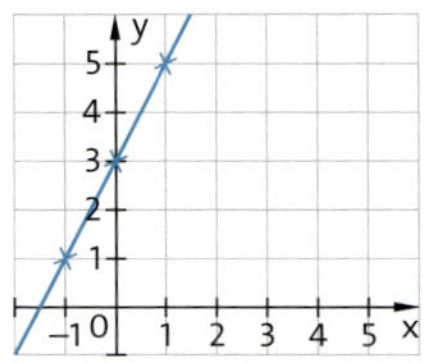

Beispiel:
y = 2x – 1
y = 2 · 0 – 1 = –1
Lösung als Zahlenpaar: (0 | –1)
Der Punkt P(0 | –1) liegt auf der Geraden mit der Gleichung y = 2x – 1.

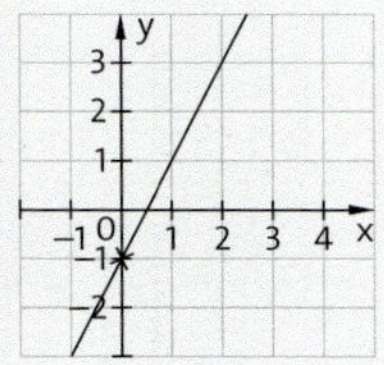

4 Kreuze zuerst Zutreffendes an.
Korrigiere eine falsche Aussage, indem du eine Zahl änderst.

a) Die Gleichung x – 5 = y hat als Lösung das Zahlenpaar (7 | 1). (6 | 1) oder (7 | 2) ☐ wahr ☒ falsch
b) Die Gleichung x + 3 = y hat unendlich viele Lösungen. ☒ wahr ☐ falsch
c) Alle Lösungen der Gleichung 2x + 2y = 6 liegen auf der Geraden zu y = –x + 3. ☒ wahr ☐ falsch

Lineare Gleichungen mit zwei Variablen ☒

- Die Lösungen einer linearen Gleichung mit zwei Variablen sind Zahlenpaare (x | y). Alle zugehörigen Punkte liegen auf einer Geraden.
- Beim Ermitteln eines Zahlenpaars wird zuerst ein Wert in die Gleichung eingesetzt und dann der zweite Wert berechnet.

Beispiel: $y = 0{,}5x + 3$
$y = 0{,}5 \cdot 0 + 3 = 3$

Lösung als Zahlenpaar: (0 | 3)

x	y
0	3
2	4
−2	2

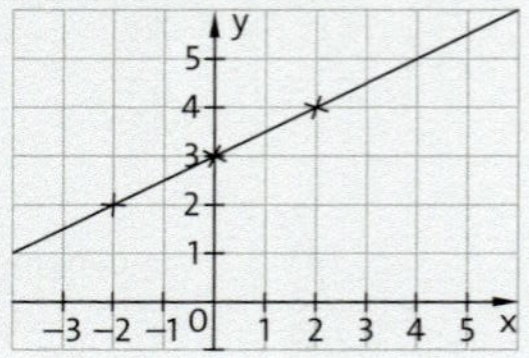

1 Ergänze die Lösungen der linearen Gleichung zuerst in der Tabelle.
Gib dann die Lösungen als Zahlenpaare an.

a) $y = 2x - 3$

x	y
0	−3
1	−1
2	1

Lösungen als Zahlenpaare (x | y):
(0 | −3)
(1 | −1)
(2 | 1)

b) $1{,}5x - 1 = y$

x	y
0	−1
1	0,5
2	2

Lösungen als Zahlenpaare (x | y):
(0 | −1)
(1 | 0,5)
(2 | 2)

2 Ergänze zuerst die Zahlenpaare.
Zeichne dann den zugehörigen Graphen.

a) $y = 0{,}5x + 1{,}5$

Lösungen als Zahlenpaare (x | y):
(1 | 2)
(3 | 3)
(5 | 4)

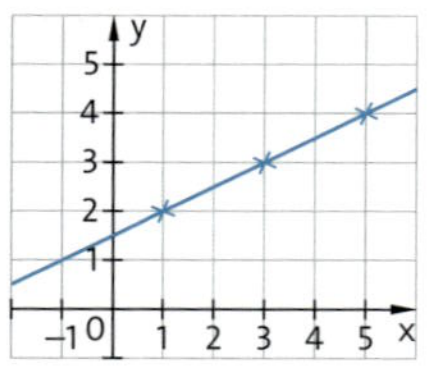

b) $y = -0{,}5x + 1{,}5$

Lösungen als Zahlenpaare (x | y):
(1 | 1)
(3 | 0)
(5 | −1)

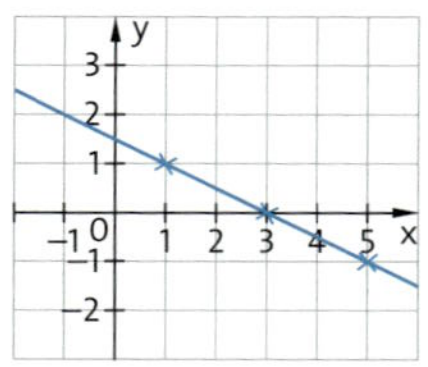

3 Ein gleichschenkliges Dreieck mit den Seiten x und y (Basis) hat 8 cm Umfang.

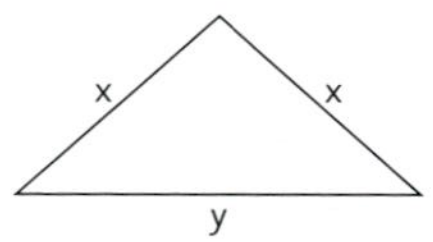

a) Kreuze alle passenden linearen Gleichungen und Lösungen an.

☒ $2x + y = 8$ ☒ $y = 8 - 2x$ ☒ $2x = 8 - y$
☐ (0 | 8) ☒ (1 | 6) ☒ (2 | 4)

b) Zeichne zuerst den zugehörigen Graphen.
Schreibe an den Graphen drei weitere Lösungen.

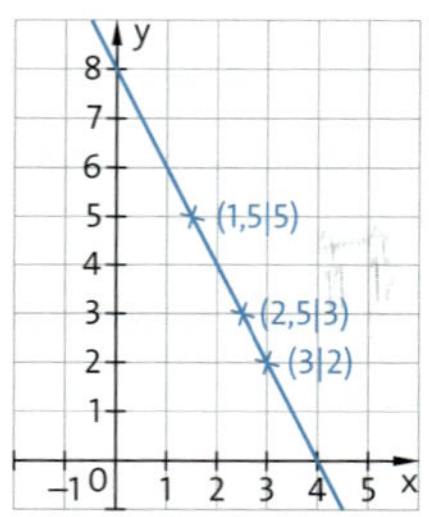

c) Lotta sagt: „Das Zahlenpaar (5 | −2) ist praktisch für das Dreieck keine Lösung." Hat Lotta recht? Begründe deine Meinung.

Lotta hat recht, da es keine negativen Längen gibt.

Lineare Gleichungssysteme ▼

1 Ergänze zuerst die Lösungen.
Markiere dann die Punkte im Koordinatensystem und zeichne durch die Punkte eine Gerade.

(I) $y = 2x - 2$

Lösungen der Gleichung:
(0 | −2)
(1 | 0)
(2 | 2)
(3 | 4)

(II) $y = x + 1$

Lösungen der Gleichung:
(0 | 1)
(1 | 2)
(2 | 3)
(3 | 4)

Die gemeinsame Lösung beider Gleichungen ist (3 | 4).

Beispiel:
(I) $y = x + 2$ (II) $y = 2x + 1$

Lösungen der Gleichung (I): (0 | 2), (1 | 3), (2 | 4)
Lösungen der Gleichung (II): (0 | 1), (1 | 3), (2 | 5)

Die gemeinsame Lösung beider Gleichungen ist (1 | 3).

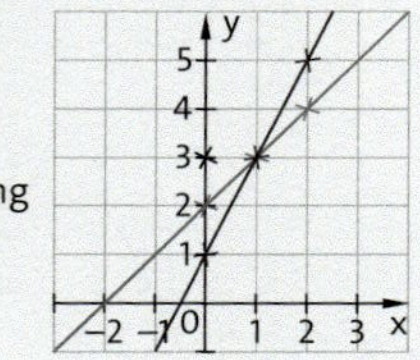

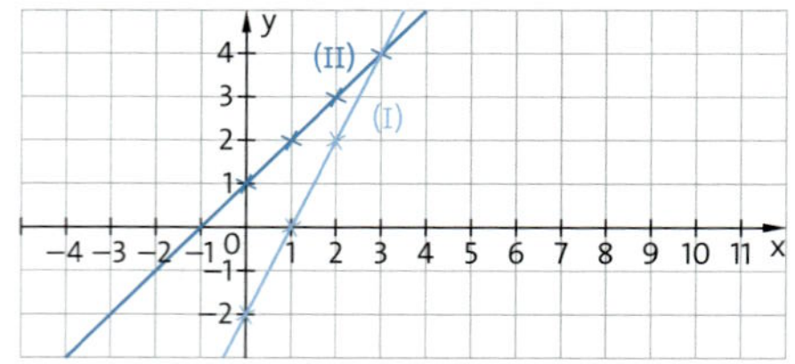

2 Verbinde zuerst Gleichungssysteme und Graphen.
Verbinde dann Graphen und Lösungen.

Tipp
Jeder Schnittpunkt ist Lösung des Gleichungssystems.

(I) $y = 2x + 2$
(II) $y = x + 3$

(I) $y = 2x + 2$
(II) $y = 2x - 2$

(I) $y = -0{,}5x + 4{,}5$
(II) $y = 2x + 2$

(I) $y = 2x + 2$
(II) $y = x + 2$

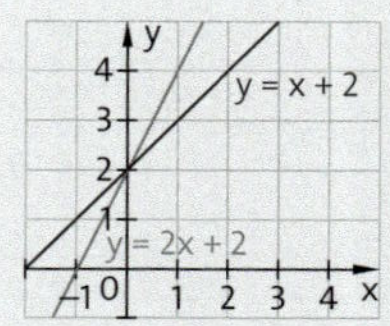

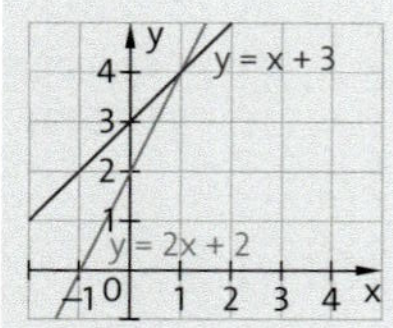

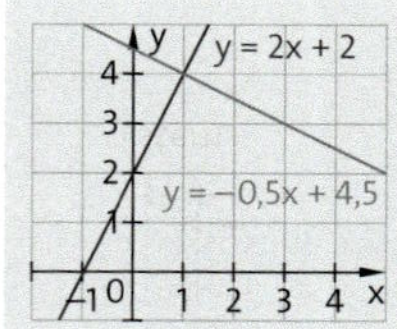

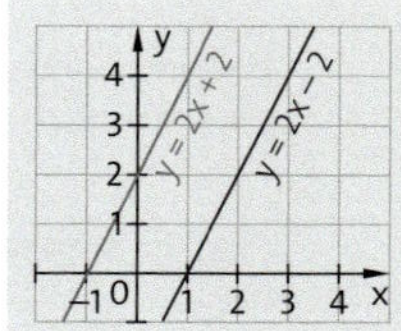

Es gibt eine Lösung: (1 | 4).

Es gibt eine Lösung: (0 | 2).

Es gibt eine Lösung: (1 | 4).

Es gibt keine Lösung.

Lineare Gleichungssysteme

1 Ergänze zuerst die Lösungen.
Markiere dann die Punkte im Koordinatensystem und zeichne durch die Punkte eine Gerade.

(I) $y = x + 3$	(II) $y = 3x + 5$
Lösungen der Gleichung: z. B.	Lösungen der Gleichung: z. B.
(0 | 3)	(0 | 5)
(1 | 4)	(1 | 8)
(2 | 5)	(2 | 11)
(−1 | 2)	(−1 | 2)

Die gemeinsame Lösung beider Gleichungen ist (−1 | 2).

Beispiel:
(I) $y = x + 2$
(II) $y = 2x + 4$
Die gemeinsame Lösung beider Gleichungen ist (−2 | 0).

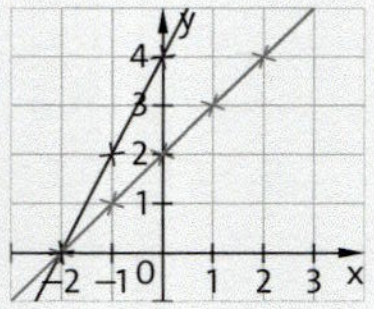

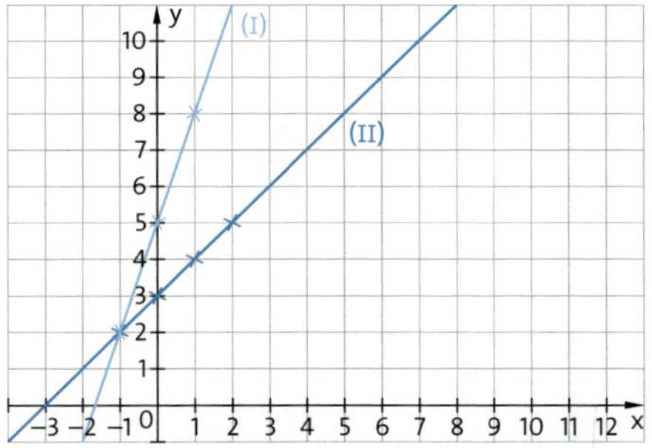

2 Finde zuerst mithilfe von Gleichung (I) die Zeichnung, die zum Gleichungssystem passt. Ergänze dann die Gerade zu Gleichung (II). Verbinde danach passend.

Tipp
Jeder Schnittpunkt ist Lösung des Gleichungssystems.

(I) $y = 2x - 1$ (II) $y = 0{,}5x + 2$	(I) $y = 2x + 2$ (II) $2y = 4x + 4$	(I) $y = x - 1$ (II) $y = -0{,}25x + 4$	(I) $y = 2x + 1$ (II) $y = 2x - 1$

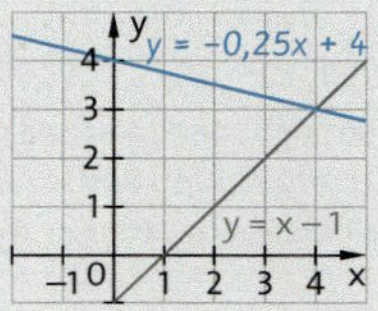

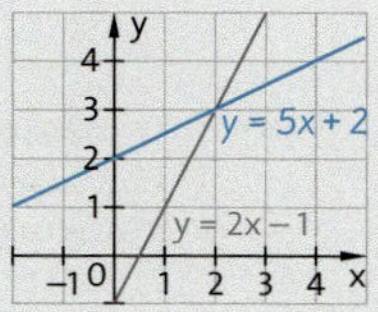

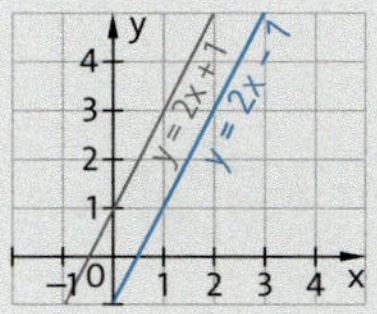

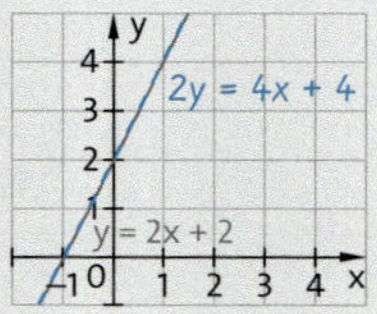

Es gibt genau eine Lösung: (4 | 3).	Es gibt keine Lösung.	Es gibt unendlich viele Lösungen.	Es gibt genau eine Lösung: (2 | 3).

Lineare Gleichungssysteme

- Zwei lineare Gleichungen bilden ein lineares Gleichungssystem.
- Alle gemeinsamen Lösungen der Gleichungen sind Lösungen vom Gleichungssystem. Die Schnittpunkte der zugehörigen Geraden stellen die Lösungen des Gleichungssystems dar.

Beispiel:

(I) $y = x + 1$
(II) $y = -x + 3$

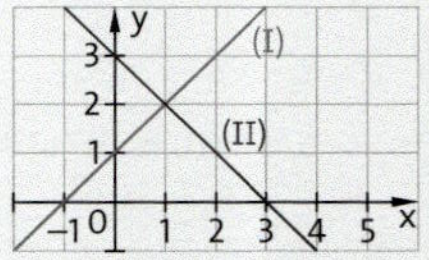

Das Gleichungssystem hat genau eine Lösung.
L = {(1 | 2)}

(I) $y = x + 1$
(II) $y = x + 3$

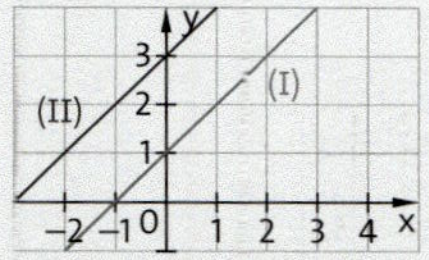

Das Gleichungssystem hat keine Lösung.
L = { }

(I) $y = \frac{1}{2}x + 2$
(II) $2y = x + 4$

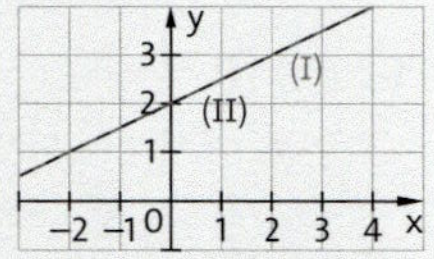

Es gibt unendlich viele Lösungen.
L = {(0 | 2); (2 | 3); ...}

1 Zeichne zuerst die zugehörigen Geraden in das Koordinatensystem ein. Ergänze dann die Lösungsmenge.

a) (I) $y = 0{,}75x + 2$
(II) $y = x + 1$

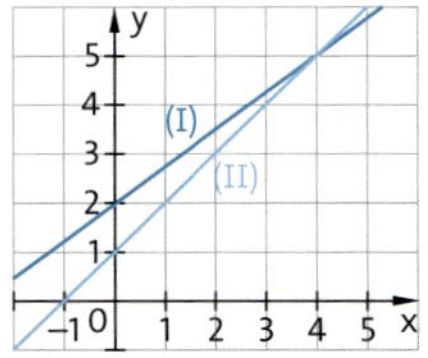

L = {(4|5)}

b) (I) $y = 2x - 2$
(II) $y = -0{,}5x + 3$

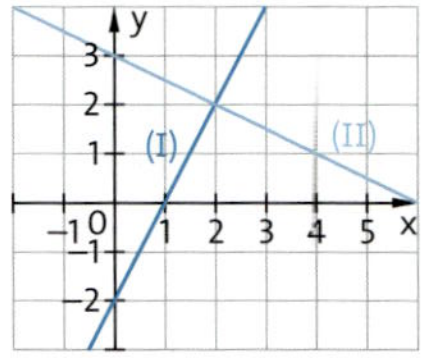

L = {(2|2)}

c) (I) $y = x + 2$
(II) $y - 2 = x$

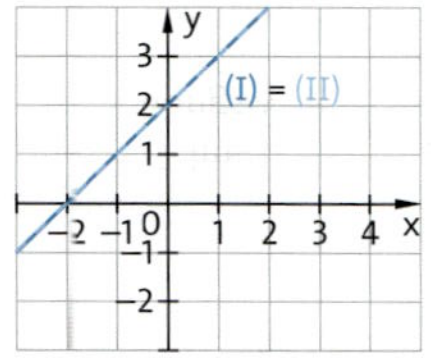

L = {(0 | 2); (1 | 3); ...}

d) (I) $y = -0{,}25x + 3$
(II) $0{,}5x = y$

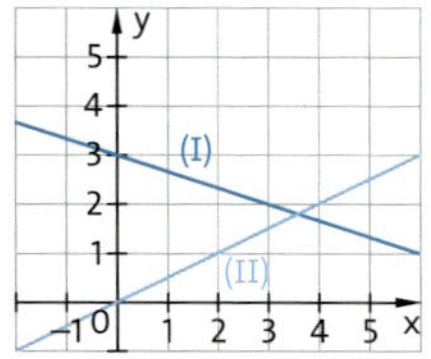

L = {(4|2)}

2 Gegeben sind die Gleichungen.
(I) $y = 0{,}5x + 2$
(II) $y = 2x - 1$
(III) $y = -x + 2$
(IV) $y = -x - 1$

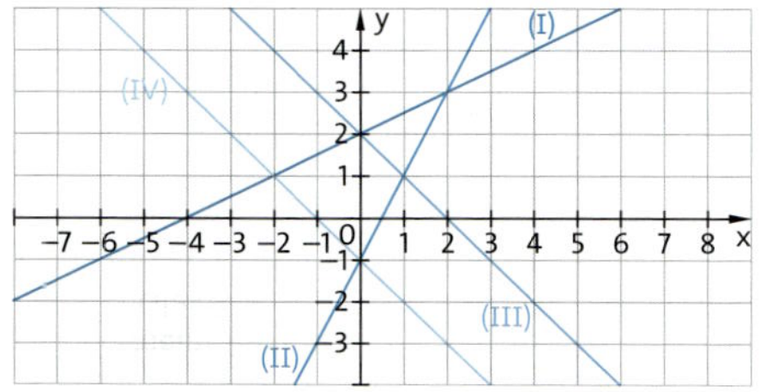

a) Zeichne die zugehörigen Geraden.
b) Ergänze die Sätze.

Die Gleichungen (I) und (II) bilden ein Gleichungssystem mit der Lösungsmenge L = {(2 | 3)}.
Die Gleichungen (I) und (III) bilden ein Gleichungssystem mit der Lösungsmenge L = {(0 | 2)}.
Die Gleichungen (II) und (III) bilden ein Gleichungssystem mit der Lösungsmenge L = {(1 | 1)}.
Die Gleichungen (III) und (IV) bilden ein Gleichungssystem mit der Lösungsmenge L = { }.

Das Gleichsetzungsverfahren

1 Verbinde mit der passenden Gleichung.

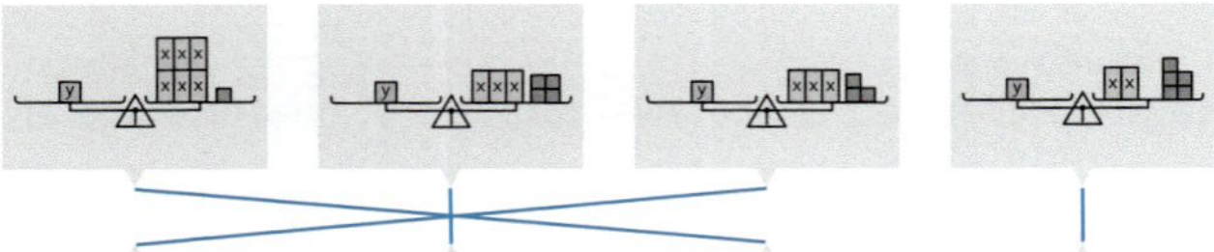

y = 3x + 3 | y = 3x + 4 | y = 6x + 1 | y = 2x + 5

Beispiel:

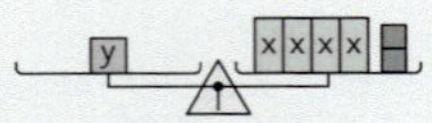

y = 4x + 2

2 Ergänze die Waagen und ermittle x.
Berechne dann y durch Einsetzen von x.
Ergänze danach die Lösungsmenge.

Tipp

a) (I) y = 6x + 1
(II) y = 3x + 4

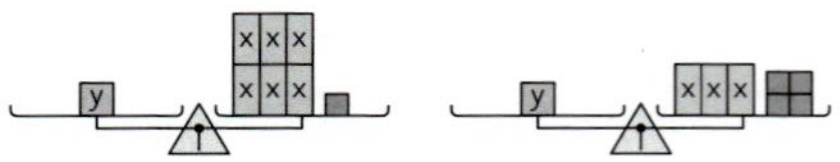

(I) y = 6x + 1 (II) y = 3x + 4

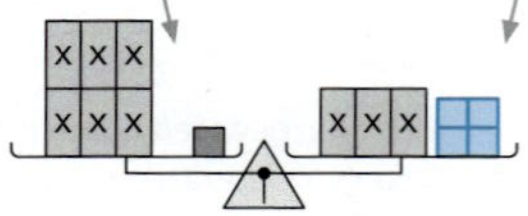

6x + 1 = 3x + 4 | − 3x

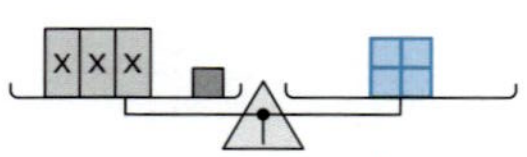

3x + 1 = 4 | − 1

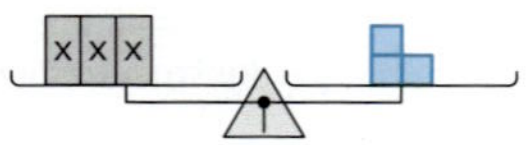

3x = 3 | : 3

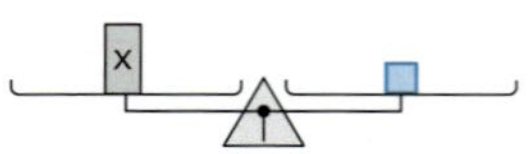

x = 1

x = 1 einsetzen in (I) y = 6 · x + 1

y = 6 · 1 + 1 = 7

Lösungsmenge L = {(1 | 7)}

b) (I) y = 3x + 3
(II) y = x + 7

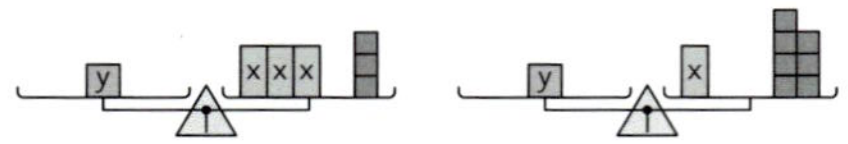

(I) y = 3x + 3 (II) y = x + 7

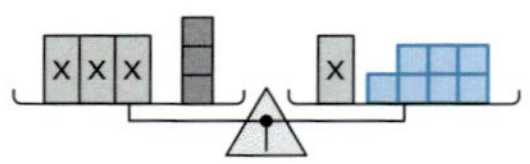

3x + 3 = x + 7 | − x

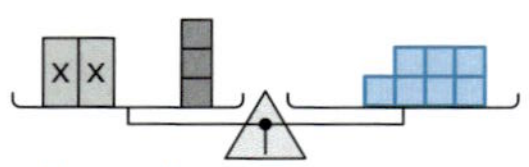

2x + 3 = 7 | − 3

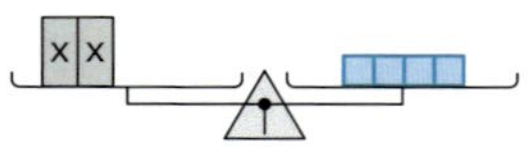

2x = 4 | : 2

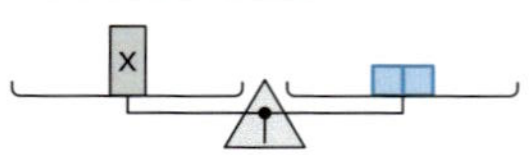

x = 2

x = 2 einsetzen in (I) y = 3 · x + 3

y = 3 · 2 + 3 = 9

Lösungsmenge L = {(2 | 9)}

Das Gleichsetzungsverfahren

1 Ergänze die Gleichungen.

a)

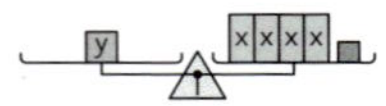

y = 4x + 1

b)

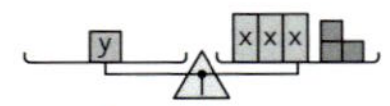

y = 3x + 3

c)

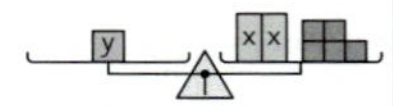

y = 2x + 5

Beispiel:

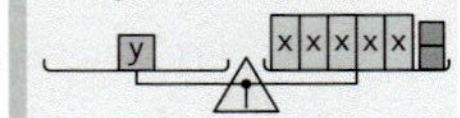

y = 5x + 2

2 Ergänze die Waagen und ermittle x und y.
Rechne dann die Probe.
Ergänze danach die Lösungsmenge.

Tipp

a) (I) y = 5x + 3
(II) y = 3x + 7

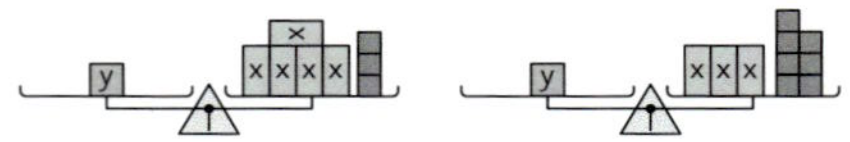

(I) y = 5x + 3 (II) y = 3x + 7

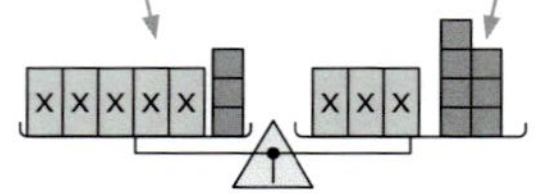

5x + 3 = 3x + 7 | − 3x

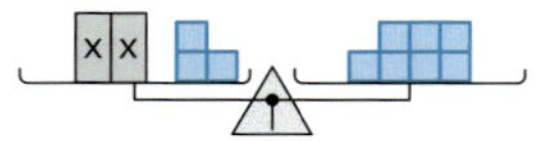

2x + 3 = 7 | − 3

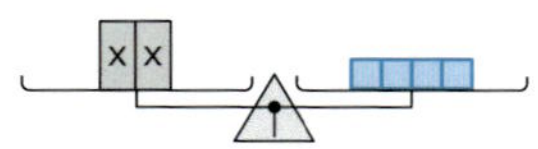

2x = 4 | : 2

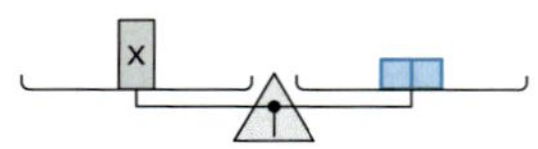

x = 2

x = 2 einsetzen in (I) y = 5 · x + 3

y = 5 · 2 + 3 = 13

Probe: (I) 13 = 5 · 2 + 3 ist wahr.

(II) 13 = 3 · 2 + 7 ist wahr.

Lösungsmenge L = {(2 | 13)}

b) (I) y = 4x + 1
(II) y = x + 10

(I) y = 4x + 1 (II) y = x + 10

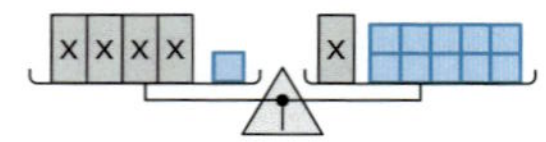

4x + 1 = x + 10 | − x

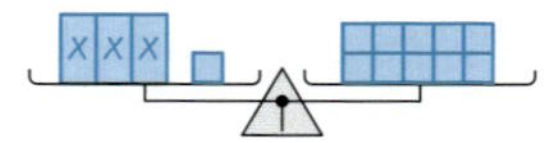

3x + 1 = 10 | − 1

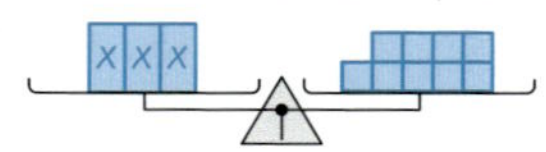

3x = 9 | : 3

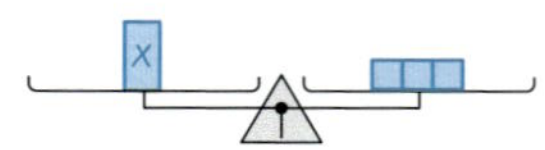

x = 3

x = 3 einsetzen in (I) y = 4 · x + 1

y = 4 · 3 + 1 = 13

Probe: (I) 13 = 4 · 3 + 1 ist wahr.

(II) 13 = 3 + 10 ist wahr.

Lösungsmenge L = {(3 | 13)}

Das Gleichsetzungsverfahren

Schritte beim Gleichsetzungsverfahren:

① Forme beide Gleichungen z. B. nach y um.

② Setze gleich.

③ Löse die Gleichung mit einer Variablen.

④ Setze die Lösung in Gleichung (I) oder (II) ein. Berechne.

⑤ Rechne die Probe.

⑥ Gib die Lösungsmenge an.

Beispiel: (I) $2y = 8x - 2$
(II) $y + x = 4x + 4$

(I) $2y = 8x - 2 \mid :2$ → $y = 4x - 1$
(II) $y + x = 4 + 4x \mid -x$ → $y = 4 + 3x$

$4x - 1 = 4 + 3x \quad \mid -3x$
$x - 1 = 4 \quad \mid +1$
$x = 5$

$x = 5$ einsetzen in (I) $2y = 8 \cdot 5 - 2$
$2y = 38 \quad \mid :2$
$y = 19$

Probe: (I) $2 \cdot 19 = 8 \cdot 5 - 2$ ist wahr, da $38 = 38$.
(II) $19 + 5 = 4 \cdot 5 + 4$ ist wahr, da $24 = 24$.

Lösungsmenge L = {(5|19)}

1 Verbinde mit der passenden Gleichung.

(I) $y = x + 7$ (II) $y = 2x + 13$	(I) $x = y + 1$ (II) $6y + 3 = x$	(I) $y = x + 7$ (II) $x + y = 13$	(I) $2y = 6x + 6$ (II) $x - y = 4$	(I) $3y - 6x = 15$ (II) $10x + 5y = 20$
$x + 7 = 2x + 13$	$-2x + 4 = 2x + 5$	$y + 1 = 6y + 3$	$x + 7 = 13 - x$	$3x + 3 = x - 4$

2 Löse zuerst mit dem Gleichsetzungsverfahren. Rechne dann die Probe.

a) (I) $y = 4x + 5$
(II) $y = -3x - 2$

$4x + 5 = -3x - 2 \quad \mid +3x$
$7x + 5 = -2 \quad \mid -5$
$7x = -7 \quad \mid :7$
$x = -1$

$x = -1$ einsetzen in (I) $y = 4 \cdot (-1) + 5$
$y = 1$

Probe:
(I) $1 = 4 \cdot (-1) + 5$ ist wahr, da $1 = 1$.
(II) $1 = -3 \cdot (-1) - 2$ ist wahr, da $1 = 1$.
Lösungsmenge L = {(−1 | 1)}

b) (I) $y = -x - 5$
(II) $5 + y = 5x \quad \mid -5$
$y = 5x - 5$

$-x - 5 = 5x - 5 \quad \mid +x$
$-5 = 6x - 5 \quad \mid +5$
$0 = 6x \quad \mid :6$
$0 = x$

$x = 0$ einsetzen in (I) $5 \cdot 0 = 5 + y \quad \mid -5$
$-5 = y$

Probe:
(I) $-5 = 0 - 5$ ist wahr, da $0 = 0$.
(II) $5 + (-5) = 5 \cdot 0$ ist wahr, da $0 = 0$.
Lösungsmenge L = {(0 | −5)}

Das Einsetzungsverfahren

1 Verbinde mit den passenden Gleichungen.

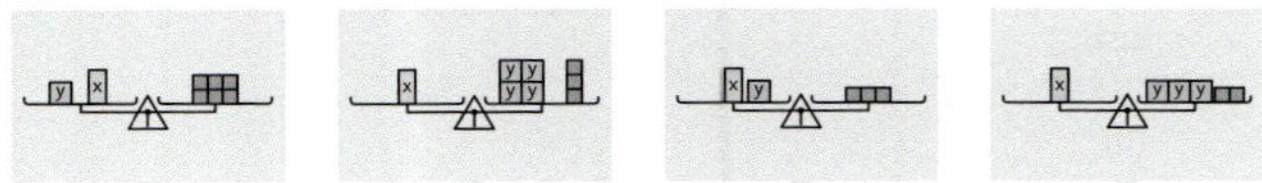

$x = 3y + 2$	$x + y = 6$	$x = 4y + 3$	$x + y = 3$

Beispiel:

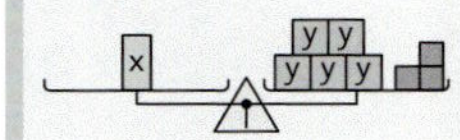

$x = 5y + 3$

2 Ergänze die Waagen und ermittle y.
Berechne dann x durch Einsetzen von y.
Ergänze danach die Probe und die Lösungsmenge.

Tipp

a) (I) $x = 3y + 2$
(II) $x + y = 6$

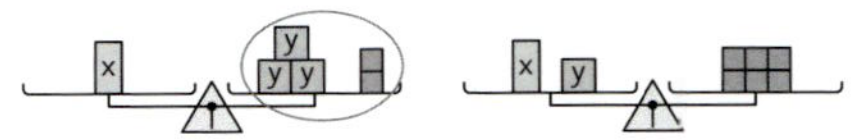

(I) $x = 3y + 2$ (II) $x + y = 6$

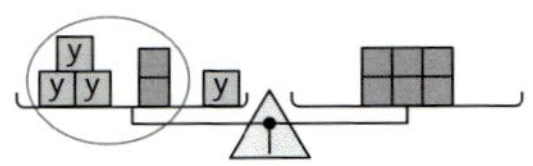

$3y + 2 + y = 6 \quad \mid -2$

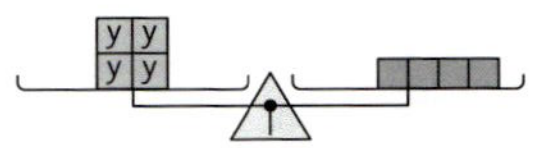

$4y = 4 \quad \mid :4$

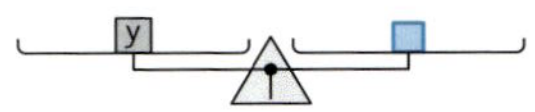

$y = 1$

$y = 1$ einsetzen in (I) $x = 3 \cdot y + 2$
$x = 3 \cdot 1 + 2 = 5$

Probe: (I) $5 = 3 \cdot 1 + 2$ ist wahr.
(II) $5 + 1 = 6$ ist wahr.

Lösungsmenge L = {(5 | 1)}

b) (I) $x = 4y + 3$
(II) $x + y = 8$

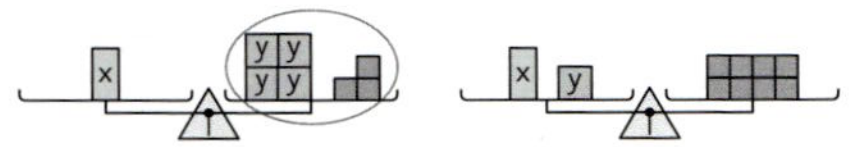

(I) $x = 4y + 3$ (II) $x + y = 8$

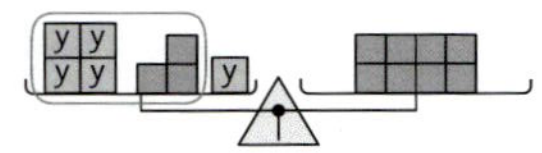

$4y + 3 + y = 8 \quad \mid -3$

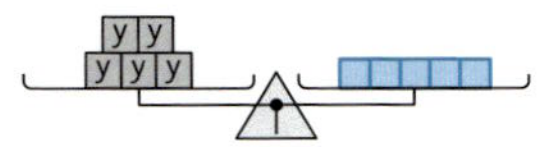

$5y = 5 \quad \mid :5$

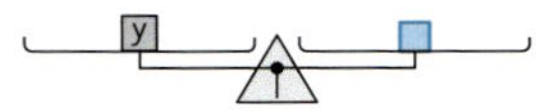

$y = 1$

$y = 1$ einsetzen in (I) $x = 4 \cdot y + 3$
$x = 4 \cdot 1 + 3 = 7$

Probe: (I) $7 = 4 \cdot 1 + 3$ ist wahr.
(II) $1 + 7 = 8$ ist wahr.

Lösungsmenge L = {(7 | 1)}

Das Einsetzungsverfahren

1 Ergänze die Waagen und ermittle y. Berechne dann x durch Einsetzen von y. Ergänze danach die Probe und die Lösungsmenge.

Tipp 

a) (I) $x = 4y + 2$
(II) $x + y = 7$

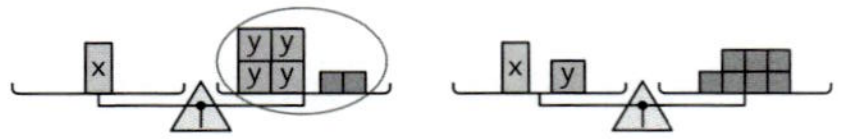

(I) $x = 4y + 2$ (II) $x + y = 7$

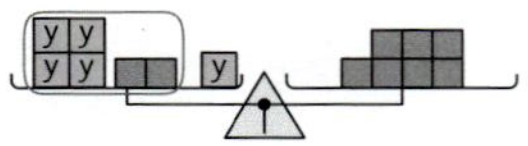

$4y + 2 + y = 7$ | -2

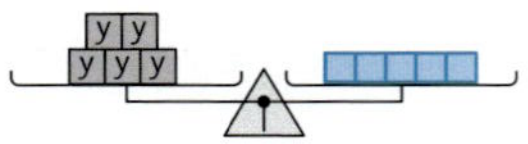

$5y = 5$ | $:5$

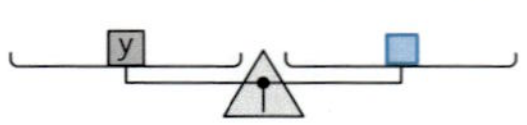

$y = 1$

y = 1 einsetzen in (I) $x = 4 \cdot y + 2$

$x = 4 \cdot 1 + 2 = 6$

Probe: (I) $6 = 4 \cdot 1 + 2$ ist wahr.
(II) $6 + 1 = 7$ ist wahr.

Lösungsmenge L = {(6 | 1)}

b) (I) $x + 2y = 10$
(II) $x = y + 1$

(I) $x + 2y = 10$ (II) $x = y + 1$

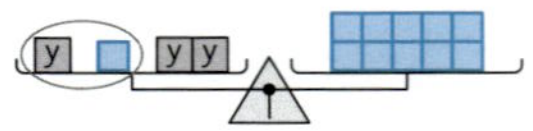

$y + 1 + 2y = 10$ | -1

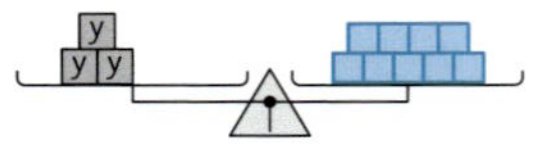

$3y = 9$ | $:3$

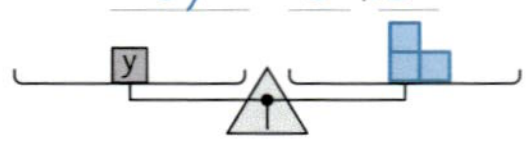

$y = 3$

y = 3 einsetzen in (II) $x = y + 1$

$x = 3 + 1 = 4$

Probe: (I) $4 + 2 \cdot 3 = 10$ ist wahr.
(II) $4 = 3 + 1$ ist wahr.

Lösungsmenge L = {(4 | 3)}

c) (I) $x = 3y + 2$
(II) $x + y = 6$

$3y + 2 + y = 6$ | -2
$4y = 4$ | $:4$
$y = 1$

y = 1 einsetzen in (I) $x = 3 \cdot y + 2$

$x = 3 \cdot 1 + 2 = 5$

Probe: (I) $5 = 3 \cdot 1 + 2$ ist wahr.
(II) $5 + 1 = 6$ ist wahr.

Lösungsmenge L = {(5 | 1)}

d) (I) $x + 2y = 19$
(II) $x = y + 1$

$y + 1 + 2y = 19$ | -1
$3y = 18$ | $:3$
$y = 6$

y = 6 einsetzen in (II) $x = y + 1$

$x = 6 + 1 = 7$

Probe: (I) $7 + 2 \cdot 6 = 19$ ist wahr.
(II) $7 = 6 + 1$ ist wahr.

Lösungsmenge L = {(7 | 6)}

Das Einsetzungsverfahren

Schritte beim Einsetzungsverfahren:

① Forme eine Gleichung z. B. nach x um (x = ...).
② Setze den Term (...) in die andere Gleichung ein.
③ Löse die Gleichung mit einer Variablen.
④ Setze die Lösung in Gleichung (I) oder (II) ein. Berechne.
⑤ Rechne die Probe.
⑥ Gib die Lösungsmenge an.

Beispiel:
(I) $y - 7x = -5$
(II) $y + x = 3$ | $-y$
$x = 3 - y$

$y - 7 \cdot (3 - y) = -5$
$y - 21 + 7y = -5$

$-21 + 8y = -5$ | $+21$
$8y = 16$ | $:8$
$y = 2$

y = 2 einsetzen in (I) $2 - 7x = -5$ | -2
$-7x = -7$ | $:(-7)$
$x = 1$

Probe: (I) $2 - 7 \cdot 1 = -5$ ist wahr, da $-5 = -5$.
(II) $2 + 1 = 3$ ist wahr, da $3 = 3$.

Lösungsmenge L = {(1 | 2)}

1 Löse mit dem Einsetzungsverfahren.

a) (I) $y = 3x + 4$
(II) $3x + y = 10$

$3x + 3x + 4 = 10$ | -4
$6x = 6$ | $:6$
$x = 1$

x = 1 einsetzen in (I) $y = 3 \cdot 1 + 4$
$y = 7$

Probe: (I) $7 = 3 \cdot 1 + 4$ ist wahr.
(II) $3 + 7 = 10$ ist wahr.

Lösungsmenge L = {(1 | 7)}

b) (I) $3y - 9x = -45$
(II) $x - y = 3$ | $+y$
$x = 3 + y$

$3y - 9 \cdot (3 + y) = -45$
$3y - 27 - 9y = -45$ | $+27$
$-6y = -18$ | $:(-6)$
$y = 3$

y = 3 einsetzen in (II) $x - 3 = 3$ | $+3$
$x = 6$

Probe: (I) $3 \cdot 3 - 9 \cdot 6 = -45$ ist wahr.
(II) $6 - 3 = 3$ ist wahr.

Lösungsmenge L = {(6 | 3)}

2 Unterstreiche alle Fehler (außer die Folgefehler) und berichtige.

(I) $x = 2y + 4$
(II) $3y + 2x = 22$

$3y + 2y + 4 = 22$
$5y + 4 = 22$ | -4
$5y = 26$ | $:5$
$y = 5{,}2$

$x = 2 \cdot 5{,}2 + 4 = 14{,}4$

L = {(5,2 | 14,4)}

$3y + 2 \cdot (2y + 4) = 22$
$3y + 4y + 8 = 22$ | -8
$7y = 14$ | $:7$
$y = 2$
y = 2 einsetzen in (I) $x = 2 \cdot 2 + 4$
$x = 8$
Lösungsmenge L = {(8 | 2)}

Das Additionsverfahren

1 Alles von (I) und (II) kommt auf die dritte Waage.
Ergänze die dritte Waage und die Gleichung.

(I)
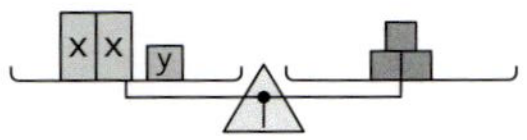

2x + y = 3

(II)
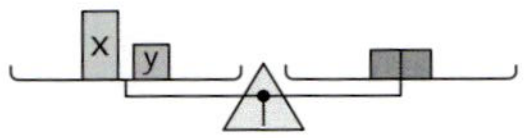

x + y = 2

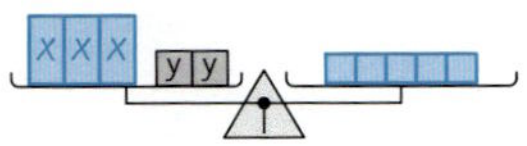

3x + 2y = 5

Tipp
① Alles von den linken Seiten auf die linke Seite.
② Alles von den rechten Seiten auf die rechte.

Beispiel: (I) (II)
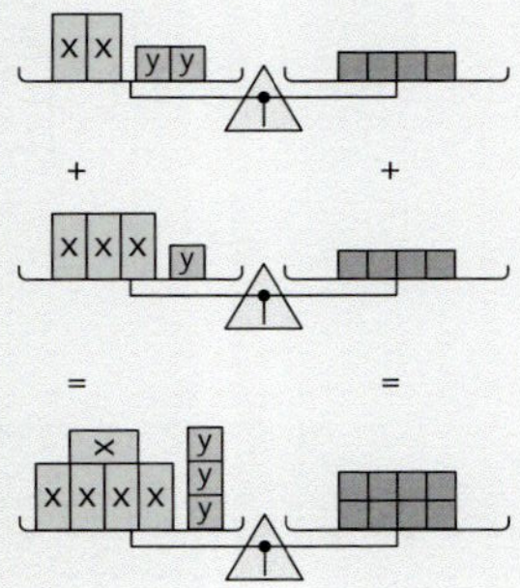

2 Addiere zuerst die Gleichungen (I) und (II).
Berechne dann x.

Tipp ① Addiere die linken Seiten.
② Addiere die rechten Seiten.

Beispiel:
(I) $3x + \underline{3y} = 9$
$+ \qquad +$
(II) $4x - \underline{3y} = 5$
$= \qquad =$
$7x + \underline{0} = 14 \quad | :7$
$x = 2$

a) (I) $4x + \underline{2y} = 10$
(II) $8x - \underline{2y} = 2$
$12x = 12 \quad | :12$
$x = 1$

b) (I) $5x + \underline{3y} = 24$
(II) $x - \underline{3y} = 0$
$6x = 24 \quad | :6$
$x = 4$

c) (I) $2x + \underline{5y} = 11$
(II) $2x - \underline{5y} = 1$
$4x = 12 \quad | :4$
$x = 3$

3 Berechne zuerst x.
Berechne dann y.

Tipp
Löse je eine Gleichung mit einer Unbekannten.

a) (I) $x + \underline{y} = 8$
(II) $x - \underline{y} = 4$
$2x = 12 \quad | :2$
$x = 6$
x = 6 einsetzen in (I) $x + y = 8$
$6 + y = 8 \quad | -6$
$y = 2$

Lösungsmenge L = {(6 | 2)}

b) (I) $2x + \underline{2y} = 10$
(II) $3x - \underline{2y} = 5$
$5x = 15 \quad | :5$
$x = 3$
x = 3 einsetzen in (I) $2 \cdot x + 2y = 10$
$2 \cdot 3 + 2y = 10 \quad | -6$
$2y = 4 \quad | :2$
$y = 2$

Lösungsmenge L = {(3 | 2)}

Das Additionsverfahren

1 Alles von (I) und (II) kommt auf die dritte Waage.
Ergänze die dritte Waage und die Gleichungen.

(I)
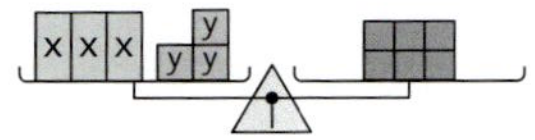

3x + 3y = 6

(II)
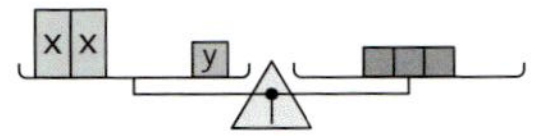

2x + y = 3

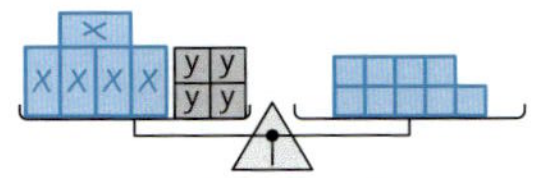

5x + 4y = 9

Beispiel: (I) (II)
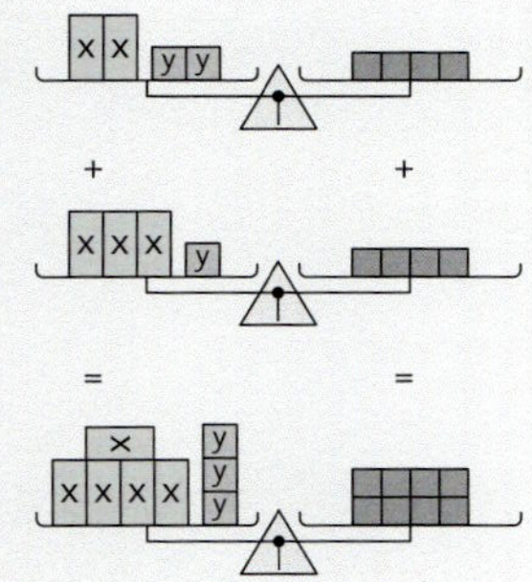

2 Unterstreiche zuerst die Terme mit der Summe 0.
Addiere dann die Gleichungen (I) und (II).
Berechne danach die Lösung.

Beispiel:
(I) $4x + \underline{3y} = 7$
(II) $x - \underline{3y} = 3$
$5x + \underline{0} = 10 \quad | :5$
$x = 2$

a) (I) $x + \underline{y} = 17$
(II) $x - \underline{y} = 7$
$2x = 24 \quad | :2$
$x = 12$
x = 12 einsetzen in (I) $12 + y = 17 \quad | -12$
$y = 5$

Lösungsmenge L = {(12 | 5)}

b) (I) $3x + \underline{4y} = 23$
(II) $4x - \underline{4y} = 12$
$7x = 35 \quad | :7$
$x = 5$
x = 5 einsetzen in (I) $3 \cdot 5 + 4y = 23 \quad | -15$
$4y = 8 \quad | :4$
$y = 2$

Lösungsmenge L = {(5 | 2)}

c) (I) $\underline{3x} + 4y - 2 = 6$
(II) $\underline{-3x} + 5y = 10$
$9y - 2 = 16 \quad | +2$
$9y = 18 \quad | :9$
$y = 2$
y = 2 einsetzen in (II) $-3x + 5 \cdot 2 = 10 \quad | -10$
$-3x = 0 \quad | :(-3)$
$x = 0$

Lösungsmenge L = {(0 | 2)}

d) (I) $3y = 10 \underline{-5x}$
(II) $5 = \underline{5x} + 2y$
$3y + 5 = 10 + 2y \quad | -2y$
$y + 5 = 10 \quad | -5$
$y = 5$
y = 5 einsetzen in (I) $3 \cdot 5 = 10 - 5x \quad | -10$
$5 = -5x \quad | :(-5)$
$-1 = x$

Lösungsmenge L = {(−1 | 5)}

Das Additionsverfahren

Schritte beim Additionsverfahren:	Beispiel:
① Ermittle die Terme mit der Summe 0. Die Terme enthalten eine Variable.	(I) $5x + 10y = 15$ (II) $20 = 2x - 10y$ (I) $5x + 10y = 15$ (II) $2x - 10y = 20$
② Addiere beide Gleichungen. ③ Löse die Gleichung mit einer Variablen.	$7x + 0 = 35$ | : 7 $x = 5$
④ Setze die Lösung in Gleichung (I) oder (II) ein. Berechne.	x = 5 einsetzen in (I) $5 \cdot x + 10y = 15$ $5 \cdot 5 + 10y = 15$ | – 25 $10y = -10$ | : 10 $y = -1$
⑤ Rechne die Probe.	Probe: (I) $5 \cdot 5 + 10 \cdot (-1) = 15$ ist wahr, da 15 = 15. (II) $20 = 2 \cdot 5 - 10 \cdot (-1)$ ist wahr, da 20 = 20.
⑥ Gib die Lösungsmenge an.	Lösungsmenge L = {(5 | –1)}

1 Löse mit dem Additionsverfahren.

a) (I) $7x + 2y = 16$
(II) $10x - 2y = 1$

$17x = 17$ | : 17
$x = 1$

x = 1 einsetzen in (I)
$7 \cdot 1 + 2y = 16$ | – 7
$2y = 9$ | : 2
$y = 4{,}5$

Probe: (I) $7 \cdot 1 + 2 \cdot 4{,}5 = 16$ ist wahr.
(II) $10 \cdot 1 - 2 \cdot 4{,}5 = 1$ ist wahr.

Lösungsmenge L = {(4,5 | 1)}

b) (I) $5x + 3y = -1$
(II) $5y - 5x = 25$

$8y = 24$ | : 8
$y = 3$

y = 3 einsetzen in (I)
$5x + 3 \cdot 3 = -1$ | – 9
$5x = -10$ | : 5
$x = -2$

Probe: (I) $5 \cdot (-2) + 3 \cdot 3 = -1$ ist wahr.
(II) $5 \cdot 3 - 5 \cdot (-2) = 25$ ist wahr.

Lösungsmenge L = {(–2 | 3)}

2 Unterstreiche alle Fehler (außer die Folgefehler) und berichtige.

(I) $3x + 2y = 11$
(II) $4x - 2y = 10$

$3x = 21$ | : 3
$x = 7$

$21 + 2y = 11$ | + 21
$2y = 10$ | : 2
$y = 5$

Probe: $3 \cdot 7 = 21$ wahr
$4 \cdot 7 - 2 \cdot 5 = 10$ falsch

Lösungsmenge L = {(5 | 7)}

Berichtigung:
$7x = 21$ | : 7
$x = 3$
$3 \cdot 3 + 2y = 11$
$9 + 2y = 11$ | – 9
$2y = 2$ | : 2
$y = 1$
Probe: $3 \cdot 3 + 2 \cdot 1 = 11$ wahr
$4 \cdot 3 - 2 \cdot 1 = 10$ wahr
Lösungsmenge L = {(3 | 1)}

Sachaufgaben lösen

1 Lena ist 9 Jahre jünger als Toni. (I)
Lena und Toni sind zusammen 23 Jahre alt. (II)
Berechne das Alter der beiden Kinder.

> **Tipp**
> ⓪ Lies den Text. Was ist gegeben? Was ist gesucht?
> ① Lege zwei Variablen fest.
> ② Stelle zwei Gleichungen auf.
> ③ Löse das lineare Gleichungssystem. Nutze das Einsetzungsverfahren.
> ④ Prüfe die Lösung.
> ⑤ Formuliere die Antwort.

① x steht für das Alter von Lena.
y steht für das Alter von Toni.

② (I) $9 + x = y$
(II) $x + y = 23$

③ $x + 9 + x = 23$
$9 + 2x = 23$ | – 9
$2x = 14$ | : 2
$x = 7$

Einsetzen in (I): $9 + 7 = y$
$16 = y$

④ Probe: (I) $9 + 7 = 16$ ist wahr. Es passt zum Text.
(II) $7 + 16 = 23$ ist wahr. Es passt zum Text.

⑤ Lena ist 7 Jahre alt. Toni ist 16 Jahre alt.

2 Ein Rechteck hat 50 cm Umfang. (I)
Die eine Seite ist 5 cm länger als die andere Seite. (II)
Wie lang sind die Seiten?

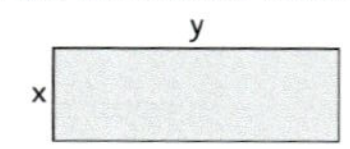

> **Tipp**
> ⓪ Lies den Text. Was ist gegeben? Was ist gesucht?
> ① Lege zwei Variablen fest.
> ② Stelle zwei Gleichungen auf.
> ③ Löse das lineare Gleichungssystem. Nutze das Einsetzungsverfahren.
> ④ Prüfe die Lösung.
> ⑤ Formuliere die Antwort.

① x steht für die Länge der kürzeren Seite.
y steht für die Länge der längeren Seite.

② (I) $2 \cdot x + 2 \cdot y = 50$
(II) $x + 5 = y$

③ $2 \cdot x + 2 \cdot (x + 5) = 50$
$2x + 2x + 10 = 50$
$4x + 10 = 50$ | – 10
$4x = 40$ | : 4
$x = 10$

Einsetzen in (I): $y - 10 = 5$ | + 10
$y = 15$

④ Probe: (I) $2 \cdot 10 + 2 \cdot 15 = 50$ ist wahr. Es passt zum Text.
(II) $15 - 10 = 5$ ist wahr. Es passt zum Text.

⑤ Die Seiten vom Rechteck sind 10 cm und 15 cm lang.

Sachaufgaben lösen

Tipp
⓪ Lies den Text. Was ist gegeben? Was ist gesucht?
① Lege zwei Variablen fest.
② Stelle zwei Gleichungen auf.
③ Löse das lineare Gleichungssystem. Nutze das Einsetzungsverfahren.
④ Prüfe die Lösung.
⑤ Formuliere die Antwort.

1 Löse mit dem Einsetzungsverfahren.

a) Simone und Olaf haben zusammen 30 €. (I)
Simone hat 2 € mehr als Olaf. (II)
Berechne, wie viel Geld jeder hat.

① x steht für das Geld von Simone.
y steht für das Geld von Olaf.

② (I) $x + y = 30$
(II) $x = y + 2$

③ $y + 2 + y = 30$
$2y + 2 = 30$ | − 2
$2y = 28$ | : 2
$y = 14$
Einsetzen in (II): $x = 14 + 2 = 16$

④ Probe: (I) $16 + 14 = 30$ ist wahr. Es passt zum Text.
(II) $16 = 14 + 2$ ist wahr. Es passt zum Text.

⑤ Simone hat 16 €. Olaf hat 14 €.

b) Sabine hat 14 € mehr als Patrick. (I)
Zusammen haben sie 40 €. (II)
Berechne, wie viel Geld jeder hat.

① x steht für das Geld von Sabine.
y steht für das Geld von Patrick.

② (I) $x = y + 14$
(II) $x + y = 40$

③ $y + 14 + y = 40$
$14 + 2y = 40$ | − 14
$2y = 26$ | : 2
$y = 13$
Einsetzen in (I): $x = 13 + 14 = 27$

④ Probe: (I) $27 = 13 + 14$
(II) $27 + 13 = 40$
Beides ist wahr. Es passt zum Text.

⑤ Sabine hat 27 €.
Patrick hat 13 €.

c) Ein gleichschenkliges Dreieck hat 25 cm Umfang. Die beiden Schenkel sind jeweils 5 cm länger als die Basis. Wie lang sind die Seiten?

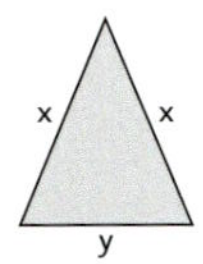

① x steht für die Länge eines Schenkels.
y steht für die Länge der Basis.

② (I) $2x + y = 25$
(II) $y = x - 5$

③ $2x + x - 5 = 25$
$3x - 5 = 25$ | + 5
$3x = 30$ | : 3
$x = 10$
Einsetzen in (II): $y = 10 - 5 = 5$

④ Probe: (I) $2 \cdot 10 + 5 = 25$
(II) $5 = 10 - 5$
Beides ist wahr. Es passt zum Text.

⑤ Die Schenkel sind 10 cm lang.
Die Basis ist 5 cm lang.

Sachaufgaben lösen

Beispiel:
Bauer Fritz hat Kühe und Hühner. Zusammen sind es 20 Tiere. (I)
Alle Tiere haben zusammen 50 Beine. (II)
Berechne die Anzahl der Kühe und Hühner mit dem Gleichsetzungsverfahren.

⓪ Lies den Text. Was ist gegeben? Was ist gesucht?

① Lege zwei Variablen fest.
① x steht für die Anzahl der Kühe.
y steht für die Anzahl der Hühner.

② Stelle zwei Gleichungen auf.
② (I) $x + y = 20$, also ist $y = 20 - x$.
(II) $4x + 2y = 50$, also ist $y = 25 - 2x$.

③ Löse das lineare Gleichungssystem.
③ $20 - x = 25 - 2x$ | + 2x
$20 + x = 25$ | − 20
$x = 5$
Einsetzen in (I): $5 + y = 20$ | − 5
$y = 15$

④ Prüfe die Lösung.
④ Probe: (I) $5 + 15 = 20$ ist wahr. Es passt zum Text.
(II) $4 \cdot 5 + 2 \cdot 15 = 50$ ist wahr. Es passt zum Text.

⑤ Formuliere die Antwort.
⑤ Bauer Fritz hat 5 Kühe und 15 Hühner.

1 Löse mit einem linearen Gleichungssystem.

a) Alfred hat 40 Tiere. Es sind Schafe und Enten.
Die Tiere haben insgesamt 130 Beine.
Berechne die Anzahl der Schafe und Enten. z.B.

① x steht für die Anzahl der Schafe.
y steht für die Anzahl der Enten.

② (I) $x + y = 40$, also ist $y = 40 - x$.
(II) $4x + 2y = 130$, also ist $y = 65 - 2x$.

③ $40 - x = 65 - 2x$ | + 2x
$40 + x = 65$ | − 40
$x = 25$
Einsetzen in (I): $25 + y = 40$ | − 25
$y = 15$

④ Probe: (I) $25 + 15 = 40$
(II) $4 \cdot 25 + 2 \cdot 15 = 130$
Beides ist wahr. Es passt zum Text.

⑤ Alfred hat 25 Schafe und 15 Enten.

b) Der Schulchor hat 30 Mitglieder.
Es sind 6 Jungen mehr als Mädchen.
Berechne die Anzahl der Jungen und Mädchen. z.B.

① x steht für die Anzahl der Jungen.
y steht für die Anzahl der Mädchen.

② (I) $x + y = 30$, also ist $y = 30 - x$.
(II) $y = x - 6$

③ $30 - x = x - 6$ | + x
$30 = 2x - 6$ | + 6
$36 = 2x$ | : 2
$18 = x$
Einsetzen in (I): $18 + y = 30$ | − 18
$y = 12$

④ Probe: (I) $18 + 12 = 30$
(II) $18 - 12 = 6$
Beides ist wahr. Es passt zum Text.

⑤ Im Schulchor sind 18 Jungen und 12 Mädchen.

Quadrieren und Wurzelziehen

1 Verbinde die gleichwertigen Terme.

2 · 2 | 5 · 5 | 10 · 10 | 12 · 12 | 15 · 15 | 18 · 18

5^2 | 18^2 | 2^2 | 15^2 | 10^2 | 12^2

100 | 225 | 144 | 4 | 324 | 25

Beispiel:
$3 \cdot 3 = 3^2 = 9$
3 Kästchen
3 Kästchen
Es sind insgesamt 9 Kästchen.

2 Quadriere.

a	1	2	3	4	5	6	7	8	9	10
a^2	1	4	9	16	25	36	49	64	81	100

Beispiel:
$3^2 = 3 \cdot 3 = 9$

3 Ziehe die Wurzel.

b	16	25	9	49	64	36	81	100	144	400
$\sqrt{b}$	4	5	3	7	8	6	9	10	12	20

Beispiel:
$\sqrt{9} = 3$, denn $3^2 = 9$

4 Quadriere zuerst die orange Zahl. Ergänze dann die anderen Zahlen.

a) $40^2 = 1600$
$4^2 = 16$
$0{,}4^2 = 0{,}16$

b) $70^2 = 4900$
$7^2 = 49$
$0{,}7^2 = 0{,}49$

c) $10^2 = 100$
$1^2 = 1$
$0{,}1^2 = 0{,}01$

Beispiel:
$5^2 = 25$
$50^2 = 2500$ doppelt so oft die Ziffer „0“
$0{,}5^2 = 0{,}25$ doppelt so viele Stellen nach dem Komma

5 Ziehe zuerst die Wurzel aus der orangen Zahl. Ergänze dann die anderen Zahlen.

a) $\sqrt{6400} = 80$
$\sqrt{64} = 8$
$\sqrt{0{,}64} = 0{,}8$

b) $\sqrt{900} = 30$
$\sqrt{9} = 3$
$\sqrt{0{,}09} = 0{,}3$

c) $\sqrt{14400} = 120$
$\sqrt{144} = 12$
$\sqrt{1{,}44} = 1{,}2$

Beispiel:
$\sqrt{25} = 5$
$\sqrt{2500} = 50$ halb so oft die Ziffer „0“
$\sqrt{0{,}25} = 0{,}5$ halb so viele Stellen nach dem Komma

Quadrieren und Wurzelziehen

1 Ergänze zuerst die Anzahl der Kästchen in einer Reihe, wenn nötig. Ergänze dann die Anzahl der Kästchen insgesamt.

						/	/	/
a	3	5	7	8	10	11	12	13
a^2	9	25	49	64	100	121	144	169

Beispiel:
4 Kästchen
4 Kästchen
Es sind insgesamt 16 Kästchen.
a = 4
$a^2 = 4^2 = 4 \cdot 4 = 16$

2 Ergänze.

a	4	9	15	16	1	6	14	20
a^2	16	81	225	256	1	36	196	400

Beispiel:
$4^2 = 16$
↑ Quadrat von 4
$\sqrt{16} = 4$
↑ Wurzel aus 16

3 Quadriere zuerst die orange Zahl. Ergänze dann die anderen Zahlen.

a) $50^2 = 2500$
$5^2 = 25$
$0{,}5^2 = 0{,}25$

b) $100^2 = 10\,000$
$10^2 = 100$
$1^2 = 1$

c) $150^2 = 22\,500$
$15^2 = 225$
$1{,}5^2 = 2{,}25$

Beispiel:
$40^2 = 1600$
$4^2 = 16$
$0{,}4^2 = 0{,}16$

4 Ziehe zuerst die Wurzel aus der orangen Zahl. Ergänze dann die anderen Zahlen.

a) $\sqrt{8100} = 90$
$\sqrt{81} = 9$
$\sqrt{0{,}81} = 0{,}9$

b) $\sqrt{32400} = 180$
$\sqrt{324} = 18$
$\sqrt{3{,}24} = 1{,}8$

c) $\sqrt{22500} = 150$
$\sqrt{225} = 15$
$\sqrt{2{,}25} = 1{,}5$

Beispiel:
$\sqrt{1600} = 40$
$\sqrt{16} = 4$
$\sqrt{0{,}16} = 0{,}4$

5 Gib zuerst die benachbarten natürlichen Zahlen an. Begründe dann darunter mithilfe der Quadratzahlen.

a) $3 < \sqrt{10} < 4$,
da $9 < 10 < 16$

b) $5 < \sqrt{30} < 6$,
da $25 < 30 < 36$

c) $1 < \sqrt{1{,}7} < 2$,
da $1 < 1{,}7 < 4$

Beispiel:
$10 < \sqrt{107} < 11$,
da $100 < 107 < 121$

Quadrieren und Wurzelziehen

- Beim Quadrieren wird eine Zahl mit sich selbst multipliziert.
  $a \cdot a = a^2$
- Beim Wurzelziehen wird die positive Zahl a gesucht, die mit sich selbst multipliziert b ergibt.
  $\sqrt{b} = a$, da $a^2 = b$

Beispiel:
$3 \cdot 3 = 3^2 = 9$

$\sqrt{9} = 3$, da $3^2 = 9$

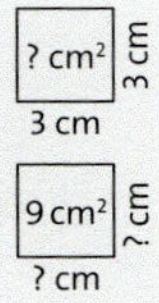

1 Das Quadrat einer natürlichen Zahl (0; 1; 2; 3; 5; ...) nennt man Quadratzahl.
a) Unterstreiche zuerst in der oberen Zeile die 6 Quadratzahlen.
Ermittle dann die Wurzeln der Quadratzahlen ohne Taschenrechner.
b) Berechne alle anderen Wurzeln mit dem Taschenrechner.
Runde auf zwei Stellen nach dem Komma.

a	9	16	20	25	35	36	55	72	81	100
$\sqrt{a}$	3	4	4,47	5	5,92	6	7,42	8,49	9	10

2 Ergänze zuerst die Zahl auf der mittleren Karte.

a)
$60^2 = 3600$
$6^2 = 36$
$0{,}6^2 = 0{,}36$

b)
$80^2 = 6400$
$8^2 = 64$
$0{,}8^2 = 0{,}64$

c)
$\sqrt{2500} = 50$
$\sqrt{25} = 5$
$\sqrt{0{,}25} = 0{,}5$

d)
$\sqrt{1400} = 120$
$\sqrt{144} = 12$
$\sqrt{1{,}44} = 1{,}2$

3 Die Fläche des Schildes „Vorfahrtsstraße" ist 3600 cm² groß.
Das gelbe Quadrat ist halb so lang wie das Schild.

a) Berechne die Länge der Seiten des quadratischen Schildes.
$\sqrt{3600\ cm^2} = 60\ cm$ Die Seiten des Schildes sind 60 cm lang.

b) Berechne den Flächeninhalt vom gelben Quadrat.
$(30\ cm)^2 = 900\ cm^2$ Das gelbe Quadrat ist 900 cm² groß.

4 Alle 14 cm kommt die nächste quadratische Fliese.
Können mit 100 derartigen Fliesen 2 m² ausgelegt werden?
Begründe mit einer Rechnung.

z. B. $(14\ cm \cdot 14\ cm) \cdot 100 = 19600\ cm^2 = 196\ dm^2 = 1{,}96\ m^2 < 2\ m^2$
$(20000\ cm^2 - 19600\ cm^2) : 196\ cm^2 = 400\ cm^2 : 196\ cm^2 \approx 2{,}04$
Nein, es fehlen mindestens 2 Fliesen.

Der Satz des Pythagoras

1 Markiere zuerst den rechten Winkel im Dreieck, wenn möglich.
Zeichne dann die Hypotenuse rot nach.
Zeichne danach die Katheten blau nach.

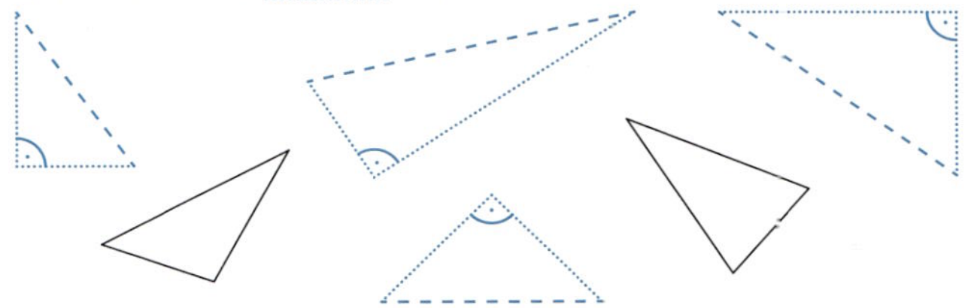

Tipp
Die Hypotenuse liegt dem rechten Winkel gegenüber.
Die Katheten schließen den rechten Winkel ein.

Beispiel:

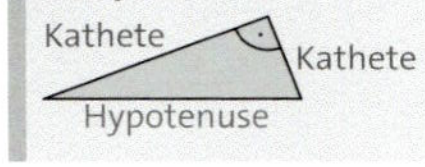

2 Zeichne zuerst die Hypotenuse rot und die Katheten blau nach.
Schreibe dann in jedes Quadrat seinen Flächeninhalt.
Schreibe danach in jedes Dreieck die Nummer der passenden Gleichung.

Beispiel:
Ein Quadrat hat 4 cm lange Seiten.
Berechne den Flächeninhalt A.

$A = a^2 = a \cdot a$
$A = (4\ cm)^2 = 16\ cm^2$

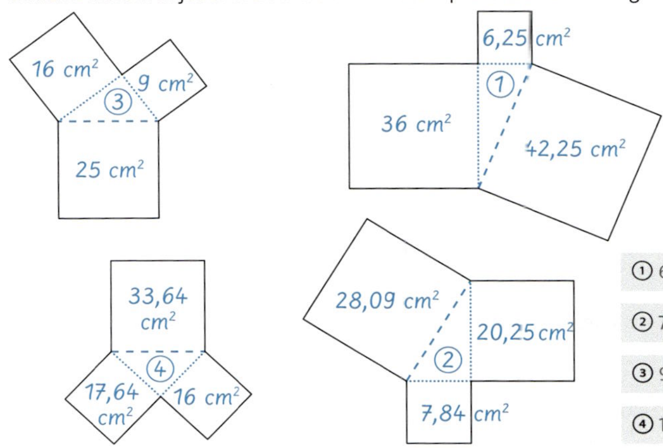

① $6{,}25\ cm^2 + 36\ cm^2 = 42{,}25\ cm^2$
② $7{,}84\ cm^2 + 20{,}25\ cm^2 = 28{,}09\ cm^2$
③ $9\ cm^2 + 16\ cm^2 = 25\ cm^2$
④ $16\ cm^2 + 17{,}64\ cm^2 = 33{,}64\ cm^2$

3 Markiere zuerst den rechten Winkel im Dreieck, wenn möglich.
Zeichne dann die Hypotenuse rot und die Katheten blau nach.
Kreuze danach Zutreffendes an.

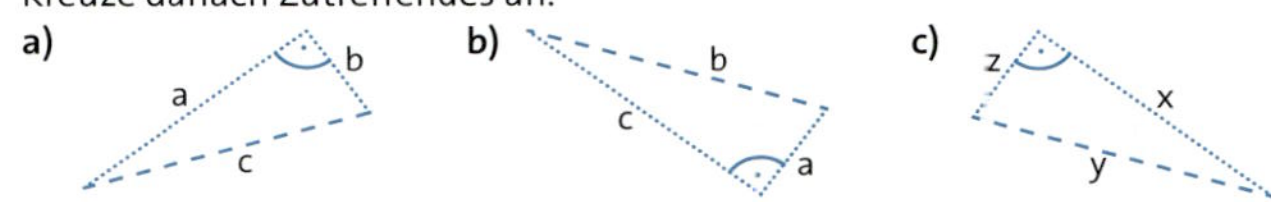

a)
- [x] $a^2 + b^2 = c^2$
- [ ] $a^2 + c^2 = b^2$
- [ ] $b^2 + c^2 = a^2$

b)
- [ ] $a^2 + b^2 = c^2$
- [x] $a^2 + c^2 = b^2$
- [ ] $b^2 + c^2 = a^2$

c)
- [ ] $x^2 + y^2 = z^2$
- [x] $x^2 + z^2 = y^2$
- [ ] $y^2 + z^2 = x^2$

Beispiel:

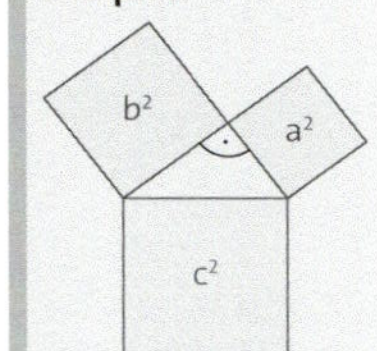

$a^2 + b^2 = c^2$
(Satz des Pythagoras)

Der Satz des Pythagoras

1 Markiere zuerst den rechten Winkel im Dreieck.
Zeichne dann die Hypotenuse rot und die Katheten blau nach.
Schreibe danach in jedes Quadrat seinen Flächeninhalt und vervollständige die Gleichung.

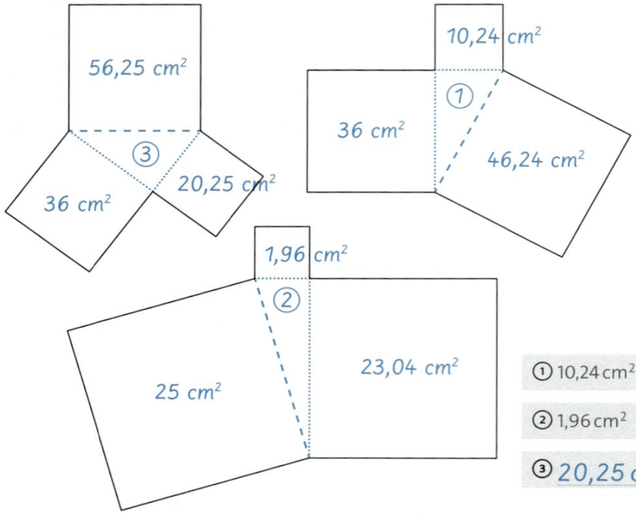

Tipp
Die Hypotenuse liegt dem rechten Winkel gegenüber.
Die Katheten schließen den rechten Winkel ein.

Beispiel:

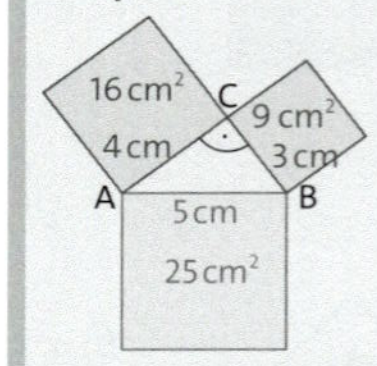

$(4\,cm)^2 + (3\,cm)^2 = (5\,cm)^2$
$16\,cm^2 + 9\,cm^2 = 25\,cm^2$

① $10{,}24\,cm^2 + 36\,cm^2 =$ *$46{,}24\,cm^2$*

② $1{,}96\,cm^2 +$ *$23{,}04\,cm^2$* $= 25\,cm^2$

③ *$20{,}25\,cm^2 + 36\,cm^2$* $= 56{,}25\,cm^2$

2 Verbinde jedes Dreieck mit der passenden Gleichung.

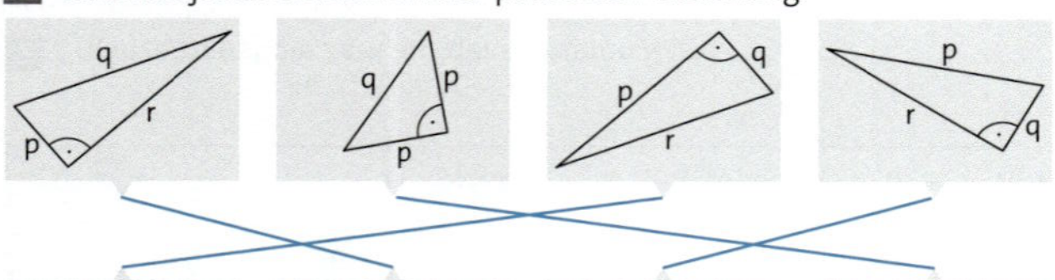

$p^2 + q^2 = r^2$ | $p^2 + r^2 = q^2$ | $q^2 + r^2 = p^2$ | $p^2 + p^2 = q^2$

Beispiel:
c ist die Hypotenuse.
a und b sind Katheten.

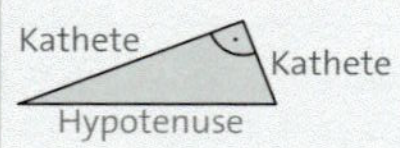

$a^2 + b^2 = c^2$
(Satz des Pythagoras)

3 Beschrifte die Seiten des Dreiecks passend, wenn möglich.

a) $x^2 + y^2 = z^2$

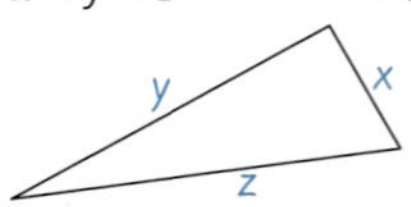

b) $d^2 + f^2 = e^2$

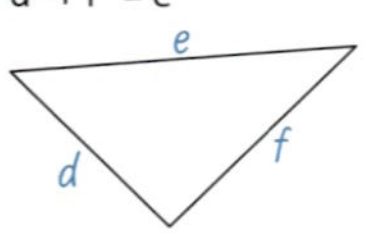

c) $i^2 + g^2 = h^2$

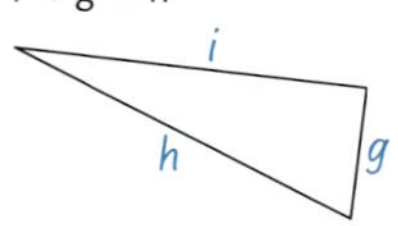

d) $i^2 + g^2 = h^2$

e) $n^2 + n^2 = m^2$

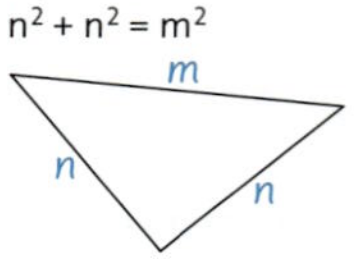

f) $s^2 + (0{,}5\,s)^2 = t^2$

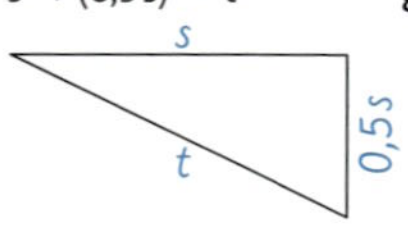

g) $a^2 + b^2 = c^2$

h) $c^2 + b^2 = a^2$

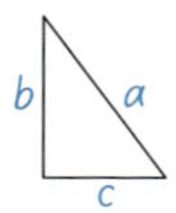

Der Satz des Pythagoras

- Die Hypotenuse liegt dem rechten Winkel gegenüber.
  Die Katheten schließen den rechten Winkel ein.
- Für rechtwinklige Dreiecke gilt der Satz des Pythagoras:
  Das Quadrat über der Hypotenuse hat denselben Flächeninhalt wie die Quadrate über den Katheten zusammen.

Beispiel:

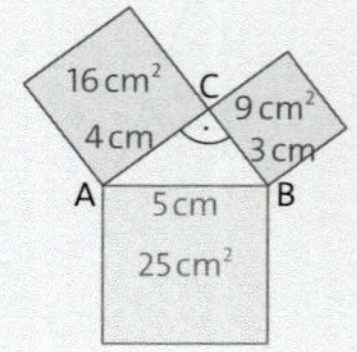

$c^2 = a^2 + b^2$
$(5\,cm)^2 = (4\,cm)^2 + (3\,cm)^2$
$25\,cm^2 = 16\,cm^2 + 9\,cm^2$

1 Zeichne zuerst die Hypotenuse rot und die Katheten blau nach.
Schreibe dann in jedes Quadrat den Flächeninhalt und ergänze die Gleichungen.

a)

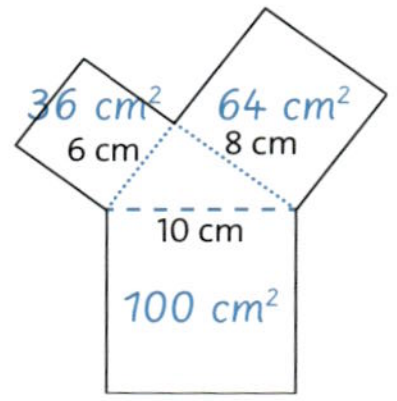

$36\,cm^2 + 64\,cm^2 =$ *$100\,cm^2$*

b)

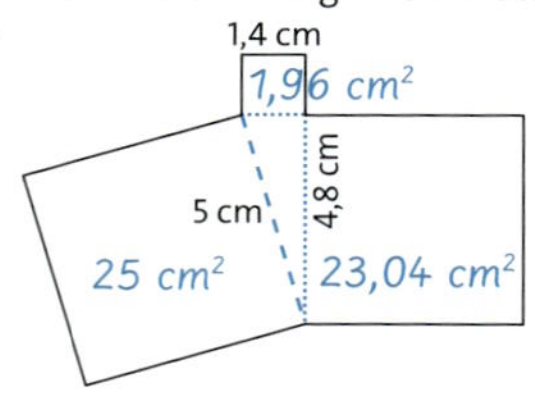

$1{,}96\,cm^2 + 23{,}04\,cm^2 =$ *$25\,cm^2$*

c)

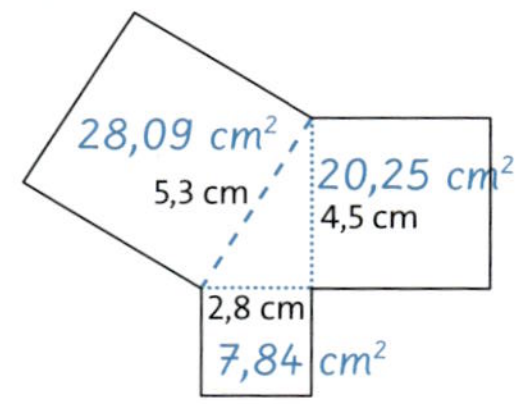

$7{,}84\,m^2 + 20{,}25\,m^2 =$ *$28{,}09\,cm^2$*

2 Markiere, wenn möglich, den rechten Winkel und gib eine Gleichung nach dem Satz des Pythagoras an.

a)

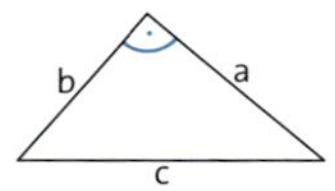

$a^2 + b^2 = c^2$

b)

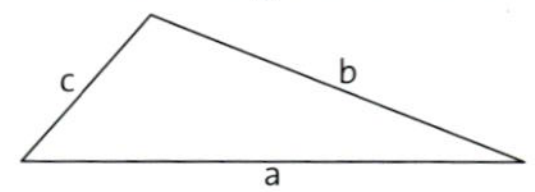

c)

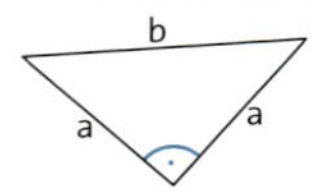

$a^2 + a^2 = b^2$

3 Die Gleichung gilt nach dem Satz des Pythagoras.
Zeichne ein passendes Dreieck und beschrifte die Seiten.

a) $x^2 + y^2 = z^2$

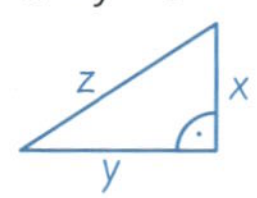

b) $x^2 - z^2 = y^2$

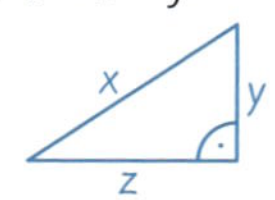

4 Umkehrung des Satz des Pythagoras

a) Ergänze die Umkehrung des Satz des Pythagoras.

Wenn in einem Dreieck ABC mit der längsten Seite c gilt: *c^2* $=$ *$a^2 + b^2$*, dann ist das Dreieck *rechtwinklig.* Der rechte Winkel liegt gegenüber der *längsten* Seite.

b) Alex meint, dass die Wände rechtwinklig zueinander verlaufen. Hat er recht?

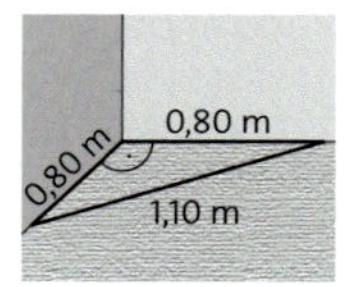

$(0{,}8\,m)^2 + (0{,}8\,m)^2 \neq (1{,}1\,m)^2$,

da $1{,}28\,m^2 \neq 1{,}21\,m^2$ nicht rechtwinklig

Hypotenuse berechnen

1 Berechne die Länge der Hypotenuse.

a)

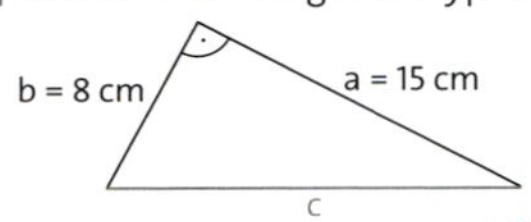

① $c^2 = a^2 + b^2$

$c^2 = (15\,cm)^2 + (8\,cm)^2$

② $c^2 = 225\,cm^2 + 64\,cm^2$

$c^2 = 289\,cm^2$

③ $c = 17\,cm$

Tipp
⓪ Färbe die Hypotenuse ein.
① Stelle eine Gleichung auf (Pythagoras). Setze die gegebenen Längen ein.
② Quadriere zuerst. Addiere die Quadrate.
③ Ziehe die Wurzel.

Beispiel:
① $y^2 = x^2 + z^2$
$y^2 = (3\,cm)^2 + (4\,cm)^2$
② $y^2 = 9\,cm^2 + 16\,cm^2$
$y^2 = 25\,cm^2$
③ $y = 5\,cm$

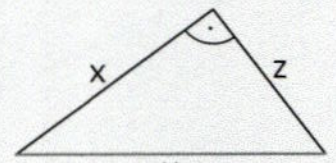

b)

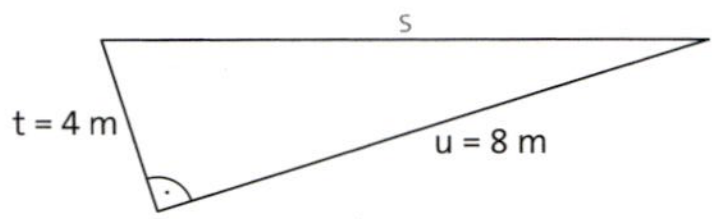

① $s^2 = u^2 + t^2$

$s^2 = (8\,m)^2 + (4\,m)^2$

② $s^2 = 64\,m^2 + 16\,m^2$

$s^2 = 80\,m^2$

③ $s \approx 8{,}94\,m^2$

c)

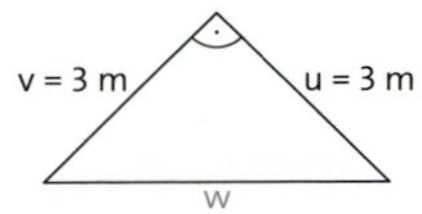

① $w^2 = u^2 + v^2$

$w^2 = (3\,m)^2 + (3\,m)^2$

② $w^2 = 9\,m^2 + 9\,m^2$

$w^2 = 18\,m^2\ m^2$

③ $w \approx 4{,}24\,m\ m^2$

2 Berechne die Länge der roten Strecke.

Tipp
Finde zuerst den rechten Winkel.

a)

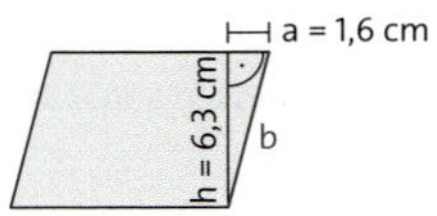

① $b^2 = a^2 + h^2$

$b^2 = (1{,}6\,cm)^2 + (6{,}3\,cm)^2$

② $b^2 = 42{,}25\,m^2$

③ $b^2 = 6{,}5\,cm$

b)

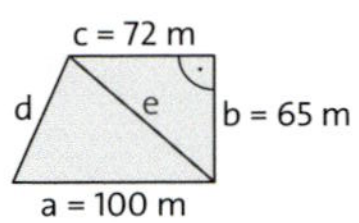

① $e^2 = b^2 + c^2$

$e^2 = (65\,m)^2 + (72\,m)^2$

② $e^2 = 9409\,m^2$

③ $e = 97\,m$

3 Ein Bildschirm ist 93 cm breit und 52 cm hoch. Wie lang ist die Bildschirmdiagonale?

$d^2 = (93\,cm)^2 + (52\,cm)^2 = 11\,353\,cm^2$

$d \approx 106{,}6\,cm$

Hypotenuse berechnen

1 Berechne die Länge der Hypotenuse.

a)

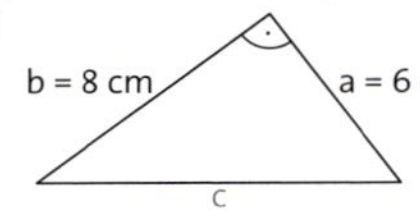

① $c^2 = a^2 + b^2$

$c^2 = (6\,cm)^2 + (8\,cm)^2$

② $c^2 = 36\,cm^2 + 64\,cm^2$

$c^2 = 100\,cm^2$

③ $c = 10\,cm$

Tipp
① Stelle eine Gleichung auf (Pythagoras). Setze die gegebenen Längen ein.
② Quadriere zuerst. Addiere dann.
③ Ziehe die Wurzel.

Beispiel:
① $y^2 = x^2 + z^2$
$y^2 = (4{,}8\,cm)^2 + (2\,cm)^2$
② $y^2 = 23{,}04\,cm^2 + 4\,cm^2$
$y^2 = 27{,}04\,cm^2$
③ $y \approx 5{,}20\,cm$

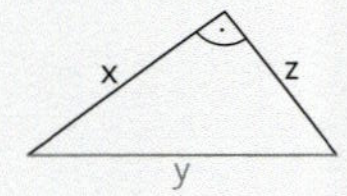

b)

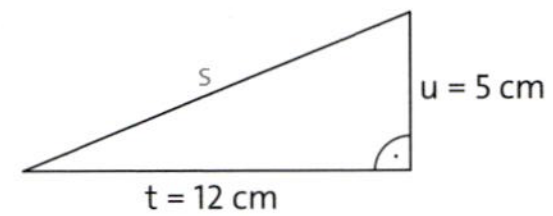

① $s^2 = t^2 + u^2$

$s^2 = (12\,cm)^2 + (5\,cm)^2$

② $s^2 = 144\,cm^2 + 25\,cm^2$

$s^2 = 169\,cm^2$

③ $s = 13\,cm$

c)

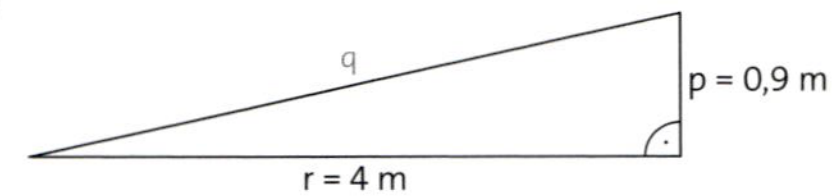

① $q^2 = p^2 + r^2$

$q^2 = (0{,}9\,m)^2 + (4\,m)^2$

② $q^2 = 0{,}81\,m^2 + 16\,m^2$

$q^2 = 16{,}81\,m^2$

③ $q = 4{,}1\,m$

2 Berechne die Länge der roten Strecke.

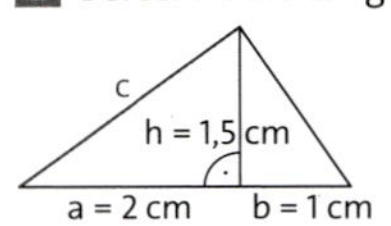

① $c^2 = a^2 + h^2$

$c^2 = (2\,cm)^2 + (1{,}5\,cm)^2$

② $c^2 = 6{,}25\,cm^2$

③ $c = 2{,}5\,cm$

Tipp
Färbe das passende rechtwinklige Dreieck ein.

Beispiel:
① $d^2 = a^2 + b^2$
$d^2 = (1\,cm)^2 + (3\,cm)^2$
② $d^2 = 10\,cm^2$
③ $d \approx 3{,}61\,cm$

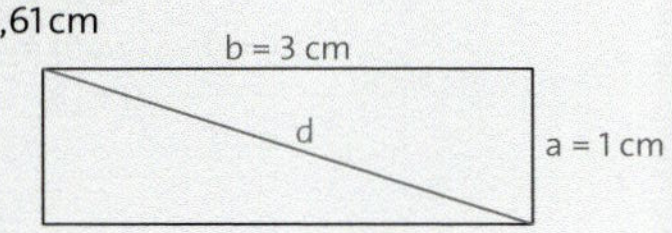

3 Das Tarp besteht aus einer quadratischen Plane. Es schützt beispielsweise vor Regen. Berechne die Länge l der Plane.

$c^2 = (1{,}4\,m)^2 + (0{,}6\,m)^2 = 2{,}32\,m^2$

$c \approx 1{,}52\,m$

$l = 2 \cdot c = 2 \cdot 1{,}52\,m \approx 3\,m$

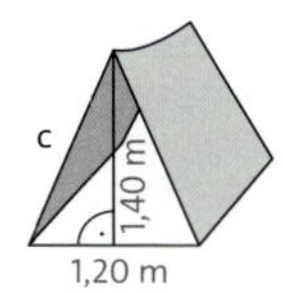

Das Tarp ist rund 3 m lang.

Hypotenuse berechnen ☒

Schritte beim Berechnen der Hypotenuse:
① Stelle eine Gleichung auf (Pythagoras). Setze die gegebenen Längen ein.
② Quadriere und addiere.
③ Ziehe die Wurzel.

Beispiel:
① $p^2 = q^2 + r^2$
$p^2 = (12\,m)^2 + (35\,m)^2$
② $p^2 = 1369\,m^2$
③ $p = 37\,m$

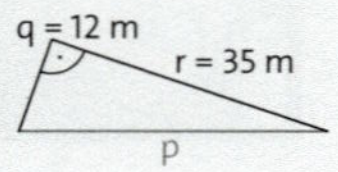

1 Berechne die Länge der Hypotenuse.

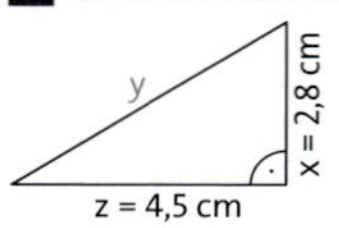

① $y^2 = x^2 + z^2$
$y^2 = (2{,}8\,m)^2 + (4{,}5\,m)^2$
② $y^2 = 28{,}09\,m^2$
③ $y = 5{,}3\,m$

2 Berechne die Länge der roten Strecke.

a)

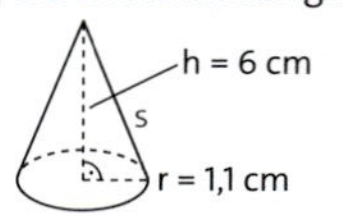

① $s^2 = h^2 + r^2$
$s^2 = (1{,}1\,cm)^2 + (6\,cm)^2$
② $s^2 = 37{,}21\,cm^2$
③ $s = 6{,}1\,cm$

b)

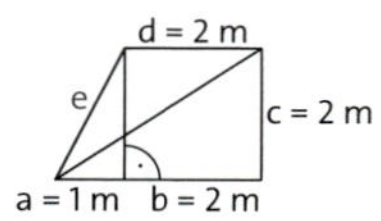

① $e^2 = a^2 + c^2$
$e^2 = (1\,m)^2 + (2\,m)^2$
② $e^2 = 5\,m^2$
③ $e \approx 2{,}2\,m$

3 Ein zylinderförmiges Glas hat 6 cm Durchmesser und ist innen 18 cm hoch. Der Trinkhalm soll diagonal 5 cm aus dem Glas herausragen. Berechne die Länge des gesamten Trinkhalmes.

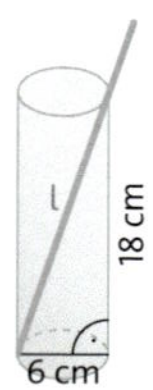

$l^2 = (6\,cm)^2 + (18\,cm)^2 = 360\,cm^2$
$l \approx 18{,}97\,cm$ Gesamtlänge 19 cm + 5 cm = 24 cm
Der Glastrinkhalm soll rund 24 cm lang sein.

4 Gesucht ist die Länge der roten Dachkante k. Dafür muss man zunächst die Länge d berechnen.
a) Färbe zwei passende rechtwinklige Dreiecke ein. Schreibe dann die benötigten Längen in die Zeichnung.
b) Berechne die Länge der Dachkante.

z. B.

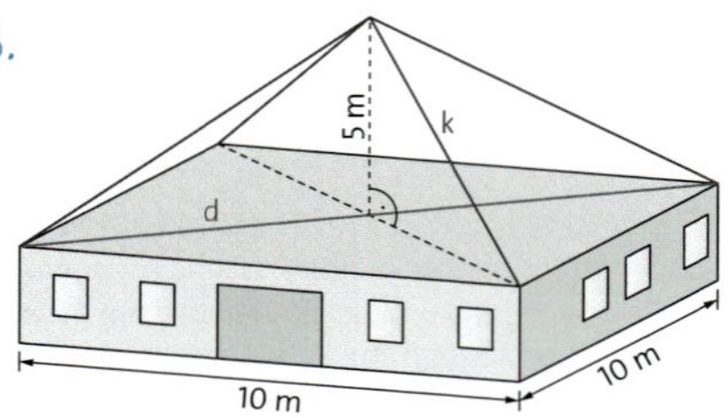

$d^2 = (10\,m)^2 + (10\,m)^2 = 200\,m^2$
$d \approx 14{,}1\,m$ $\frac{d}{2} \approx 7{,}05\,m$
$k^2 \approx (7{,}05\,m)^2 + (5\,m)^2 \approx 74{,}70\,m^2$
$k \approx 8{,}6\,m$

Die Dachkante ist rund 8,6 m lang.

Kathete berechnen

1 Berechne die Länge der blauen Kathete.

a)

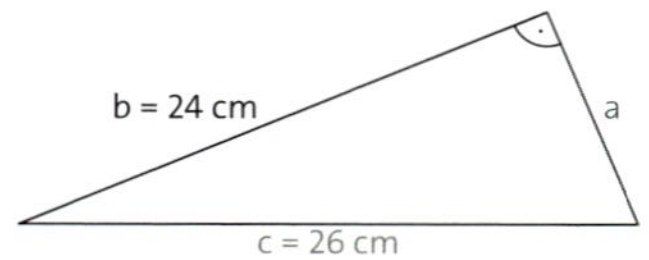

① $a^2 + b^2 = c^2$ $\quad | - b^2$
$a^2 = c^2 - b^2$
$a^2 = (26\,cm)^2 - (24\,cm)^2$
② $a^2 = 100\,cm^2$
③ $a = 10\,cm$

Tipp
⓪ Färbe die Hypotenuse ein.
① Stelle zuerst eine Gleichung auf (Pythagoras). Forme dann die Gleichung nach der Kathete um. Setze die gegebenen Längen ein.
② Quadriere zuerst. Subtrahiere dann die Quadrate.
③ Ziehe die Wurzel.

Beispiel:
① $a^2 + b^2 = c^2$ $\quad | - b^2$
$a^2 = c^2 - b^2$
$a^2 = (5\,cm)^2 - (4\,cm)^2$
② $a^2 = 9\,cm^2$
③ $a = 3\,cm$

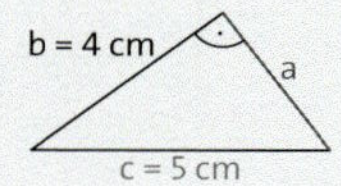

b)

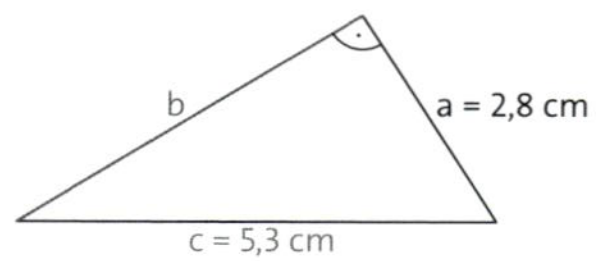

① $a^2 + b^2 = c^2$ $\quad | - a^2$
$b^2 = c^2 - a^2$
$b^2 = (5{,}3\,m)^2 - (2{,}8\,m)^2$
② $b^2 = 20{,}25\,m^2$
③ $b = 4{,}5\,m$

c)

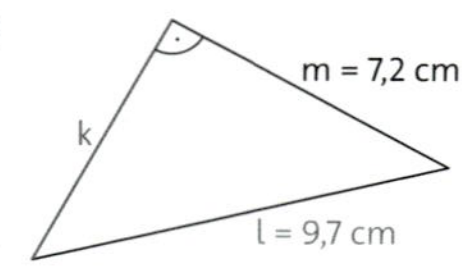

① $m^2 + k^2 = l^2$ $\quad | - m^2$
$k^2 = l^2 - m^2$
$k^2 = (9{,}7\,cm)^2 - (7{,}2\,cm)^2$
② $k^2 = 42{,}25\,cm^2$
③ $k = 6{,}5\,cm$

2 Berechne die Länge der blauen Strecke.

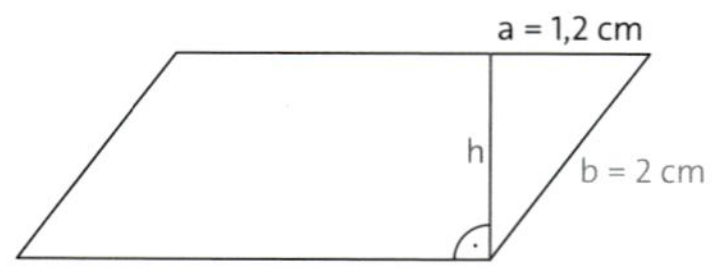

① $a^2 + h^2 = b^2$ $\quad | - a^2$
$h^2 = b^2 - a^2$
$h^2 = (2\,cm)^2 - (1{,}2\,cm)^2$
② $h^2 = 2{,}56\,cm^2$
③ $h = 1{,}6\,cm$

3 Berechne den Abstand zwischen Leiter und Baum.

$x^2 + h^2 = l^2$ $\quad | - h^2$
$x^2 = l^2 - h^2$
$x^2 = (4{,}5\,m)^2 - (4\,m)^2 = 4{,}25\,m^2$
$x \approx 2{,}06\,m$

Der Abstand beträgt rund 2 m.

Tipp
Skizziere ein passendes rechtwinkliges Dreieck.

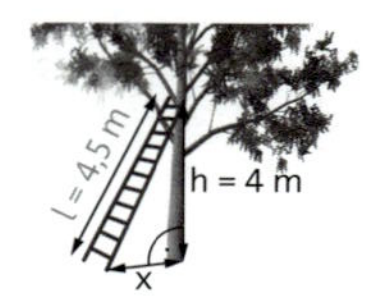

Kathete berechnen

1 Berechne die Länge der blauen Kathete.

a)

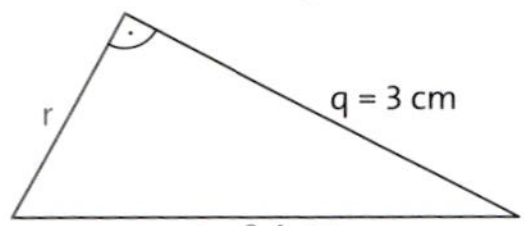

① $q^2 + r^2 = p^2 \quad | - q^2$

$r^2 = p^2 - q^2$

$r^2 = (3{,}4\,cm)^2 - (3\,cm)^2$

② $r^2 = 2{,}56\ cm^2$

③ $r = 1{,}6\ cm$

b)

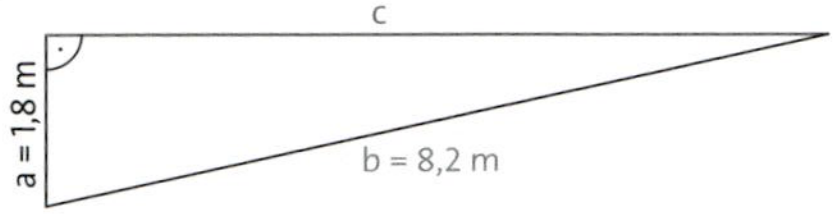

① $a^2 + c^2 = b^2 \quad | - a^2$

$c^2 = b^2 - a^2$

$c^2 = (8{,}2\,m)^2 - (1{,}8\,m)^2$

② $c^2 = 64\,m^2$

③ $c^2 = 8\ m$

Tipp
① Stelle zuerst eine Gleichung auf (Pythagoras).
Forme dann die Gleichung nach der Kathete um.
Setze die gegebenen Längen ein.
② Quadriere zuerst.
Subtrahiere dann die Quadrate.
③ Ziehe die Wurzel.

Beispiel:
① $y^2 + z^2 = x^2 \quad | - y^2$
$z^2 = x^2 - y^2$
$z^2 = (5{,}2\,cm)^2 - (4{,}8\,cm)^2$
② $z^2 = 4\,cm^2$
③ $z = 2\,cm$

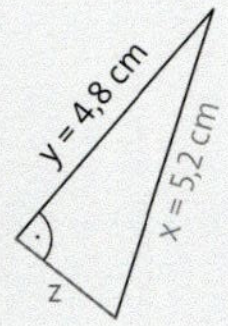

c)

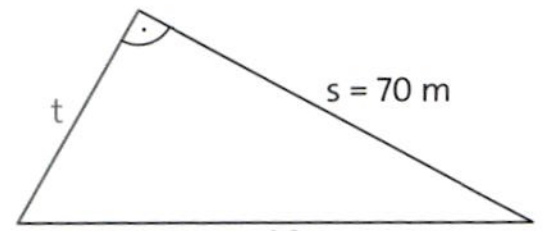

① $s^2 + t^2 = u^2 \quad | - s^2$

$t^2 = u^2 - s^2$

$t^2 = (80\,m)^2 - (70\,m)^2$

② $t^2 = 100\,m^2$

③ $t = 10\,m$

2 Berechne die Länge der blauen Strecke.

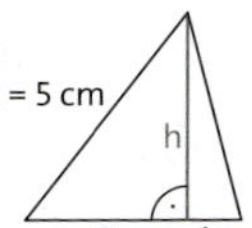

① $a^2 + h^2 = c^2 \quad | - a^2$

$h^2 = c^2 - a^2$

$h^2 = (5\,cm)^2 - (3\,cm)^2$

② $h^2 = 16\,cm^2$

③ $h = 4\ cm$

3 Eine Rutsche wird aufgebaut.
Berechne die Höhe der Rutsche.

$a^2 + c^2 = b^2 \quad | - c^2$

$a^2 = b^2 - c^2$

$a^2 = (3\,m)^2 - (2{,}4\,m)^2 = 3{,}24\,m^2$

$a = 1{,}8\,m$

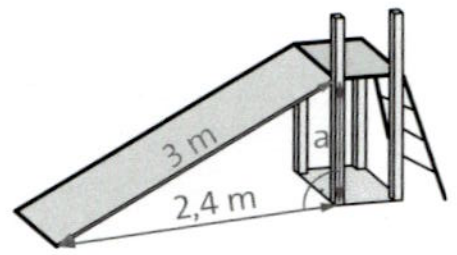

Die Rutsche ist rund 2 m hoch.

Kathete berechnen

Schritte beim Berechnen einer Kathete:
① Stelle zuerst eine Gleichung auf (Pythagoras).
Forme dann die Gleichung nach der Kathete um.
Setze die gegebenen Längen ein.
② Quadriere zuerst. Subtrahiere dann.
③ Ziehe die Wurzel.

Beispiel:
① $x^2 + z^2 = y^2 \quad | - z^2$
$x^2 = y^2 - z^2$
$x^2 = (15\,cm)^2 - (9\,cm)^2$
② $x^2 = 144\,cm^2$
③ $x = 12\,cm$

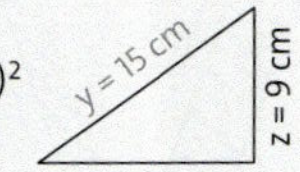

1 Berechne die Länge der blauen Kathete.

a)

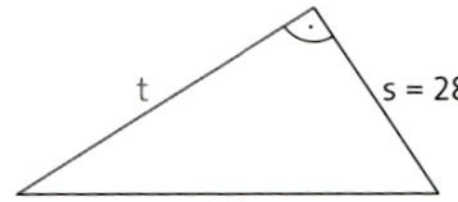

① $s^2 + t^2 = u^2 \quad | - s^2$

$t^2 = u^2 - s^2$

$t^2 = (53\,cm)^2 - (28\,cm)^2$

② $t^2 = 2025\ cm^2$

③ $t = 45\ cm$

b)

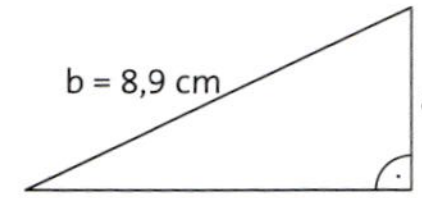

① $a^2 + c^2 = b^2 \quad | - c^2$

$a^2 = b^2 - c^2$

$a^2 = (8{,}9\,cm)^2 - (8\,cm)^2$

② $a^2 = 15{,}21\,m^2$

③ $a = 3{,}90\,cm$

2 Berechne die Länge der blauen Strecke.

a)

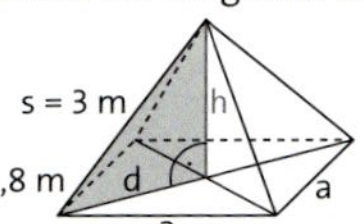

① $h^2 + d^2 = s^2 \quad | - d^2$

$h^2 = s^2 - d^2$

$h^2 = (3\,m)^2 - (1{,}8\,m)^2$

② $h^2 = 5{,}76\,m^2$

③ $h = 2{,}4\,m$

b)

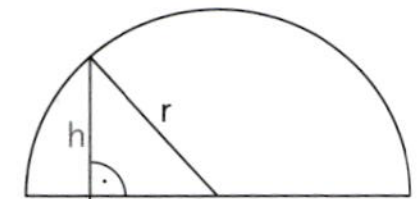

① $b^2 + h^2 = r^2 \quad | - b^2$

$h^2 = r^2 - b^2$

$h^2 = (6\,m)^2 - (4\,m)^2$

② $h^2 = 20\,m^2$

③ $h \approx 4{,}47\,m$

3 Aus dem Holzstamm soll ein Balken mit quadratischem Querschnitt entstehen.
Berechne zuerst die größtmögliche Kantenlänge x.
Prüfe dann mithilfe der Zeichnung, ob dein Ergebnis stimmen kann.

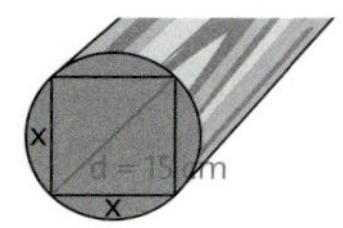

① $x^2 + x^2 = d^2$

$2x^2 = d^2 \quad | : 2$

$x^2 = d^2 : 2$

② $x^2 = (15\,cm)^2 : 2$

$x^2 = 112{,}50\,cm^2$

③ $x \approx 10{,}61\,cm$

Maßstab 1:5

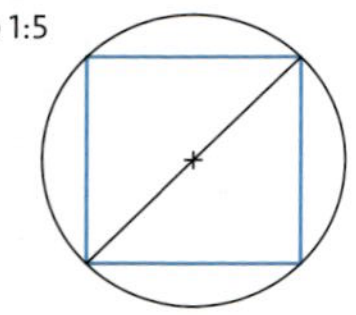

Die größtmögliche Kantenlänge ist rund 11 cm.

Längen mit dem Satz des Pythagoras berechnen

1 Zeichne zuerst die Hypotenuse rot und die Katheten blau nach.
Berechne dann x.

a)

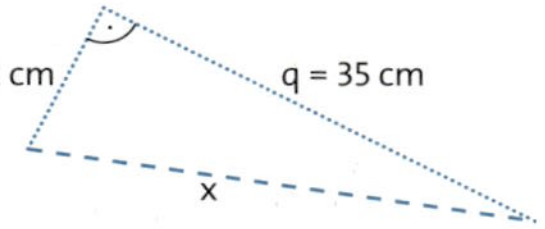

① $x^2 = p^2 + q^2$

$x^2 = (12\ cm)^2 + (35\ cm)^2$

② $x^2 = 1369\ cm^2$

③ $x = 37\ cm$

b)

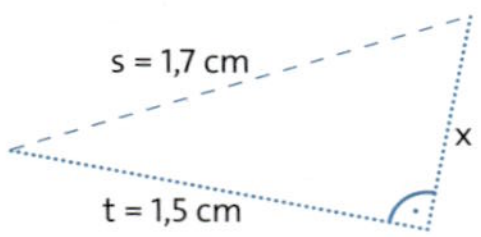

① $x^2 + t^2 = s^2 \quad | -t^2$

$x^2 = s^2 - t^2$

$x^2 = (1{,}7\ cm)^2 - (1{,}5\ cm)^2$

② $x^2 = 0{,}64\ cm^2$

③ $x = 0{,}8\ cm$

c)

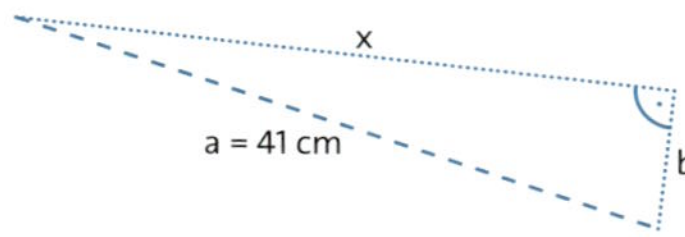

① $x^2 + b^2 = a^2 \quad | -b^2$

$x^2 = a^2 - b^2$

$x^2 = (41\ m)^2 - (9\ m)^2$

② $x^2 = 1600\ m^2$

③ $x = 40\ m$

Tipp

$a^2 = c^2 - b^2$ $b^2 = c^2 - a^2$

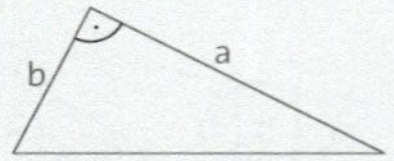

$c^2 = a^2 + b^2$

① Stelle eine Gleichung auf (Pythagoras).
Stelle die Gleichung um, wenn nötig.
Setze die gegebenen Längen ein.
② Quadriere zuerst. Addiere oder subtrahiere.
③ Ziehe die Wurzel.

2 Finde ein passendes rechtwinkliges Dreieck.

a) Berechne die Länge der Seilbahn.

① $c^2 = a^2 + b^2$

$c^2 = (200\ m)^2 + (80\ m)^2$

② $c^2 = 46\,400\ m^2$

③ $c \approx 215{,}4\ m$

Die Seilbahn ist rund 215 m lang.

Tipp
Beschrifte die Hypotenuse mit c und die Katheten mit a und b.

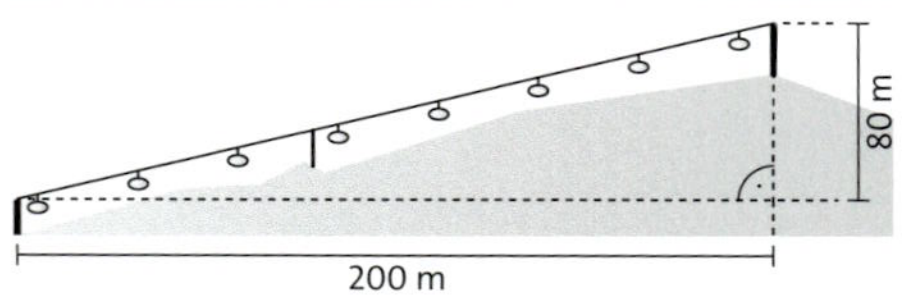

b) Eine Stromleitung verläuft vom Tal zur Bergspitze. Berechne die Höhe des Bergs.

① $a^2 + b^2 = c^2 \quad | -b^2$

$a^2 = c^2 - b^2$

$a^2 = (350\ m)^2 - (300\ m)^2$

② $a^2 = 32\,500\ m^2$

③ $a \approx 180{,}3\ m$

Die Höhe ist rund 180 m.

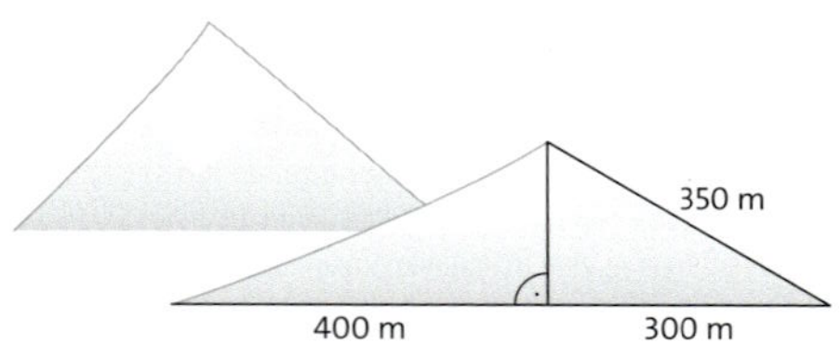

Längen mit dem Satz des Pythagoras berechnen

1 Zeichne zuerst die Hypotenuse rot und die Katheten blau nach, wenn möglich.
Berechne dann x, wenn möglich.

a)

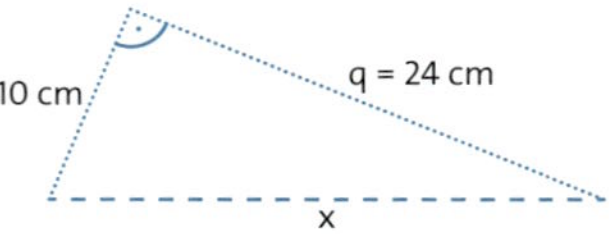

① $x^2 = p^2 + q^2$

$x^2 = (10\ cm)^2 + (24\ cm)^2$

② $x^2 = 676\ cm^2$

③ $x = 26\ cm$

b)

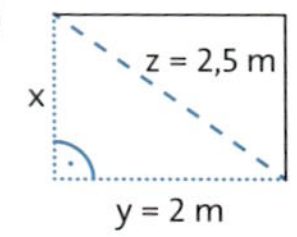

① $x^2 + y^2 = z^2 \quad | -y^2$

$x^2 = z^2 - y^2$

$x^2 = (2{,}5\ m)^2 - (2\ m)^2$

② $x^2 = 2{,}25\ m^2$

③ $x = 1{,}5\ m$

c)

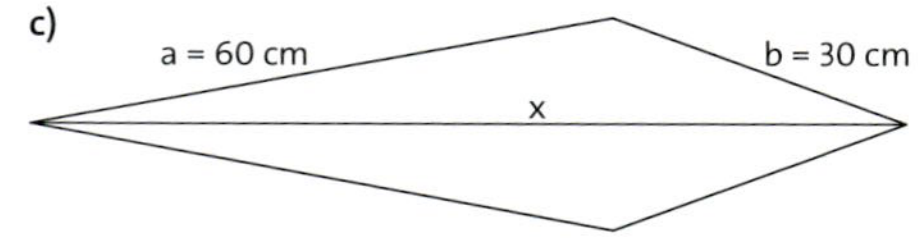

① $x^2 =$

$x^2 =$

$x^2 =$

② $x^2 =$

③ $x =$

Es gibt keinen rechten Winkel.

Tipp

$a^2 = c^2 - b^2$ $b^2 = c^2 - a^2$

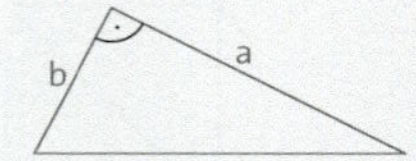

$c^2 = a^2 + b^2$

① Stelle eine Gleichung auf (Pythagoras).
Stelle die Gleichung um, falls nötig.
Setze die gegebenen Längen ein.
② Quadriere zuerst. Addiere oder subtrahiere.
③ Ziehe die Wurzel.

2 Finde zuerst ein rechtwinkliges Dreieck.

a) Wie lang ist die längste Seite vom Geodreieck?

① $c^2 = a^2 + b^2$

$c^2 = (11{,}3\ cm)^2 + (11{,}3\ cm)^2$

② $c^2 = 255{,}38\ cm^2$

③ $c \approx 16\ cm$

Die längste Seite ist rund 16 cm lang.

b) Berechne die Höhe der Leiter.

① $a^2 + b^2 = c^2$

$a^2 = c^2 - b^2$

$a^2 = (2{,}5\ m)^2 - (0{,}6\ m)^2$

② $a^2 = 5{,}89\ m^2$

③ $a \approx 2{,}43\ m$

Die stehende Leiter ist rund 2,4 m hoch.

Tipp
Markiere die Hypotenuse rot und die Katheten blau.

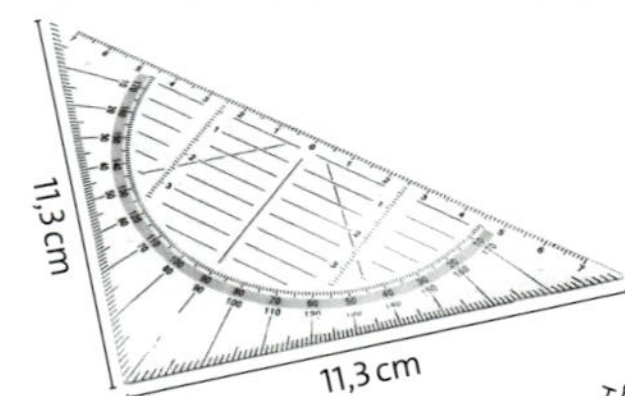

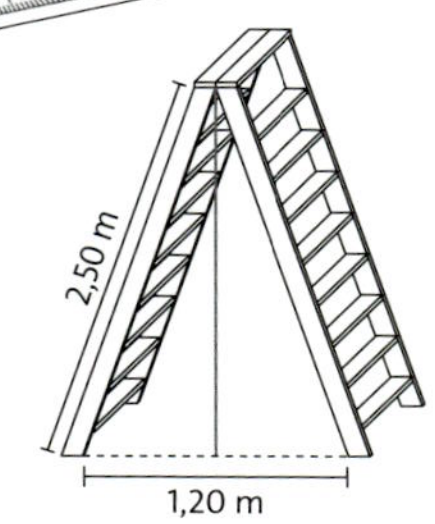

Längen mit dem Satz des Pythagoras berechnen

Schritte beim Anwenden des Satz des Pythagoras:

⓪ Finde die Hypotenuse und die Katheten.
① Stelle eine Gleichung auf. Stelle um, wenn nötig. Setze die gegebenen Längen ein.
② Quadriere und fasse zusammen.
③ Ziehe die Wurzel.

Beispiel:

$a^2 = c^2 - b^2$

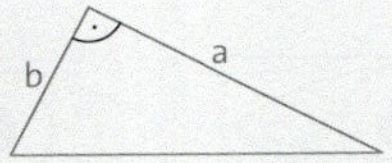

$b^2 = c^2 - a^2$

$c^2 = a^2 + b^2$

1 Markiere zuerst in einem rechtwinkligen Dreieck die Hypotenuse und die Katheten. Berechne dann die Länge der Seite x.

a)

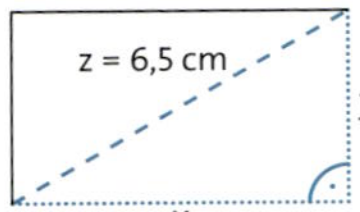

① $x^2 = z^2 - y^2$
$x^2 = (6{,}5\text{ cm})^2 - (3{,}3\text{ cm})^2$
② $x^2 = 31{,}36\text{ cm}^2$
③ $x = 5{,}6\text{ cm}$

b)

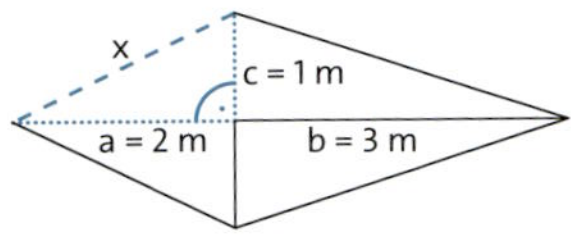

① $x^2 = a^2 + c^2$
$x^2 = (2\text{ m})^2 + (1\text{ m})^2$
② $x^2 = 5\text{ m}^2$
③ $x \approx 2{,}2\text{ m}$

2 Finde zuerst in der Zeichnung ein passendes rechtwinkliges Dreieck.

a) Die Grundfläche der Pyramide ist ein Quadrat.
Berechne die Länge der Diagonalen des Quadrats.

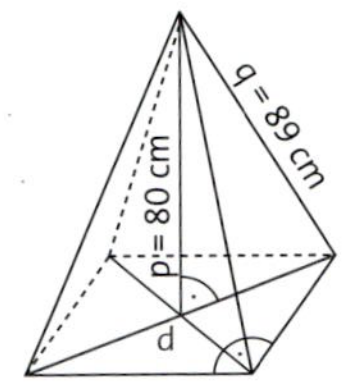

$x^2 = q^2 - p^2$
$x^2 = (89\text{ cm})^2 - (80\text{ cm})^2 = 1521\text{ cm}^2$
$x = 39\text{ cm}$ $\quad d = 2 \cdot 39\text{ cm} = 78\text{ cm}$

Die Diagonale ist 78 cm lang.

b) Berechne die Höhe h der Sanduhr.

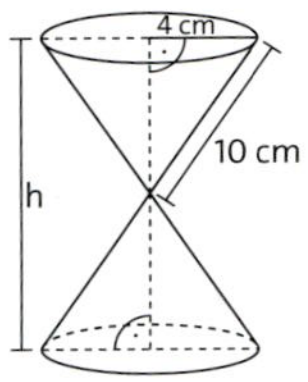

$x^2 = a^2 - c^2$
$x^2 = (10\text{ cm})^2 - (4\text{ cm})^2 = 84\text{ cm}^2$
$x \approx 9{,}17\text{ cm}$ $\quad h = 2 \cdot 9{,}17\text{ cm} = 18{,}34\text{ cm}$

Die Sanduhr ist rund 18 cm hoch.

c) Das gelbe Auto ist 4,5 m lang und 1,8 m breit.
Der Abstand zum blauen und zum weißen Auto beträgt je 35 cm.
Ermittle mithilfe der Diagonalen des gelben Autos, ob es ausparken könnte.

$d^2 = l^2 + b^2$
$d^2 = (4{,}5\text{ m})^2 + (1{,}8\text{ m})^2 = 23{,}49\text{ m}^2$
$d \approx 4{,}85\text{ m}$ $\quad 4{,}5\text{ m} + 2 \cdot 0{,}35\text{ m} = 5{,}2\text{ m} > 4{,}85\text{ m}$

Das gelbe Auto könnte ausparken.

Maßstäbliche Vergrößerung und Verkleinerung

Tipp
Der Maßstab ist das Verhältnis von Bild und Original.
Beispiel: Vergrößerung im Maßstab 2 : 1

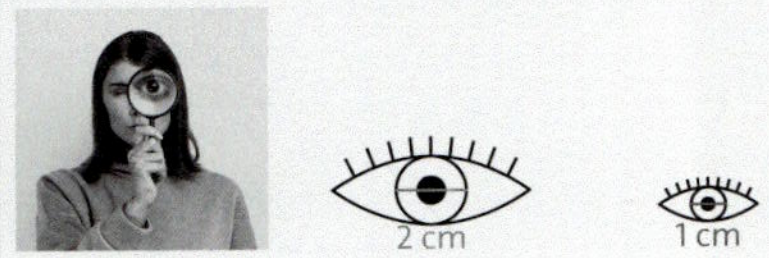

1 Ergänze.

Länge im Bild	Länge im Original	Vergrößerung im Maßstab
3 cm	1 cm	3 : 1
5 cm	1 cm	5 : 1
2 cm	1 cm	2 : 1

2 Unterstreiche zuerst die Vergrößerungen.
Verbinde dann passend.

Maßstab 5 : 1 | Maßstab 1 : 4 | **Maßstab 4 : 1** | Maßstab 1 : 3

Streckfaktor $k = \frac{4}{1} = 4$ | **Streckfaktor $k = \frac{5}{1} = 5$** | Streckfaktor $k = \frac{1}{4} = 0{,}25$ | Streckfaktor $k = \frac{1}{3} \approx 0{,}33$

Tipp $k = \frac{\text{Länge im Bild}}{\text{Länge im Original}}$ k ist der Streckfaktor.
Beispiele:
Bei Vergrößerungen im Maßstab 2 : 1 ist $k = \frac{2}{1} = 2$.
Bei Verkleinerungen im Maßstab 1 : 2 ist $k = \frac{1}{2} = 0{,}5$.

3 Ergänze.

Beispiel: 1 cm · 2 = 2 cm
Länge im Original → Streckfaktor k → Länge im Bild

a) Vergrößerungen

Länge im Original	Streckfaktor k	Länge im Bild
2 cm	2	4 cm
3 cm	2	6 cm
5 cm	3	15 cm
5 cm	4	20 cm

b) Verkleinerungen

Länge im Original	Streckfaktor k	Länge im Bild
6 cm	$\frac{1}{2}$	3 cm
10 cm	0,5	5 cm
4 cm	$\frac{1}{4}$	1 cm
70 cm	$\frac{7}{70} = 0{,}1$	7 cm

4 Rechtwinklige Dreiecke

a) Vergrößere im Maßstab 2 : 1 $\quad k = \frac{2}{1} = 2$

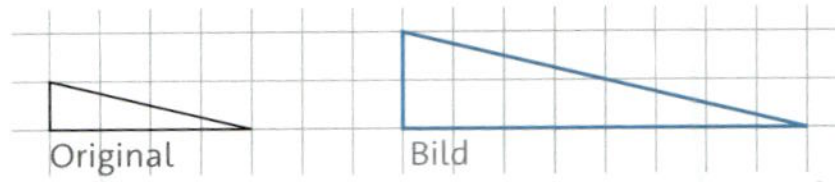

b) Vergrößere im Maßstab 3 : 1 $\quad k = \frac{3}{1} = 3$

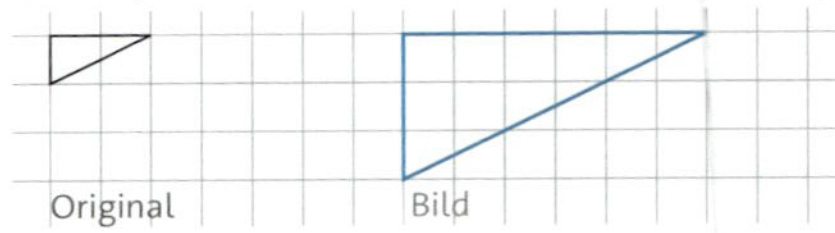

Tipp
Bei Vergrößerungen und bei Verkleinerungen bleiben die Winkel gleich groß.

c) Verkleinere im Maßstab 1 : 2 $\quad k = \frac{1}{2} = 0{,}5$

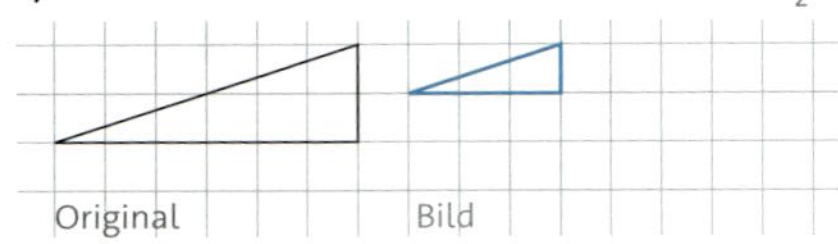

Maßstäbliche Vergrößerung und Verkleinerung

1 Unterstreiche zuerst die Vergrößerungen. Verbinde dann passend.

Maßstab 10:1	Maßstab 1:10	Maßstab 5:1	Maßstab 1:7
$k = \frac{5}{1} = 5$	$k = \frac{1}{10} = 0{,}1$	$k = \frac{10}{1} = 10$	$k = \frac{1}{7}$

Tipp $k = \frac{\text{Länge im Bild}}{\text{Länge im Original}}$ k ist der Streckfaktor.

Beispiele:

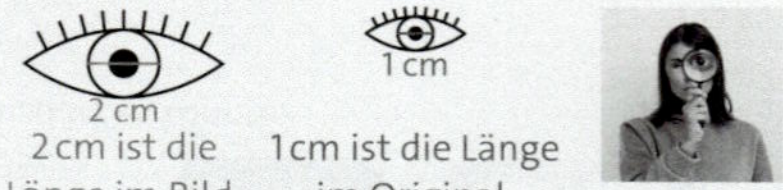

2 cm ist die Länge im Bild. 1 cm ist die Länge im Original.

Maßstab 2:1, Streckfaktor $k = \frac{2}{1} = 2$

2 Ergänze.

Beispiel: $1\,cm \cdot 2 = 2\,cm$ — Länge im Original, Streckfaktor k, Länge im Bild

a) Vergrößerungen

Maßstab	Streckfaktor k	Länge im Original	Länge im Bild
2:1	$\frac{2}{1} = 2$	5 cm	10 cm
2:1	$\frac{2}{1} = 2$	7 cm	14 cm
10:1	$\frac{10}{1} = 10$	2 cm	20 cm
9:1	$\frac{9}{1} = 9$	2 cm	18 cm

b) Verkleinerungen

Maßstab	Streckfaktor k	Länge im Original	Länge im Bild
1:4	$\frac{1}{4} = 0{,}25$	4 cm	1 cm
1:4	$\frac{1}{4} = 0{,}25$	40 cm	10 cm
1:10	$\frac{1}{10} = 0{,}1$	50 cm	5 cm
1:8	$\frac{1}{8} = 0{,}125$	80 cm	10 cm

3 Vergrößerte und verkleinerte Pfeile

a) Vergrößere im Maßstab 2:1 $k = \frac{2}{1} = 2$

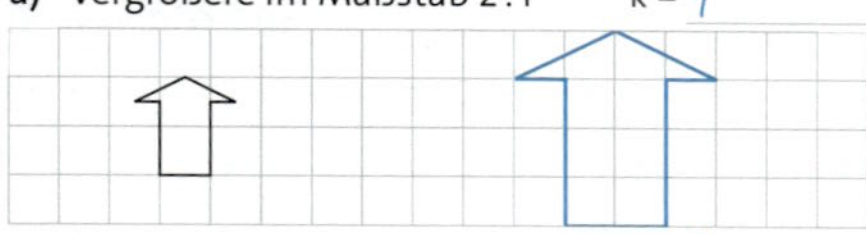

b) Vergrößere im Maßstab 3:1 $k = \frac{3}{1} = 3$

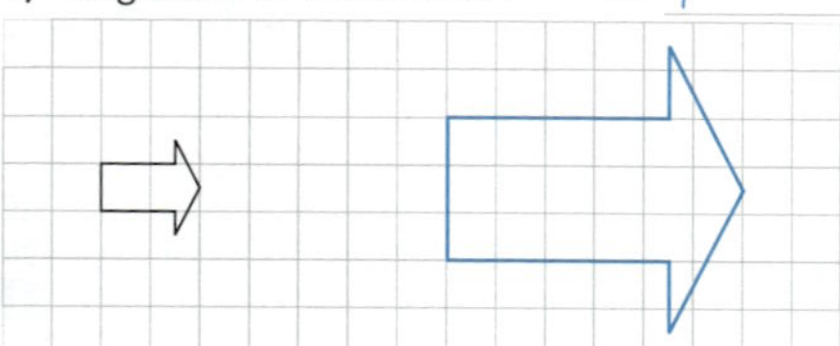

Tipp
Bei Vergrößerungen und bei Verkleinerungen bleiben die Winkel gleich groß.

c) Verkleinere im Maßstab 1:2 $k = \frac{1}{2} = 0{,}5$

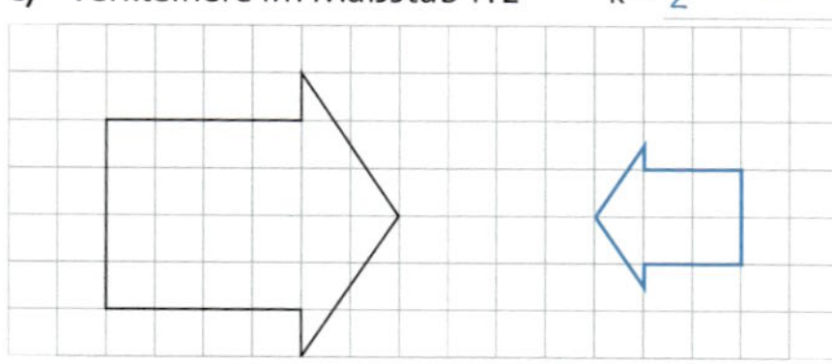

4 Figuren wurden maßstäblich vergrößert.
Färbe zuerst zusammengehörende Figuren mit der gleichen Farbe ein.
Markiere dann das zum Streckfaktor passende Bild.

k = 1 k = 1,5 k = 2

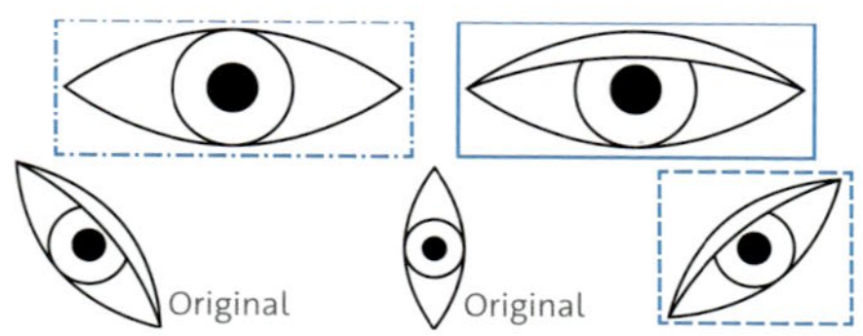

Maßstäbliche Vergrößerung und Verkleinerung

- Der Maßstab gibt das Verhältnis zwischen dem Bild und dem Original an.
- Bei einer maßstäblichen Vergrößerung oder Verkleinerung werden alle Längen mit demselben Streckfaktor k multipliziert. Die Winkel bleiben gleich groß.

$k = \frac{\text{Länge im Bild}}{\text{Länge im Original}}$

Beispiel:

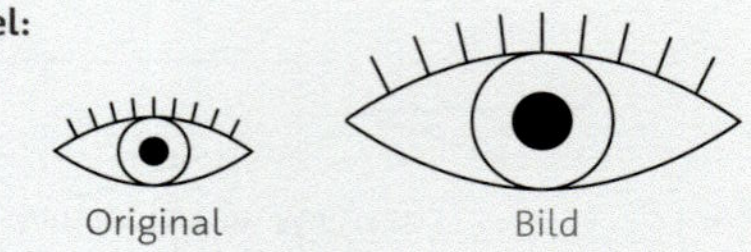

Bei der Vergrößerung ist der Maßstab 2:1 und der Streckfaktor $k = \frac{2}{1} = 2$.

1 Verbinde zuerst die Zeichnungen mit dem Maßstab und dem Streckfaktor k. Ergänze dann.

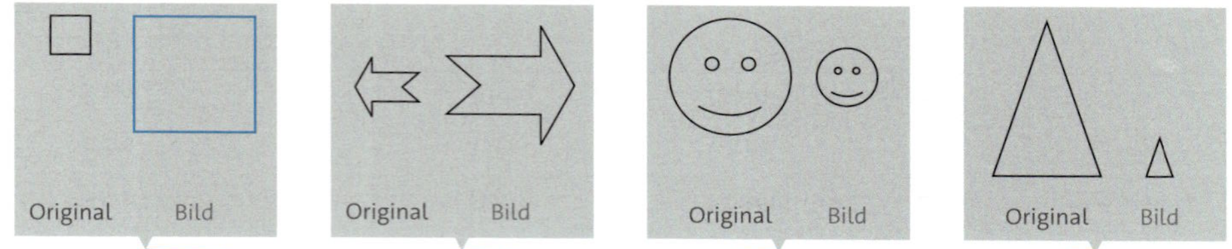

Maßstab 3:1	Maßstab 1:2	Maßstab 2:1	Maßstab 1:4	k = 0,5	k = 3	k = 2	$k = \frac{1}{4}$

2 Ergänze.

Länge im Original	1 cm	0,5 cm	10 cm	300 cm	4 cm
Maßstab	3:1	10:1	1:10	1:100	2:1
Streckfaktor k	$\frac{3}{1} = 3$	10	$\frac{1}{10}$	$\frac{1}{100}$	$\frac{2}{1} = 2$
Länge im Bild	3 cm	5 cm	1 cm	3 cm	8 cm

3 Vergrößere und verkleinere.

a) Streckfaktor k = 4

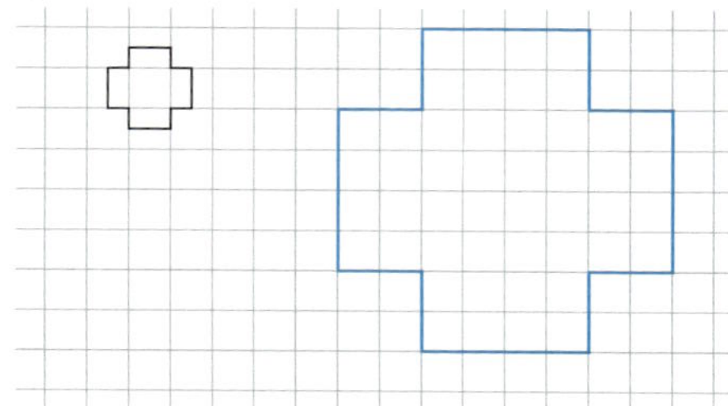

b) Streckfaktor $k = \frac{1}{3}$

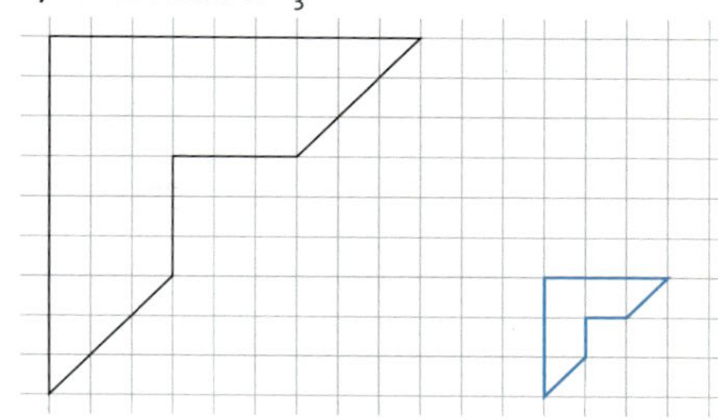

Zentrische Streckung

1 Vervollständige zuerst die Vergrößerung.
Ergänze dann den Streckfaktor k = 2 oder k = 3.

a) Streckzentrum Z und Streckfaktor k = 2

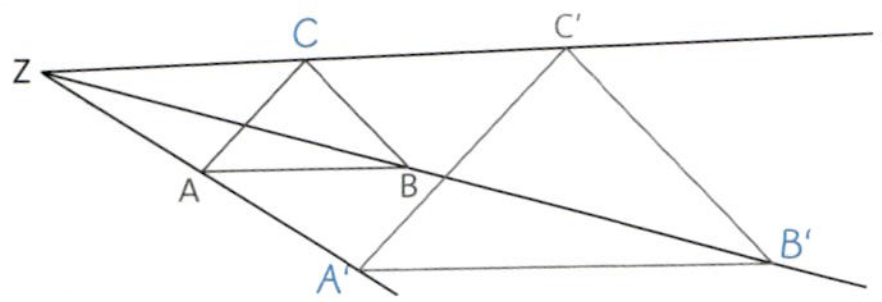

b) Streckzentrum Z und Streckfaktor k = 3

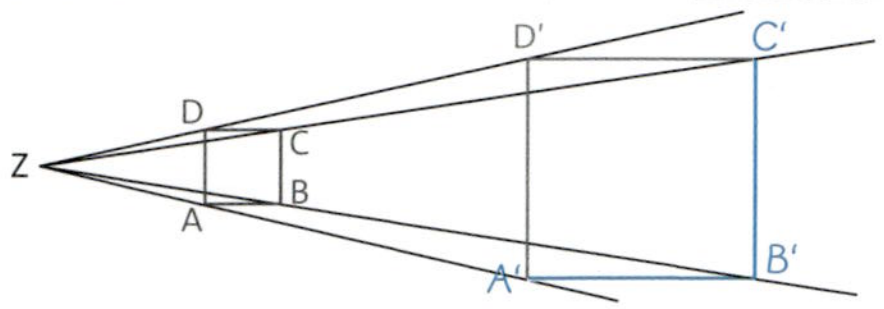

Tipp
Originalpunkt und Bildpunkt liegen auf einer Geraden.
Die Gerade verläuft durch das Streckzentrum Z.

Beispiel: Streckzentrum Z und Streckfaktor k = 2

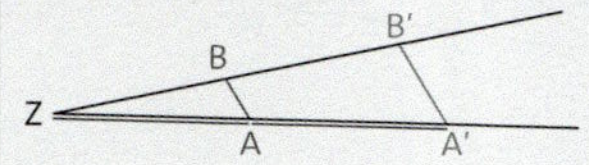

c) Streckzentrum Z und Streckfaktor k = 2

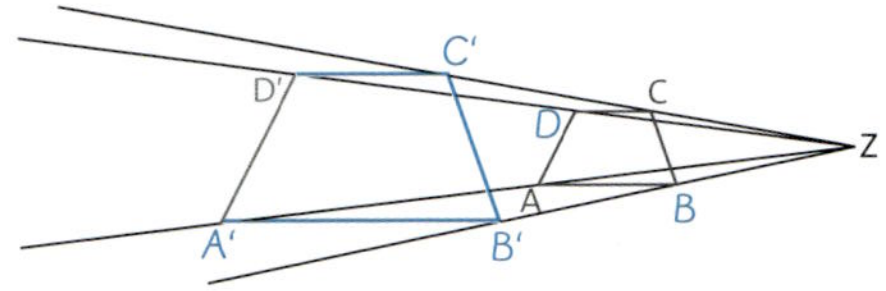

2 Strecke das Dreieck ABC.

a) Streckzentrum Z und Streckfaktor k = 2

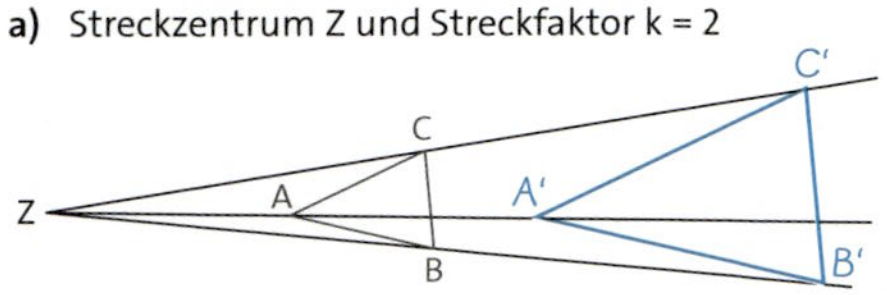

b) Streckzentrum Z und Streckfaktor k = 3

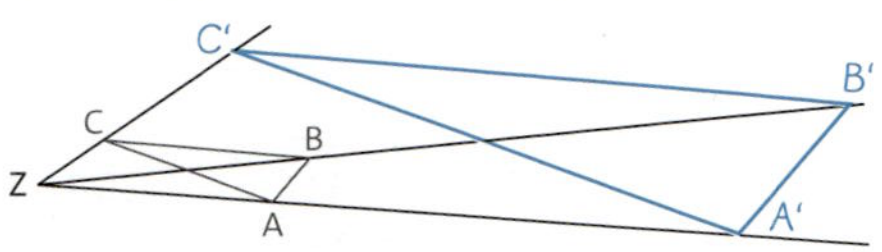

Beispiel:
① Zeichne vom Streckzentrum Z aus den Strahl durch den Punkt A.

② Multipliziere die Länge von $\overline{ZA}$ mit k. $k \cdot \overline{ZA} = \overline{ZA'}$
Das Ergebnis ist die Länge von $\overline{ZA'}$.
Markiere den Punkt A' auf dem Strahl.

③ Ermittle ebenso B' und C'.
Verbinde die Punkte A', B' und C'.

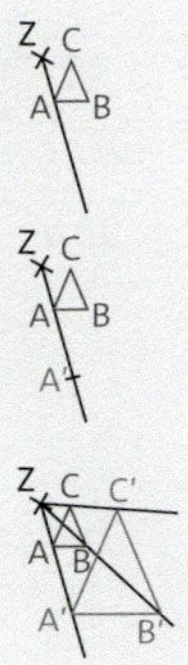

3 Ergänze.

Tipp $k \cdot \overline{ZA} = \overline{ZA'}$ und $k = \frac{\overline{ZA'}}{\overline{ZA}}$

a) Bei Vergrößerungen ist k größer als 1.

$\overline{ZA}$	Streckfaktor k	$\overline{ZA'}$
4 cm	2	8 cm
3 cm	2	6 cm
6 cm	3	18 cm
5 cm	4	20 cm

b) Bei Verkleinerungen ist k größer 0 und kleiner als 1.

$\overline{ZA}$	Streckfaktor k	$\overline{ZA'}$
10 cm	0,5	5 cm
40 cm	0,1	4 cm
20 cm	0,1	2 cm
8 cm	0,5	4 cm

Zentrische Streckung

1 Vervollständige die Vergrößerung mit Streckzentrum Z und Streckfaktor k = 2.

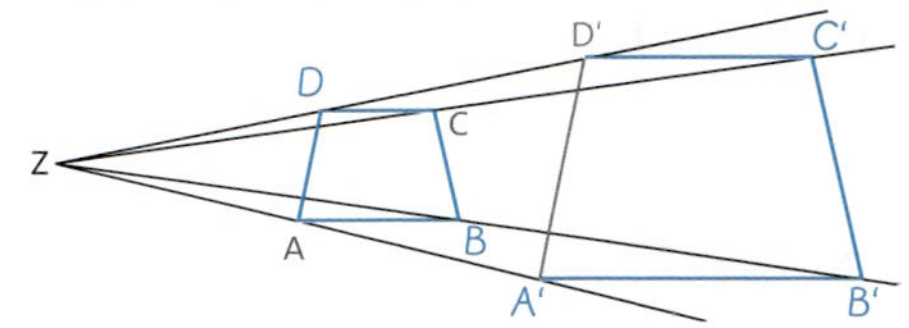

Beispiel:
Streckzentrum Z und Streckfaktor k = 2

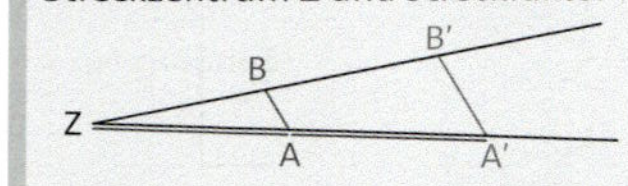

Die Originalfigur ist Strecke $\overline{AB}$.
Die Bildfigur ist Strecke $\overline{A'B'}$.

2 Die Strecke $\overline{AB}$ wird gestreckt.
Das Streckzentrum ist Z und der Streckfaktor ist k.
Ergänze die Beschreibung.

① Zeichne vom Streckzentrum Z aus einen Strahl durch den Punkt A.

② Multipliziere die Länge von $\overline{ZA}$ mit k. Markiere den Punkt A' auf dem Strahl.

③ Ermittle ebenso B'. Verbinde die Punkte A' und B'.

Beispiel:

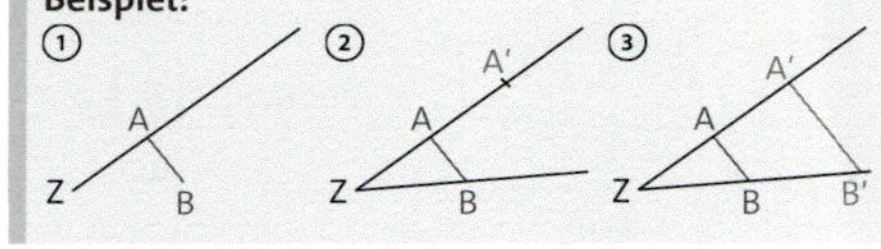

3 Strecke die Figuren.

Tipp Wenn k > 1 ist, dann ist es eine Vergrößerung.
Wenn 0 < k < 1 ist, dann ist es eine Verkleinerung.

a) Streckzentrum Z und Streckfaktor k = 2

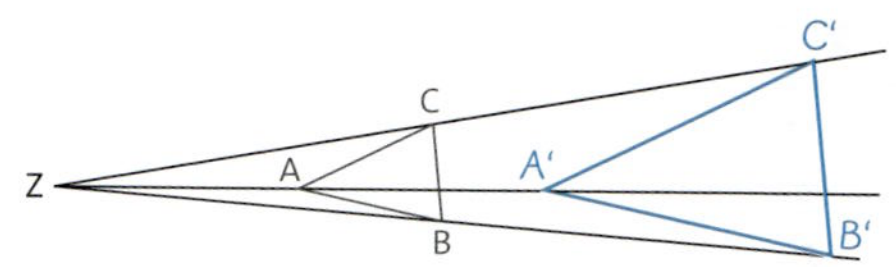

b) Streckzentrum Z und Streckfaktor k = 3

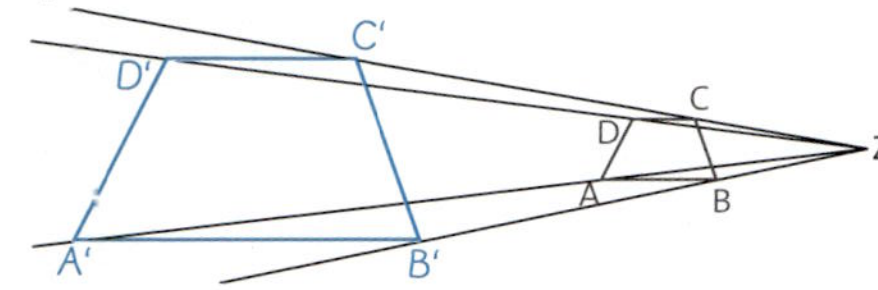

c) Streckzentrum Z und Streckfaktor k = 0,5

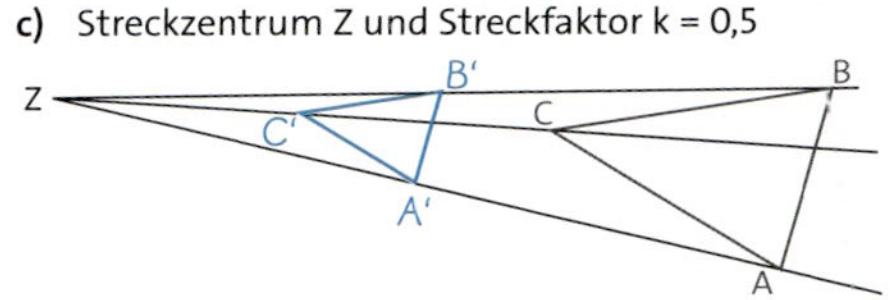

d) Streckzentrum Z und Streckfaktor k = 0,4

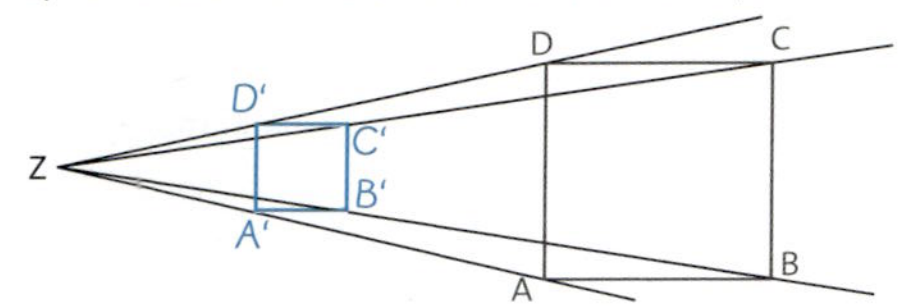

4 Die Strecke $\overline{AB}$ wurde mehrmals gestreckt.
Das Streckzentrum ist Z.
Nenne zuerst die zugehörigen Bildstrecken.
Ergänze dann den fehlenden Streckfaktor.

k = 0,5 $\overline{A''''B''''}$

k = 0,8 $\overline{A'''B'''}$

k = 1,2 $\overline{A''B''}$

k = 1,5 $\overline{A'B'}$

Tipp $k \cdot \overline{ZA} = \overline{ZA'}$ und $k = \frac{\overline{ZA'}}{\overline{ZA}}$

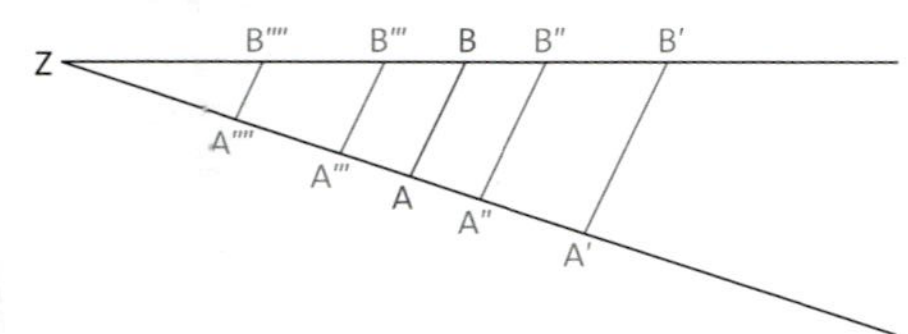

Zentrische Streckung ☒

- Eine zentrische Streckung wird angegeben durch ein Streckzentrum Z und einen Streckfaktor k.
- Wenn $k > 1$ ist, dann ist es eine Vergrößerung.
  Wenn $0 < k < 1$ ist, dann ist es eine Verkleinerung.

Beispiel: Streckung von $\overline{AB}$ mit Streckzentrum Z und Streckfaktor k = 2

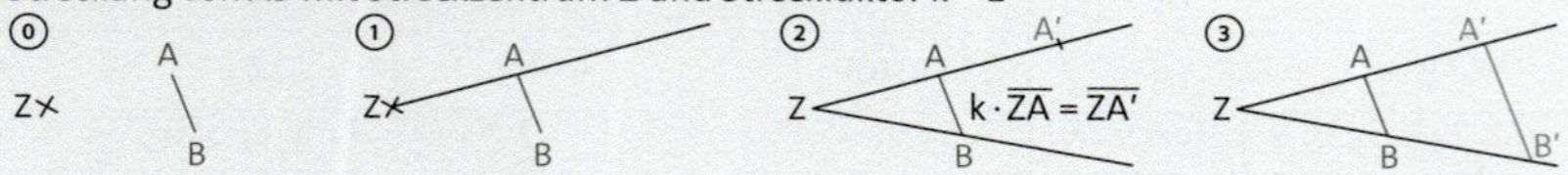

1 Strecke die Figur.

a) Streckzentrum Z und Streckfaktor k = 2

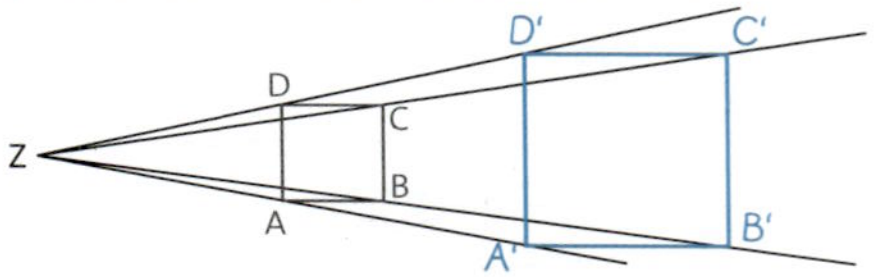

b) Streckzentrum Z und Streckfaktor $k = \frac{1}{3}$

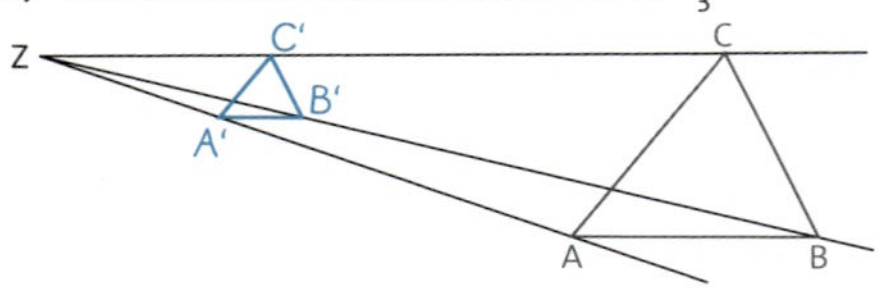

2 Das Streckzentrum ist Z. Der Streckfaktor ist k.
Ergänze zuerst. Unterstreiche dann k bei den Vergrößerungen.

$\overline{ZA}$	2 cm	2 cm	8 cm	8 cm	8 cm	10 cm	6 cm
$\overline{ZA'}$	4 cm	8 cm	4 cm	2 cm	6 cm	4 cm	9 cm
k	2	4	0,5	0,25	0,75	0,4	1,5

3 Die Strecke $\overline{AB}$ wurde mehrmals gestreckt.
Ermittle zuerst das gemeinsame Streckzentrum Z mithilfe geeigneter Linien.
Berechne dann den jeweiligen Streckfaktor k. Zur Kontrolle: Die Summe der Streckfaktoren ist 3,9.

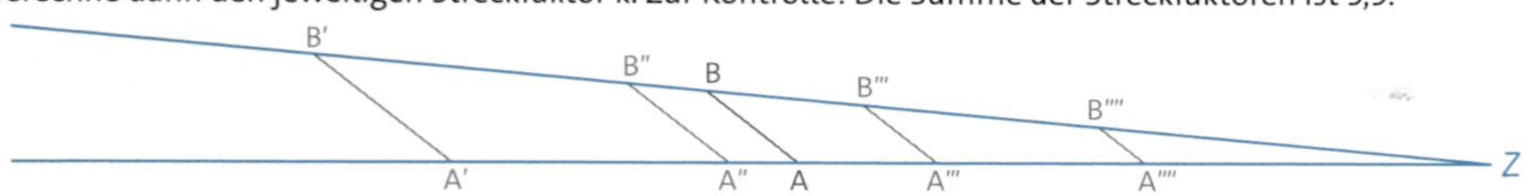

Streckfaktoren von links nach rechts:

k = 1,5 k = 1,1 k = 0,8 k = 0,5

4 Das gleichschenklige Dreieck ABC wird gestreckt.
Das Streckzentrum ist A. Der Streckfaktor ist 3.
Ergänze die Beschreibung. Zeichne dabei die Bildfigur.

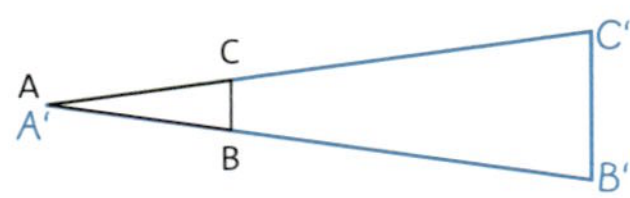

① Zeichne vom Streckzentrum A aus je einen Strahl durch den Punkt B und den Punkt C.

② Multipliziere die Länge von $\overline{AC}$ mit k. Markiere die Punkte B' und C' auf den Strahlen.

③ Ergänze die Beschriftung. Verbinde die Punkte A', B' und C'.

Ähnliche Figuren untersuchen

1 Markiere zueinander ähnliche Figuren mit der gleichen Farbe. Je eine Figur bleibt übrig.

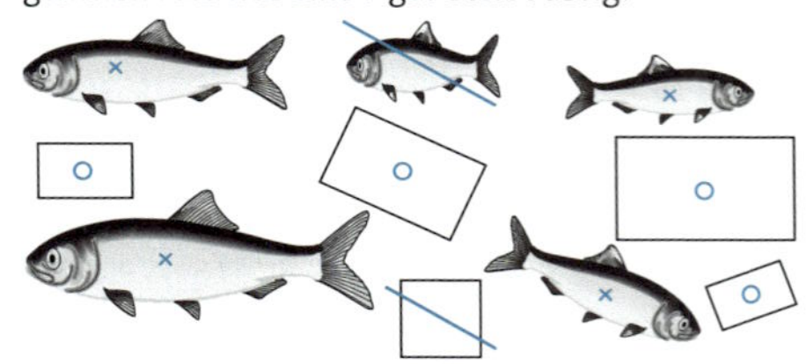

Beispiel:
Zueinander ähnliche Figuren entstehen durch zentrische Streckung oder Bewegung.

nicht zueinander ähnlich Figuren:

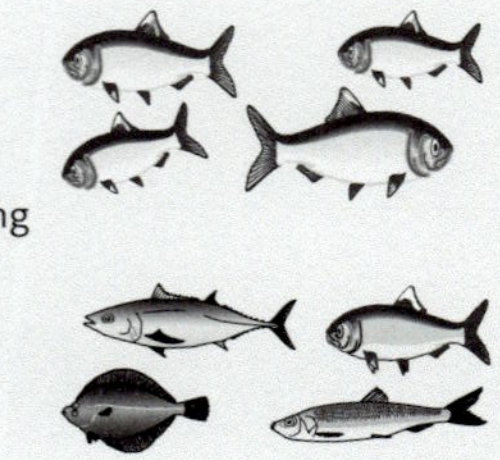

2 Finde zueinander ähnliche Figuren. Färbe zugehörige Winkel und Seiten mit der gleichen Farbe.

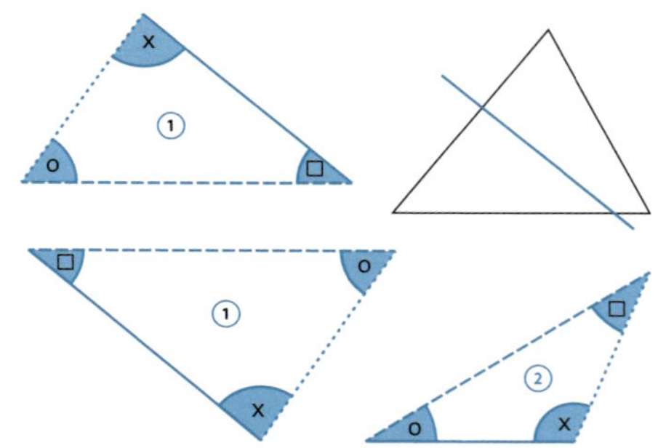

Tipp
Für zueinander ähnliche Figuren gilt:
– Originalwinkel und Bildwinkel sind gleich groß.
– Die Verhältnisse von der Originalseite und der Bildseite sind gleich.

Beispiel:
Streckfaktor k = 0,5

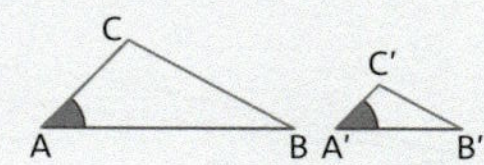

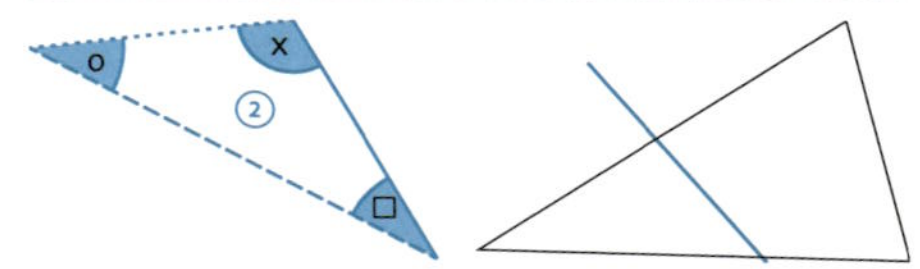

3 Die Figuren sind zueinander ähnlich.
Nenne die Ähnlichkeitsabbildung.

a)

Verschiebung

b)

Drehung

c)

Achsenspiegelung

d)

zentrische Streckung

Tipp
Ähnlichkeitsabbildungen sind
– die zentrische Streckung,
– die Verschiebung,
– die Achsenspiegelung,
– die Punktspiegelung und
– die Drehung.

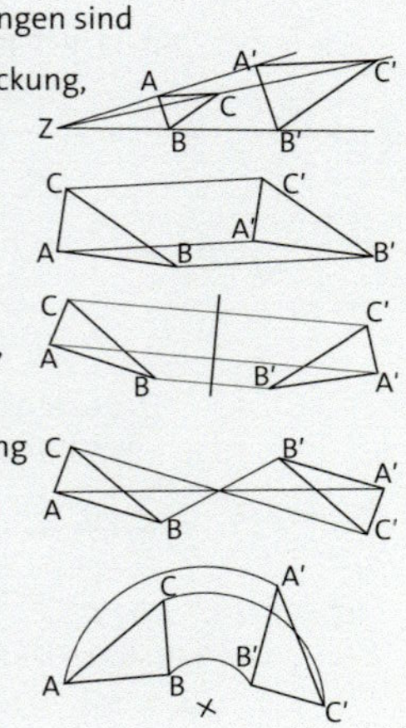

Ähnliche Figuren untersuchen

1 Markiere zueinander ähnliche Figuren mit der gleichen Farbe. Zwei Figuren bleiben übrig.

Beispiel:
Zueinander ähnliche Figuren entstehen durch zentrische Streckung oder Bewegung.

nicht zueinander ähnlich Figuren:

2 Finde zueinander ähnliche Figuren.
Färbe zugehörige Winkel und Seiten mit der gleichen Farbe ein. Eine Figur bleibt übrig.

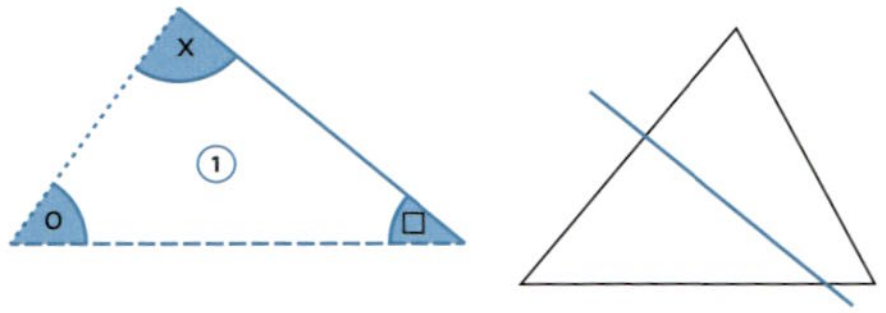

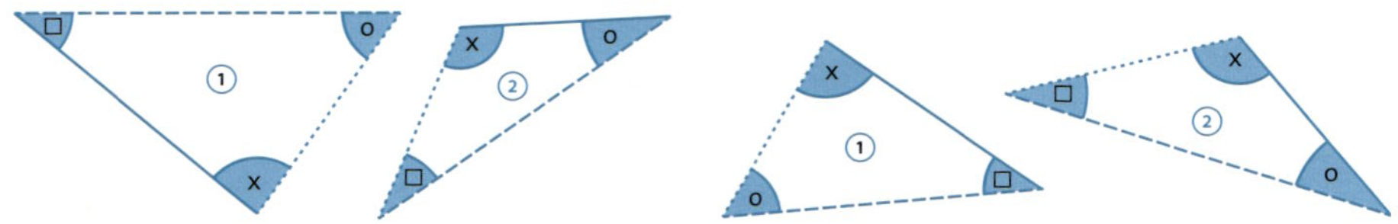

Tipp
Für zueinander ähnliche Figuren gilt:
– Originalwinkel und Bildwinkel sind gleich groß.
– Das Verhältnis zugehöriger Seiten ist gleich.

Beispiel:
Streckfaktor k = 2

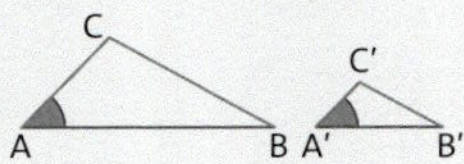

3 Die Figuren sind zueinander ähnlich.
Nenne die Ähnlichkeitsabbildung.

a)

Verschiebung

b)

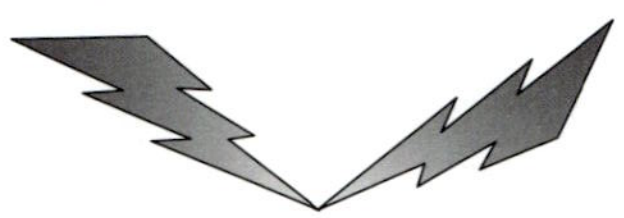

Drehung

c)

Achsenspiegelung

d)

zentrische Streckung und Punktspiegelung

Tipp
Ähnlichkeitsabbildungen sind
– die zentrische Streckung,
– die Verschiebung,
– die Achsenspiegelung,
– die Punktspiegelung und
– die Drehung.

Ähnliche Figuren untersuchen

- Zueinander ähnliche Figuren entstehen durch zentrische Streckung oder Bewegung.
- Für zueinander ähnliche Figuren gilt:
  – Originalwinkel und Bildwinkel sind gleich groß.
  – Das Verhältnis zugehöriger Seiten ist gleich.

Beispiel:

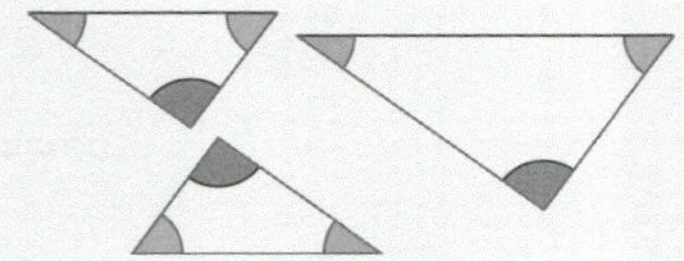

1 Je drei Figuren sind zueinander ähnlich.
Färbe zugehörige Winkel und Seiten mit der gleichen Farbe ein.

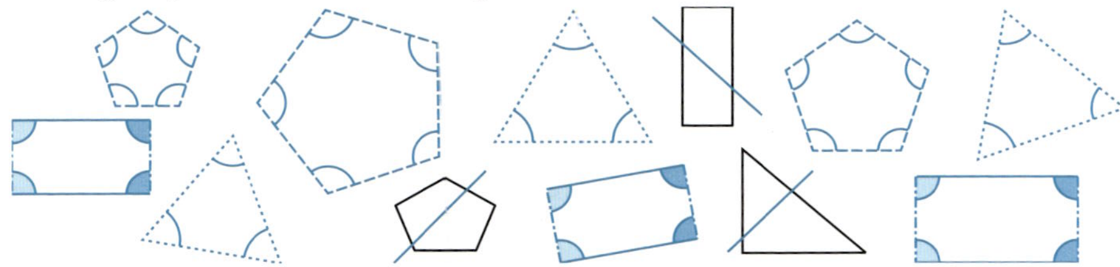

2 Verbinde passend. Zeichne vier Linien ein.

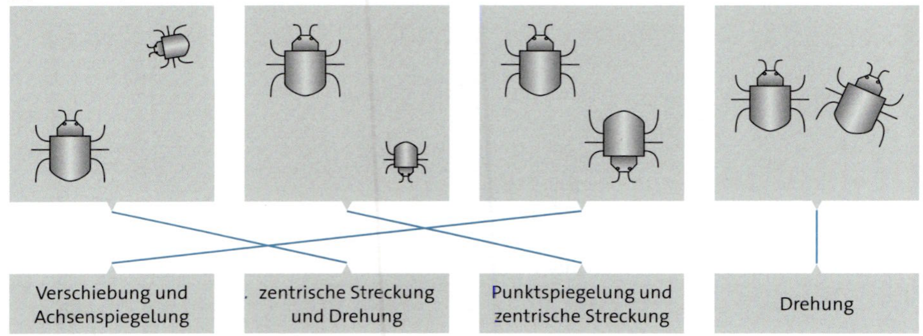

3 Strecke zuerst das Dreieck mit dem Streckfaktor k = 2,5 und dem Streckzentrum Z.
Spiegle das Bild dann an der Geraden g.

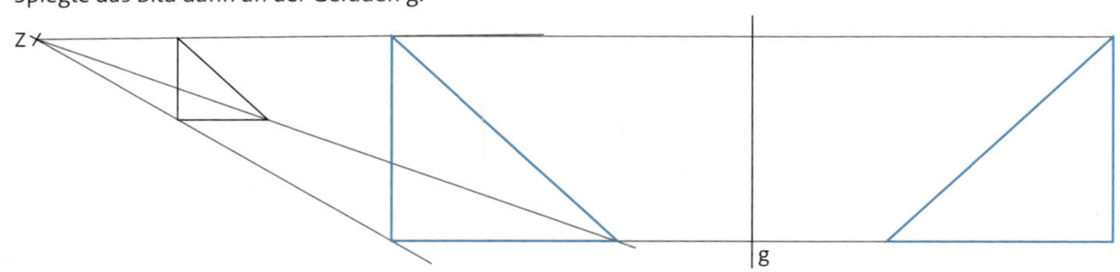

1. Strahlensatz

1 Zwei Strahlen beginnen im Punkt Z.
Die Strahlen werden von zwei Parallelen geschnitten.
Kreuze Zutreffendes an.

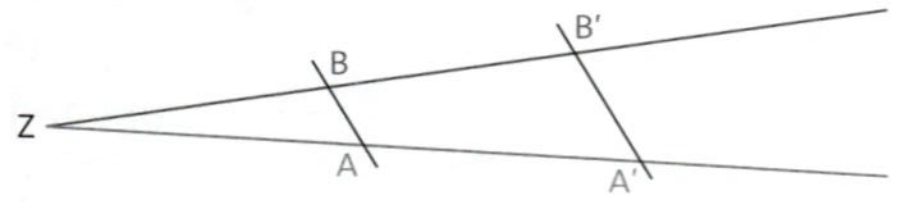

☐ $\frac{\overline{AA'}}{\overline{ZA}} = \frac{\overline{ZB'}}{\overline{BB}}$ ☒ $\frac{\overline{ZA'}}{\overline{ZA}} = \frac{\overline{ZB'}}{\overline{ZB}}$ ☐ $\frac{\overline{ZA'}}{\overline{ZA}} = \frac{\overline{ZB}}{\overline{ZB'}}$

Tipp
Die Abschnitte auf dem einen Strahl verhalten sich zueinander wie die Abschnitte auf dem anderen Strahl.

Beispiel: $\overline{AB} \parallel \overline{A'B'}$

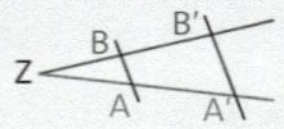

$\frac{\overline{ZA'}}{\overline{ZA}} = \frac{\overline{ZB'}}{\overline{ZB}}$

2 Zwei Strahlen beginnen im Punkt Z.
Die Strahlen werden von zwei Parallelen geschnitten.
Ergänze.

Beispiel: $\overline{AB} \parallel \overline{A'B'}$

$\frac{25}{10} = \frac{20}{8}$

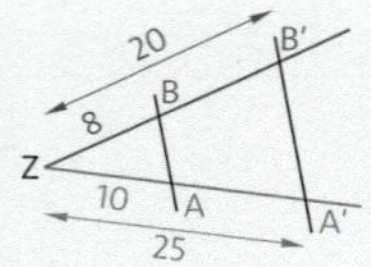

a)

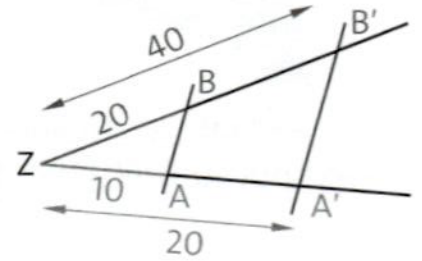

$\frac{20}{10} = \frac{40}{20}$

b)

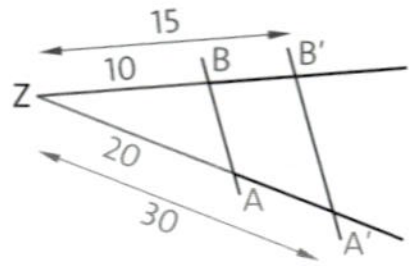

$\frac{30}{20} = \frac{15}{10}$

3 Berechne x.

Beispiel: $\overline{AB} \parallel \overline{A'B'}$

$\frac{x}{10} = \frac{20}{8}$ | · 10

$x = \frac{20}{8} \cdot 10$

$x = 25$

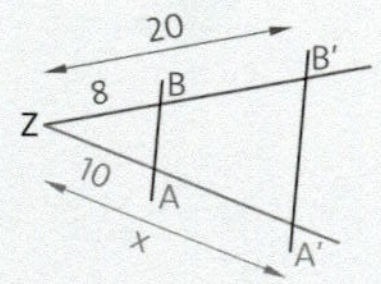

a)

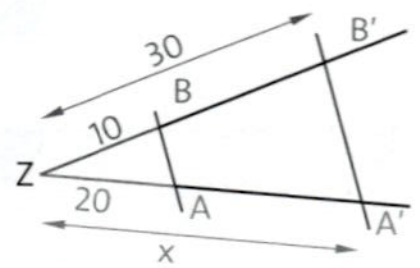

$\frac{x}{20} = \frac{30}{10}$ | · 20

$x = \frac{30}{10} \cdot 20$

$x = 60$

b)

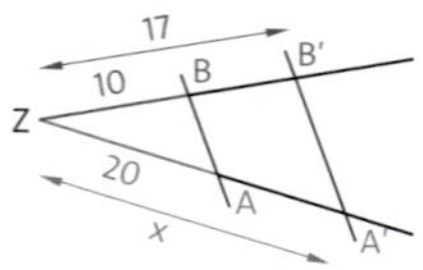

$\frac{x}{20} = \frac{17}{10}$ | · 20

$x = \frac{17}{10} \cdot 20$

$x = 34$

4 Unterstreiche den Fehler und berichtige.

Beispiel: $\overline{AB} \parallel \overline{A'B'}$

$\frac{25}{10} = \frac{20}{x}$ | · x

$\frac{25}{10} \cdot x = 20$ | : $\frac{25}{10}$

$x = 8$

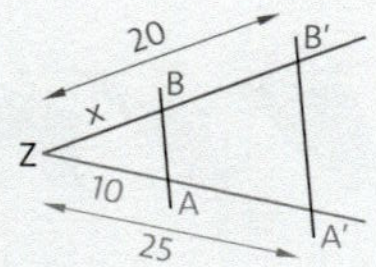

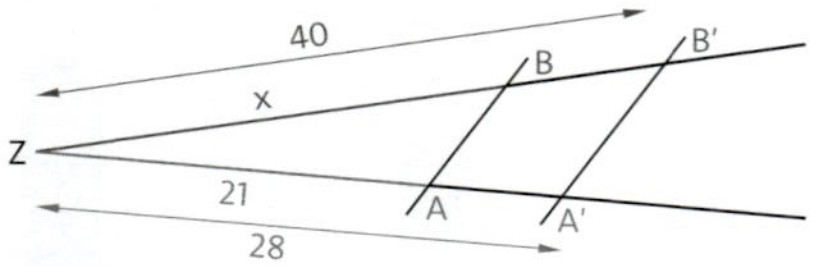

$\frac{21}{28} = \frac{40}{x}$ | · x

$\frac{3}{4} \cdot x = 40$ | : $\frac{3}{4}$

$x = \frac{160}{3} \approx 53{,}3$

$\frac{28}{21} = \frac{40}{x}$ | · x

$\frac{4}{3} \cdot x = 40$ | : $\frac{4}{3}$

$x = 30$

1. Strahlensatz

1 Zwei Strahlen beginnen im Punkt Z.
Die Strahlen werden von zwei Parallelen geschnitten.
Ergänze zuerst die Längen der Abschnitte.
Kreuze dann Zutreffendes an.

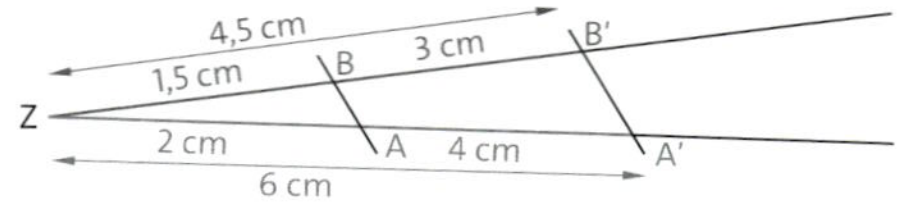

Tipp
Die Abschnitte auf dem einen Strahl verhalten sich zueinander wie die Abschnitte auf dem anderen Strahl.

Beispiel: $\overline{AB} \parallel \overline{A'B'}$

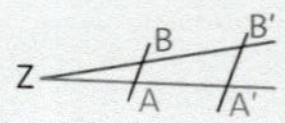

$\frac{\overline{ZA'}}{\overline{ZA}} = \frac{\overline{ZB'}}{\overline{ZB}}$

$\frac{2{,}5\,cm}{1\,cm} = \frac{2\,cm}{0{,}8\,cm}$

☒ $\frac{\overline{ZA'}}{\overline{ZA}} = \frac{\overline{ZB'}}{\overline{ZB}}$ ☒ $\frac{\overline{ZA'}}{\overline{AA'}} = \frac{\overline{ZB'}}{\overline{BB'}}$ ☐ $\frac{\overline{ZA'}}{\overline{ZA}} = \frac{\overline{ZB}}{\overline{ZB'}}$ ☒ $\frac{\overline{ZA}}{\overline{ZA'}} = \frac{\overline{ZB}}{\overline{ZB'}}$

$\frac{6\,cm}{2\,cm} = \frac{4{,}5\,cm}{1{,}5\,cm}$ $\frac{6\,cm}{4\,cm} = \frac{4{,}5\,cm}{3\,cm}$ $\frac{6\,cm}{2\,cm} = \frac{1{,}5\,cm}{4{,}5\,cm}$ $\frac{2\,cm}{6\,cm} = \frac{1{,}5\,cm}{4{,}5\,cm}$

2 Ergänze und berechne x.

Beispiel: $\overline{AB} \parallel \overline{A'B'}$

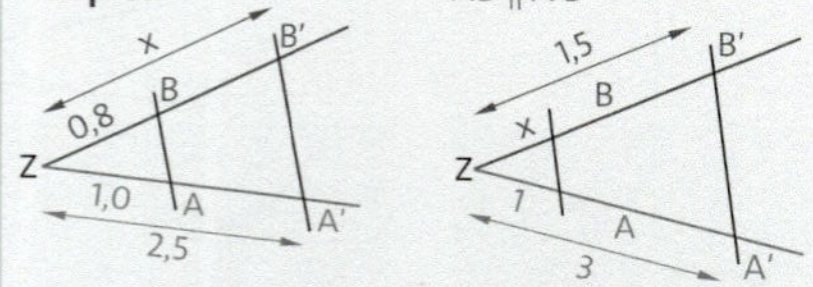

$\frac{2{,}5\,cm}{1\,cm} = \frac{x}{0{,}8\,cm}$ | · 0,8 cm

$2\,cm = x$

$\frac{3\,cm}{1\,cm} = \frac{1{,}5\,cm}{x}$ | · x

$3\,cm \cdot x = 1{,}5\,cm$ | : 3 cm

$x = 0{,}5\,cm$

a)

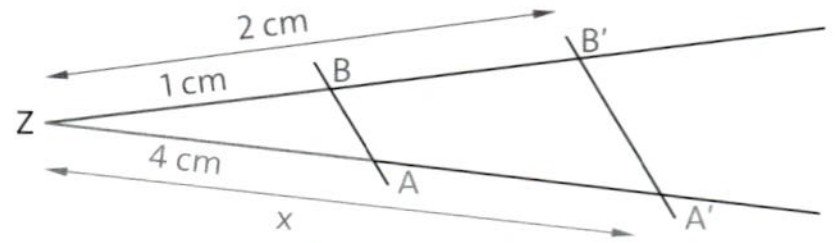

$\frac{x}{4\,cm} = \frac{2\,cm}{1\,cm}$ | · 4 cm

$x = \frac{2\,cm}{1\,cm} \cdot 4\,cm$

$x = 8\,cm$

b)

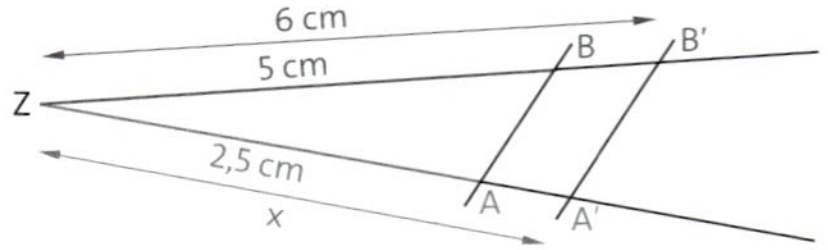

$\frac{x}{2{,}5\,cm} = \frac{6\,cm}{5\,cm}$ | · 2,5 cm

$x = \frac{6\,cm}{5\,cm} \cdot 2{,}5\,cm$

$x = 3\,cm$

c)

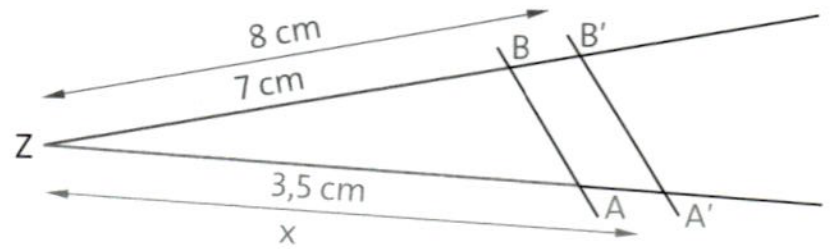

$\frac{x}{3{,}5\,cm} = \frac{8\,cm}{7\,cm}$ | · 3,5 cm

$x = \frac{8\,cm}{7\,cm} \cdot 3{,}5\,cm$

$x = 4\,cm$

d)

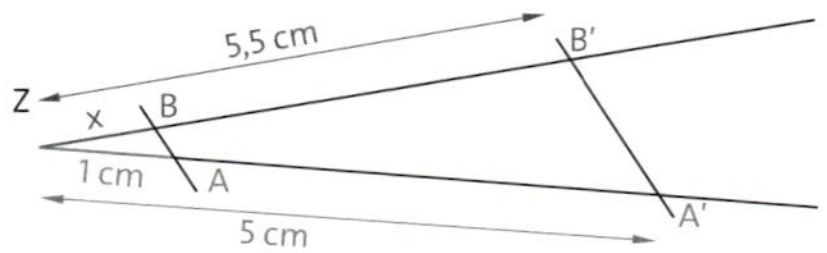

$\frac{5\,cm}{1\,cm} = \frac{5{,}5\,cm}{x}$ | · x

$\frac{5\,cm}{1\,cm} \cdot x = 5{,}5\,cm$ | : $\frac{5\,cm}{1\,cm}$

$x = 1{,}1\,cm$

e)

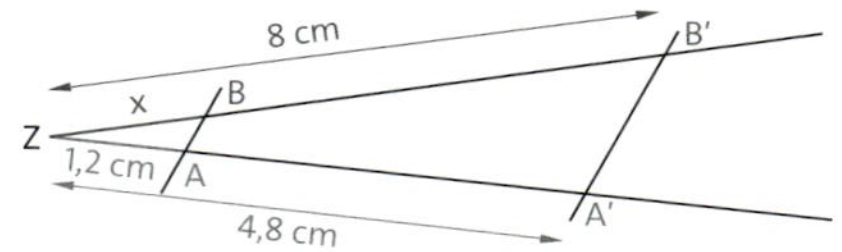

$\frac{4{,}8\,cm}{1{,}2\,cm} = \frac{8\,cm}{x}$ | · x

$\frac{4{,}8\,cm}{1{,}2\,cm} \cdot x = 8\,cm$ | : $\frac{4{,}8\,cm}{1{,}2\,cm}$

$x = 2\,cm$

1. Strahlensatz

Wenn zwei Strahlen im Punkt Z beginnen und von zwei Parallelen geschnitten werden, dann verhalten sich die Abschnitte auf dem einen Strahl zueinander wie die Abschnitte auf dem anderen Strahl.

Beispiel: $\overline{AB} \parallel \overline{A'B'}$

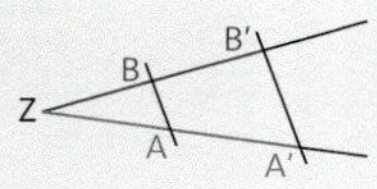

$\frac{\overline{ZA'}}{\overline{ZA}} = \frac{\overline{ZB'}}{\overline{ZB}}$

$\frac{2{,}5\,cm}{1\,cm} = \frac{2\,cm}{0{,}8\,cm}$

1 Zwei Strahlen beginnen im Punkt Z. Die Strahlen werden von zwei Parallelen geschnitten. Verbinde mit der passenden Gleichung.

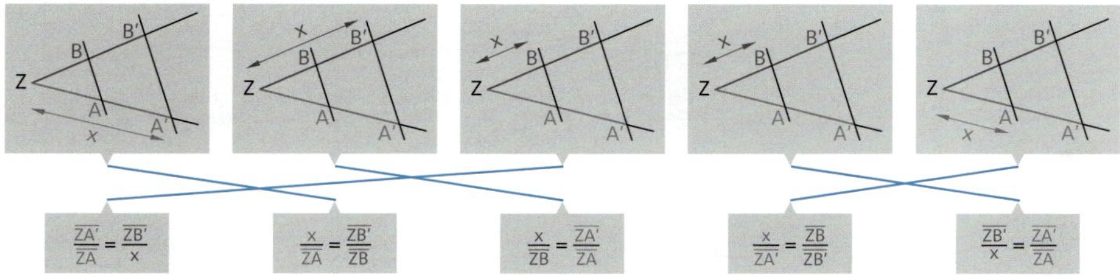

$\frac{\overline{ZA'}}{\overline{ZA}} = \frac{\overline{ZB'}}{x}$ $\frac{x}{\overline{ZA}} = \frac{\overline{ZB'}}{\overline{ZB}}$ $\frac{x}{\overline{ZB}} = \frac{\overline{ZA'}}{\overline{ZA}}$ $\frac{x}{\overline{ZA'}} = \frac{\overline{ZB}}{\overline{ZB'}}$ $\frac{\overline{ZB'}}{x} = \frac{\overline{ZA'}}{\overline{ZA}}$

2 Zwei Strahlen beginnen im Punkt Z. Die Strahlen werden von zwei Parallelen geschnitten. Zwei Rechnungen sind falsch. Unterstreiche den Fehler.

a) $\frac{x}{20} = \frac{30}{10}$ | · 20
$x = \frac{30}{10} \cdot 20$
$x = 60$

b) $\frac{x}{20} = \frac{17}{10}$ | · 20
$x = \frac{17}{10} \cdot 20$
$x = 34$

c) $\frac{10}{17} = \frac{20}{x}$ | · x
$x \cdot \frac{10}{17} = 20$ | : $\frac{10}{17}$
$x = \underline{34}$

3 Suche zwei zueinander ähnliche Dreiecke und berechne x.

a)

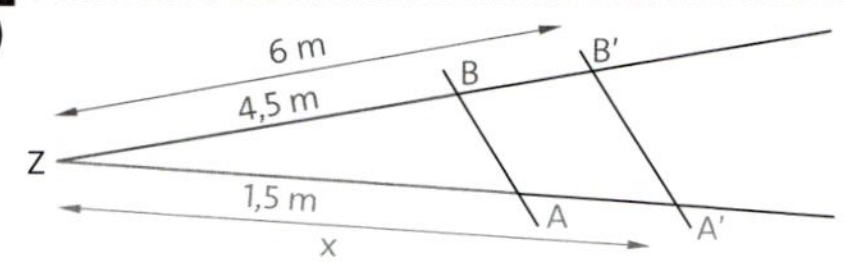

$\frac{x}{1{,}5\,m} = \frac{6\,m}{4{,}5\,m}$ | · 1,5 m
$x = \frac{6\,m}{4{,}5\,m} \cdot 1{,}5\,m$
$x = 2\,m$

b)

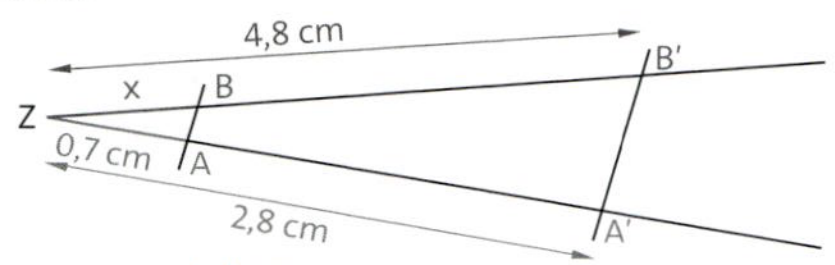

$\frac{2{,}8\,cm}{0{,}7\,cm} = \frac{4{,}8\,cm}{x}$ | · x
$\frac{2{,}8\,cm}{0{,}7\,cm} \cdot x = 4{,}8\,cm$ | : 4
$x = 1{,}2\,cm$

4 Ben ist 1,90 m groß. Sein Schatten ist 5 m lang. Er steht etwa 25 m vom Haus entfernt. Berechne die Höhe vom Haus mit Hilfe von zwei zueinander ähnlichen Dreiecken. Runde sinnvoll.

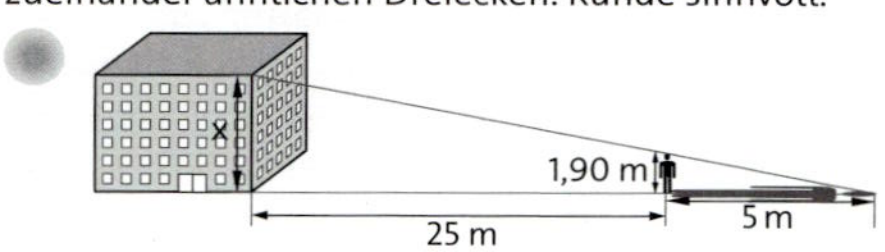

$\frac{x}{30\,m} = \frac{1{,}9\,m}{5\,m}$ | · 30 m
$x = \frac{1{,}9\,m}{5\,m} \cdot 30\,m$
$x = 11{,}4\,m$

Das Haus ist etwa 11 m hoch.

2. Strahlensatz

1 Zwei Strahlen beginnen im Punkt Z. Die Strahlen werden von zwei Parallelen geschnitten. Kreuze Zutreffendes an.

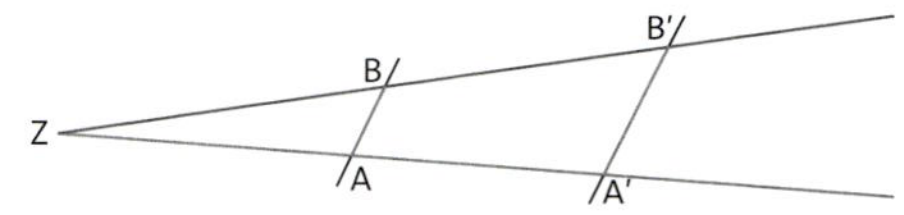

☒ $\frac{\overline{ZB'}}{\overline{ZB}} = \frac{\overline{A'B'}}{\overline{AB}}$ ☐ $\frac{\overline{ZA'}}{\overline{ZA}} = \frac{\overline{ZB}}{\overline{ZB'}}$ ☒ $\frac{\overline{ZA'}}{\overline{ZA}} = \frac{\overline{A'B'}}{\overline{AB}}$

Tipp
Die Abschnitte auf dem einen Strahl verhalten sich zueinander wie die Abschnitte auf den Parallelen.

Beispiel: $\overline{AB} \parallel \overline{A'B'}$

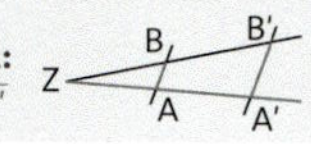

$\frac{\overline{ZA'}}{\overline{ZA}} = \frac{\overline{A'B'}}{\overline{AB}}$

2 Zwei Strahlen beginnen im Punkt Z. Die Strahlen werden von zwei Parallelen geschnitten. Ergänze.

Beispiel: $\overline{AB} \parallel \overline{A'B'}$

$\frac{30}{10} = \frac{24}{8}$

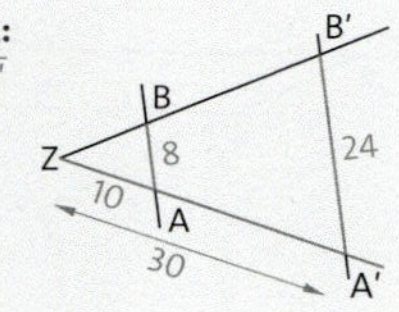

a)

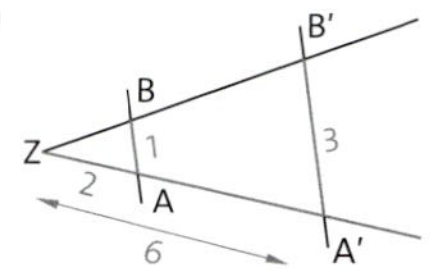

$\frac{6}{2} = \frac{3}{1}$

b)

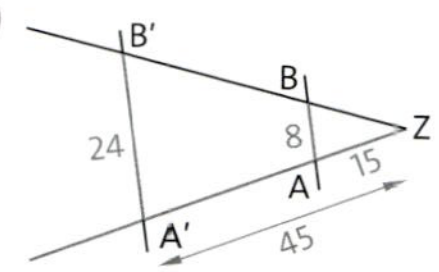

$\frac{45}{15} = \frac{24}{8}$

3 Berechne x.

Beispiel: $\overline{AB} \parallel \overline{A'B'}$

$\frac{x}{10} = \frac{24}{8}$ | · 10
$x = \frac{24}{8} \cdot 10$
$x = 30$

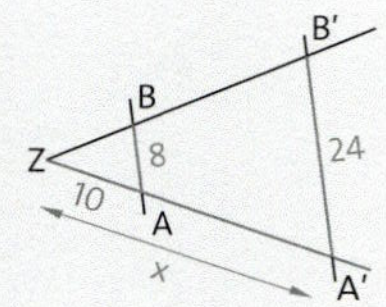

a)

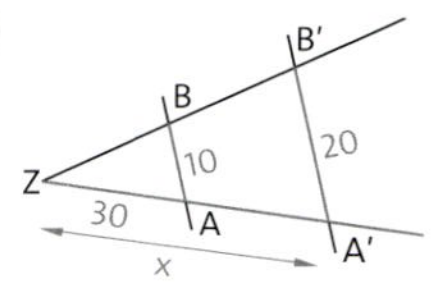

$\frac{x}{30} = \frac{20}{10}$ | · 30
$x = \frac{20}{10} \cdot 30$
$x = 60$

b)

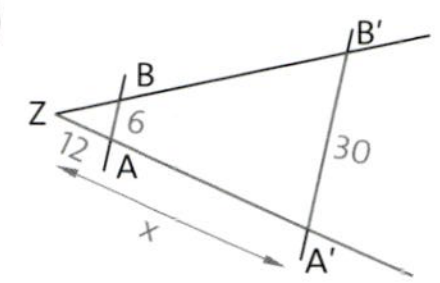

$\frac{x}{12} = \frac{30}{6}$ | · 12
$x = \frac{30}{6} \cdot 12$
$x = 60$

4 Unterstreiche den Fehler und berichtige.

Beispiel: $\overline{AB} \parallel \overline{A'B'}$

$\frac{30}{10} = \frac{24}{x}$ | · x
$\frac{30}{10} \cdot x = 24$ | : $\frac{30}{10}$
$x = 8$

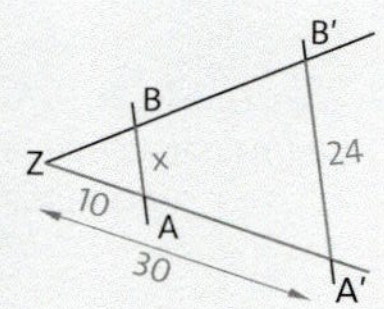

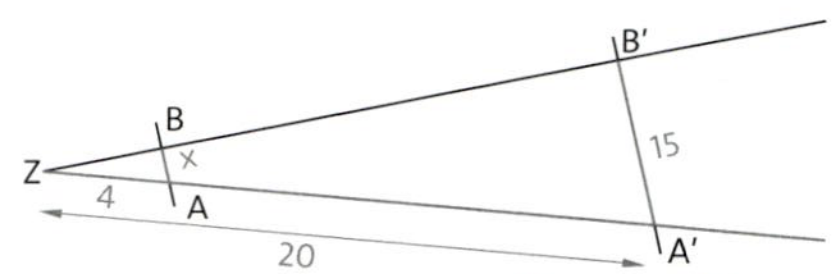

$\underline{\frac{20}{4}} = \frac{4}{x}$ | · x
$\frac{20}{4} \cdot x = 4$ | : $\frac{20}{4}$
$x = \frac{4}{5}$

$\frac{20}{4} = \frac{15}{x}$ | · x
$\frac{20}{4} \cdot x = 15$ | : $\frac{20}{4}$
$x = 3$

2. Strahlensatz

1 Zwei Strahlen beginnen im Punkt Z.
Die Strahlen werden von zwei Parallelen geschnitten.
Ergänze zuerst die Längen der Abschnitte.
Kreuze dann Zutreffendes an.

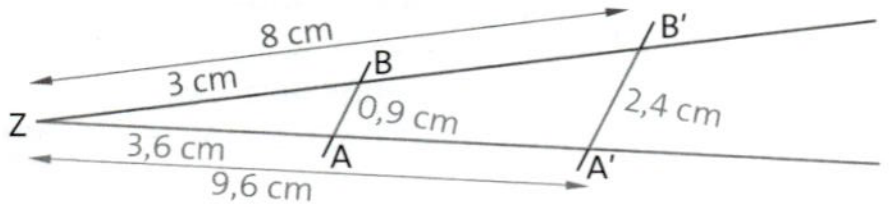

☒ $\frac{\overline{ZB'}}{\overline{ZB}} = \frac{\overline{A'B'}}{\overline{AB}}$ ☒ $\frac{\overline{A'B'}}{\overline{AB}} = \frac{\overline{ZB'}}{\overline{ZB}}$ ☐ $\frac{\overline{ZB'}}{\overline{ZB}} = \frac{\overline{AB}}{\overline{A'B'}}$ ☐ $\frac{\overline{ZA}}{\overline{ZA'}} = \frac{\overline{A'B'}}{\overline{AB}}$

$\frac{8\,cm}{3\,cm} = \frac{2{,}4\,cm}{0{,}9\,cm}$ $\frac{2{,}4\,cm}{0{,}9\,cm} = \frac{8\,cm}{3\,cm}$ $\frac{8\,cm}{3\,cm} = \frac{0{,}9\,cm}{2{,}4\,cm}$ $\frac{3{,}6\,cm}{9{,}6\,cm} = \frac{2{,}4\,cm}{0{,}9\,cm}$

Tipp
Die Abschnitte auf dem einen Strahl verhalten sich zueinander wie die Abschnitte auf den Parallelen.

Beispiel:
$\overline{AB} \parallel \overline{A'B'}$

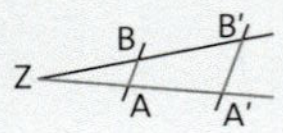

$\frac{\overline{ZA'}}{\overline{ZA}} = \frac{\overline{A'B'}}{\overline{AB}}$

$\frac{3\,cm}{1\,cm} = \frac{2{,}4\,cm}{0{,}8\,cm}$

2 Berechne x.

Beispiel:
$\overline{AB} \parallel \overline{A'B'}$

$\frac{2{,}5\,cm}{2\,cm} = \frac{x}{0{,}8\,cm}$ | · 0,8 cm
1 cm = x

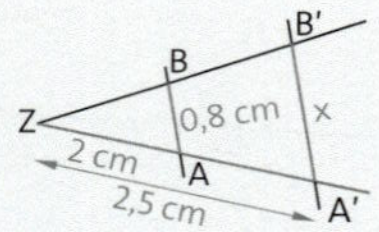

$\frac{3{,}3\,cm}{2{,}2\,cm} = \frac{3\,cm}{x}$ | · x
$\frac{3{,}3\,cm}{2{,}2\,cm} \cdot x = 3\,cm$ | : $\frac{3{,}3\,cm}{2{,}2\,cm}$
x = 2 cm

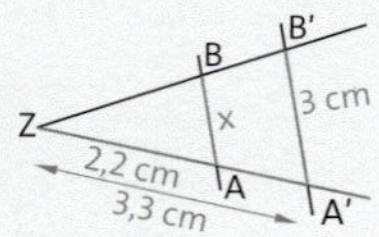

a)

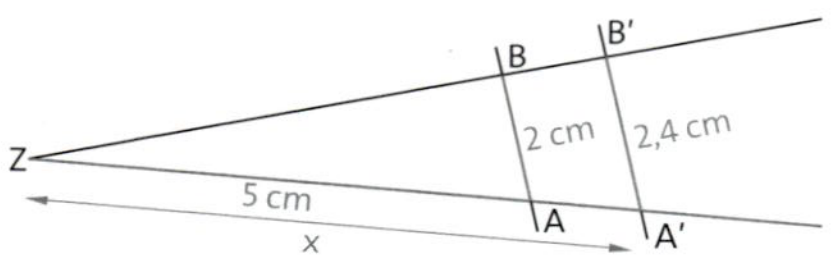

$\frac{x}{5\,cm} = \frac{2{,}4\,cm}{2\,cm}$ | · 5 cm
x $= \frac{2{,}4\,cm}{2\,cm} \cdot 5\,cm$
x = 6 cm

b)

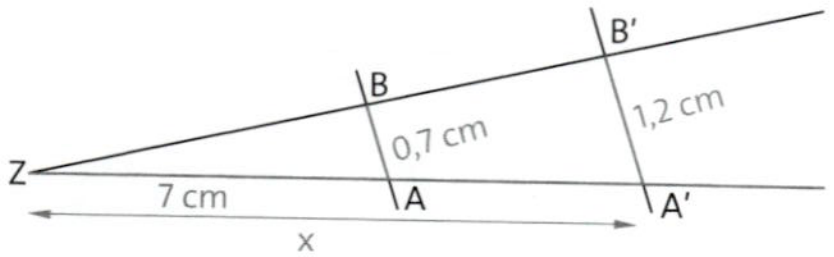

$\frac{x}{7\,cm} = \frac{1{,}2\,cm}{0{,}7\,cm}$ | · 7 cm
x $= \frac{1{,}2\,cm}{0{,}7\,cm} \cdot 7\,cm$
x = 12 cm

c)

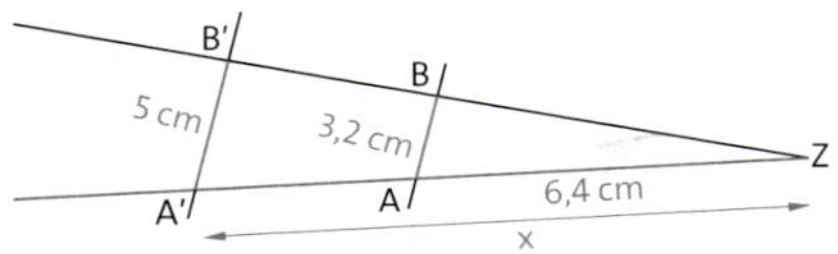

$\frac{x}{6{,}4\,cm} = \frac{5}{3{,}2\,cm}$ | · 6,4 cm
x $= \frac{5\,cm}{3{,}2\,cm} \cdot 6{,}4\,cm$
x = 10 cm

d)

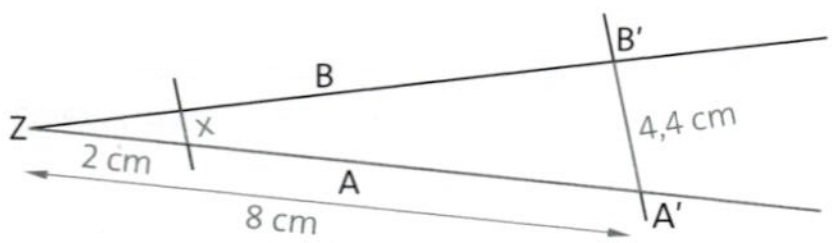

$\frac{8\,cm}{2\,cm} = \frac{4{,}4\,cm}{x}$ | · x
$\frac{8\,cm}{2\,cm} \cdot x = 4{,}4\,cm$ | : $\frac{8\,cm}{2\,cm}$
x = 1,1 cm

e)

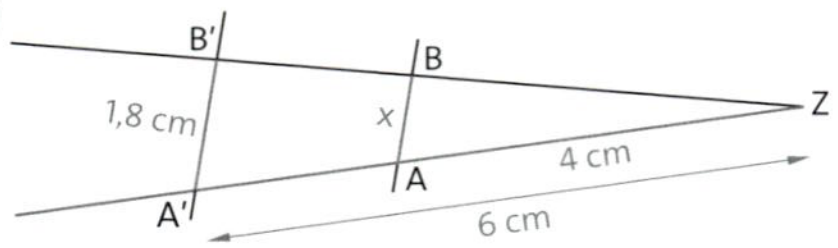

$\frac{6\,cm}{4\,cm} = \frac{1{,}8\,cm}{x}$ | · x
$\frac{6\,cm}{4\,cm} \cdot x = 1{,}8\,cm$ | : $\frac{6\,cm}{4\,cm}$
x = 1,2 cm

2. Strahlensatz

Wenn zwei Strahlen im Punkt Z beginnen und von zwei Parallelen geschnitten werden, dann verhalten sich die Abschnitte auf dem einen Strahl zueinander wie die Abschnitte auf den Parallelen.

Beispiel:
$\overline{AB} \parallel \overline{A'B'}$

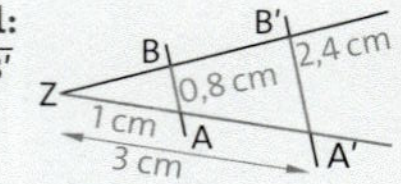

$\frac{\overline{ZA'}}{\overline{ZA}} = \frac{\overline{A'B'}}{\overline{AB}}$

$\frac{3\,cm}{1\,cm} = \frac{2{,}4\,cm}{0{,}8\,cm}$

1 Zwei Strahlen beginnen im Punkt Z. Die Strahlen werden von zwei Parallelen geschnitten.
Verbinde zuerst mit der passenden Gleichung. Markiere dann die Abschnitte mit der passenden Farbe.

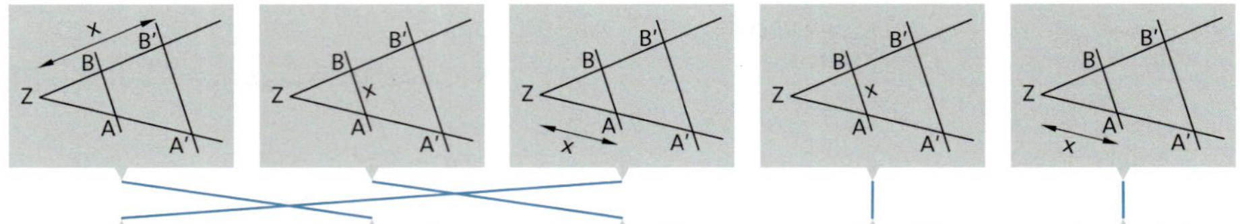

$\frac{\overline{ZA'}}{x} = \frac{\overline{A'B'}}{\overline{AB}}$ $\frac{x}{\overline{ZB}} = \frac{\overline{A'B'}}{\overline{AB}}$ $\frac{\overline{ZA}}{\overline{ZA'}} = \frac{x}{\overline{A'B'}}$ $\frac{\overline{ZB'}}{\overline{ZB}} = \frac{\overline{A'B'}}{x}$ $\frac{\overline{ZA}}{x} = \frac{\overline{A'B'}}{\overline{AB}}$

2 Berechne x.

a)

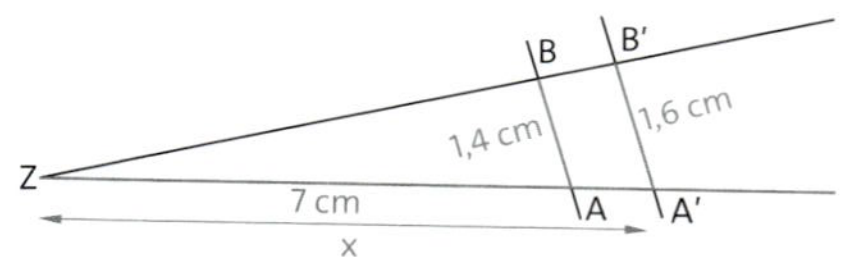

$\frac{x}{7\,cm} = \frac{1{,}6\,cm}{1{,}4\,cm}$ | · 7 cm
x $= \frac{1{,}6\,cm}{1{,}4\,cm} \cdot 7\,cm$
x = 8 cm

b)

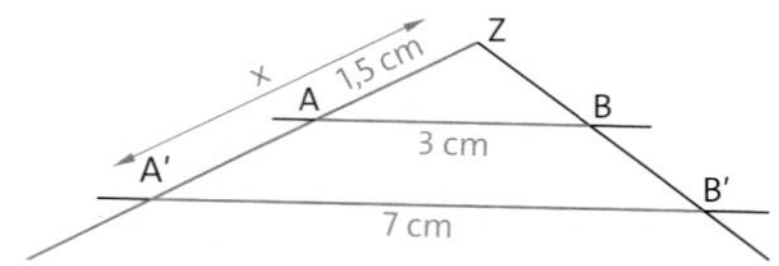

$\frac{x}{1{,}5\,cm} = \frac{7\,cm}{3\,cm}$ | · 1,5 cm
x $= \frac{7\,cm}{3\,cm} \cdot 1{,}5\,cm$
x = 3,5 cm

c)

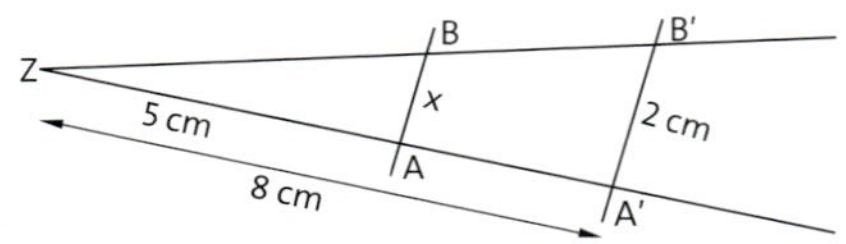

$\frac{8\,cm}{5\,cm} = \frac{2\,cm}{x}$ | · x
$\frac{8\,cm}{5\,cm} \cdot x = 2\,cm$ | : $\frac{8\,cm}{5\,cm}$
x = 1,25 cm

d)

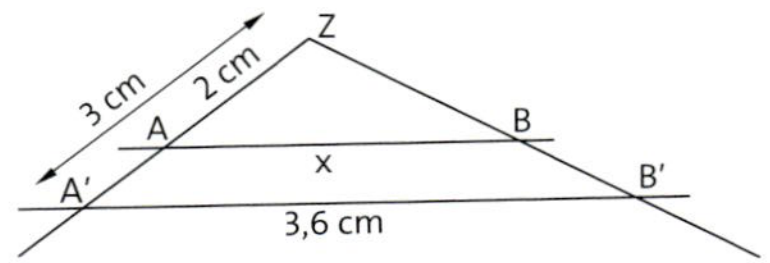

$\frac{3\,cm}{2\,cm} = \frac{3{,}6\,cm}{x}$ | · x
$\frac{3\,cm}{2\,cm} \cdot x = 3{,}6\,cm$ | : $\frac{3\,cm}{2\,cm}$
x = 2,4 cm

3 Drei Strahlen beginnen im Punkt Z.
Die Strahlen werden von zwei Parallelen geschnitten.
Ergänze die Längen der Strecken x, y und z.
Rechne im Kopf.

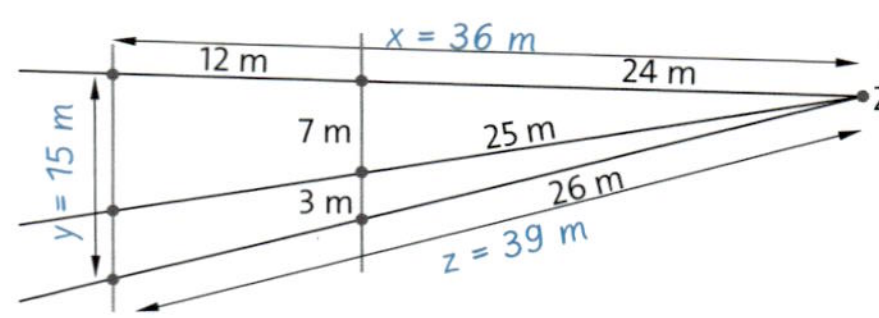

Kreis und Kreisumfang

1 Schreibe zuerst in den Kreis die zugehörige Nummer.
Ergänze dann die Rechnungen.

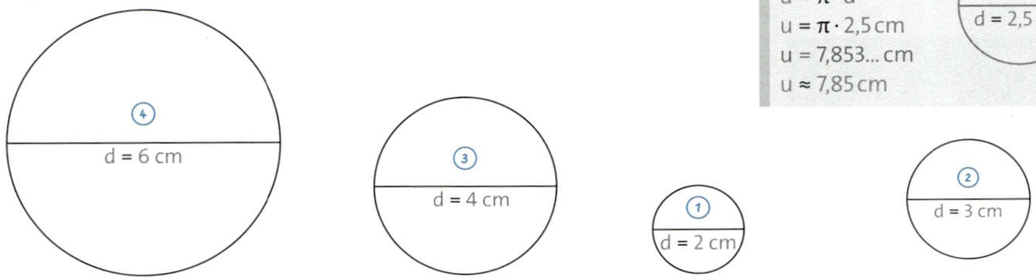

Beispiel:
$u = \pi \cdot d$
$u = \pi \cdot 2{,}5\,cm$
$u = 7{,}853...\,cm$
$u \approx 7{,}85\,cm$

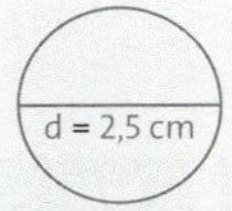

① $u = \pi \cdot d$
$u = \pi \cdot 2\,cm$
$u \approx 6{,}28\,cm$

② $u = \pi \cdot$ *d*
$u = \pi \cdot 3\,cm$
$u \approx 9{,}42\,cm$

③ $u =$ *π* $\cdot d$
$u = \pi \cdot 4\,cm$
$u \approx 12{,}57\,cm$

④ $u =$ *π* $\cdot d$
$u = \pi$ *· 6 cm*
$u \approx 18{,}85\,cm$

2 Berechne den Umfang u der Münze.
Runde auf die zweite Stelle nach dem Komma.

a) 2-€-Münze
mit d ≈ 2,58 cm
$u = \pi \cdot d$
u ≈ *π · 2,58 cm*
u ≈ *8,11 cm*

b) 50-Cent-Münze
mit d ≈ 2,43 cm
$u = \pi \cdot d$
u ≈ *π · 2,43 cm*
u ≈ *7,63 cm*

Tipp
Prüfe mit einem Faden.
① ②

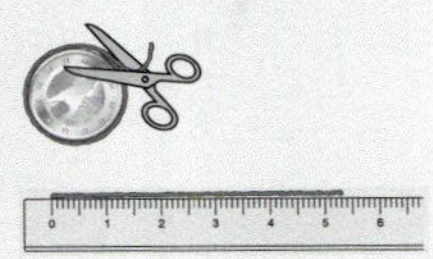

3 Berechne den Umfang u.
Runde auf die zweite Stelle nach dem Komma.

a) r = 5 cm
$u = 2 \cdot \pi \cdot r$
u = 2 · π · *5 cm*
u ≈ *31,42 cm*

b) r = 7 cm
$u = 2 \cdot \pi \cdot r$
u = *2 · π · 7 cm*
u ≈ *43,98 cm*

Beispiel:
$d = 2 \cdot r$
$u = 2 \cdot \pi \cdot r$
$u = 2 \cdot \pi \cdot 1{,}25\,cm$
$u = 7{,}853...\,cm$
$u \approx 7{,}85\,cm$

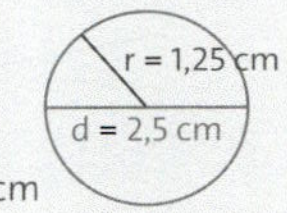

4 Berechne den Durchmesser d.
Runde auf die zweite Stelle nach dem Komma.

a) u = 15 cm
$u = \pi \cdot d$
15 cm $= \pi \cdot d$ | : π
15 cm : π = d
4,77 cm ≈ d

b) u = 40 cm
$u = \pi \cdot d$
40 cm = π · *d* | : π
40 cm : π = *d*
12,73 cm ≈ *d*

Beispiel: u = 30 cm
$u = \pi \cdot d$
$30\,cm = \pi \cdot d$ | : π
$30\,cm : \pi = d$
$9{,}55\,cm \approx d$

Kreis und Kreisumfang

1 Berechne den Umfang u vom Kreis.
Runde auf die zweite Stelle nach dem Komma.

a) d = 7 cm
$u = \pi \cdot d$
u = π · *7 cm*
u ≈ *21,99 cm*

b) d = 10 cm
u = *π · d*
u = *π · 10 cm*
u ≈ *31,42 cm*

Beispiel:
$u = \pi \cdot d$
$u = \pi \cdot 5\,cm$
$u \approx 15{,}71\,cm$

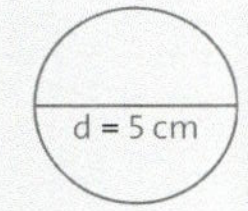

2 Verbinde den Durchmesser d mit dem Umfang u vom Kreis.

d = 6,5 cm	d = 5,4 cm	d = 7,2 cm	d = 4,8 cm	d = 9,7 cm
u ≈ 16,96 cm	u ≈ 22,62 cm	u ≈ 20,42 cm	u ≈ 30,47 cm	u ≈ 15,08 cm

3 Berechne den Umfang u vom Kreis.
Runde auf die zweite Stelle nach dem Komma.

a) r = 9 cm
$u = 2 \cdot \pi \cdot r$
u = 2 · π · *9 cm*
u ≈ *56,55 cm*

b) r = 8 cm
u = *2 · π · r*
u = *2 · π · 8 cm*
u ≈ *50,27 cm*

Beispiel:
$d = 2 \cdot r$
$u = 2 \cdot \pi \cdot r$
$u = 2 \cdot \pi \cdot 2{,}5\,cm$
$u = 15{,}707...\,cm$
$u \approx 15{,}71\,cm$

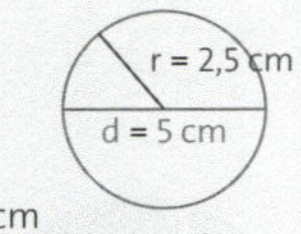

4 Ein Glasdeckel hat 95 cm Umfang.
Berechne den Durchmesser d und den Radius r.

$u = \pi \cdot d$
95 cm = *π · d* | *: π*
30,24 cm ≈ *d*

$d = 2 \cdot r$
30,24 cm ≈ 2 · r | *: 2*
15,12 cm ≈ *r*

Rund *30* cm ist der Durchmesser. Rund *15* cm ist der Radius.

Beispiel: u = 50 cm
$u = \pi \cdot d$
$50\,cm = \pi \cdot d$ | : π
$50\,cm : \pi = d$
$15{,}92\,cm \approx d$

$d = 2 \cdot r$
$15{,}92\,cm \approx 2 \cdot r$ | : 2
$7{,}96\,cm \approx r$

5 Berechne den Durchmesser d.

a) u = 62 cm
$u = \pi \cdot d$
62 cm = π · d | : π
19,74 cm ≈ d

b) u = 85 cm
$u = \pi \cdot d$
85 cm = *π · d* | : π
27,06 cm ≈ *d*

Beispiel: u = 30 cm
$u = \pi \cdot d$
$30\,cm = \pi \cdot d$ | : π
$9{,}549... = d$
$9{,}55\,cm \approx d$

Kreis und Kreisumfang

- Für den Umfang u von Kreisen mit dem Durchmesser d gilt: $u = \pi \cdot d$
- Wenn der Radius bekannt ist, dann gilt: $u = 2 \cdot \pi \cdot r$

Beispiel: Berechne den Umfang u.

Gegeben ist d = 5 cm.

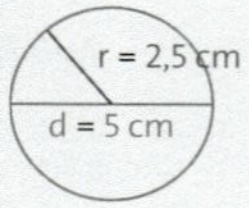

$u = \pi \cdot d$
$u = \pi \cdot 5\,cm \approx 15{,}71\,cm$

1 Immer ein Durchmesser d, ein Radius r und ein Umfang u gehören zum gleichen Kreis. Verbinde die Angaben.

d = 7 cm	d = 8,52 cm	d = 12,5 cm	d = 16,12 cm	d = 20,34 cm	d = 25,5 cm
r = 3,5 cm	r = 8,06 cm	r = 10,17 cm	r = 4,26 cm	r = 6,25 cm	r = 12,75 cm
u ≈ 21,99 cm	u ≈ 26,77 cm	u ≈ 50,64 cm	u ≈ 80,11 cm	u ≈ 63,90 cm	u ≈ 39,27 cm

2 Berechne den Durchmesser d. Runde auf die zweite Stelle nach dem Komma.

a) u = 99 cm

$u = \pi \cdot d$
99 cm $= \pi \cdot d$ | : π
31,51 cm ≈ d

b) u = 120,75 cm

$u = \pi \cdot d$
120,75 cm $= \pi \cdot d$ | : π
38,44 cm ≈ d

c) u = 11 m

$u = \pi \cdot d$
11 m $= \pi \cdot d$ | : π
3,50 m ≈ d

3 Ergänze. Runde den Umfang u auf die zweite Stelle nach dem Komma.

r	23,4 cm	33,5 m	15,25 cm	67,5 cm	75,75 m	88,8 m	49,3 cm
d	46,8 cm	67 m	30,5 cm	135 cm	151,5 m	177,6 m	98,6 cm
u	147,03 cm	210,49 m	95,82 cm	424,12 cm	475,95 m	557,95 m	309,76 cm

4 Der Durchmesser von Felgen wird in Zoll angegeben. 2,54 cm sind 1 Zoll.
Der Umfang einer Felge ist 151,61 cm.
Kreuze zuerst den Durchmesser der Felgen an.
Begründe dann deine Entscheidung.

☐ 18 Zoll ☒ 19 Zoll ☐ 20 Zoll ☐ 21 Zoll ☐ 22 Zoll

z. B. $19 \cdot 2{,}54\,cm = 48{,}26\,cm$ 19 Zoll sind 48,26 cm.
$u = \pi \cdot 48{,}26\,cm \approx 151{,}61\,cm$ Bei 19 Zoll Durchmesser ist u ≈ 151,61 cm.

Flächeninhalt von Kreisen

Beispiel:

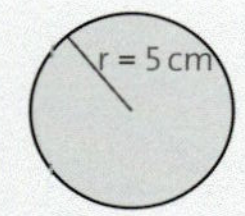

$A = \pi \cdot r^2$
$A = \pi \cdot (5\,cm)^2$
$A = \pi \cdot 25\,cm^2$
$A = 78{,}539...\,cm^2$
$A \approx 78{,}54\,cm^2$

1 Schreibe zuerst in den Kreis die zugehörige Nummer.
Ergänze dann die Rechnungen.

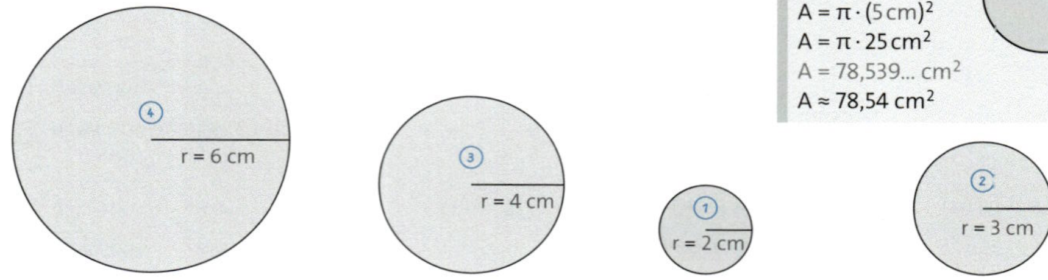

① $A = \pi \cdot r^2$
$A = \pi \cdot (2\,cm)^2$
$A \approx 12{,}57\,cm^2$

② $A = \pi \cdot r^2$
$A = \pi \cdot (3\,cm)^2$
$A \approx 28{,}27\,cm^2$

③ $A = \pi \cdot r^2$
$A = \pi \cdot (4\,cm)^2$
$A \approx 50{,}27\,cm^2$

④ $A = \pi \cdot r^2$
$A = \pi \cdot (6\,cm)^2$
$A \approx 113{,}10\,cm^2$

2 Eine Dartscheibe hat einen Radius von r = 22,5 cm.
Berechne den Flächeninhalt A. Runde auf die zweite Stelle nach dem Komma.

$A = \pi \cdot (22{,}5\,cm)^2 = \pi \cdot 506{,}25\,cm^2$
$A \approx 1590{,}43\,cm^2$
Der Flächeninhalt beträgt 1590,43 cm².

3 Berechne zuerst den Radius r. Berechne dann den Flächeninhalt A.
Runde auf die zweite Stelle nach dem Komma.

Beispiel:

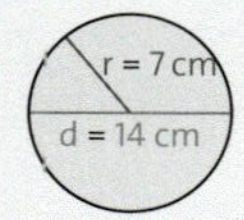

r = d : 2
r = 14 cm : 2
r = 7 cm
$A = \pi \cdot r^2$
$A = \pi \cdot (7\,cm)^2$
$A \approx 153{,}94\,cm$

a) d = 18 cm

r = 18 cm : 2 = 9 cm
$A = \pi \cdot r^2$
$A = \pi \cdot (9\,cm)^2$
$A \approx 254{,}47\,cm^2$

b) d = 24 cm

r = 24 cm : 2 = 12 cm
$A = \pi \cdot r^2$
$A = \pi \cdot (12\,cm)^2$
$A \approx 452{,}39\,cm^2$

4 Berechne den Radius r.
Runde auf die zweite Stelle nach dem Komma.

Beispiel: $A = 25\,cm^2$

$A = \pi \cdot r^2$
$25\,cm^2 = \pi \cdot r^2$ | : π
$7{,}96\,cm^2 \approx r^2$
$2{,}82\,cm \approx r$

a) $A = 10\,cm^2$

$A = \pi \cdot r^2$
$10\,cm^2 = \pi \cdot r^2$ | : π
$3{,}18\,cm^2 \approx r^2$
$1{,}78\,cm^2 \approx r$

b) $A = 15\,cm^2$

$A = \pi \cdot r^2$
$15\,cm^2 = \pi \cdot r^2$ | : π
$4{,}77\,cm^2 \approx r^2$
$2{,}19\,cm \approx r$

Flächeninhalt von Kreisen

1 Berechne den Flächeninhalt A vom Kreis.
Runde auf die zweite Stelle nach dem Komma.

Beispiel:

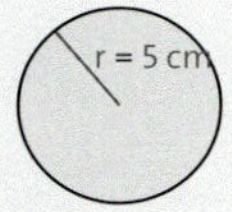

$A = \pi \cdot r^2$
$A = \pi \cdot (5\,cm)^2$
$A = \pi \cdot 25\,cm^2$
$A \approx 78{,}54\,cm^2$

a) r = 8 cm
$A = \pi \cdot r^2$
$A = \pi \cdot (8\,cm)^2$
$A \approx 201{,}06\,cm^2$

b) r = 10 cm
$A = \pi \cdot r^2$
$A = \pi \cdot (10\,cm)^2$
$A \approx 314{,}16\,cm^2$

2 Verbinde den Radius r mit dem Flächeninhalt A vom Kreis.

r = 9 cm	r = 8,5 cm	r = 10,1 cm	r = 17 cm	r = 7,9 cm
$A = 196{,}07\,cm^2$	$A = 907{,}92\,cm^2$	$A = 320{,}47\,cm^2$	$A = 226{,}98\,cm^2$	$A = 254{,}47\,cm^2$

3 Berechne zuerst den Radius r. Berechne dann den Flächeninhalt A.
Runde auf die zweite Stelle nach dem Komma.

Beispiel:

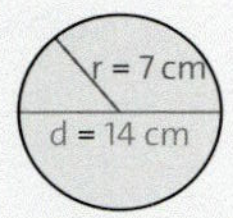

r = d : 2
r = 14 cm : 2
r = 7 cm

$A = \pi \cdot r^2$
$A = \pi \cdot (7\,cm)^2$
$A = \pi \cdot 49\,cm^2$
$A \approx 153{,}94\,cm$

a) d = 22 cm
r = 22 cm : 2 = 11 cm
$A = \pi \cdot r^2$
$A = \pi \cdot (11\,cm)^2$
$A \approx 380{,}13\,cm^2$

b) d = 31 cm
r = 31 cm : 2 = 15,5 cm
$A = \pi \cdot r^2$
$A = \pi \cdot (15{,}5\,cm)^2$
$A \approx 754{,}77\,cm^2$

4 Berechne den Flächeninhalt A der Münze.

a) 2-€-Münze
mit r ≈ 1,29 cm

$A = \pi \cdot r^2$
$A \approx \pi \cdot (1{,}29\,cm)^2$
$A \approx 5{,}23\,cm^2$

b) 1-Cent-Münze
mit r ≈ 0,8 cm

$A = \pi \cdot r^2$
$A \approx \pi \cdot (0{,}8\,cm)^2$
$A \approx 2{,}01\,cm^2$

c) 50-Cent-Münze
mit d ≈ 2,42 cm

$A = \pi \cdot r^2$
$A \approx \pi \cdot (1{,}21\,cm)^2$
$A \approx 4{,}60\,cm^2$

5 Berechne den Radius r.

Beispiel: $A = 40\,cm^2$

$A = \pi \cdot r^2$
$40\,cm^2 = \pi \cdot r^2 \quad |:\pi$
$12{,}73\,cm^2 \approx r^2$
$3{,}57\,cm \approx r$

a) $A = 30\,cm^2$
$A = \pi \cdot r^2$
$30\,cm^2 = \pi \cdot r^2 \quad |:\pi$
$9{,}55\,cm^2 \approx r^2$
$3{,}09\,cm \approx r$

b) $A = 5{,}8\,cm^2$
$A = \pi \cdot r^2$
$5{,}8\,cm^2 = \pi \cdot r^2 \quad |:\pi$
$1{,}85\,cm^2 \approx r^2$
$1{,}36\,cm \approx r$

Flächeninhalt von Kreisen

Für den Flächeninhalt A von Kreisen mit dem Radius r gilt: $A = \pi \cdot r^2$

Beispiel: Berechne den Flächeninhalt A.

Gegeben ist d = 5 cm (also ist r = 2,5 cm).

$A = \pi \cdot r^2$
$A = \pi \cdot (2{,}5\,cm)^2$
$A \approx 19{,}63\,cm^2$

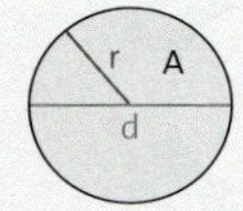

1 Immer ein Durchmesser d, ein Radius r und Flächeninhalt A gehören zum gleichen Kreis.
Verbinde die Angaben.

d = 9,6 cm	d = 23 cm	d = 24,16 cm	d = 16,7 cm	d = 32,30 cm	d = 10,5 cm
r = 4,8 cm	r = 5,25 cm	r = 16,15 cm	r = 8,35 cm	r = 12,08 cm	r = 11,5 cm
$A = 72{,}38\,cm^2$	$A = 219{,}04\,cm^2$	$A = 86{,}59\,cm^2$	$A = 415{,}48\,cm^2$	$A = 819{,}4\,cm^2$	$A = 458{,}44\,cm^2$

2 Berechne den Radius r. Runde auf die zweite Stelle nach dem Komma.

a) $A = 45\,cm^2$
$A = \pi \cdot r^2$
$45\,cm^2 = \pi \cdot r^2 \quad |:\pi$
$14{,}32\,cm^2 \approx r^2$
$3{,}78\,cm \approx r$

b) $A = 85{,}9\,cm^2$
$A = \pi \cdot r^2$
$85{,}9\,cm^2 = \pi \cdot r^2 \quad |:\pi$
$27{,}34\,cm^2 \approx r^2$
$5{,}23\,cm \approx r$

c) $A = 20{,}3\,m^2$
$A = \pi \cdot r^2$
$20{,}3\,m^2 = \pi \cdot r^2 \quad |:\pi$
$6{,}46\,m^2 \approx r^2$
$2{,}54\,m \approx r$

3 Ergänze. Runde den Flächeninhalt A auf die zweite Stelle nach dem Komma.

r	17,25 m	19 m	15,3 cm	11,29 cm	7,5 m	4,75 cm
d	34,5 m	38 m	30,6 cm	22,58 cm	15 m	9,5 cm
A	$934{,}82\,m^2$	$1134{,}11\,m^2$	$735{,}42\,cm^2$	$400{,}44\,cm^2$	$176{,}71\,m^2$	$70{,}88\,cm^2$

4 Die Sitzflächen von 12 Barhockern soll gestrichen werden.
Ein Barhocker hat einen Durchmesser von d = 36 cm.
Kreuze zuerst an, wie viel Farbe benötigt wird. Für $1\,m^2$ braucht man 120 mℓ Farbe.
Begründe dann deine Entscheidung.

☐ ca. 50 mℓ ☐ ca. 100 mℓ ☒ ca. 150 mℓ ☐ ca. 200 mℓ ☐ ca. 250 mℓ

r = 36 cm : 2 = 18 cm
$A = \pi \cdot (18\,cm)^2 \approx 1017{,}88\,cm^2$
$12 \cdot 1017{,}88\,cm^2 = 12\,214{,}56\,cm^2 = 1{,}22\,m^2$
$1{,}22 \cdot 120\,m\ell = 146{,}4\,m\ell$

Kreisringe

1 Berechne den Flächeninhalt A des Kreisrings.

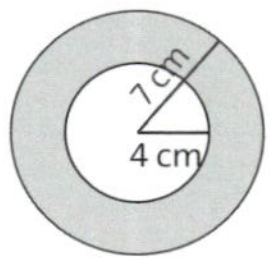

Gehe so vor:
⓪ Zeichne zuerst die Linie vom äußeren Kreis blau und die Linie vom inneren Kreis lila nach.
Färbe dann die Fläche vom Kreisring grau ein.

① Berechne den Flächeninhalt A_a.

② Berechne den Flächeninhalt A_i.

③ Subtrahiere.

Tipp
Rechne zuerst mit dem äußeren Radius.
Rechne dann mit dem inneren Radius.

Beispiel:

$r_a = 5\,cm$	$r_i = 2\,cm$
$A_a = \pi \cdot (5\,cm)^2$	$A_i = \pi \cdot (2\,cm)^2$
$A_a \approx 78{,}54\,cm^2$	$A_i \approx 12{,}57\,cm^2$

$A \approx 78{,}54\,cm^2 - 12{,}57\,cm^2$
$A \approx 65{,}97\,cm^2$

$A_a = \pi \cdot (7\,cm)^2 \approx 153{,}94\,cm^2$
$A_i = \pi \cdot (4\,cm)^2 \approx 50{,}27\,cm^2$
$A = A_a - A_i \approx 153{,}94\,cm^2 - 50{,}27\,cm^2$
$A \approx 103{,}67\,cm^2$

2 Berechne den Flächeninhalt A des Kreisrings.

Tipp ① A_a ② A_i ③ $A = A_a - A_i$

a)
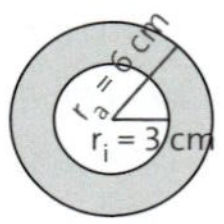

$A_a = \pi \cdot (6\,cm)^2 \approx 113{,}10\,cm^2$
$A_i = \pi \cdot (3\,cm)^2 \approx 28{,}27\,cm^2$
$A = A_a - A_i \approx 113{,}10\,cm^2 - 28{,}27\,cm^2$
$A \approx 84{,}83\,cm^2$

b)
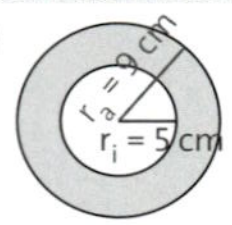

$A_a = \pi \cdot (9\,cm)^2 \approx 254{,}47\,cm^2$
$A_i = \pi \cdot (5\,cm)^2 \approx 78{,}54\,cm^2$
$A = A_a - A_i \approx 254{,}47\,cm^2 - 78{,}54\,cm^2$
$A \approx 175{,}93\,cm^2$

c)
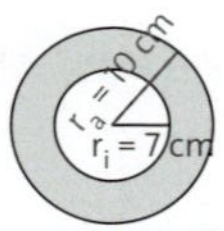

$A_a = \pi \cdot (10\,cm)^2 \approx 314{,}16\,cm^2$
$A_i = \pi \cdot (7\,cm)^2 \approx 153{,}94\,cm^2$
$A = A_a - A_i \approx 314{,}16\,cm^2 - 153{,}94\,cm^2$
$A \approx 160{,}22\,cm^2$

d)
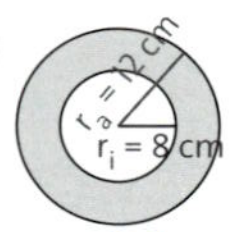

$A_a = \pi \cdot (12\,cm)^2 \approx 452{,}39\,cm^2$
$A_i = \pi \cdot (8\,cm)^2 \approx 201{,}06\,cm^2$
$A = A_a - A_i \approx 452{,}39\,cm^2 - 201{,}06\,cm^2$
$A \approx 251{,}33\,cm^2$

e) gegeben: $r_a = 5{,}5\,cm$ und $r_i = 2{,}2\,cm$
$A_a = \pi \cdot (5{,}5\,cm)^2 \approx 95{,}03\,cm^2$
$A_i = \pi \cdot (2{,}2\,cm)^2 \approx 15{,}21\,cm^2$
$A = A_a - A_i \approx 95{,}03\,cm^2 - 15{,}21\,cm^2$
$A \approx 79{,}82\,cm^2$

f) gegeben: $r_a = 8{,}2\,cm$ und $r_i = 4{,}1\,cm$
$A_a = \pi \cdot (8{,}2\,cm)^2 \approx 211{,}24\,cm^2$
$A_i = \pi \cdot (4{,}1\,cm)^2 \approx 52{,}81\,cm^2$
$A = A_a - A_i \approx 211{,}24\,cm^2 - 52{,}81\,cm^2$
$A \approx 158{,}43\,cm^2$

Kreisringe

1 Berechne den Flächeninhalt A des Kreisrings.

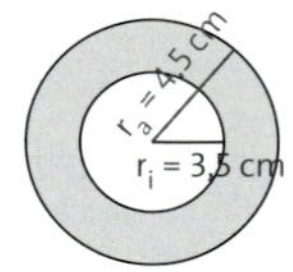

Gehe so vor:
⓪ Zeichne zuerst die Linie vom äußeren Kreis blau und die Linie vom inneren Kreis lila nach.
Färbe dann die Fläche vom Kreisring grau ein.

① Berechne den Flächeninhalt A_a.

② Berechne den Flächeninhalt A_i.

③ Subtrahiere.

Tipp
Rechne zuerst mit dem äußeren Radius.
Rechne dann mit dem inneren Radius.

Beispiel:

$r_a = 5{,}5\,cm$	$r_i = 2{,}5\,cm$
$A_a = \pi \cdot (5{,}5\,cm)^2$	$A_i = \pi \cdot (2{,}5\,cm)^2$
$A_a \approx 95{,}03\,cm^2$	$A_i \approx 19{,}63\,cm^2$

$A \approx 95{,}03\,cm^2 - 19{,}63\,cm^2$
$A \approx 75{,}40\,cm^2$

$A_a = \pi \cdot (4{,}5\,cm)^2 \approx 63{,}62\,cm^2$
$A_i = \pi \cdot (3{,}5\,cm)^2 \approx 38{,}48\,cm^2$
$A = A_a - A_i \approx 63{,}62\,cm^2 - 38{,}48\,cm^2$
$A \approx 25{,}14\,cm^2$

2 Berechne den Flächeninhalt A des Kreisrings.

Tipp ① A_a ② A_i ③ $A = A_a - A_i$

a)
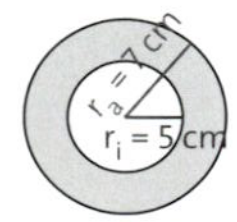

$A_a = \pi \cdot (7\,cm)^2 \approx 153{,}94\,cm^2$
$A_i = \pi \cdot (5\,cm)^2 \approx 78{,}54\,cm^2$
$A = A_a - A_i \approx 153{,}94\,cm^2 - 78{,}54\,cm^2$
$A \approx 75{,}40\,cm^2$

b)
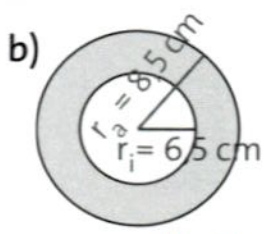

$A_a = \pi \cdot (8{,}5\,cm)^2 \approx 226{,}98\,cm^2$
$A_i = \pi \cdot (6{,}5\,cm)^2 \approx 132{,}73\,cm^2$
$A = A_a - A_i \approx 226{,}98\,cm^2 - 132{,}73\,cm^2$
$A \approx 94{,}25\,cm^2$

c) gegeben: $r_a = 9{,}3\,cm$ und $r_i = 7{,}2\,cm$
$A_a = \pi \cdot (9{,}3\,cm)^2 \approx 271{,}72\,cm^2$
$A_i = \pi \cdot (7{,}2\,cm)^2 \approx 162{,}86\,cm^2$
$A = A_a - A_i \approx 271{,}72\,cm^2 - 162{,}86\,cm^2$
$A \approx 108{,}86\,cm^2$

d) gegeben: $r_a = 13{,}3\,cm$ und $r_i = 10{,}7\,cm$
$A_a = \pi \cdot (13{,}3\,cm)^2 \approx 555{,}72\,cm^2$
$A_i = \pi \cdot (10{,}7\,cm)^2 \approx 359{,}68\,cm^2$
$A = A_a - A_i \approx 555{,}72\,cm^2 - 359{,}68\,cm^2$
$A \approx 196{,}04\,cm^2$

3 Am Eingang eines Schwimmbads soll ein großer Rettungsring aufgemalt werden.
Berechne den Flächeninhalt des Rettungsrings.

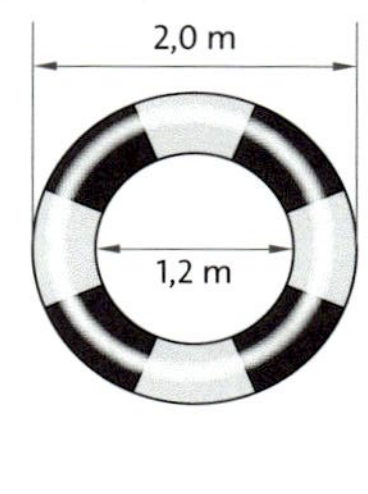

$r_a = 2{,}0\,m : 2 = 1{,}0\,m$ und $r_i = 1{,}2\,m : 2 = 0{,}6\,m$
$A_a = \pi \cdot (1{,}0\,m)^2 \approx 3{,}14\,m^2$
$A_i = \pi \cdot (0{,}6\,m)^2 \approx 1{,}13\,m^2$
$A = A_a - A_i \approx 3{,}14\,m^2 - 1{,}13\,m^2 = 2{,}01\,m^2$
Der Flächeninhalt beträgt etwa $2\,m^2$.

Kreisringe

Ein Kreisring ist die Fläche zwischen zwei Kreisen.

Für den Flächeninhalt des Kreisrings gilt:
$A = A_a - A_i$

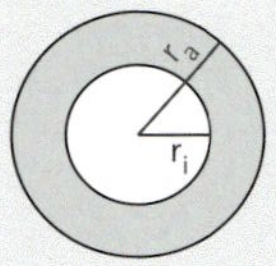

Beispiel:
$r_a = 5{,}5\,cm$ $r_i = 2{,}5\,cm$
$A_a = \pi \cdot (5{,}5\,cm)^2$ $A_i = \pi \cdot (2{,}5\,cm)^2$
$A_a \approx 95{,}03\,cm^2$ $A_i \approx 19{,}63\,cm^2$
$A \approx 95{,}03\,cm^2 - 19{,}63\,cm^2$
$A \approx 75{,}40\,cm^2$

1 Ergänze zuerst in der Zeichnung r_a und r_i. Färbe den Kreisring grau ein. Berechne dann den Flächeninhalt A des Kreisrings.

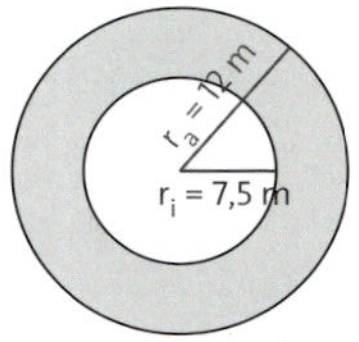

① $A_a = \pi \cdot (12\,m)^2 \approx 452{,}39\,m^2$
② $A_i = \pi \cdot (7{,}5\,m)^2 \approx 176{,}71\,m^2$
③ $A = A_a - A_i \approx 452{,}39\,m^2 - 176{,}71\,m^2 = 275{,}68\,m^2$

2 Berechne den Flächeninhalt A des Kreisrings.

a) gegeben: $r_a = 10{,}5\,m$ und $r_i = 8{,}9\,m$
$A_a = \pi \cdot (10{,}5\,m)^2 \approx 346{,}36\,m^2$
$A_i = \pi \cdot (8{,}9\,m)^2 \approx 248{,}85\,m^2$
$A = A_a - A_i \approx 346{,}36\,m^2 - 248{,}85\,m^2$
$A \approx 97{,}51\,m^2$

b) gegeben: $r_a = 2{,}05\,dm$ und $r_i = 1{,}15\,dm$
$A_a = \pi \cdot (2{,}05\,dm)^2 \approx 13{,}20\,dm^2$
$A_i = \pi \cdot (1{,}15\,dm)^2 \approx 4{,}15\,dm^2$
$A = A_a - A_i \approx 13{,}20\,dm^2 - 4{,}15\,dm^2$
$A \approx 9{,}05\,dm^2$

c)

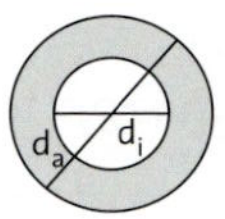

$d_a = 4{,}9\,cm$
$d_i = 3{,}7\,cm$

$r_a = 2{,}45\,cm$ und $r_i = 1{,}85\,cm$
$A_a = \pi \cdot (2{,}45\,cm)^2 \approx 18{,}86\,cm^2$
$A_i = \pi \cdot (1{,}85\,cm)^2 \approx 10{,}75\,cm^2$
$A \approx 8{,}11\,cm^2$

d)

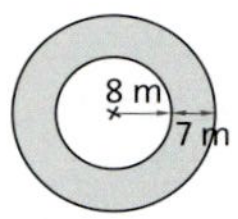

$r_a = 8\,m + 7\,m = 15\,m$
$A_a = \pi \cdot (15\,m)^2 \approx 706{,}86\,m^2$
$A_i = \pi \cdot (8\,m)^2 \approx 201{,}06\,m^2$
$A \approx 505{,}80\,m^2$

3 15 Ananas-Scheiben sollen auf einer Seite mit Schokoguss überzogen werden. Für 100 cm² braucht man etwa 25 g Schokoguss. Reichen 150 g Schokoguss?

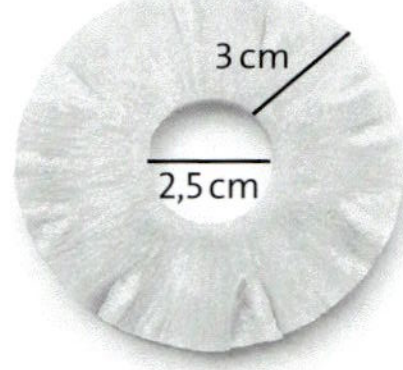

$r_a = 3\,cm + 1{,}25\,cm = 4{,}25\,cm$ und $r_i = 1{,}25\,cm$
$A_a = \pi \cdot (4{,}25\,cm)^2 \approx 56{,}75\,cm^2$
$A_i = \pi \cdot (1{,}25\,cm)^2 \approx 4{,}91\,cm^2$
$A \approx 56{,}75\,cm^2 - 4{,}91\,cm^2 = 51{,}84\,cm^2$
$15 \cdot 51{,}84\,cm^2 = 777{,}6\,cm^2$ $7{,}77 \cdot 25\,g = 194{,}25\,g > 150\,g$
150 g Schokoguss reichen nicht.

Kreisausschnitte

1 Berechne den Flächeninhalt A.

Beispiel:

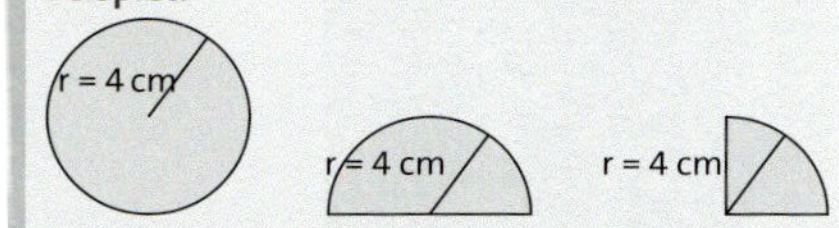

ganzer Kreis mit r = 4 m, $A \approx 50{,}27\,m^2$
Halbkreis: $A \approx 50{,}27\,m^2 : 2$, $A \approx 25{,}13\,m^2$
Viertelkreis: $A \approx 50{,}27\,m^2 : 4$, $A \approx 12{,}57\,m^2$

a) ganzer Kreis

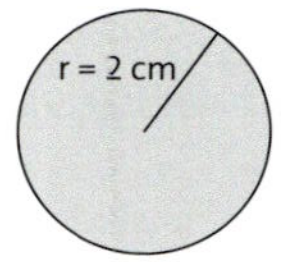

$r = 2\,cm$
$A = \pi \cdot r^2$
$A = \pi \cdot (2\,cm)^2$
$A \approx 12{,}57\,cm^2$

b) Halbkreis

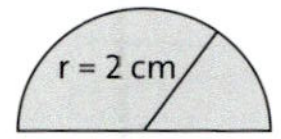

$A \approx 12{,}57\,cm^2 : 2$
$A \approx 6{,}29\,cm^2$

c) Viertelkreis

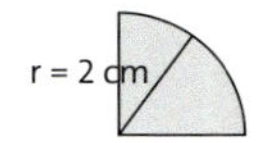

$A \approx 12{,}57\,cm^2 : 4$
$A \approx 3{,}14\,cm^2$

2 Berechne die Länge vom Kreisbogen b.

Beispiel:

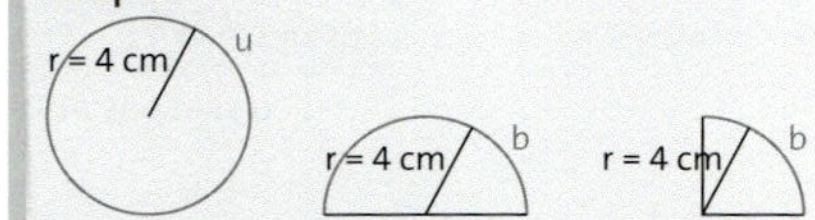

ganzer Kreis mit r = 4 m, $u \approx 25{,}13\,m$
Halbkreis: $A \approx 25{,}13\,m^2 : 2$, $b \approx 12{,}57\,m$
Viertelkreis: $A \approx 25{,}13\,m^2 : 4$, $b \approx 6{,}28\,m$

a) ganzer Kreis

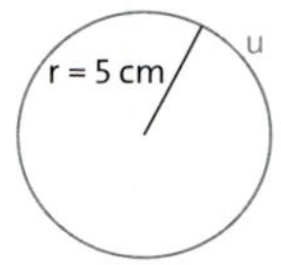

$r = 5\,cm$
$u = 2 \cdot \pi \cdot r$
$u = 2 \cdot \pi \cdot 5\,cm$
$u \approx 31{,}42\,cm$

b) Halbkreis

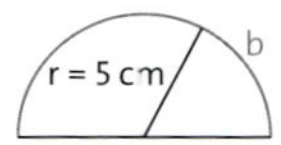

$b \approx 31{,}42\,cm : 2$
$b \approx 15{,}71\,cm$

c) Viertelkreis

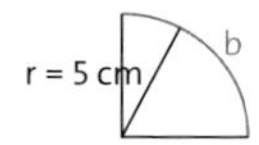

$b \approx 31{,}42\,cm : 4$
$b \approx 7{,}86\,cm$

3 Ein Viertelkreis hat einen Radius von r = 3 cm.

Tipp
ganzer Kreis:
$A = \pi \cdot r^2$
$u = 2 \cdot \pi \cdot r$

a) Zeichne zuerst unten den Viertelkreis.
Schätze dann den Flächeninhalt A und die Länge vom Kreisbogen b.
$A \approx 7\,cm^2$ und $b \approx 5\,cm$

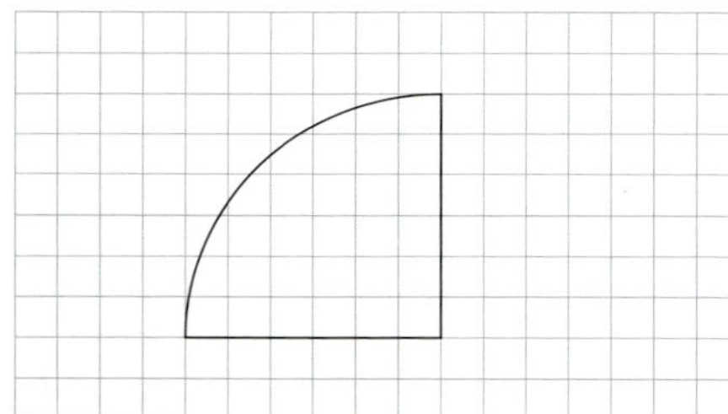

b) Berechne den Flächeninhalt A vom Kreisausschnitt.
ganzer Kreis: $A = \pi \cdot (3\,cm)^2 \approx 28{,}27\,cm^2$
Viertelkreis: $A \approx 28{,}27\,cm^2 : 4 \approx 7{,}07\,cm^2$

c) Berechne die Länge vom Kreisbogen b.
ganzer Kreis: $u = 2 \cdot \pi \cdot 3\,cm \approx 18{,}85\,cm$
Viertelkreis: $b \approx 18{,}85\,cm : 4 \approx 4{,}71\,cm$

d) Vergleiche deine Ergebnisse mit deinen Schätzwerten.

Kreisausschnitte

1 Berechne den Flächeninhalt A.

a) Viertelkreis mit r = 5 cm und Winkel α = 90°

$A = \pi \cdot r^2 \cdot \frac{90°}{360°}$

$A = \pi \cdot (\ 5\ cm\ )^2 \cdot \frac{90°}{360°}$

$A \approx 19{,}63\ cm^2$

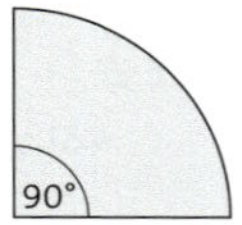

b) Sechstelkreis mit r = 3 cm und Winkel α = 60°

$A = \pi \cdot r^2 \cdot \frac{\alpha}{360°}$

$A = \pi \cdot (3\ cm)^2 \cdot \frac{60°}{360°}$

$A \approx 4{,}71\ cm^2$

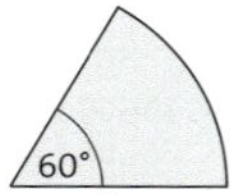

Tipp
Kreisausschnitt $A = \pi \cdot r^2 \cdot \frac{\alpha}{360°}$

Beispiel: Viertelkreis mit r = 6 cm und Winkel α = 90°
$A = \pi \cdot (6\ cm)^2 \cdot \frac{90°}{360°}$
$A \approx 28{,}27\ m^2$

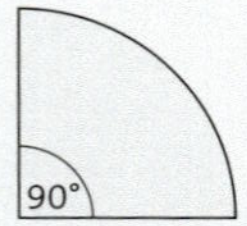

c) Achtelkreis mit r = 2,5 cm und Winkel α = 45°

$A = \pi \cdot r^2 \cdot \frac{\alpha}{360°}$

$A = \pi \cdot (2{,}5\ cm)^2 \cdot \frac{45°}{360°}$

$A \approx 2{,}45\ cm^2$

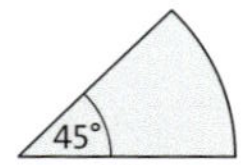

2 Berechne den Flächeninhalt A vom Kreisausschnitt.

Tipp $A = \pi \cdot r^2 \cdot \frac{\alpha}{360°}$

a) r = 8 cm; α = 120°

$A = \pi \cdot r^2 \cdot \frac{\alpha}{360°}$

$A = \pi \cdot (8\ cm)^2 \cdot \frac{120°}{360°}$

$A \approx 67{,}02\ cm^2$

b) r = 4,5 cm; α = 40°

$A = \pi \cdot r^2 \cdot \frac{\alpha°}{360°}$

$A = \pi \cdot (4{,}5\ cm)^2 \cdot \frac{40°}{360°}$

$A \approx 7{,}07\ cm^2$

3 Berechne die Länge vom Kreisbogen b.

a) Halbkreis mit r = 1 cm und Winkel α = 180°

$b = 2 \cdot \pi \cdot r \cdot \frac{\alpha}{360°}$

$b = 2 \cdot \pi \cdot 1\ cm \cdot \frac{180°}{360°}$

$b \approx 3{,}14\ cm$

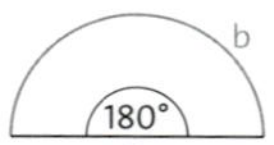

Tipp
Kreisausschnitt $b = 2 \cdot \pi \cdot r \cdot \frac{\alpha}{360°}$

Beispiel: Viertelkreis mit r = 6 cm und Winkel α = 90°
$b = 2 \cdot \pi \cdot (6\ cm)^2 \cdot \frac{90°}{360°}$
$A \approx 28{,}27\ m^2$

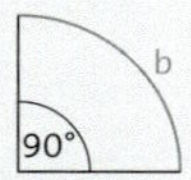

b) Viertelkreis mit r = 1,2 cm und α = 90°

$b = 2 \cdot \pi \cdot r \cdot \frac{\alpha}{360°}$

$b = 2 \cdot \pi \cdot 1{,}2\ cm \cdot \frac{90°}{360°}$

$b \approx 1{,}88\ cm$

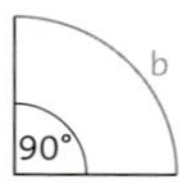

c) Sechstelkreis mit r = 15 cm und Winkel α = 60°

$b = 2 \cdot \pi \cdot r \cdot \frac{\alpha°}{360°}$

$b = 2 \cdot \pi \cdot 15\ cm \cdot \frac{60°}{360°}$

$b \approx 15{,}71\ cm$

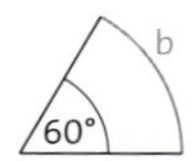

4 Berechne die Länge vom Kreisbogen b.

Tipp $b = 2 \cdot \pi \cdot r \cdot \frac{\alpha}{360°}$

a) r = 0,7 cm; α = 80°

$b = 2 \cdot \pi \cdot r \cdot \frac{\alpha}{360°}$

$b = 2 \cdot \pi \cdot 0{,}7\ cm \cdot \frac{80°}{360°}$

$b \approx 0{,}98\ cm$

b) r = 12,5 cm; α = 150°

$b = 2 \cdot \pi \cdot r \cdot \frac{\alpha°}{360°}$

$b = 2 \cdot \pi \cdot 12{,}5\ cm \cdot \frac{150°}{360°}$

$b \approx 32{,}72\ cm$

Kreisausschnitte

- Ein Kreisausschnitt wird begrenzt von zwei Radien r und einem Kreisbogen b. Der eingeschlossene Winkel heißt Mittelpunktswinkel α.
- Für den Flächeninhalt gilt: $A = \pi \cdot r^2 \cdot \frac{\alpha}{360°}$
- Für die Länge des Kreisbogens gilt: $b = 2 \cdot \pi \cdot r \cdot \frac{\alpha}{360°}$

Beispiel: Kreisausschnitt mit r = 4 cm und α = 75°

Flächeninhalt
$A = \pi \cdot (4\ cm)^2 \cdot \frac{75°}{360°}$
$A \approx 10{,}47\ m^2$

Kreisbogen
$b = 2 \cdot \pi \cdot 4\ cm \cdot \frac{75°}{360°}$
$A \approx 5{,}24\ m^2$

1 Berechne den Flächeninhalt A des Kreisausschnitts.

a) r = 1,5 cm; α = 30°

$A = \pi \cdot r^2 \cdot \frac{\alpha}{360°}$

$A = \pi \cdot (1{,}5\ cm)^2 \cdot \frac{30°}{360°}$

$A \approx 0{,}59\ cm^2$

b) r = 25 m; α = 96°

$A = \pi \cdot r^2 \approx \frac{\alpha°}{360°}$

$A = \pi \cdot (25\ m)^2 \cdot \frac{96°}{360°}$

$A \approx 523{,}60\ m^2$

2 Berechne die Länge des Kreisbogens b.

a) r = 9,7 mm; α = 83°

$b = 2 \cdot \pi \cdot r \cdot \frac{\alpha}{360°}$

$b = 2 \cdot \pi \cdot 9{,}7\ mm \cdot \frac{83°}{360°}$

$b \approx 14{,}05\ mm$

b) r = 0,75 cm; α = 270°

$b = 2 \cdot \pi \cdot r \cdot \frac{\alpha°}{360°}$

$b = 2 \cdot \pi \cdot 0{,}75\ cm \cdot \frac{270°}{360°}$

$b \approx 3{,}53\ cm$

3 Verbinde mit dem Flächeninhalt A und der Länge des Kreisbogens b.

r = 19 cm; α = 25°	r = 0,9 cm; α = 245°	r = 4,6 cm; α = 130°	r = 8,5 cm; α = 66°
A ≈ 24,01 cm²	A ≈ 78,76 cm²	A ≈ 41,61 cm²	A ≈ 1,73 cm²
b ≈ 10,44 cm	b ≈ 3,85 cm	b ≈ 8,29 cm	b ≈ 9,79 cm

4 Die Pizza hat einen Radius von 22,5 cm. Lucio isst die Hälfte. Seine Schwester Maria nimmt sich ein Sechstel. Wie viel cm² Pizza sind übrig?

Übrig sind $\frac{2}{6} = \frac{1}{3}$ der Pizza. Der Winkel ist 120°.

$A = \pi \cdot (22{,}5\ cm)^2 \cdot \frac{120°}{360°} \approx 530{,}14\ cm^2$

Es sind noch ca. 530 cm² Pizza übrig.

Zylinder erkennen und zeichnen

1 Kreuze die Zylinder an.

☒ Zylinder ☐ Zylinder ☒ Zylinder ☐ Zylinder

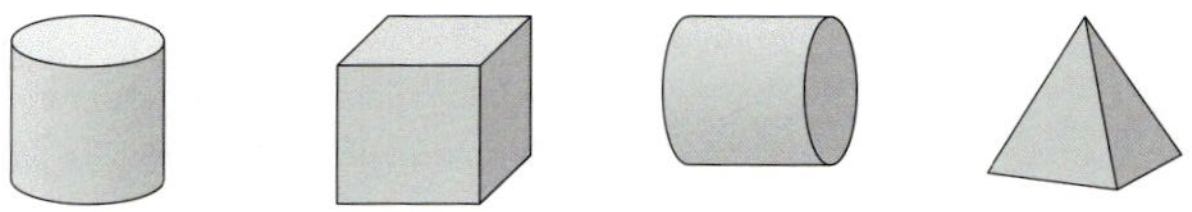

Tipp

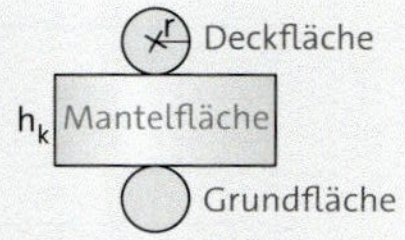

Die Grundfläche und die Deckfläche von Zylindern sind gleich große Kreise.

2 Beschrifte zuerst die Grundfläche G, die Deckfläche G und die Mantelfläche M. Markiere dann die Körperhöhe h_k.

a) b) c)

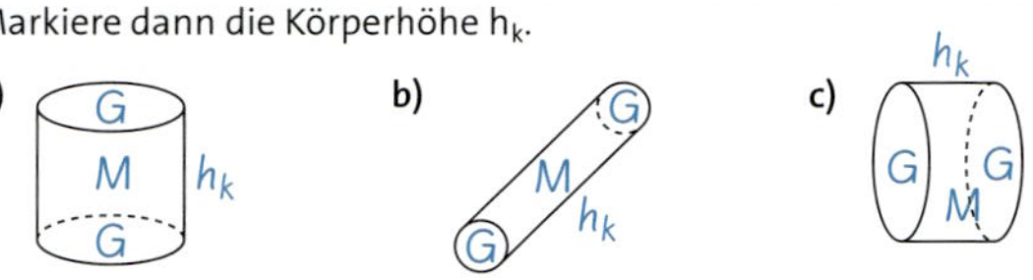

Beispiel:

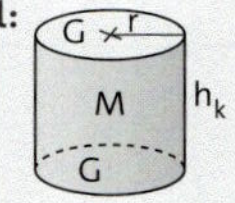

3 Das Schrägbild eines Zylinders wurde in fünf Schritten gezeichnet. Verbinde jeden Schritt mit der passenden Beschreibung.

Tipp
Zeichne mit.

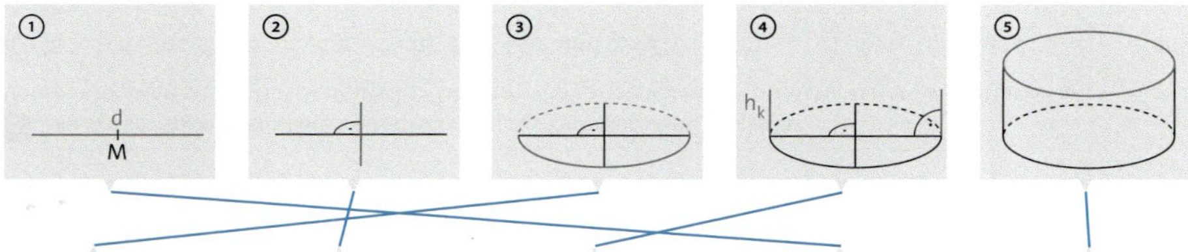

Skizziere die Grundfläche als Ellipse.	Zeichne durch M eine Senkrechte. Die Länge ist $\frac{d}{2}$.	Zeichne die Körperhöhe h_k.	Zeichne den Durchmesser d. Markiere den Mittelpunkt M.	Skizziere die Deckfläche als Ellipse.

4 Vervollständige zum Schrägbild eines Zylinders.

Tipp
Strichle Kanten, die nicht sichtbar sind.

a)

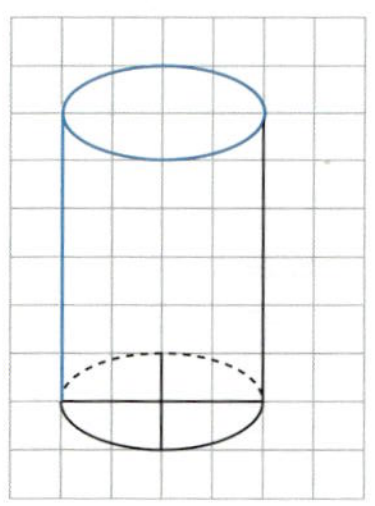

b)

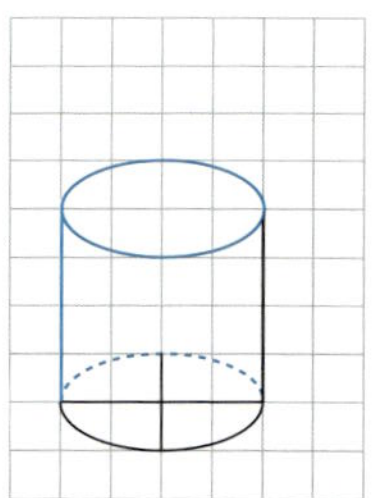

c)

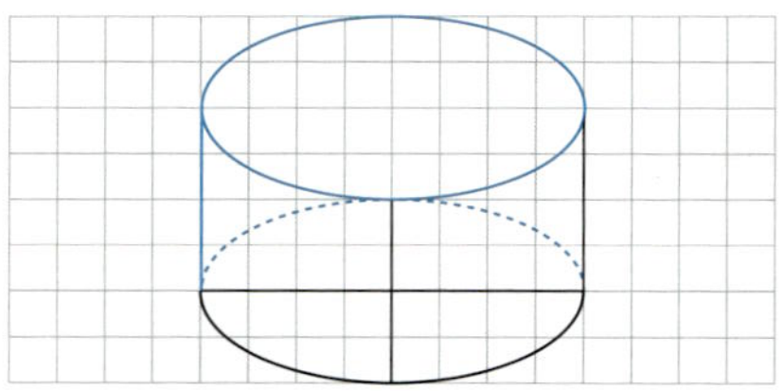

Zylinder erkennen und zeichnen

1 Kreuze die Zylinder an.

☐ ☐ ☐ ☒ ☐ ☐

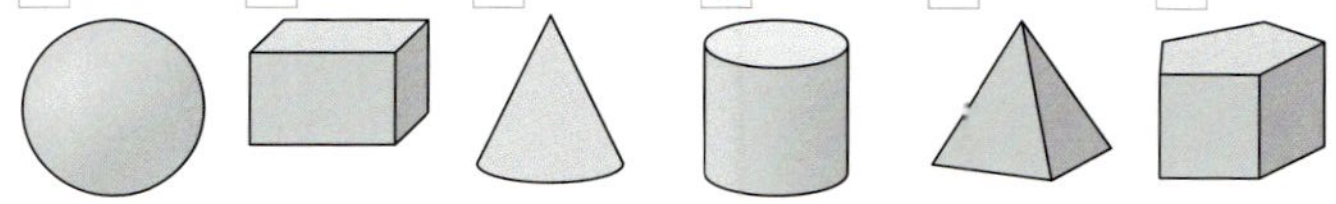

Tipp

2 Welche Gegenstände haben fast die Form eines Zylinders? Kreuze an.

☒ Münze ☒ Litfaßsäule ☐ Milchpackung ☒ Dose mit Mais

3 Beschrifte zuerst die Grundfläche G, die Deckfläche G und die Mantelfläche M. Markiere dann die Körperhöhe h_k.

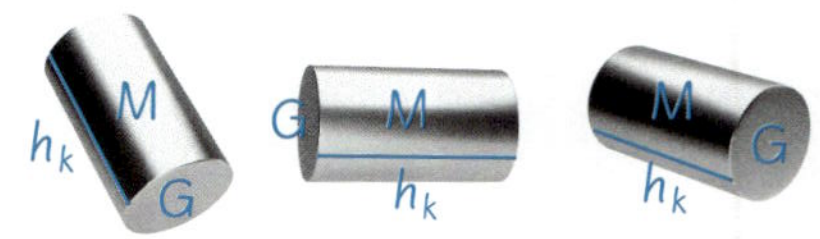

Tipp
- Die Grundfläche G und die Deckfläche G von Zylindern sind gleich große Kreise.
- Die Mantelfläche M ist ein Rechteck.
- Die Körperhöhe h_k ist der Abstand zwischen Grundfläche und Deckfläche.

4 Schrägbild eines Zylinders

a) Vervollständige zum Schrägbild eines Zylinders.

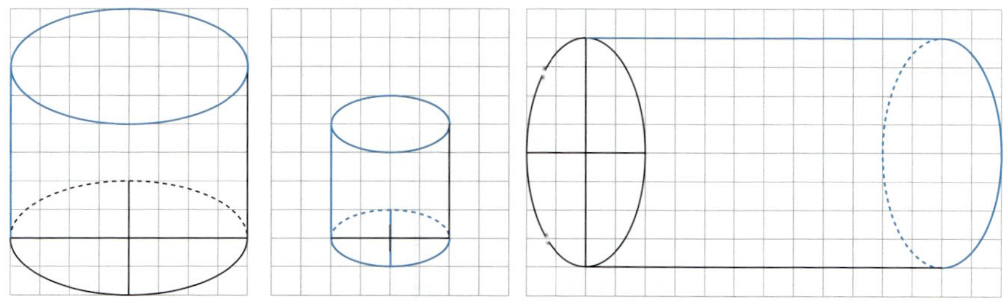

stehender Zylinder stehender Zylinder liegender Zylinder

b) Ergänze die Schrittfolge.

Deckfläche	Durchmesser d	Ellipse	Kanten	Körperhöhe h_k	Mittelpunkt M	Senkrechten

① Zeichne den *Durchmesser d* der Grundfläche.
② Zeichne durch den *Mittelpunkt M* eine Senkrecht mit der Länge $\frac{d}{2}$.
③ Skizziere die Grundfläche als *Ellipse.*
④ Zeichne an den Enden des Durchmessers senkrechte Strecken mit der Länge der *Körperhöhe h_k.*
⑤ Strichle nicht sichtbare *Kanten.* Skizziere die *Deckfläche.*

Zylinder erkennen und zeichnen

Eigenschaften von Zylindern
- Die Grundfläche G und die Deckfläche G sind gleich große, zueinander parallele Kreise.
- Die Mantelfläche M ist ein Rechteck.
- Die Körperhöhe h_k ist der Abstand zwischen Grundfläche und Deckfläche.

Beispiel:

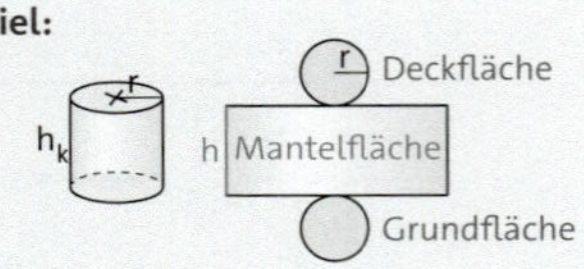

1 Kreuze zuerst die Zylinder an.
Beschrifte dann bei Zylindern die Grundfläche G, die Deckfläche G, die Mantelfläche M und die Körperhöhe h_k.

☐ ☐ ☒ ☐ ☐ ☒ ☐

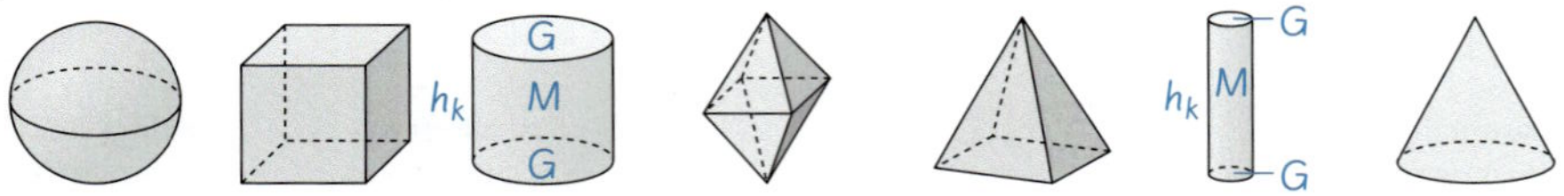

2 Nenne drei fast zylinderförmige Gegenstände aus deiner Umgebung.

z. B. Dose — z. B. Litfaßsäule — z. B. Mülleimer

3 Die Körperhöhe h_k und die Grundfläche eines Zylinders sind gegeben.
Vervollständige zuerst das Schrägbild. Gib dann die Länge vom Durchmesser d der Grundfläche an.

a) h_k = 3 cm und d = 4 cm
b) h_k = 4 cm und d = 2 cm
c) h_k = 3,5 cm und d = 2 cm

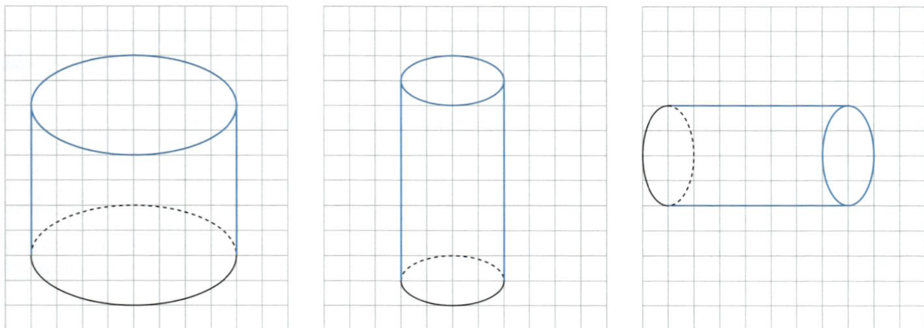

4 Das Walzenrad ist 4,5 m lang und hat einen Durchmesser von 2 m. Zeichne das Walzenrad in einem geeigneten Maßstab.

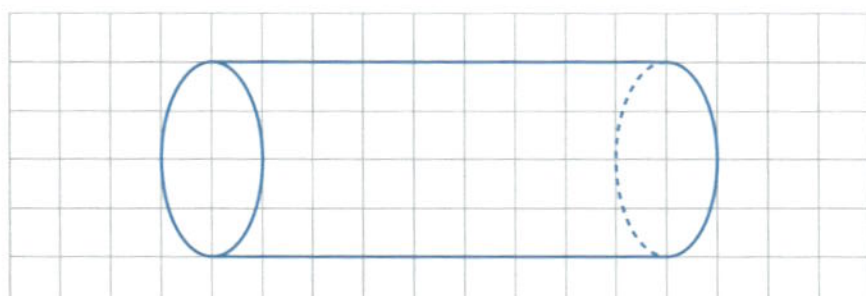

Netz und Oberflächeninhalt von Zylindern

1 Kreuze zuerst die Zylinder an.
Beschrifte dann die Grundfläche des Zylinders.

a)
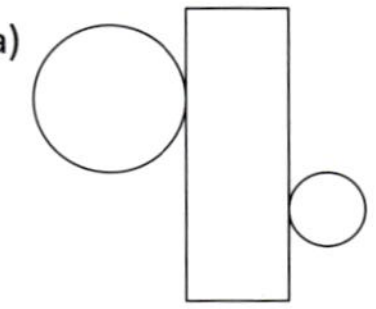

☐ Zylinder ☒ kein Zylinder

b)
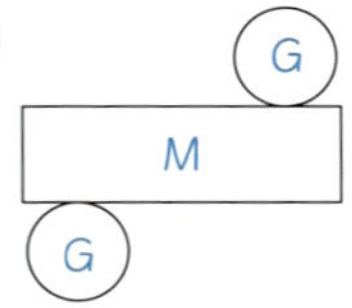

☒ Zylinder ☐ kein Zylinder

c)
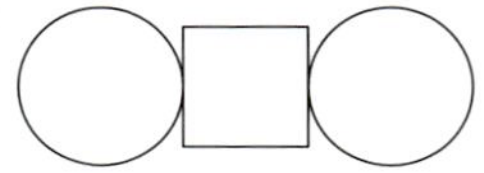

☐ Zylinder ☒ kein Zylinder

d)
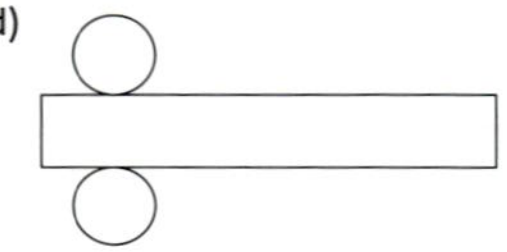

☐ Zylinder ☒ kein Zylinder

e)
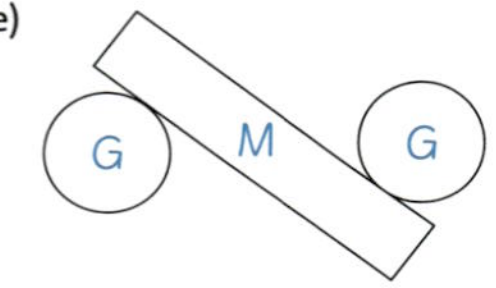

☒ Zylinder ☐ kein Zylinder

Beispiel

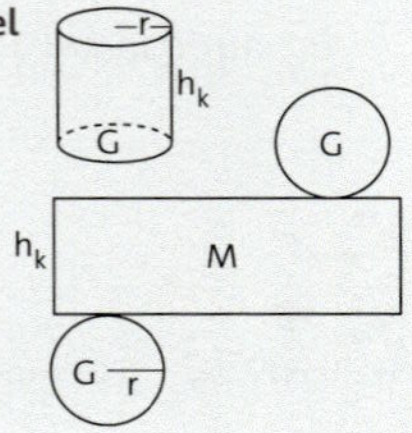

2 Färbe zuerst die Grundfläche blau ein.
Berechne dann den Oberflächeninhalt O des Zylinders.

Tipp O = 2 · G + M

a)
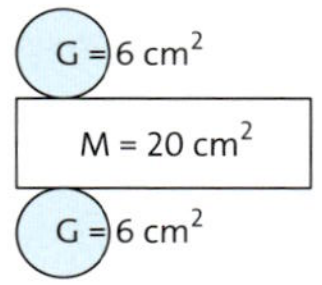

O = 2 · G + M
O = 2 · 6 cm² + 20 cm²
O = 32 cm²

b)
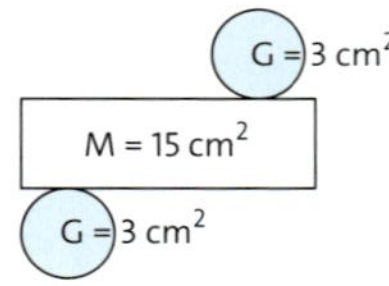

O = 2 · G + M
O = 2 · 3 cm² + 15 cm²
O = 21 cm²

c)
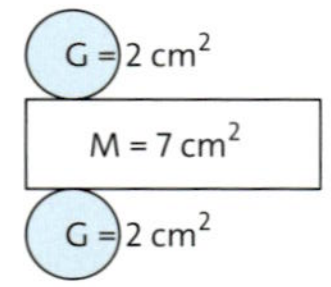

O = 2 · G + M
O = 2 · 2 cm² + 7 cm²
O = 11 cm²

3 Berechne den Oberflächeninhalt O des zylinderförmigen Bausteins.

① $G = \pi \cdot r^2$
$G = \pi \cdot (2\ \text{cm})^2 \approx 12{,}57\ \text{cm}^2$

② $M = u \cdot h_k$
$M = 12{,}5\ \text{cm} \cdot 4\ \text{cm} = 50\ \text{cm}^2$

③ $O = 2 \cdot G + M$
$O \approx 2 \cdot 12{,}57\ \text{cm}^2 + 50\ \text{cm}^2 = 75{,}14\ \text{cm}^2$

Tipp
Berechne die Flächeninhalte.
① Grundfläche $G = \pi \cdot r^2$,
② Mantelfläche $M = u \cdot h_k$
③ Oberfläche $O = 2 \cdot G + M$

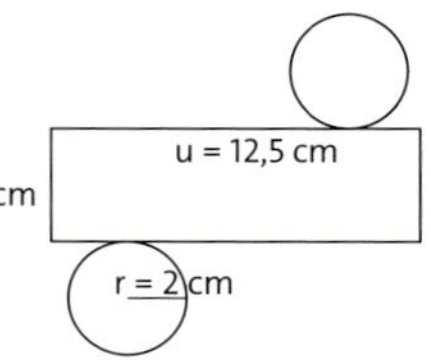

Netz und Oberflächeninhalt von Zylindern

1 Verbinde mit den passenden Netzen.

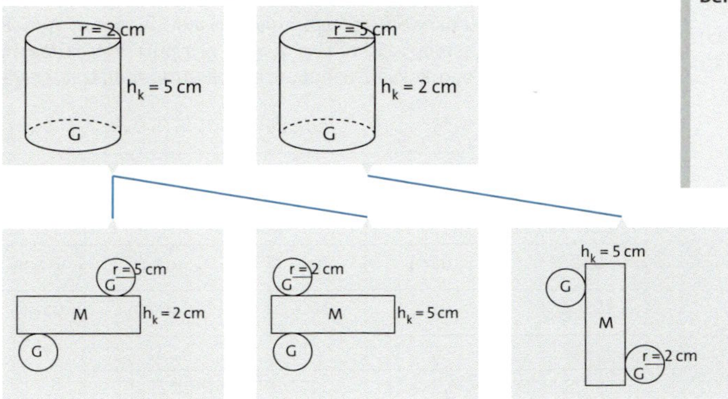

Beispiel:

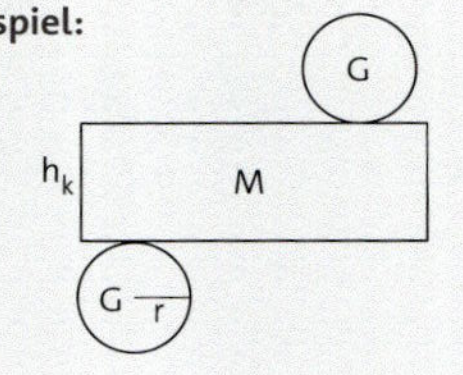

2 Lilly sollte Oberflächeninhalte von Zylindern berechnen.
Streiche zuerst falsche Oberflächeninhalte durch.
Schreibe dann darunter den richtigen Oberflächeninhalt.

Tipp
$O = 2 \cdot G + M$

G	$10\,cm^2$	$20\,cm^2$	$3\,cm^2$	$15\,cm^2$	$12\,cm^2$	$23\,cm^2$
M	$80\,cm^2$	$40\,cm^2$	$9\,cm^2$	$10\,cm^2$	$12\,cm^2$	$37\,cm^2$
O	~~$900\,cm^2$~~	$80\,cm^2$	~~$16\,cm^2$~~	$40\,cm^2$	$36\,cm^2$	~~$80\,cm^2$~~
	$100\,cm^2$		$15\,cm^2$			$83\,cm^2$

3 Berechne schrittweise den Oberflächeninhalt O des Zylinders.

Tipp
Berechne Flächeninhalte.
① Grundfläche G
$G = \pi \cdot r^2$
② Mantelfläche M
$M = 2 \cdot \pi \cdot r \cdot h_k$
③ Oberfläche O
$O = 2 \cdot G + M$

a)

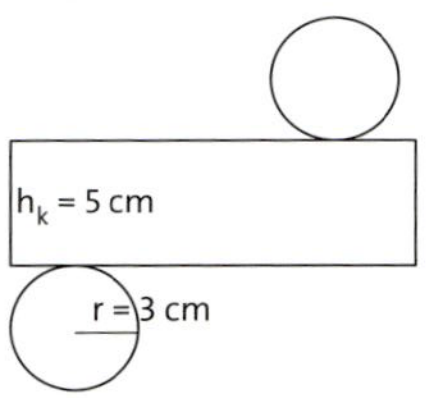

① $G = \pi \cdot r^2$

$G = \pi \cdot (3\ cm)^2 \approx 28{,}27\ cm^2$

② $M = 2 \cdot \pi \cdot r \cdot h_k$

$M = 2 \cdot \pi \cdot 3\ cm \cdot 5\ cm \approx 94{,}25\ cm^2$

③ $O = 2 \cdot G + M$

$O \approx 2 \cdot 28{,}27\ cm^2 + 94{,}25\ cm^2 = 150{,}79\ cm^2$

b)

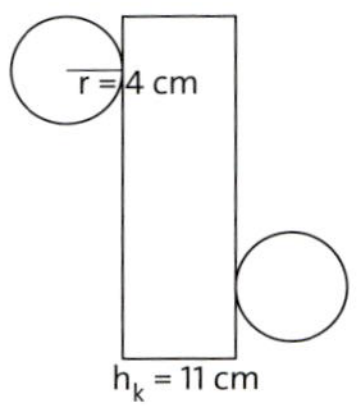

① $G = \pi \cdot r^2$

$G = \pi \cdot (4\ cm)^2 \approx 50{,}27\ cm^2$

② $M = 2 \cdot \pi \cdot r \cdot h_k$

$M = 2 \cdot \pi \cdot 4\ cm \cdot 11\ cm \approx 276{,}46\ cm^2$

③ $O = 2 \cdot G + M$

$O \approx 2 \cdot 50{,}27\ cm^2 + 276{,}46 cm^2 = 377\ cm^2$

Netz und Oberflächeninhalt von Zylindern

Für den Oberflächeninhalt O eines Zylinders mit Grundfläche G, Deckfläche G und Mantelfläche M gilt:

$O = 2 \cdot G + M$

$G = \pi \cdot r^2$

$M = u \cdot h_k$, mit $u = 2 \cdot \pi \cdot r$

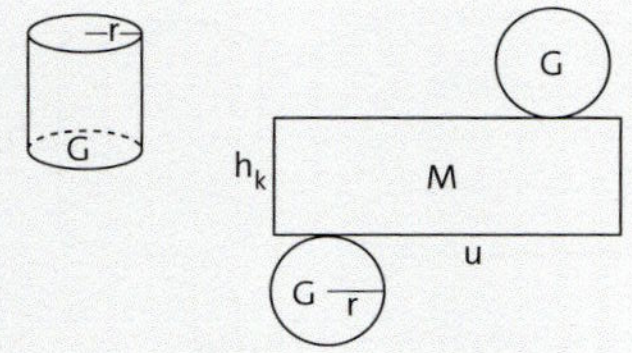

1 Ergänze das Netz des Zylinders und die Längen.

a) $h_k = 2\,cm$, $u = 4\,cm$ und $d \approx 1{,}3$ cm

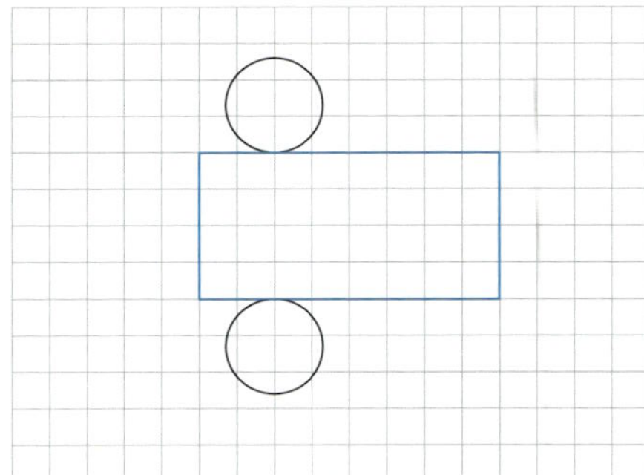

b) $h_k = 1{,}5\,cm$, $u \approx 6{,}3$ cm und $r = 1$ cm

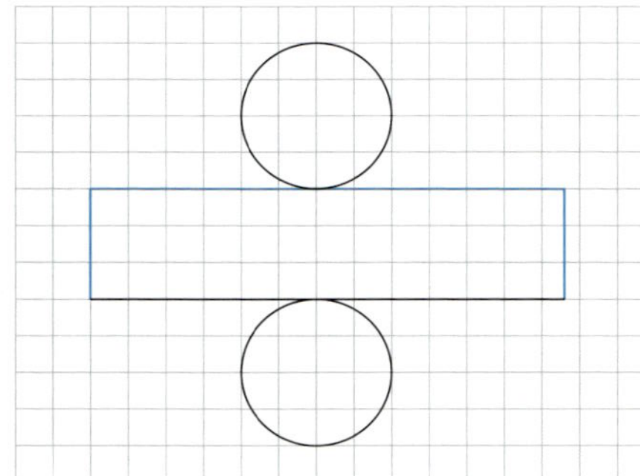

2 Berechne den Oberflächeninhalt O des Zylinders. Runde auf eine Stelle nach dem Komma.

r	d	h_k	M	G	O
2 cm	4 cm	3 cm	$37{,}7\,cm^2$	$12{,}6\,cm^2$	$62{,}9\,cm^2$
4 mm	8 mm	2 mm	$50{,}3\,mm^2$	$50{,}3\,mm^2$	$150{,}9\,mm^2$
3 m	6 m	6 m	$113{,}1\,m^2$	$28{,}3\,m^2$	$169{,}7\,m^2$
5 dm	10 dm	10 dm	$314{,}2\,dm^2$	$78{,}5\,dm^2$	$471{,}2\,dm^2$

3 Ein Öltank ist 12 m hoch. Der Durchmesser ist 36 m.

a) Berechne die Größe der Mantelfläche und der Grundfläche des Öltanks.

$u = 2 \cdot \pi \cdot r = \pi \cdot d = \pi \cdot 36\ m \approx 113{,}10\ m$

$M = u \cdot h_k = 113{,}10\ m \cdot 12\ m = 1357{,}20\ m^2$

$G = \pi \cdot r^2 = \pi \cdot (18\ m)^2 \approx 1017{,}88\ m^2$

Die Mantelfläche ist rund $1357{,}20\ m^2$ groß und die Grundfläche rund $1017{,}88\ m^2$.

b) Der Öltank benötigt von außen einen neuen Anstrich. Die Leitern, die Leitungen und anderen Anbauten werden nicht gestrichen. Wie groß ist die Fläche, die gestrichen werden soll? Kreuze an.

- [x] rund $2000\,m^2$
- [ ] rund $3000\,m^2$
- [ ] rund $4000\,m^2$
- [ ] rund $5000\,m^2$

$1357{,}20\ m^2 + 1017{,}88\ m^2 = 2375{,}08\ m^2$

Volumen von Zylindern

1 Wie viel Saft ist im Glas? Berechne V.

a) G = 20 cm² und h_k = 9 cm

$V = G \cdot h_k$

V = *20* cm² · *9* cm

V = *180* cm³

b) G = 20 cm² und h_k = 3 cm

$V = G \cdot h_k$

V = *20* cm² · *3* cm

V = *60* cm³

Beispiel:
G = 20 cm² und h_k = 10 cm
$V = G \cdot h_k$
V = 20 cm² · 10 cm
V = 200 cm³

2 Berechne das Volumen V des Zylinders.

Tipp Multipliziere im Kopf.

G	15 cm²	5 cm²	13 cm²	9 dm²	25 dm²	8 m²
h_k	3 cm	10 cm	6 cm	5 dm	4 dm	12 m
V	*45 cm³*	*50 cm³*	*78 cm³*	*45 dm³*	*100 dm³*	*96 m³*

3 Berechne das Volumen V des Zylinders. Runde wie im Beispiel.

a)

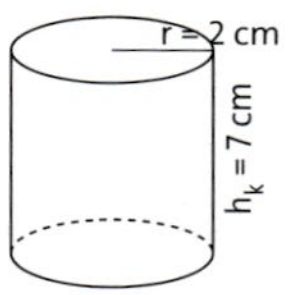

$V = \pi \cdot r^2 \cdot h_k$

V = π · (*2* cm)² · *7* cm

V ≈ *87,96* cm³

b)

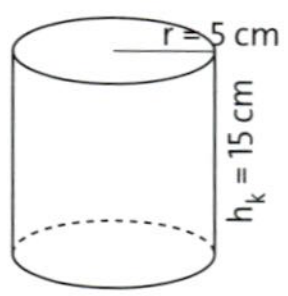

$V = \pi \cdot r^2 \cdot h_k$

V = π · (*7* cm)² · *15* cm

V ≈ *2309,07* cm³

Tipp
$V = G \cdot h_k$
$V = \pi \cdot r^2 \cdot h_k$

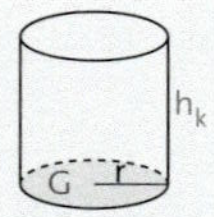

Beispiel:
r = 4 cm und h_k = 10 cm
$V = \pi \cdot r^2 \cdot h_k$
V = π · (4 cm)² · 10 cm
V ≈ 502,65 cm³ ↑

4 In Glas A und in Glas B ist gleich viel Saft. Ergänze.

V	Zylinder Glas A		Zylinder Glas B	
	G	h_k	G	h_k
100 cm³	10 cm²	*10 cm*	5 cm²	*20 cm*
80 cm³	10 cm²	*8 cm*	40 cm²	*2 cm*
60 cm³	12 cm²	*5 cm*	12 cm²	*5 cm*
40 cm³	*8 cm²*	20 cm	*35 cm²*	4 cm

Beispiel:
$V = G \cdot h_k$
100 cm³ = 10 cm² · h_k
100 cm³ : 10 cm² = h_k
… = h_k

$V = G \cdot h_k$
80 cm³ = G · 10 cm
80 cm³ : 10 cm = G
… = G

5 Zwei zylinderförmige Gläser haben gleich große Grundflächen. Im ersten Glas sind 200 ml Saft. Das zweite Glas ist halb so hoch gefüllt. Kreuze an, wie viel Milliliter Saft im zweiten Glas sind.

Tipp
1 cm³ = 1 mℓ

- [x] 100 mℓ
- [ ] 150 mℓ
- [ ] 200 mℓ
- [ ] 250 mℓ
- [ ] 300 mℓ
- [ ] 400 mℓ

Volumen von Zylindern

1 Joris sollte das Volumen der Zylinder berechnen.
Streiche zuerst Falsches durch.
Schreibe dann darunter das Ergebnis.

Tipp $V = G \cdot h_k$

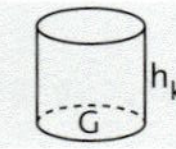

G	10,5 cm²	23 cm²	6 cm²	12 cm²	42 dm²	67,5 m²
h_k	3 cm	5 cm	3 cm	5,5 cm	2,5 dm	3,5 m
V	~~30,5 cm³~~	115 cm³	18 cm³	~~60 cm³~~	~~106 dm³~~	~~236,5 m³~~
	31,5 cm³			*66 cm³*	*105 dm³*	*236,25 m³*

2 Berechne das Volumen V des Zylinders.

Tipp $V = G \cdot h_k$
$V = \pi \cdot r^2 \cdot h_k$

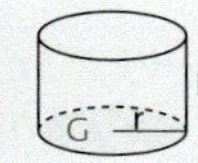

a)

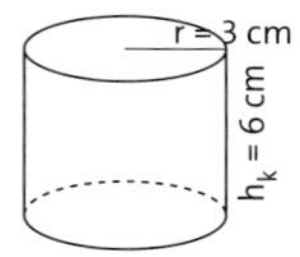

$V = \pi \cdot r^2 \cdot h_k$

V = π · (*3* cm)² · *6* cm

V ≈ *169,65* cm³

b)

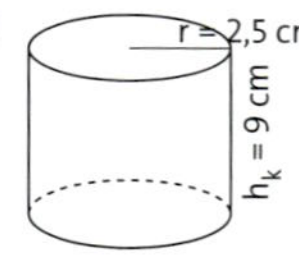

$V = \pi \cdot r^2 \cdot h_k$

V = π · (*2,5* cm)² · *9* cm

V ≈ *176,71* cm³

c)

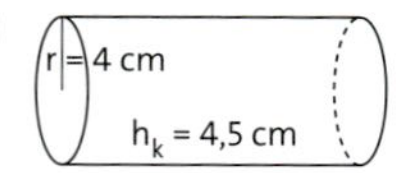

$V = \pi \cdot r^2 \cdot h_k$

V = π · (*4* cm)² · *4,5* cm

V ≈ *226,19* cm³

3 Zylinder A und Zylinder B haben gleich große Volumen. Ergänze.

V	Zylinder A		Zylinder B	
	G	h_k	G	h_k
100 cm³	2 cm²	*50 cm*	4 cm²	*25 cm*
70 cm³	*7 cm²*	10 cm	*10 cm²*	7 cm
48 cm³	12 cm²	*4 cm*	*6 cm²*	8 cm
90 cm³	*9 cm²*	10 cm	5 cm²	*18 cm*

Beispiel:
$V = G \cdot h_k$
100 cm³ = 50 cm² · h_k
100 cm³ : 50 cm² = h_k
… = h_k

$V = G \cdot h_k$
70 cm³ = G · 10 cm
70 cm³ : 10 cm = G
… = G

4 Zwei zylinderförmige Töpfe sind 10 cm hoch. Der kleine rote Topf hat einen Radius von 8 cm. Der Radius vom großen Topf ist doppelt so groß. Berechne, wie viel Liter Wasser in jeden Topf passt. Runde sinnvoll.

Tipp 1000 cm³ = 1 ℓ
Beispiel: 5000 cm³ = 5 ℓ

V = π · (8 cm)² · 10 cm ≈ 2010,62 cm³ ≈ 2 ℓ

V = π · (16 cm)² · 10 cm ≈ 8042,48 cm³ ≈ 8 ℓ

In den kleinen Topf passen rund 2 ℓ Wasser.

In den großen Topf passen rund 8 ℓ Wasser.

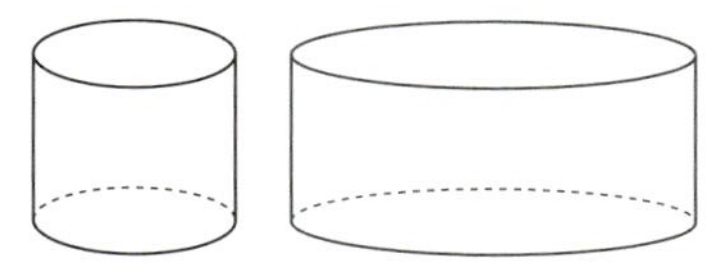

Volumen von Zylindern

Für das Volumen V eines Zylinders mit Grundfläche G und Körperhöhe h_k gilt:
$V = G \cdot h_k$
$V = \pi \cdot r^2 \cdot h_k$

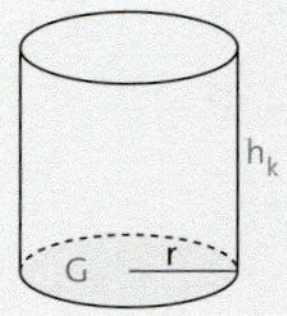

Beispiel:
$r = 3\,cm$ und $h_k = 10\,cm$
$V = \pi \cdot r^2 \cdot h_k$
$V = \pi \cdot (3\,cm)^2 \cdot 10\,cm$
$V \approx 282{,}74\,cm^2$
$282{,}74\,cm^2 \approx 0{,}283\,\ell$

1 Berechne das Volumen V des Zylinders mit Radius r und Körperhöhe h_k.

a)
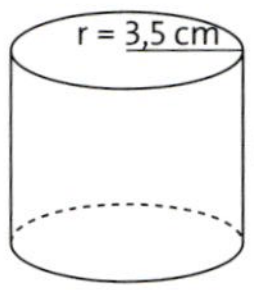

$V = \pi \cdot r^2 \cdot h_k$
$V = \pi \cdot (3{,}5\,cm)^2 \cdot 6{,}2\,cm$
$V \approx 238{,}60\,cm^3$

b)
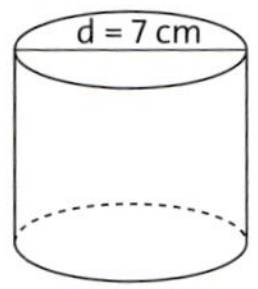

$V = \pi \cdot r^2 \cdot h_k$
$V = \pi \cdot (3{,}5\,cm)^2 \cdot 9{,}1\,cm$
$V \approx 350{,}21\,cm^3$

c)
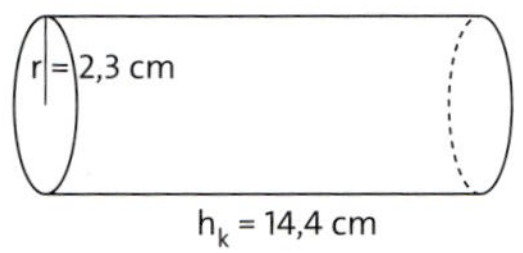

$V = \pi \cdot r^2 \cdot h_k$
$V = \pi \cdot (2{,}3\,cm)^2 \cdot 14{,}4\,cm$
$V \approx 239{,}31\,cm^3$

2 Ergänze für die Zylinder.

G	$24\,cm^2$	$12{,}2\,cm^2$	$44{,}4\,cm^2$	$25\,cm^2$	$13{,}75\,cm^2$	$28\,m^2$
h_k	13,5 cm	7 cm	12,5 cm	24 cm	40 cm	8,5 cm
V	$324\,cm^3$	$85{,}4\,cm^3$	$555\,cm^3$	$600\,cm^3$	$550\,cm^3$	$238\,cm^3$

3 Hedda kocht Suppe für 5 Personen.
Im Topf oben sind etwa 5 cm frei.
Er ist 15 cm hoch und hat 18 cm Durchmesser.

a) Wie viel Liter Suppe sind etwa im Topf? Runde sinnvoll.
$V = \pi \cdot (9\,cm)^2 \cdot 10\,cm \approx 2544{,}69\,cm^3 \approx 2{,}5\,\ell$
Im Topf sind etwa 2,5 ℓ Suppe.

b) Wie viel Liter Suppe kann jede Person bekommen?
$2{,}5\,\ell : 5 = 0{,}5\,\ell$
Jede Person kann etwa 0,5 ℓ Suppe bekommen.

c) Oft werden Töpfe mit dem Durchmesser von 20 cm verwendet.
Gib den Radius und die Höhe von einem 8-ℓ-Topf an.
$8000\,cm^3 : (\pi \cdot (10\,cm)^2) \approx 25\,cm$
Der 8-ℓ-Topf hat einen Radius von 10 cm und eine Höhe von etwa 25 cm.

Zufallsexperimente und Wahrscheinlichkeiten

1 Ist das Experiment ein Laplace-Experiment?
Kreuze an.

Tipp
Wenn alle Ergebnisse gleich wahrscheinlich sind, dann ist es ein Laplace-Experiment.
Beispiel: Werfen einer Münze

a) Ein Spielwürfel hat die Augenzahlen von 1 bis 6. Noah würfelt damit. — [x] ja [ ] nein
mögliche Ergebnisse: 1; 2; 3; 4; 5; 6

b) Es gibt 500 Lose, davon ist eins der Hauptgewinn. Ein Los wird gezogen. — [ ] ja [x] nein
mögliche Ergebnisse: Hauptgewinn; kein Hauptgewinn

c) Lenja hat eine Murmel in einer Hand versteckt. Uli tippt auf eine Hand. — [x] ja [ ] nein
mögliche Ergebnisse: Murmel gefunden; Murmel nicht gefunden

d) Ein Zapfen trifft auf dem Boden auf. — [ ] ja [x] nein
mögliche Ergebnisse: Spitze nach oben; Spitze nach unten; Spitze zur Seite

2 Wie groß ist die Wahrscheinlichkeit für eine 6?
Gib als Bruch an.

Tipp
$\frac{1}{\text{Anzahl aller möglichen Ergebnisse}}$
Beispiel: Zahl fällt mit Wahrscheinlichkeit $\frac{1}{2}$.

a) Auf dem Würfel stehen die Augenzahlen von 1 bis 6. $\frac{1}{6}$

b) Auf dem Würfel stehen die Augenzahlen von 1 bis 8. $\frac{1}{8}$

c) Auf dem Würfel stehen die Augenzahlen von 1 bis 10. $\frac{1}{10}$

d) Auf dem Würfel stehen die Augenzahlen von 1 bis 20. $\frac{1}{20}$

3 Auf einem Würfel stehen die Augenzahlen von 1 bis 6.
Ermittle die Wahrscheinlichkeit.

Tipp
$\frac{\text{Anzahl der günstigen Ergebnisse}}{\text{Anzahl aller möglichen Ergebnisse}}$

a) Es wird die Augenzahl 6 gewürfelt.
günstiges Ergebnis: 6 — Anzahl: 1 — Wahrscheinlichkeit: $\frac{1}{6}$

b) Es wird die Augenzahl 1 oder die Augenzahl 6 gewürfelt.
günstige Ergebnisse: 1; 6 — Anzahl: 2 — Wahrscheinlichkeit: $\frac{2}{6} = \frac{1}{3}$

c) Es wird eine ungerade Augenzahl gewürfelt.
günstige Ergebnisse: 1; 3; 5 — Anzahl: 3 — Wahrscheinlichkeit: $\frac{3}{6} = \frac{1}{2}$

d) Die gewürfelte Augenzahl ist größer als 4.
günstige Ergebnisse: 5; 6 — Anzahl: 2 — Wahrscheinlichkeit: $\frac{2}{6} = \frac{1}{3}$

Zufallsexperimente und Wahrscheinlichkeiten

1 Ist das Experiment ein Laplace-Experiment? Kreuze an.

Tipp
Wenn alle Ergebnisse gleich wahrscheinlich sind, dann ist es ein Laplace-Experiment.

a) An einem Schultag fällt zufällig die Schulklingel aus. ☒ ja ☐ nein
mögliche Ergebnisse: Montag; Dienstag; Mittwoch; Donnerstag; Freitag

b) Es gibt 30 Lose, darunter sind 15 Gewinne. Ein Los wird gezogen. ☒ ja ☐ nein
mögliche Ergebnisse: Gewinn; kein Gewinn

c) Das Gewitter beginnt zur vorhergesagten Zeit. ☐ ja ☒ nein
mögliche Ergebnisse: pünktlich; nicht pünktlich

d) Auf dem Tisch stehen 3 verschieden große Vasen. Lea nimmt eine Vase. ☐ ja ☒ nein
mögliche Ergebnisse: kleine Vase; mittlere Vase; große Vase

2 Gib die Wahrscheinlichkeit P für das Ergebnis zuerst als Bruch und dann in Prozent an.

Tipp
$\frac{1}{\text{Anzahl aller möglichen Ergebnisse}}$

a) Auf einem Würfel stehen die Zahlen 0 bis 9. Es wird eine 6 gewürfelt. P(6) = $\frac{1}{10}$ = 10 %

b) Auf einem Würfel stehen die Zahlen 1 bis 20. Es wird eine 6 gewürfelt. P(6) = $\frac{1}{20}$ = 5 %

c) Eine Postkarte fällt. Das Bild liegt oben. P(Bild) = $\frac{1}{2}$ = 50 %

d) Der Opa hat im Winter Geburtstag. P(Winter) = $\frac{1}{4}$ = 25 %

3 Auf einem Spielwürfel stehen die Augenzahlen von 1 bis 4.
Gib Wahrscheinlichkeit P in Prozent an.

Tipp
$\frac{\text{Anzahl der günstigen Ergebnisse}}{\text{Anzahl aller möglichen Ergebnisse}}$

a) Es wird eine 2 gewürfelt.
günstige Ergebnisse: 2 Anzahl: 1 P(2) = $\frac{1}{4}$ = 25 %

b) Es wird eine 1 oder eine 2 gewürfelt.
günstige Ergebnisse: 1; 2 Anzahl: 2 P(1 oder 2) = $\frac{2}{4} = \frac{1}{2}$ = 50 %

c) Es wird eine gerade Augenzahl gewürfelt.
günstige Ergebnisse: 2; 4 Anzahl: 2 P(ungerade Zahl) = $\frac{2}{4} = \frac{1}{2}$ = 50 %

d) Die gewürfelte Augenzahl ist größer als 1.
günstige Ergebnisse: 2; 3; 4 Anzahl: 3 P(kleiner als 4) = $\frac{3}{4}$ = 75 %

4 Gib die Wahrscheinlichkeit P mit einem Bruch an.

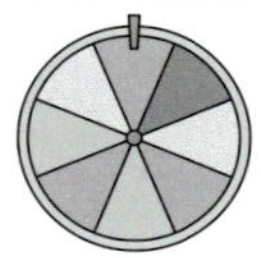

a) P(blau) = $\frac{3}{8}$ b) P(rot) = $\frac{1}{8}$ c) P(gelb) = $\frac{2}{8} = \frac{1}{4}$

d) P(grün) = $\frac{2}{8} = \frac{1}{4}$ e) P(rot oder gelb) = $\frac{3}{8}$ f) P(grün oder blau) = $\frac{5}{8}$

Zufallsexperimente und Wahrscheinlichkeiten

- Wenn bei einem Zufallsexperiment jedes Ergebnis gleich wahrscheinlich ist, dann ist es ein Laplace-Experiment.
  P(Ergebnis) = $\frac{1}{\text{Anzahl aller möglichen Ergebnisse}}$
- Ein Ereignis besteht aus mehreren Ergebnissen.
  P(Ereignis) = $\frac{\text{Anzahl der günstigen Ergebnisse}}{\text{Anzahl aller möglichen Ergebnisse}}$

Beispiel: Auf einem Spielwürfel stehen die Zahlen von 0 bis 9. Mögliche Ergebnisse sind 0; 1; 3; 4; 5; 6; 7; 8 und 9.

P(6) = $\frac{1}{10}$ = 10 %

P(keine 6) = $\frac{9}{10}$ = 90 %

1 Ist das Experiment ein Laplace-Experiment? Kreuze an.

a) Aus einem Karton wird, ohne hinzusehen, eine von drei Kugeln genommen. ☒ ja ☐ nein
mögliche Ergebnisse: rote Kugel; goldene Kugel; silberne Kugel

b) Gergely erledigt seine Hausaufgaben. ☐ ja ☒ nein
mögliche Ergebnisse: Vormittag; Mittag; Nachmittag; Abend; Nacht

c) In einer Tüte sind je 7 gleiche Bonbons. Einer davon fällt heraus. ☒ ja ☐ nein
mögliche Ergebnisse: Himbeere; Kirsche; Zitrone

d) Nächste Woche schreibt eure Klasse einen Überraschungstest. ☐ ja ☒ nein
Montag; Dienstag; Mittwoch; Donnerstag; Freitag

2 Gegeben ist ein Glücksrad.
Gib die Wahrscheinlichkeit als Bruch an.

a) P(blau) = $\frac{1}{2}$ b) P(rot) = $\frac{1}{3}$ c) P(gelb) = $\frac{1}{4}$ d) P(orange) = $\frac{1}{5}$

3 Gegeben ist das Glücksrad.
Gib die Wahrscheinlichkeit des Ereignisses zuerst als Bruch und dann in Prozent an.

a) P(grüne Primzahl) = $\frac{3}{8}$ = 37,5 % b) P(größer als 1) = $\frac{7}{8}$ = 87,5 %

c) P(größer als 6) = $\frac{2}{8} = \frac{1}{4}$ = 25 % d) P(nicht rot) = $\frac{7}{8}$ = 87,5 %

4 Vier Glücksräder stehen zur Wahl. Rot gewinnt.
Welches Glücksrad würdest du wählen? Kreuze an und begründe.

☐ ☐ ☒ ☐

z.B. Ich würde das dritte Glücksrad wählen, da die Wahrscheinlichkeit für Rot am höchsten ist: P(E) = $\frac{5}{12}$ ≈ 41,67 %.

Kombinationen und Baumdiagramme

1 Vervollständige den Satz.

a)

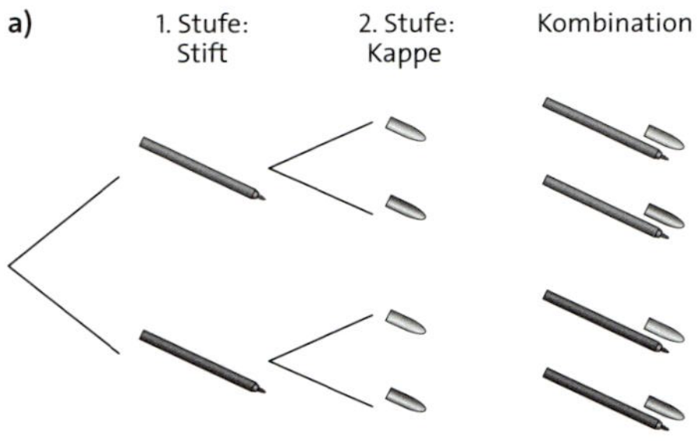

Mit 2 Stiften und 2 Kappen sind 4 Kombinationen möglich.

Beispiel:

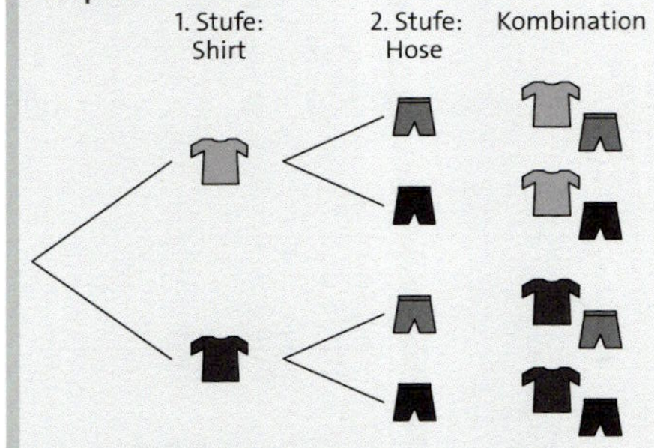

Mit 2 Shirts und 2 Hosen sind 4 Kombinationen möglich.

b)

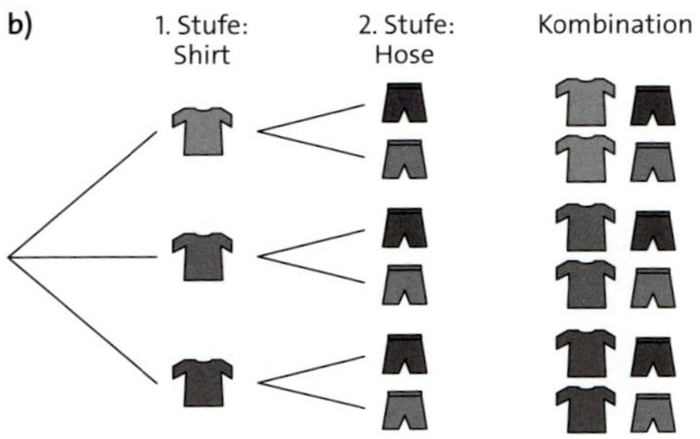

Mit 3 Shirts und 2 Hosen sind 6 Kombinationen möglich.

c)

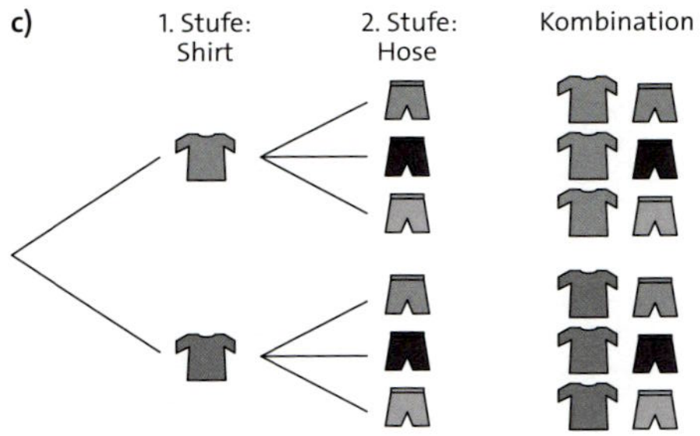

Mit 2 Shirts und 3 Hosen sind 6 Kombinationen möglich.

2 Ergänze.

Beispiel:
In der 1. Stufe stehen zur Wahl 2 Shirts.
In der 2. Stufe stehen zur Wahl 2 Hosen.
Mit 2 Shirts und 2 Hosen sind 4 Kombinationen möglich, denn $2 \cdot 2 = 4$.

a) Mit 3 Shirts und 2 Hosen sind 6 Kombinationen möglich, denn $3 \cdot 2 = 6$.

b) Mit 3 Shirts und 3 Hosen sind 9 Kombinationen möglich, denn $3 \cdot 3 = 9$.

c) Mit 4 Shirts und 5 Hosen sind 20 Kombinationen möglich, denn $4 \cdot 5 = 20$.

d) Mit 4 Shirts und 3 Hosen sind 12 Kombinationen möglich, denn $4 \cdot 3 = 12$.

e) Mit 2 Stiften und 3 Kappen sind 6 Kombinationen möglich, denn $2 \cdot 3 = 6$.

f) Mit 5 Messern und 3 Gabeln sind 15 Kombinationen möglich, denn $5 \cdot 3 = 15$.

Kombinationen und Baumdiagramme

1 Eine Jacke und eine Mütze werden aus einem Schrank genommen.
Ergänze die Farben im Baumdiagramm.

Tipp
① Färbe die Jacke in einer Farbe ein.
② Färbe die Mütze je Jacke in einer Farbe ein.

a) Es gibt eine rote und eine blaue Jacke.
Es gibt eine rote Mütze und eine blaue Mütze.

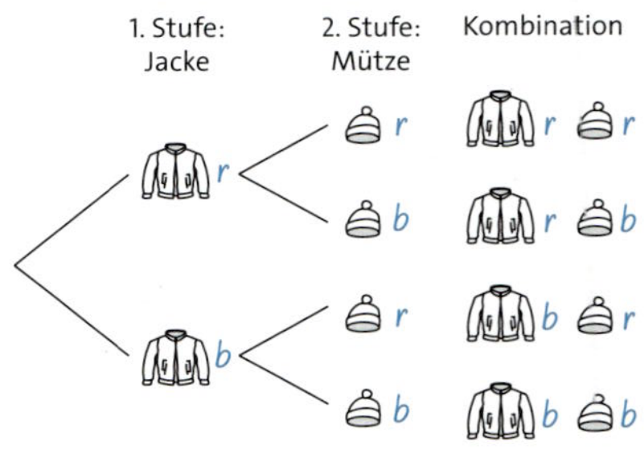

b) Es gibt eine rote, eine blaue und eine schwarze Jacke. Es gibt eine rote und eine gelbe Mütze.

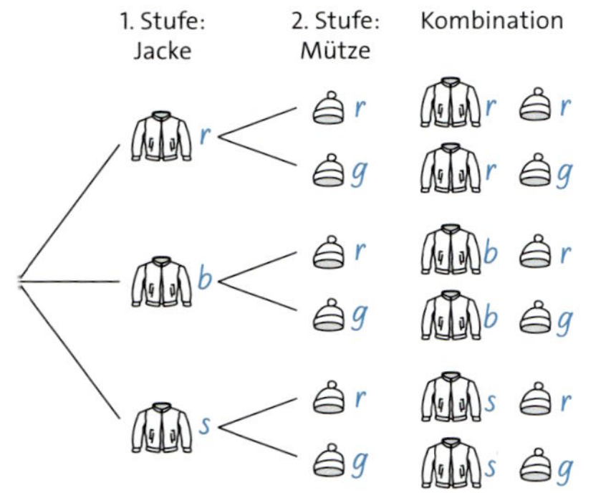

2 Verbinde zuerst mit dem Baumdiagramm.
Ermittle dann die Anzahl aller Kombinationen Ergebnisse.

Beispiel:
Mit 2 Shirts und 2 Hosen sind
4 Kombinationen möglich, denn $2 \cdot 2 = \mathbf{4}$

Das Glücksrad wird 2-mal gedreht.

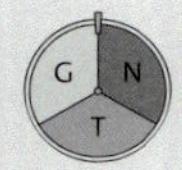

In einer Tüte sind ein rotes und drei gelbe Bonbons. Jan isst zwei der Bonbons.

Eine 1-Euro-Münze wird 2-mal geworfen.

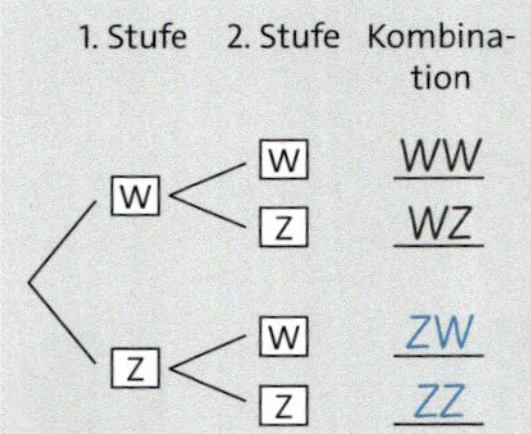

Anzahl aller Kombinationen: 4

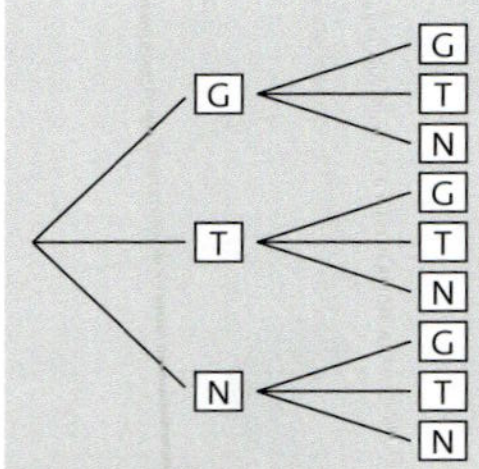

Anzahl aller Kombinationen: 9

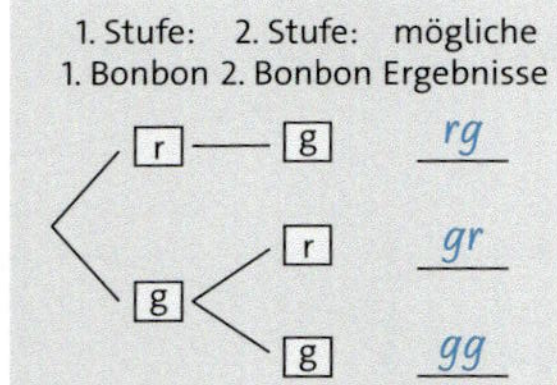

Anzahl aller möglichen Ergebnisse: 3

Kombinationen und Baumdiagramme

Mit einem Baumdiagramm kann man alle Kombinationen darstellen.
Je Stufe gibt es eine Auswahl. Ein Pfad führt über jede Stufe zu einer Kombination.
Die Anzahl aller Kombinationen ist das Produkt der Möglichkeiten auf jeder Stufe.

Beispiel: Beim Italiener kann man zwischen den Hauptgerichten Pizza (P) und Nudeln (N) wählen. Als Nachspeise werden Eis (E), Tiramisu (T) und Pannacotta (P) angeboten.

Anzahl aller Kombinationen: $2 \cdot 3 = 6$

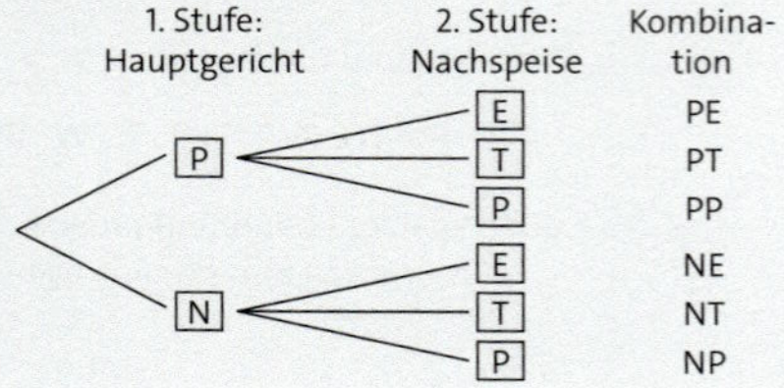

1 Leonid kann im Online-Shop die Farbe vom Cappy und die Farbe vom Schirm wählen. Stelle alle Kombinationen dar. Färbe dazu die Teile ein.

a) Bei Cappy und Schirm darf er jeweils Rot, Blau oder Gelb wählen.

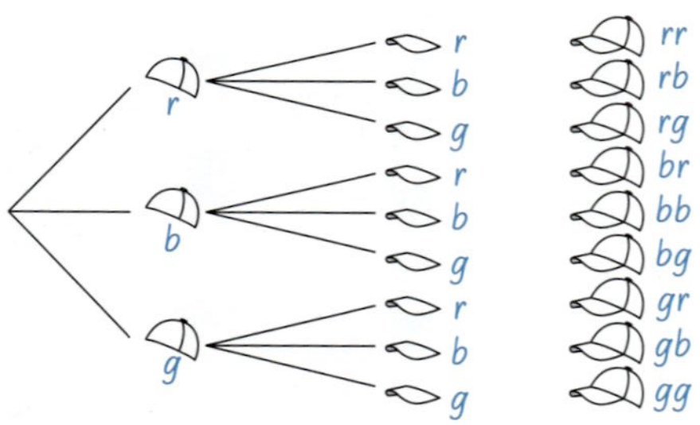

b) Bei Cappy und Schirm darf er zwischen Rot, Blau oder Gelb wählen. Verboten sind gleiche Farben.

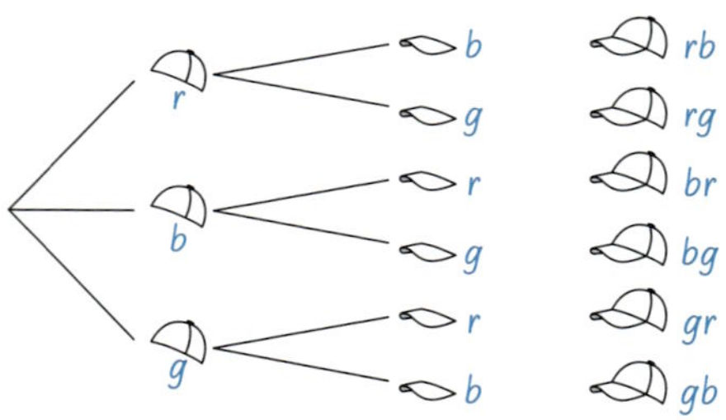

2 Ein Poker-Blatt besteht aus Zahlkarten (Z), Bildkarten (B) und Assen (A).

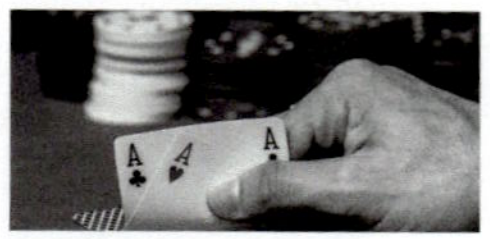

Zu Beginn erhält jeder Spieler zwei Karten.
Ergänze zuerst die Buchstaben im Baumdiagramm.
Gib dann die Anzahl aller Kombinationen an. 9

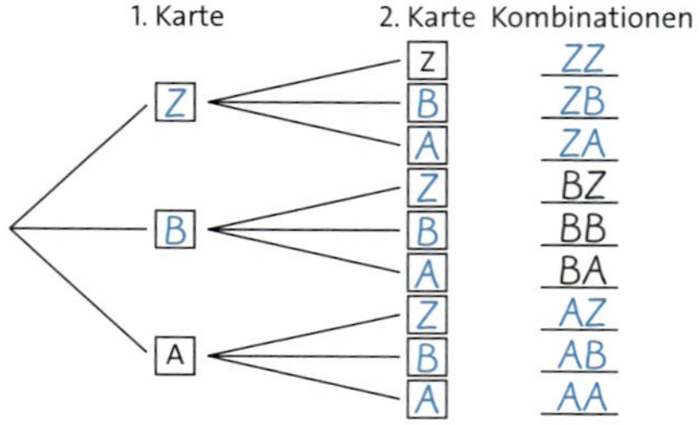

3 Berechne die Anzahl aller Kombinationen.

a) Würfeln mit zwei verschiedenen sechsseitigen Würfeln $6 \cdot 6 = 36$

b) zwei verschiedene von vier Socken auswählen $4 \cdot 3 = 12$

c) zufälliges Auswählen von zwei verschiedenen Wochentagen $7 \cdot 6 = 42$

Zweistufige Zufallsexperimente mit Zurücklegen

1 Svea dreht jedes Glücksrad zweimal.
Verbinde zuerst mit dem passenden Baumdiagramm.
Ergänze dann die Wahrscheinlichkeiten der Ergebnisse.

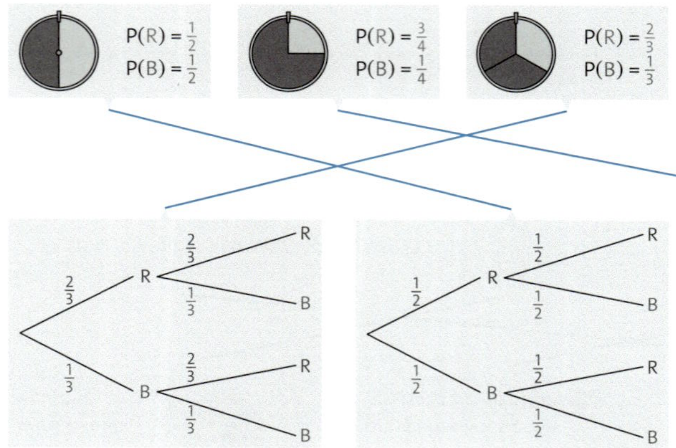

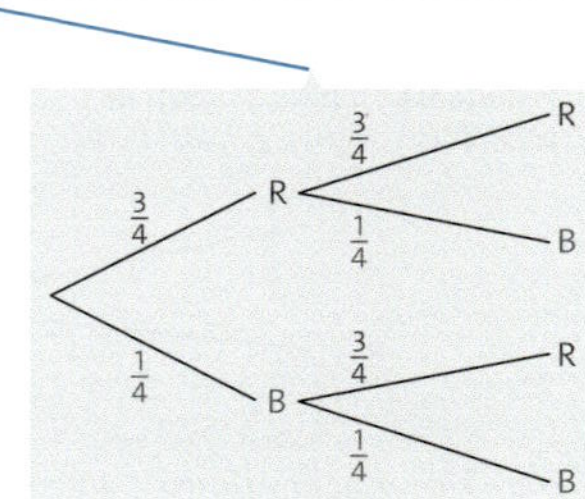

Tipp
Multipliziere entlang des Pfades.
Beispiel:

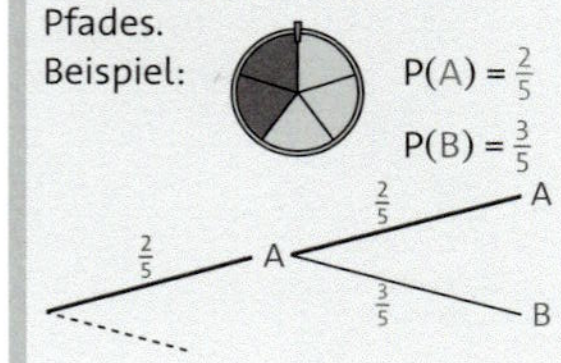

2 Zwei Kugeln werden mit Zurücklegen zufällig gezogen.
Gib zuerst die Wahrscheinlichkeiten auf den Stufen an.
Ergänze dann die Wahrscheinlichkeiten der Ergebnisse.

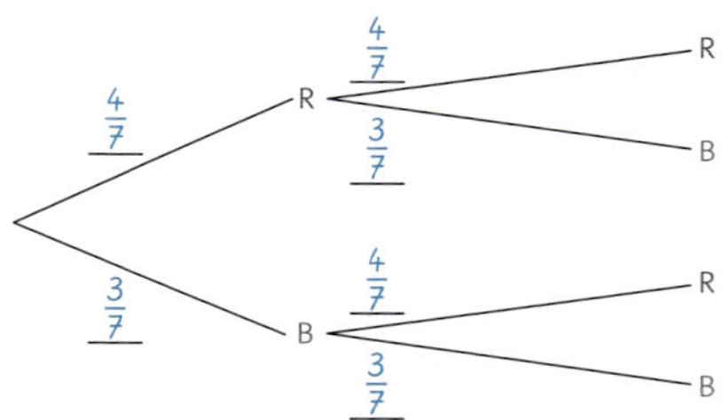

$P(RR) = \frac{4}{7} \cdot \frac{4}{7} = \frac{16}{49}$

$P(RB) = \frac{4}{7} \cdot \frac{3}{7} = \frac{12}{49}$

$P(BR) = \frac{3}{7} \cdot \frac{4}{7} = \frac{12}{49}$

$P(BB) = \frac{3}{7} \cdot \frac{3}{7} = \frac{9}{49}$

Tipp
① Notiere die Wahrscheinlichkeiten auf den Stufen.
② Multipliziere entlang des Pfades.

Beispiel:
① 3 von 4 sind Rot, also $P(R) = \frac{3}{4}$.
1 von 4 ist Blau, also $P(B) = \frac{1}{4}$.
②

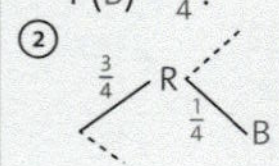

$P(RB) = \frac{3}{4} \cdot \frac{1}{4} = \frac{3}{16}$

3 Der Würfel hat fünf rote und eine blaue Seite.
Er wird zweimal geworfen.
Berechne die Wahrscheinlichkeiten der Ereignisse.

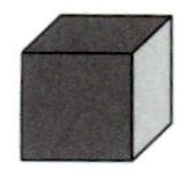

a) P(genau einmal Rot)
= P(RB) + P(BR)
$= \frac{5}{35} + \frac{5}{36} = \frac{10}{36}$

b) P(mindestens einmal Rot)
= P(RB) + P(BR) + P(RR)
$= \frac{5}{36} + \frac{5}{36} + \frac{25}{36} = \frac{35}{36}$

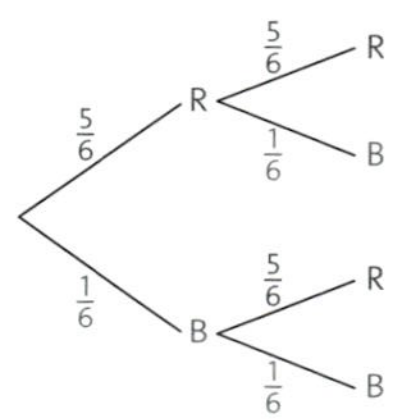

$P(RR) = \frac{5}{6} \cdot \frac{5}{6} = \frac{25}{36}$

$P(RB) = \frac{5}{6} \cdot \frac{1}{6} = \frac{5}{36}$

$P(BR) = \frac{1}{6} \cdot \frac{5}{6} = \frac{5}{36}$

$P(BB) = \frac{1}{6} \cdot \frac{1}{6} = \frac{1}{36}$

Tipp
Addiere die Wahrscheinlichkeiten der zugehörigen Ergebnisse.

Beispiel:

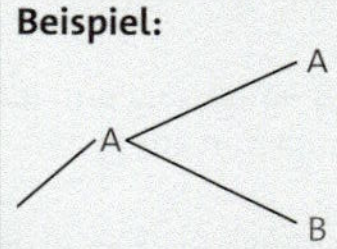

$P(AA) = \frac{4}{25}$

$P(AB) = \frac{6}{25}$

$P(AA) + P(AB) = \frac{4}{25} + \frac{6}{25} = \frac{10}{25}$

Zweistufige Zufallsexperimente mit Zurücklegen

1 Das Glücksrad wird zweimal gedreht.

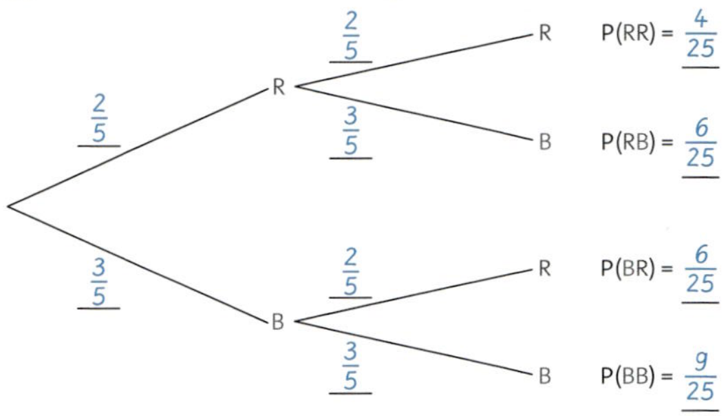

Beispiel:
Wahrscheinlichkeiten
- … auf den Stufen:
  $P(R) = \frac{2}{5}$
  $\frac{\text{Anzahl der günstigen Ergebnisse}}{\text{Anzahl der möglichen Ergebnisse}}$
- … von einem Ergebnis:
  $P(RR) = \frac{2}{5} \cdot \frac{2}{5} = \frac{4}{25}$
  Multipliziere entlang des Pfades.
- … von einem Ereignis:
  P(gleiche Farben)
  = P(RR) + P(BB)
  $= \frac{4}{25} + \frac{9}{25} = \frac{13}{25}$
  Addiere die Wahrscheinlichkeiten der zugehörigen Ergebnisse.

a) Gib zuerst die Wahrscheinlichkeiten auf den Stufen an.
Ergänze dann die Wahrscheinlichkeiten der Ergebnisse.

b) Berechne die Wahrscheinlichkeiten der Ereignisse.

P(genau einmal Blau) = P(BR) + P(RB) $= \frac{6}{25} + \frac{6}{25} = \frac{12}{25}$

P(mindestens einmal Blau) = P(BR) + P(RB) + P(BB) $= \frac{6}{25} + \frac{6}{25} + \frac{9}{25} = \frac{21}{25}$

P(höchstens einmal Blau) = P(RR) + P(BR) + P(RB) $= \frac{4}{25} + \frac{6}{25} + \frac{6}{25} = \frac{16}{25}$

2 Etwa 1 von 10 Menschen ist Linkshänder.
Du befragst zufällig zwei Personen deiner Schule.

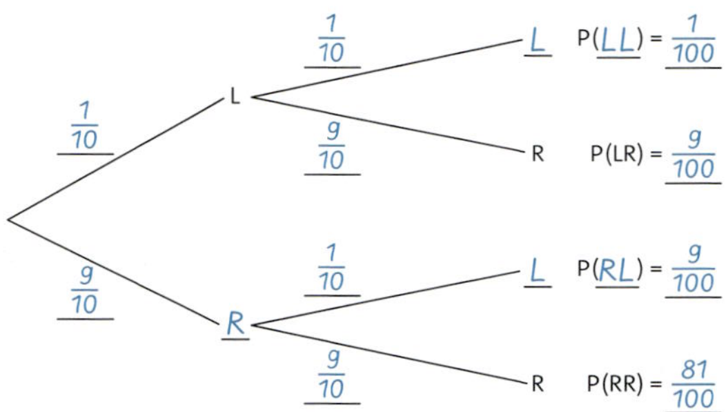

Tipp
- Wahrscheinlichkeit für Rechtshänder:
  $P(R) = \frac{9}{10}$
- Umrechnen in Prozent:
  $\frac{9}{10} = 90$
  100 = 90 %
  Prozent heißt „von 100“.

a) Vervollständige zuerst das Baumdiagramm.
Berechne dann die Wahrscheinlichkeiten der Ergebnisse.

b) Berechne die Wahrscheinlichkeiten für Linkshänder.

P(genau ein Linkshänder) = P(LR) + P(RL) $= \frac{9}{100} + \frac{9}{100} = \frac{18}{100} = 18$ %

P(mindestens ein Linkshänder) = P(LR) + P(RL) + P(LL) $= \frac{9}{100} + \frac{9}{100} + \frac{1}{100} = \frac{19}{100} = 19$ %

P(höchstens ein Linkshänder) = P(RR) + P(LR) + P(RL) $= \frac{81}{100} + \frac{9}{100} + \frac{9}{100} = \frac{99}{100} = 99$ %

Zweistufige Zufallsexperimente mit Zurücklegen

- Bei einem Zufallsexperiment mit Zurücklegen sind die Wahrscheinlichkeiten auf den Stufen gleich.
- Produktregel: Die Wahrscheinlichkeit für ein Ergebnis ist das Produkt der Wahrscheinlichkeiten entlang des Pfades.
- Summenregel: Die Wahrscheinlichkeit für ein Ereignis ist die Summe der Wahrscheinlichkeiten der zugehörigen Ergebnisse.

Beispiel: Von 10 Zügen kommen 7 pünktlich (p) und 3 unpünktlich (u). Ana fährt mit zwei Zügen zur Ostsee.

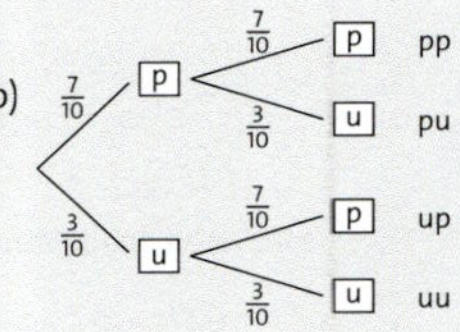

$P(pp) = \frac{7}{10} \cdot \frac{7}{10} = \frac{49}{100} = 49\,\%$

$P(pu) = \frac{7}{10} \cdot \frac{3}{10} = \frac{21}{100} = 21\,\%$

$P(up) = \frac{3}{10} \cdot \frac{7}{10} = \frac{21}{100} = 21\,\%$

$P(uu) = \frac{3}{10} \cdot \frac{3}{10} = \frac{9}{100} = 9\,\%$

P(Genau ein Zug ist pünktlich.)
P(E) = 21 % + 21 % = 42 %

1 Gib zuerst die Wahrscheinlichkeiten auf den Stufen an.
Berechne dann die Wahrscheinlichkeiten der Ergebnisse und danach die Wahrscheinlichkeit des Ereignisses.

a) In einem Fach liegen 3 Fineliner und 2 Kugelschreiber.
Vivien nimmt zufällig einen, legt ihn zurück und nimmt ein zweites Mal einen.

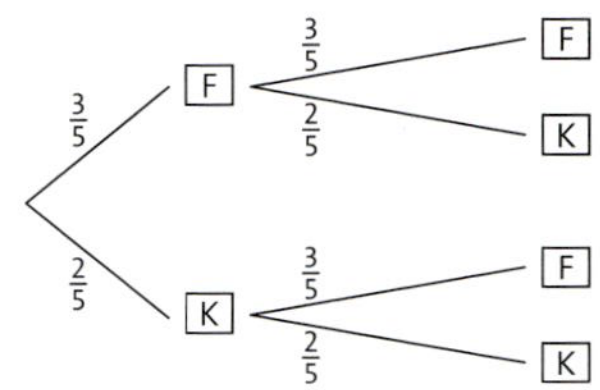

$P(FF) = \frac{3}{5} \cdot \frac{3}{5} = \frac{9}{25}$

$P(FK) = \frac{3}{5} \cdot \frac{2}{5} = \frac{6}{25}$

$P(KF) = \frac{2}{5} \cdot \frac{3}{5} = \frac{6}{25}$

$P(KK) = \frac{2}{5} \cdot \frac{2}{5} = \frac{4}{25}$

P(genau ein Füller)
= P(FK) + P(KF)
$= \frac{6}{25} + \frac{6}{25} = \frac{12}{25}$

b) Julian trifft den Korb beim Freiwurf in 1 von 4 Fällen. Er wirft zweimal. (T = Treffer; D = Daneben)

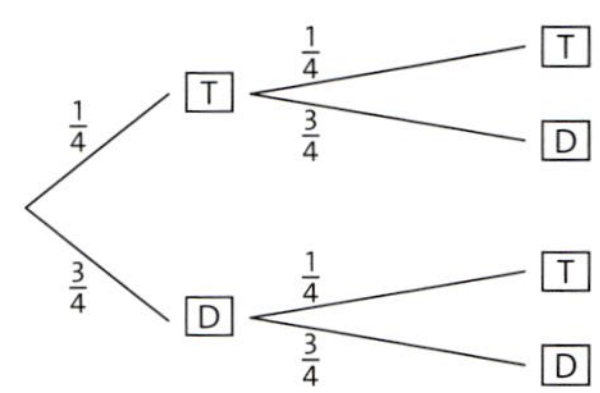

$P(TT) = \frac{1}{4} \cdot \frac{1}{4} = \frac{1}{16}$

$P(TD) = \frac{1}{4} \cdot \frac{3}{4} = \frac{3}{16}$

$P(DT) = \frac{3}{4} \cdot \frac{1}{4} = \frac{3}{16}$

$P(DD) = \frac{3}{4} \cdot \frac{3}{4} = \frac{9}{16}$

P(mindestens ein Treffer)
= P(TD) + P(DT) + P(TT)
$= \frac{3}{16} + \frac{3}{16} + \frac{1}{16} = \frac{7}{16}$

c) Etwa 24 % aller deutschen Erwachsenen sind Raucher.
Max befragt zufällig zwei Erwachsene.

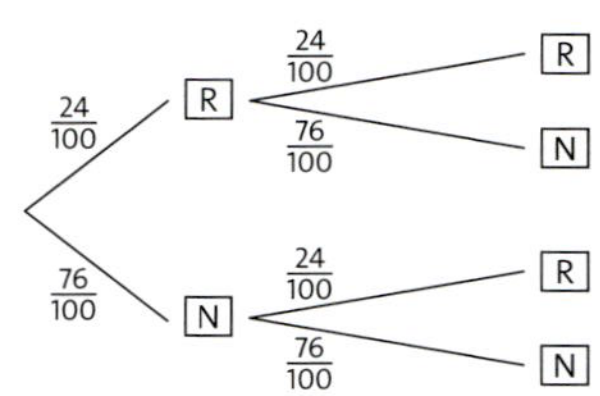

$P(RR) = \frac{24}{100} \cdot \frac{24}{100} = \frac{576}{10\,000}$

$P(RN) = \frac{24}{100} \cdot \frac{76}{100} = \frac{1824}{10\,000}$

$P(NR) = \frac{76}{100} \cdot \frac{24}{100} = \frac{1824}{10\,000}$

$P(NN) = \frac{76}{100} \cdot \frac{76}{100} = \frac{5776}{10\,000}$

P(höchstens ein Raucher)
= P(NN) + P(RN) + P(NR)
$= \frac{5776}{10\,000} + \frac{1824}{10\,000} + \frac{1824}{10\,000}$
$= \frac{9424}{10\,000}$

Zweistufige Zufallsexperimente ohne Zurücklegen

1 Ergänze die Wahrscheinlichkeiten auf den Stufen.
In einem Beutel liegen 3 rote und 2 blaue Steine.
Linda nimmt zufällig zwei Steine ohne Zurücklegen.

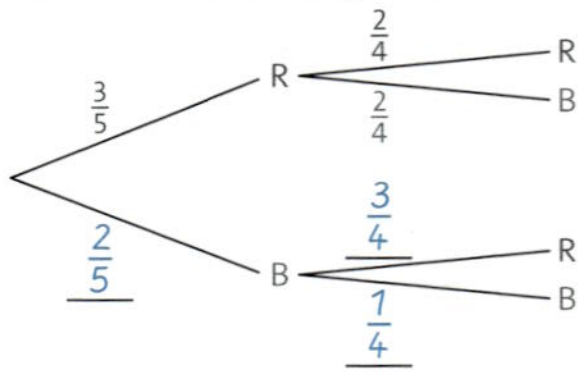

Tipp
Auf der 2. Stufe ist es ein Stein weniger. Deshalb ist der Nenner auf der 2. Stufe um 1 kleiner.

Beispiel:

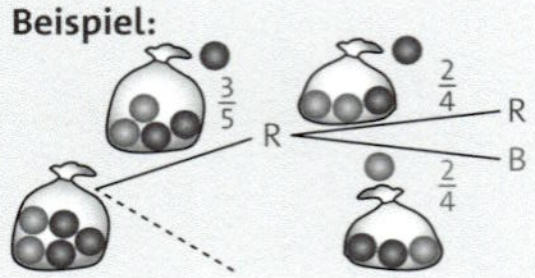

2 In einer Tüte sind 6 rote Bonbons, 4 blaue Bonbons und 3 gelbe Bonbons. Emilia isst nacheinander zwei zufällig ausgewählte Bonbons.

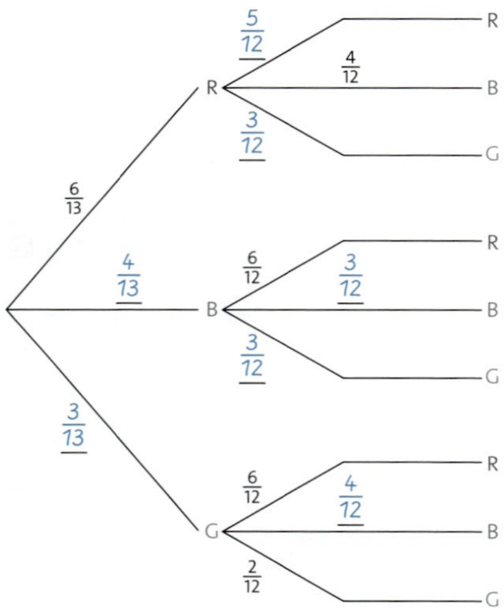

$P(RR) = \frac{6}{13} \cdot \frac{5}{12} = \frac{30}{156}$

$P(RB) = \frac{6}{13} \cdot \frac{4}{12} = \frac{24}{156}$

$P(RG) = \frac{6}{13} \cdot \frac{3}{12} = \frac{18}{156}$

$P(BR) = \frac{4}{13} \cdot \frac{6}{12} = \frac{24}{156}$

$P(BB) = \frac{4}{13} \cdot \frac{3}{12} = \frac{12}{156}$

$P(BG) = \frac{4}{13} \cdot \frac{3}{12} = \frac{12}{156}$

$P(GR) = \frac{3}{13} \cdot \frac{6}{12} = \frac{18}{156}$

$P(GB) = \frac{3}{13} \cdot \frac{4}{12} = \frac{12}{156}$

$P(GG) = \frac{3}{13} \cdot \frac{2}{12} = \frac{6}{156}$

Beispiel:

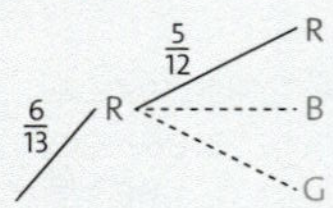

$P(RR) = \frac{30}{156}$

$P(RB) = \frac{20}{156}$

Wahrscheinlichkeiten
- ... auf den Stufen

  1. Bonbon $P(R) = \frac{6}{13}$

  2. Bonbon $P(R) = \frac{5}{12}$

  $\frac{\text{Anzahl der günstigen Ergebnisse}}{\text{Anzahl der möglichen Ergebnisse}}$
- ... von einem Ergebnis

  $P(RR) = \frac{6}{13} \cdot \frac{5}{12} = \frac{30}{156}$

  Multipliziere entlang des Pfades.
- ... von einem Ereignis

  P(erst rot, dann rot oder blau)

  = P(RR) + P(RB)

  $= \frac{30}{156} + \frac{20}{156} = \frac{50}{156}$

  Addiere die Wahrscheinlichkeiten der zugehörigen Ergebnisse.

a) Ergänze zuerst die Wahrscheinlichkeiten auf den Stufen.
Berechne dann die Wahrscheinlichkeiten der Ergebnisse.

b) Berechne die Wahrscheinlichkeiten der Ereignisse.

P(zwei gleiche Bonbons) = P(RR) + P(BB) + P(GG)

$= \frac{30}{156} + \frac{12}{156} + \frac{6}{156} = \frac{48}{156}$

P(genau ein rotes Bonbon) = P(RG) + P(BR) + P(GR) + P(RB)

$= \frac{18}{256} + \frac{24}{156} + \frac{18}{156} + \frac{24}{156} = \frac{84}{156}$

Zweistufige Zufallsexperimente ohne Zurücklegen

1 In einem Wäschekorb befinden sich 4 rote und 6 blaue Socken.
Martin nimmt zufällig zwei Socken aus dem Korb.

a) Ergänze zuerst die Wahrscheinlichkeiten an den Pfaden. Berechne dann die Wahrscheinlichkeiten der Ergebnisse.

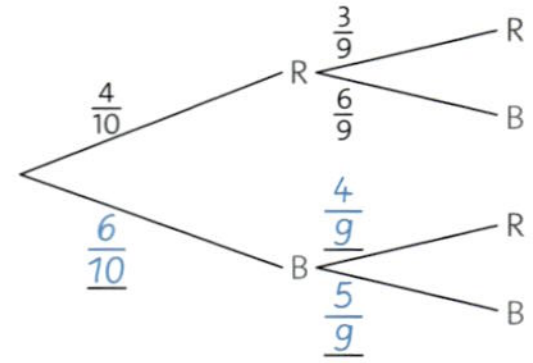

$P(RR) = \frac{4}{10} \cdot \frac{3}{9} = \frac{12}{90}$

$P(RB) = \frac{4}{10} \cdot \frac{6}{9} = \frac{24}{90}$

$P(BR) = \frac{6}{10} \cdot \frac{4}{9} = \frac{24}{90}$

$P(BB) = \frac{6}{10} \cdot \frac{5}{9} = \frac{30}{90}$

Tipp
Wahrscheinlichkeiten
- ... auf den Stufen: $\frac{\text{Anzahl der günstigen Ereignisse}}{\text{Anzahl der möglichen Ereignisse}}$
- ... von einem Ergebnis: Multipliziere entlang des Pfades.

b) Berechne die Wahrscheinlichkeiten der Ereignisse.
Nutze die Wahrscheinlichkeiten aus **a)**.

Tipp
Addiere die Wahrscheinlichkeiten der zugehörigen Ergebnisse.

A: Zwei gleiche Socken werden gezogen.

P(A) = P(RR) + P(BB)

$P(A) = \frac{12}{90} + \frac{30}{90} = \frac{42}{90}$

B: Mindestens eine blaue Socke wird gezogen.

P(B) = P(BR) + P(RB) + P(BB)

$P(B) = \frac{24}{90} + \frac{24}{90} + \frac{30}{90} = \frac{78}{90}$

2 Ein Lostopf enthält 1 Hauptgewinn, 4 Kleingewinne und 16 Nieten. Ida zieht zwei Lose.

a) Vervollständige zuerst das Baudiagramm.
Berechne dann die Wahrscheinlichkeiten der Ergebnisse.

b) Berechne die Wahrscheinlichkeit der Ereignisse.
Nutze die Wahrscheinlichkeiten aus a).

A: Der Hauptgewinn wird gezogen.

P(A) = P(GK) + P(KG) + P(GN) + P(NG)

$P(A) = \frac{4}{420} + \frac{4}{420} + \frac{16}{420} + \frac{16}{420} = \frac{40}{420} = \frac{16}{21}$

B: Im zweiten Zug wird eine Niete gezogen.

P(B) = P(HN) + P(KN) + P(NN)

$P(B) = \frac{16}{420} + \frac{64}{420} + \frac{240}{420} = \frac{320}{420} = \frac{16}{21}$

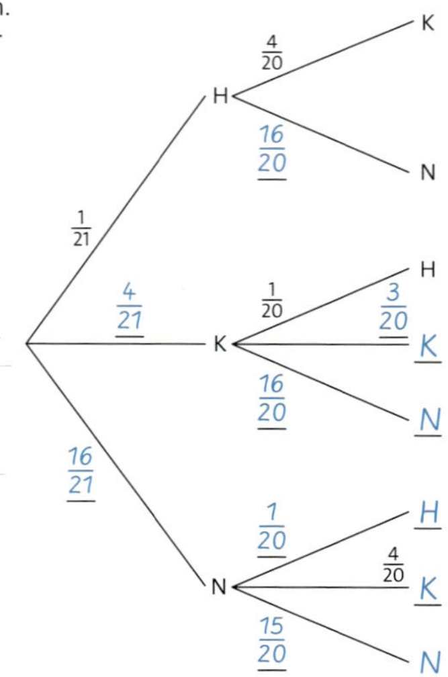

$P(HK) = \frac{1}{21} \cdot \frac{4}{20} = \frac{4}{420}$

$P(HN) = \frac{1}{21} \cdot \frac{16}{20} = \frac{16}{420}$

$P(KH) = \frac{4}{21} \cdot \frac{1}{20} = \frac{4}{420}$

$P(KK) = \frac{4}{21} \cdot \frac{3}{20} = \frac{12}{420}$

$P(KN) = \frac{4}{21} \cdot \frac{16}{20} = \frac{64}{420}$

$P(NH) = \frac{16}{21} \cdot \frac{1}{20} = \frac{16}{420}$

$P(NK) = \frac{16}{21} \cdot \frac{4}{20} = \frac{64}{420}$

$P(NN) = \frac{16}{21} \cdot \frac{15}{20} = \frac{240}{420}$

Zweistufige Zufallsexperimente ohne Zurücklegen

- Bei einem Zufallsexperiment ohne Zurücklegen sind die Wahrscheinlichkeiten auf den Stufen verschieden. Der Nenner ist auf der 2. Stufe 1 kleiner.
- Produktregel: Die Wahrscheinlichkeit für ein Ergebnis ist das Produkt der Wahrscheinlichkeiten entlang des Pfades.
- Summenregel: Die Wahrscheinlichkeit für ein Ereignis ist die Summe der Wahrscheinlichkeiten der zugehörigen Ergebnisse.

Beispiel:
In einem Beutel sind 4 rote und 2 blaue Kugeln. Ono nimmt zufällig zwei der Kugeln ohne Zurücklegen.

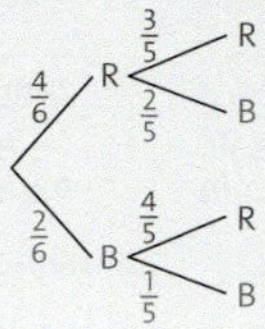

$P(RR) = \frac{4}{6} \cdot \frac{3}{5} = \frac{12}{30}$

$P(RB) = \frac{4}{6} \cdot \frac{2}{5} = \frac{8}{30}$

$P(BR) = \frac{2}{6} \cdot \frac{4}{5} = \frac{8}{30}$

$P(BB) = \frac{2}{6} \cdot \frac{1}{5} = \frac{2}{30}$

P (zwei gleichfarbige)
$= P(RR) + P(BB)$
$= \frac{12}{30} + \frac{2}{30} = \frac{14}{30}$

1 In der Truhe sind goldene und silberne Münzen. Dagobert nimmt zufällig zwei Münzen ohne Zurücklegen. Ergänze die Wahrscheinlichkeiten auf den Stufen.

a) 5 goldene und 3 silberne

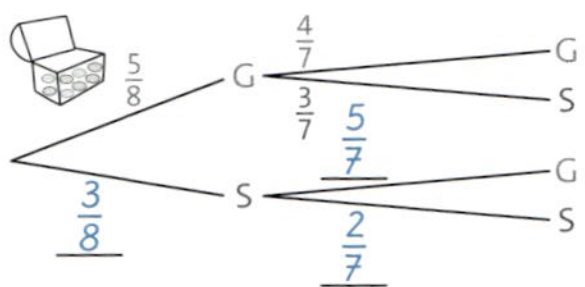

b) 5 goldene und 20 silberne

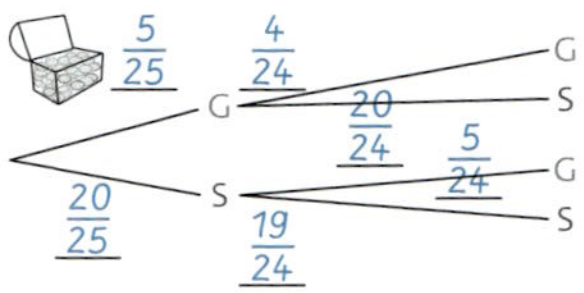

c) 1 goldene und 20 silberne

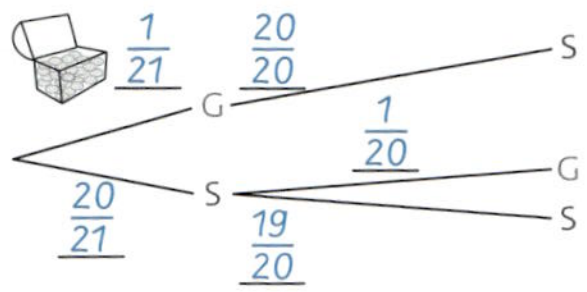

2 Vervollständige.

a) In einem Spiel sind 32 Karten. Genau 8 sind Herz-Karten. Rene zieht zufällig zwei Karten aus dem Spiel.

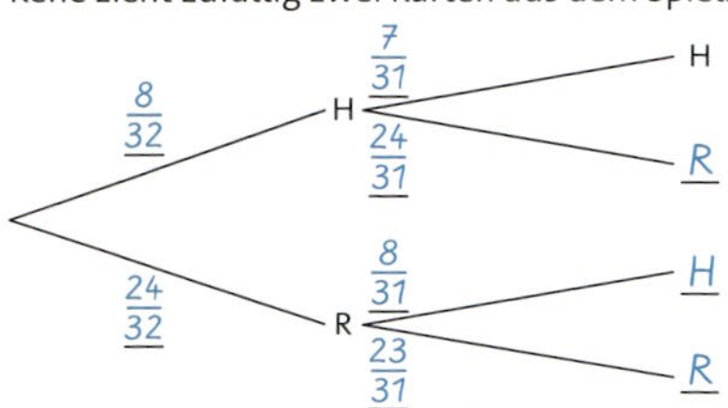

$P(HH) = \frac{8}{32} \cdot \frac{7}{31} = \frac{56}{992}$

$P(\underline{HR}) = \frac{8}{32} \cdot \frac{24}{31} = \frac{192}{992}$

$P(\underline{RH}) = \frac{24}{32} \cdot \frac{8}{31} = \frac{192}{992}$

$P(\underline{RR}) = \frac{24}{32} \cdot \frac{23}{31} = \frac{552}{992}$

P(genau eine Herz-Karte)
$= P(HR) + P(RH)$
$= \frac{192}{992} + \frac{192}{992} = \frac{384}{992} = \frac{12}{31}$

P(2. Zug Herz-Karte)
$= P(HH) + P(RH)$
$= \frac{56}{992} + \frac{192}{992} = \frac{248}{992} = \frac{1}{4}$

b) Im Team sind 8 Deutsche, 1 Franzose und 1 Engländer. Zwei davon werden zufällig ausgewählt.

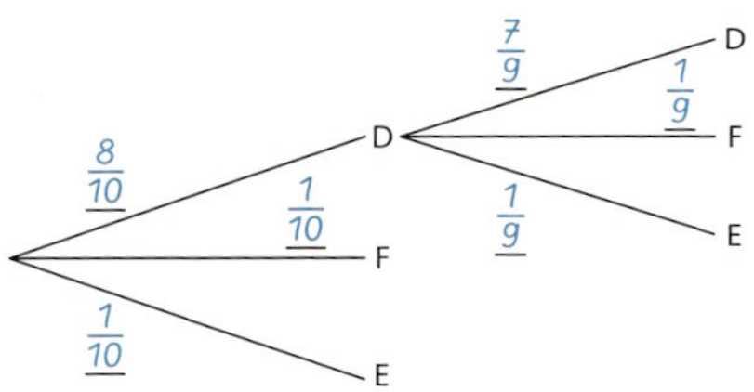

$P(DD) = \frac{8}{10} \cdot \frac{7}{9} = \frac{56}{90}$

$P(\underline{DF}) = \frac{8}{10} \cdot \frac{1}{9} = \frac{8}{90}$

$P(\underline{DE}) = \frac{8}{10} \cdot \frac{1}{9} = \frac{8}{90}$

P(Franzose)
$= P(DF) + P(FD) + P(FE) + P(EF)$
$= \frac{8}{90} + \frac{8}{90} + \frac{1}{90} + \frac{1}{90} = \frac{18}{90} = \frac{1}{5}$

P(genau ein Deutscher)
$= P(DF) + P(DE) + P(FD) + P(ED)$
$= \frac{8}{90} + \frac{8}{90} + \frac{8}{90} + \frac{8}{90} = \frac{24}{90} = \frac{4}{15}$

Vierfeldertafeln

1 Alle Mitglieder der Schach-AG kommen aus der 7a oder der 7b.
Kreuze zuerst Zutreffendes an.
Unterstreiche dann mit der gleichen Farbe die Aussage und die passende Zahl in der Vierfeldertafel.

	beim Schach	nicht beim Schach	Summe
7a	15	10	25
7b	5	20	25
Summe	20	30	10

- [x] 10 aus der 7a sind nicht beim Schach.
- [x] Insgesamt 25 sind in der 7a.
- [x] Insgesamt 20 aus der 7a und 7b sind beim Schach.

Tipp
Vierfeldertafeln enthalten zwei Merkmale.
Für jedes Merkmal gibt es zwei Möglichkeiten.

Beispiel:

	beim Schach	nicht beim Schach	Summe
7c	3	19	22
7d	20	7	27
Summe	23	26	49

3 aus der 7c sind beim Schach.
Insgesamt 49 sind in der 7c und 7d.
Insgesamt 23 aus der 7c und 7d sind beim Schach.

2 Ergänze.

a)

	beim Schach	nicht beim Schach	Summe
8a	10	17	27
8b	15	13	28
Summe	25	30	55

b)

	beim Schach	nicht beim Schach	Summe
8a	10	17	27
8b	15	13	28
Summe	25	30	55

Beispiel:

	beim Schach		nicht beim Schach		Summe
8c	3	+	8	=	11
	+		+		+
8d	2	+	7	=	9
	=		=		=
Summe	5	+	15	=	20

c)

	beim Schach	nicht beim Schach	Summe
8a	10	17	27
8b	15	13	28
Summe	25	30	55

3 Vervollständige die Vierfeldertafel passend.
6 Personen von 200 haben Sommersprossen.
50 Personen von 200 haben rote Haare.
5 Personen von 200 haben beides.

	Sommersprossen	keine Sommersprossen	Summe
rote Haare	* 5	45	* 50
keine roten Haare	1	149	150
Summe	* 6	194	*200

Tipp
① Ergänze das Gegebene in Zellen mit *.
② Berechne alle anderen Zahlen.
③ Überprüfe deine Zahlen.
Addiere dazu die ersten beiden Zahlen in jeder Zeile.
Addiere dazu die ersten beiden Zahlen in jeder Spalte.

Vierfeldertafeln

1 Auf dem Buffet sind belegte Brote mit Wurst oder Käse. Darauf ist entweder Gurke oder Tomate. Vervollständige die Vierfeldertafel passend.

Beispiel:

	Weißbrot	Schwarzbrot	Summe
Wurst	15	20	35
Käse	15	10	25
Summe	30	30	60

20 Schwarzbrote sind mit Wurst.
Insgesamt 35 Brote sind mit Wurst.

a)

	Wurst	Käse	Summe
Gurke	16	5	21
Tomate	24	35	59
Summe	40	40	80

b)

	Wurst	Käse	Summe
Gurke	14	13	27
Tomate	33	17	50
Summe	47	30	77

c)

	Wurst	Käse	Summe
Gurke	7	17	24
Tomate	23	27	50
Summe	30	44	74

2 Ergänze die Anzahlen in der Vierfeldertafel.

Tipp
Überprüfe deine Zahlen.
Addiere dazu die ersten beiden Zahlen in jeder Zeile und die ersten beiden Zahlen in jeder Spalte.

a) Onur hat 10 grüne und 10 rote Bonbons.
Von den grünen Bonbons sind 6 sauer.
Von den roten Bonbons sind 7 süß.

	süß	sauer	Summe
rote	7	3	10
grüne	4	6	10
Summe	11	9	20

b) 16 Personen von 50 spielen ein Instrument.
20 Personen sind über 40 Jahre alt.
5 sind unter 40 und spielen ein Instrument.

	ein Instrument	kein Instrument	Summe
unter 40	5	25	30
über 40	11	9	20
Summe	16	34	50

3 Ergänze die Prozentangaben in der Vierfeldertafel.

a) 32 % der befragten Männer tragen eine Brille.
Insgesamt 49 % der Befragten waren Männer.
Insgesamt 67 % der Befragten tragen eine Brille.

	Brille	keine Brille	Summe
Männer	32 %	17 %	49 %
Frauen	35 %	16 %	51 %
Summe	67 %	33 %	100 %

b) 25 % der Züge waren unpünktlich.
20 % der Züge fuhren in der Nacht.
19 % der Züge waren in der Nacht unpünktlich.

	pünktlich	unpünktlich	Summe
Nacht	1 %	19 %	20 %
Tag	56 %	24 %	80 %
Summe	57 %	43 %	100 %

Vierfeldertafeln

Beispiel: Ein Merkmal sind die Haustiere. Das andere Merkmal ist die Klasse.

Vierfeldertafel mit absoluten Häufigkeiten

	Tier	kein Tier	Summe
9a	15	10	25
9b	12	13	25
Summe	27	23	50

10 aus der 9a haben kein Tier.
27 haben ein Tier.

Vierfeldertafel mit relativen Häufigkeiten

	Tier	kein Tier	Summe
9a	30 %	20 %	50 %
9b	24 %	26 %	50 %
Summe	54 %	46 %	100 %

P(9a und kein Tier) = $\frac{15}{50}$ = 20 %
P(Tier) = $\frac{27}{50}$ = 54 %

1 Ergänze zuerst die absoluten und die relativen Häufigkeiten. Kreuze dann Zutreffendes an.

	defekt	nicht defekt	Summe
Werk 1	1	101	102
Werk 2	3	95	98
Summe	4	196	200

	defekt	nicht defekt	Summe
Werk 1	0,5 %	51,5 %	52 %
Werk 2	1,5 %	46,5 %	48 %
Summe	2 %	98 %	100 %

- [x] Von Werk 1 ist ein Teil defekt.
- [x] 200 Teile wurden geprüft.
- [x] 196 Teile sind nicht defekt.
- [x] 0,5 % der Teile von Werk 1 sind defekt.
- [ ] 48 Teile kommen aus Werk 2.
- [x] P(von Werk 2 und nicht defekt) = 98 %

2 50 von 200 Befragten sind Raucher. 14 der Befragten haben Lungenkrebs, davon 2 Nichtraucher.

	Krebs	kein Krebs	Summe
Raucher	14	36	50
Nichtraucher	2	148	150
Summe	16	184	200

	Krebs	kein Krebs	Summe
Raucher	7 %	18 %	25 %
Nichtraucher	1 %	74 %	75 %
Summe	8 %	92 %	100 %

a) Vervollständige zuerst die Vierfeldertafeln mit absoluten und relativen Häufigkeiten.

b) Ergänze dann die Wahrscheinlichkeiten.

P(Krebs) = 8 %   P(Krebs und Raucher) = 7 %   P(kein Krebs und Nichtraucher) = 74 %

3 500 Personen wurden befragt.
170 der Personen wohnen in der Innenstadt.
50 wohnen in der Innenstadt und haben kein Auto.
240 wohnen außerhalb und haben ein Auto.
Ergänze die Wahrscheinlichkeiten.

	Innenstadt	außerhalb	Summe
Auto	24 %	48 %	72 %
kein Auto	10 %	18 %	28 %
Summe	34 %	66 %	100 %

Grundrechenarten

1 Addiere. Beachte die Vorzeichen.

a) $(+4)+(+13) = +17$ b) $(-15)+(-13) = -28$ c) $(-89)+(+23) = -66$

d) $-6{,}5+(-0{,}4) = -6{,}9$ e) $-2{,}9+(+1{,}2) = -1{,}7$ f) $13{,}4+(-4{,}2) = +9{,}2$

2 Schreibe darunter als Additionsaufgabe und berechne.

a) $(+8)-(-16) = +24$
$(+8)+(+16) = +24$

b) $(-7)-(+10) = -17$
$(-7)+(-10) = -17$

c) $(+15)-(-4) = +19$
$(+15)+(+4) = +19$

3 Vervollständige die Additionsmauer.

a)

	0	
−4	4	
1	−5	9

b)

	−2,1	
4	−6,1	
9,8	−5,8	−0,3

c)

	5,5	
−1	6,5	
−0,5	−0,5	7

4 Multipliziere.

a) $(-6)\cdot(+3) = -18$ b) $(+4)\cdot(+15) = 60$ c) $(+11)\cdot(-5) = -55$

d) $(-4)\cdot(+12) = -48$ e) $(-12)\cdot(-7) = 84$ f) $(-100)\cdot(+6) = -600$

g) $(+9)\cdot(-0{,}3) = -2{,}7$ h) $(+3)\cdot(+14) = 42$ i) $(-100)\cdot(+0{,}5) = -50$

5 Vervollständige die Multiplikationsmauer.

a)

	−2,5	
2,5	−1	
−5	−0,5	2

b)

	−2	
−0,05	40	
−0,25	0,2	200

c)

	−2,5	
5	−0,5	
4	1,25	−0,4

6 Berechne mit dem Verteilungsgesetz (Distributivgesetz).

a) $4\cdot(10+7) = 40+28 = 68$ b) $2{,}5\cdot(20-8) = 50-20 = 30$

c) $-8\cdot(2+0{,}5) = -16+(-4) = -20$ d) $9\cdot(7-0{,}5) = 63-4{,}5 = 58{,}5$

7 Berechne mit dem Verbindungsgesetz (Assoziativgesetz). Ergänze dazu zuerst Klammern.

a) $18+((-39)+29) = 8$ b) $-10+((-2{,}7)+(-4{,}3)) = -17$ c) $(-1{,}8\cdot(-5))\cdot(-9) = -81$

8 Schreibe die passende Aufgabe auf.

a) Bilde das Produkt aus −13 und −6. $-13\cdot(-6) = 78$

b) Er hat 9,60 € Schulden. Ein Drittel davon wird morgen zurückgezahlt. $-9{,}60\,€\cdot\frac{1}{3} = -3{,}20\,€$

c) Sie schuldet fünf Mitschülerinnen je 4,10 €. $-4{,}10\,€\cdot 5 = -20{,}50\,€$

Maße

1 Rechne in die angegebene Einheit um.

a) 37 000 g = 37 kg b) 49 g = 49 000 mg c) 85 200 kg = 85,2 t

d) 4,31 kg = 4310 g e) 18,6 t = 18 600 kg f) 2700 kg = 2,7 t

2 Rechne in die angegebene Einheit um.

a) 862 mm = 8,62 dm b) 9,4 m = 940 cm c) 380 m = 0,38 km

d) 52,6 cm = 526 mm e) 48,3 km = 48 300 m f) 2,7 dm = 270 mm

3 Wie viele Stunden und Minuten sind vergangen?

a) 13:26 Uhr bis 15:15 Uhr 1 h 49 min b) 7:19 Uhr bis 10:03 Uhr 2 h 44 min

Brüche

4 Addiere und subtrahiere.

a) $\frac{4}{7}+\frac{1}{3} = \frac{12}{21}+\frac{7}{21} = \frac{19}{21}$

b) $\frac{5}{6}-\frac{5}{18} = \frac{15}{18}-\frac{5}{18} = \frac{10}{18} = \frac{5}{9}$

c) $\frac{2}{3}+\frac{7}{9}+\frac{1}{6} = \frac{12}{18}+\frac{14}{18}+\frac{3}{18} = \frac{29}{18} = 1\frac{11}{18}$

d) $\frac{7}{8}-\frac{1}{4}-\frac{1}{2} = \frac{7}{8}-\frac{2}{8}-\frac{4}{8} = \frac{1}{8}$

e) $1\frac{8}{11}+1\frac{2}{11}-\frac{1}{3} = 2\frac{10}{11}-\frac{1}{3} = 2\frac{30}{33}-\frac{11}{33} = 2\frac{19}{33}$

f) $2\frac{1}{5}+\frac{2}{15}-\frac{1}{3} = 2\frac{3}{15}+\frac{2}{15}-\frac{5}{15} = 2\frac{5}{15}-\frac{5}{15} = 2$

5 Multipliziere. Kürze, wenn möglich.

a) $\frac{1}{3}\cdot\frac{4}{7} = \frac{1\cdot 4}{3\cdot 7} = \frac{4}{21}$

b) $\frac{2}{7}\cdot\frac{4}{5} = \frac{2\cdot 4}{7\cdot 5} = \frac{8}{35}$

c) $\frac{3}{5}\cdot\frac{15}{39} = \frac{3\cdot 15}{5\cdot 39} = \frac{3}{13}$

d) $\frac{5}{8}\cdot\frac{3}{45} = \frac{5\cdot 3}{8\cdot 45} = \frac{1}{24}$

e) $\frac{11}{30}\cdot\frac{9}{22} = \frac{11\cdot 9}{30\cdot 22} = \frac{3}{20}$

f) $\frac{4}{9}\cdot\frac{18}{28} = \frac{4\cdot 18}{9\cdot 28} = \frac{2}{7}$

g) $\frac{49}{50}\cdot\frac{5}{7} = \frac{49\cdot 5}{50\cdot 7} = \frac{7}{10}$

h) $\frac{5}{17}\cdot\frac{17}{5} = \frac{5\cdot 17}{17\cdot 5} = 1$

6 Dividiere. Kürze, wenn möglich.

a) $\frac{3}{7}:\frac{2}{3} = \frac{3}{7}\cdot\frac{3}{2} = \frac{3\cdot 3}{7\cdot 2} = \frac{9}{14}$

b) $\frac{5}{11}:\frac{2}{9} = \frac{5}{11}\cdot\frac{9}{2} = \frac{5\cdot 9}{11\cdot 2} = \frac{45}{22} = 2\frac{1}{22}$

c) $1\frac{2}{5}:\frac{1}{4} = \frac{7}{5}:\frac{1}{4} = \frac{7}{5}\cdot\frac{4}{1} = \frac{7\cdot 4}{5\cdot 1} = \frac{28}{5} = 5\frac{3}{5}$

d) $2\frac{2}{3}:6 = \frac{8}{3}:6 = \frac{8}{3}\cdot\frac{1}{6} = \frac{8\cdot 1}{3\cdot 6} = \frac{4}{9}$

7 Was ist mehr? $\frac{3}{5}$ von $4\frac{2}{3}$ cm oder $\frac{2}{5}$ von $6\frac{1}{4}$ cm? Begründe deine Antwort mithilfe einer Rechnung und einer Zeichnung.

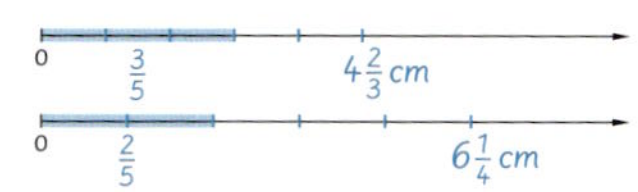

$\frac{3}{5}$ von $4\frac{2}{3}$ cm > $\frac{2}{5}$ von $6\frac{1}{4}$ cm, denn 2,8 cm > 2,5 cm.

$\frac{3}{5}$ von $4\frac{2}{3}$ cm sind $\frac{3}{5}\cdot 4\frac{2}{3}\,\text{cm} = \frac{3\cdot 14}{5\cdot 3}\,\text{cm} = \frac{14}{5}\,\text{cm} = 2\frac{4}{5}\,\text{cm} = 2{,}8\,\text{cm}$.

$\frac{2}{5}$ von $6\frac{1}{4}$ cm sind $\frac{2}{5}\cdot 6\frac{1}{4}\,\text{cm} = \frac{2\cdot 25}{5\cdot 4}\,\text{cm} = \frac{5}{2}\,\text{cm} = 2\frac{1}{2}\,\text{cm} = 2{,}5\,\text{cm}$.

Prozent- und Zinsrechnung

1 Ergänze.

G	550 €	460 m	500 ℓ	200 g	445 €	72 kg
W	330 €	115 m	450 ℓ	65 g	89 €	23,76 kg
p %	60 %	25 %	90 %	32,5 %	20 %	33 %

2 Unterstreiche zuerst links p %, W und G mit der gegebenen Farbe, wenn möglich.
Berechne dann rechts die fehlende Angabe und ergänze.

a) 45 ℓ von 50 ℓ sind 90 %. — p % = 45 ℓ : 50 ℓ = 0,90 = 90 %

b) 20 % von 45 km sind 9 km. — W = 45 km · 0,20 = 9 km

c) 18 % sind 9 € und 100 % sind 50 €. — G = 9 € · 100 : 18 = 50 €

d) 17 richtige Ergebnisse von 20 sind 85 %. — p % = 17 : 20 = 0,85 = 85 %

3 Auf dem Kassenbon stehen der Bruttobetrag und der Nettobetrag.
Der Bruttobetrag enthält 19 % Mehrwertsteuer. Berechne den Nettobetrag.

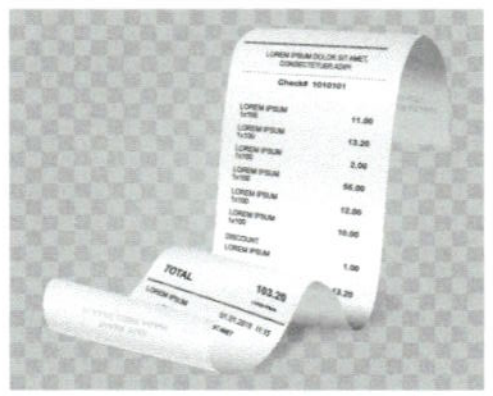

a) Bruttobetrag: 23,80 €
$G = 23{,}80\,€ \cdot \frac{100}{119} = 20\,€$

b) Bruttobetrag: 95,20 €
$G = 95{,}20\,€ \cdot \frac{100}{119} = 80\,€$

c) Bruttobetrag: 7,14 €
$G = 7{,}14\,€ \cdot \frac{100}{119} = 6\,€$

d) Bruttobetrag: 13,09 €
$G = 13{,}09\,€ \cdot \frac{100}{119} = 11\,€$

4 Ergänze und berechne die Zinsen für ein Jahr.

a) Frau Klosic leiht sich 3500 € zu einem Zinssatz von 7,5 %.
K = 3500 € p % = 7,5 % Z = 3500 € · 0,075 = 262,50 €

b) Herr Mars legt zu einem Zinssatz von 2,3 % für ein Jahr 15 500 € an.
K = 15 500 € p % = 2,3 % Z = 15 500 € · 0,023 = 356,50 €

c) Familie Kleist leiht sich 5400 €. Der Zinssatz ist pro Jahr 4,1 %.
K = 5400 € p % = 4,1 % Z = 5400 € · 0,041 = 221,40 €

5 Verbinde mit dem Zinssatz.

Kapital: 200 € Zinsen: 13 €	Kapital: 600 € Zinsen: 9 €	Kapital: 1000 € Zinsen: 3 €	Kapital: 250 € Zinsen: 25 €	Kapital: 320 € Zinsen: 16 €	Kapital: 128 € Zinsen: 48 €	Kapital: 450 € Zinsen: 9 €	Kapital: 960 € Zinsen: 60 €
0,3 %	1,5 %	2 %	3,75 %	5 %	6,25 %	6,5 %	10 %

Dreisatz

1 Die Zuordnung ist proportional. Berechne mit dem Dreisatz.

a) 8 Torten kosten 96 €. 7 Torten kosten 84 €.

	Torten	Preis (in €)	
:8	8	96	:8
·7	1	12	·7
	7	84	

b) Die Miete für 5 h beträgt 90 €. 4 h kosten 72 €.

	Zeit (in h)	Preis (in €)	
:5	5	90	:5
·4	1	18	·4
	4	72	

c) In 5 h wurden 75 m fertig und in 9 h 135 m.

	Zeit (in h)	Länge (in m)	
:5	5	75	:5
·9	1	15	·9
	9	135	

d) 7 Teile wurden in 49 s fertig und 5 in 35 s.

	Teile	Zeit (in s)	
:7	7	49	:7
·5	1	7	·5
	5	35	

2 Die Zuordnung ist antiproportional. Berechne mit dem Dreisatz.

a) Für 5 Katzen reicht das Futter 70 Tage.

	Katzen	Tage	
:7	7	50	·7
·5	1	350	:5
	5	70	

b) Für 3 Hunde reicht das Futter 20 Tage.

	Hunde	Tage	
:4	4	15	·4
·3	1	60	:3
	3	20	

c) 3 Maler streichen die Treppenhäuser in 24 Tagen.
Mit 8 Malern dauert es 9 Tage.

	Maler	Tage	
:3	3	24	·3
·8	1	72	:8
	8	9	

d) Mit 3 Kränen dauert der Transport 5 Stunden.
Mit 2 Kränen dauert es 7,5 Stunden.

	Kräne	Stunden	
:3	3	5	·3
·2	1	15	:2
	2	7,5	

e) 8 Tischler bauen die Fenster in 40 h.
Wie lange brauchen 5 Tischler?

	Tischler	Stunden	
:8	8	40	·8
·5	1	320	:5
	5	64	

5 der Tischler würden dafür 64 h benötigen.

f) 6 Lkw fahren mit je 16 Fahrten den Sand weg.
Wie oft müssen 8 Lkw fahren?

	Lkw	Fahrten	
:6	6	16	·6
·8	1	96	:8
	8	12	

8 Lkw müssten je 12 Fahrten machen.

Flächen und Körper

1 Berechne den Umfang des Vierecks. Achte auf gleiche Einheiten.

a) 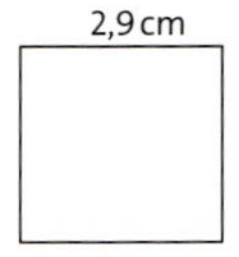

b) 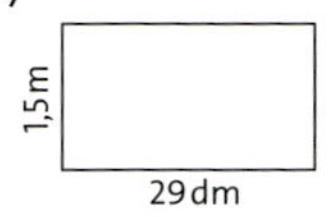

c) 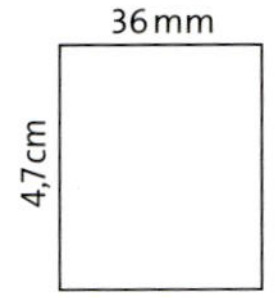

d) 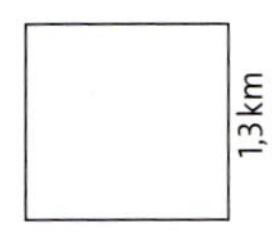

a) $u = 4 \cdot 2{,}9\,cm$
$u = 11{,}6\,cm$
$u = 116\,mm$

b) $u = 2 \cdot 15\,dm + 2 \cdot 29\,dm$
$u = 88\,dm$
$u = 8{,}8\,m$

c) $u = 2 \cdot 47\,mm + 2 \cdot 36\,mm$
$u = 166\,mm$
$u = 16{,}6\,cm$

d) $u = 4 \cdot 1{,}3\,km$
$u = 5{,}2\,km$

2 Gib den Umfang u der Fläche an. Miss dazu die Längen der Seiten auf halbe Zentimeter genau.

a) 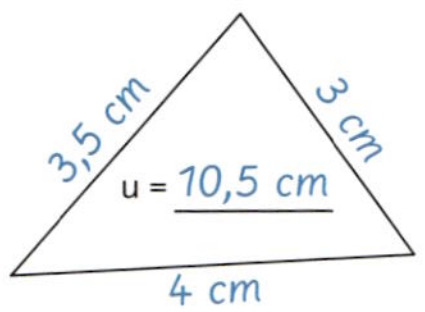

b) 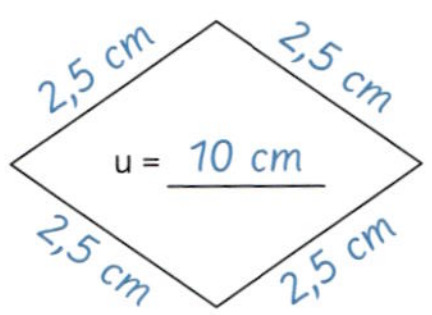

c) 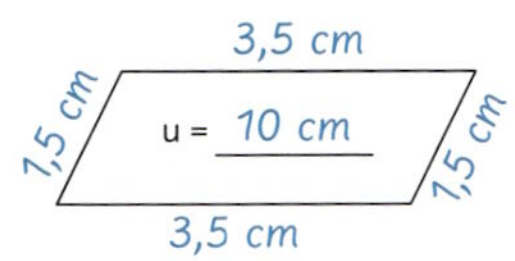

3 Hier ist die Grundfläche eines Prismas gezeichnet. Vervollständige das Schrägbild.

a) Körperhöhe 6 cm

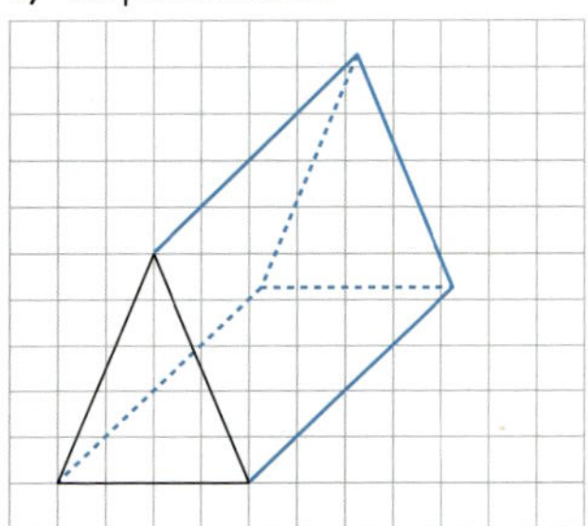

b) Körperhöhe 5 cm

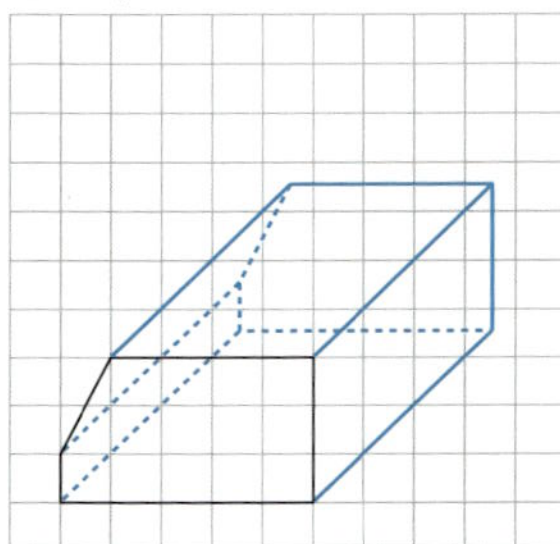

c) Körperhöhe 5 cm

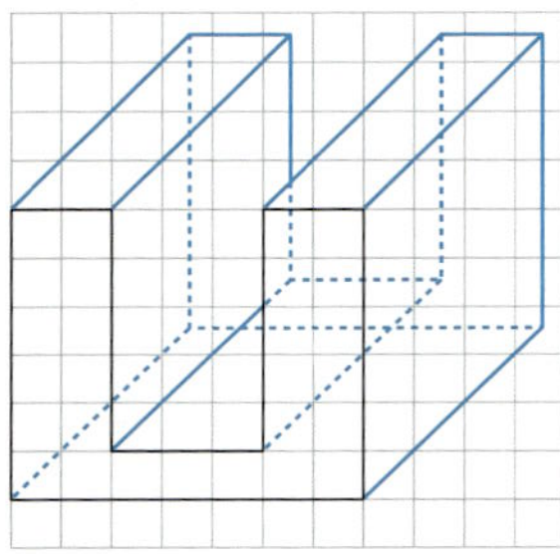

4 Berechne den Flächeninhalt des Rechtecks. Achte auf gleiche Einheiten.

a) a = 2,4 m; b = 2 dm — $a = 24\,dm;\; A = 24\,dm \cdot 2\,dm = 48\,dm^2$

b) a = 55 cm; b = 0,4 m — $b = 40\,cm;\; A = 55\,cm \cdot 40\,cm = 2200\,cm^2 = 22\,dm^2$

c) Quadrat: a = 2,5 m — $a = 25\,dm;\; A = 25\,dm \cdot 25\,dm = 625\,dm^2 = 6{,}25\,m^2$

Terme

1 Löse zuerst die Klammern auf. Fasse dann zusammen.

a) $6a + (4b - 3a) = 6a + 4b - 3a = 3a + 4b$

b) $6a - (5b - 2a) = 6a - 5b + 2a = 8a - 5b$

c) $-b - (-2b + 7c) = -b + 2b - 7c = b - 7c$

d) $-3x + (-x - x) = -3x - x - x = -5x$

2 Ergänze die Multiplikationsmauer.

a)

	$-30b$	
-6		$5b$
-3	2	$2{,}5b$

b)

	$2{,}56a^3b^2$	
$16ab$		$0{,}16a^2b$
$4b$	$4a$	$0{,}04ab$

3 Multipliziere aus.

a) $7 \cdot (a + 3) = 7a + 21$

b) $8 \cdot (3b - 4) = 24b - 32$

c) $(11c + 7) \cdot 5 = 55c + 35$

d) $-6 \cdot (6d + 7) = -36d - 42$

e) $(2{,}5d - 9) \cdot 4 = 10d - 36$

f) $2 \cdot (2a + 3 - c) = 4a + 6 - 2c$

4 Verbinde gleichwertige Terme.

2 · (a + 3b)	a · (30 – 6b)	5a · (6b + 8)	13 · (q – 3p)	9 · (3p – 5q)	–7 · (p + 2q)

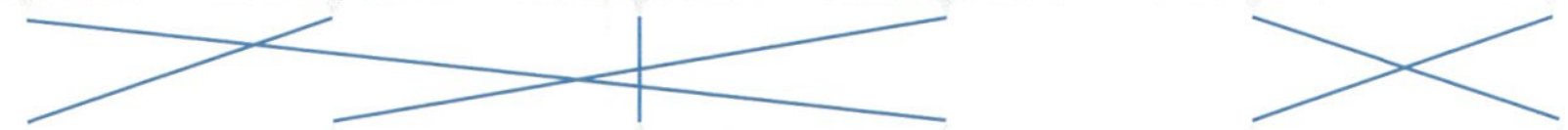

30a – 6ab	13q – 39p	30ab + 40a	2a + 6b	–7p – 14q	27p – 45q

5 Klammere zuerst aus. Multipliziere dann zur Kontrolle im Kopf.

a) $10 \cdot (a - 5) = 10a - 50$

b) $9a \cdot (6b + 8) = 54ab + 72a$

c) $(7 - 10d) \cdot 8e = 56e - 80de$

6 Verbinde die Figuren mit den Termen für den Umfang. Zeichne mehr als sechs Linien ein.

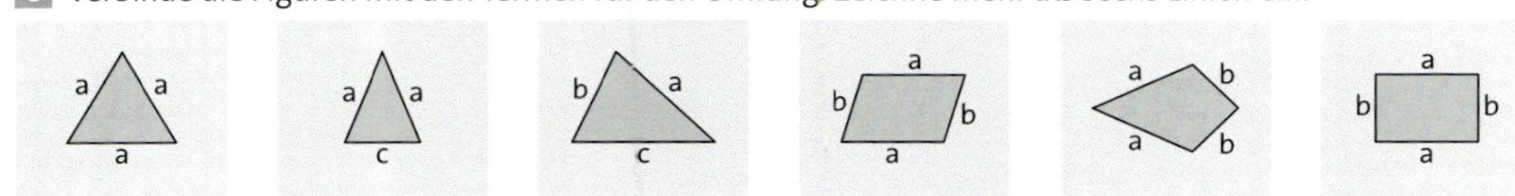

a + b + c	2a + c	a + a + a	a + b + a + b	2a + 2b	a + a + b + b

7 Emilia ist halb so alt wie Frederick. Frederick ist 24 Jahre jünger als Tante Gala.

a) Bilde zuerst einen Term für das Alter von Frederick. Bilde dann einen Term für das Alter von Emilia.

Frederick: $g - 24$ Emilia: $0{,}5 \cdot (g - 24)$

b) Tante Gala ist 38 Jahre alt. Wie alt sind Frederick und Emilia?

Frederick: $38 - 24 = 14$ Emilia: $0{,}5 \cdot (38 - 24) = 0{,}5 \cdot 14 = 7$